普通高等教育“十一五”国家级规划教材

煤化学

（第2版）

主编 何选明
编委 王世杰 伍 林 韩 军

北 京
冶 金 工 业 出 版 社
2022

内 容 提 要

本书为高等院校“化学工程与工艺”、“建筑环境与设备工程”、“环境科学与工程”、“应用化学”等专业的教学用书，系统地叙述了煤的特征、生成、组成、岩相、性质、分类和结构；煤的加工过程、化学原理和反应机理；煤加工产物的组成、性质和利用化学等。

本书也可作为从事能源、煤焦化、煤燃烧、煤气化、煤液化、炭素材料、煤基化学品、煤田地质、采煤、选煤、煤质化验和环境保护等有关管理、研究、设计、技术开发和生产人员的参考书。

图书在版编目(CIP)数据

煤化学/何选明主编．—2版．—北京：冶金工业出版社，2010.5（2022.7重印）
普通高等教育“十一五”国家级规划教材
ISBN 978-7-5024-4979-7

Ⅰ.①煤…　Ⅱ.①何…　Ⅲ.①煤—应用化学—高等学校—教材　Ⅳ.①TQ530

中国版本图书馆CIP数据核字(2010)第066142号

煤化学（第2版）

出版发行　冶金工业出版社　　**电　话**　(010)64027926
地　址　北京市东城区嵩祝院北巷39号　　**邮　编**　100009
网　址　www.mip1953.com　　**电子信箱**　service@mip1953.com

责任编辑　俞跃春　美术编辑　彭子赫　版式设计　孙跃红
责任校对　王贺兰　责任印制　禹　蕊
北京建宏印刷有限公司印刷
2000年8月第1版，2010年5月第2版，2022年7月第7次印刷
787mm×1092mm　1/16；19印张；503千字；287页
定价39.00元

投稿电话　(010)64027932　投稿信箱　tougao@cnmip.com.cn
营销中心电话　(010)64044283
冶金工业出版社天猫旗舰店　yjgycbs.tmall.com
（本书如有印装质量问题，本社营销中心负责退换）

第 2 版前言

为了适应人才培养以及教学改革的需要，并根据学科的发展与教育改革的要求，经过多年教学实践经验总结，对本书进行了修订。第 2 版修订的主要内容有：

（1）增加了中国煤炭利用历史、煤炭在社会发展中的地位、煤化学的研究展望、洁净煤技术、中国煤变质叠加作用、煤中微量有害元素、煤的嵌布结构模型、煤基碳纳米材料等内容。

（2）对煤炭资源分布及煤质特点资料，中国煤分类、国际煤分类标准及本书所涉及的全部煤炭分析试验方法标准，按照截止到 2009 年 11 月底前颁布的新标准和正式出版的新文献进行了更新。

（3）为了方便教学，各章增加了复习思考题。

（4）对部分章节的顺序进行了调整。

本书由武汉科技大学何选明教授担任主编；王世杰、伍林、韩军为编委。何选明编写绪论、第 1 章、第 6 章和第 7 章；王世杰编写第 2 章、第 5 章和第 9 章；伍林编写第 4 章和第 8 章；韩军编写第 3 章和第 10 章。王世杰对全书进行了整理与校对，最后由何选明对全书作总纂。

本书得到了清华大学、天津大学、大连理工大学、太原理工大学、华中科技大学、华东理工大学、河北理工大学、鞍山科技大学、安徽工业大学、内蒙古科技大学、中国地质大学（武汉）、中国科学院山西煤炭化学研究所、煤炭科学研究总院北京煤化工研究分院、煤炭科学研究总院西安分院、中冶焦耐工程技术有限公司、中钢集团鞍山热能研究院有限公司等大专院校和研究院所的支持与帮助，我们在此表示诚挚的谢意。

本书的编写得到了武汉科技大学学校和教务处有关领导、化学工程与技术学院领导、煤转化与新型炭材料湖北省重点实验室以及武汉科技大学化工工艺教研室的老师和同行们的支持与帮助，武汉科技大学化学工程与技术学院博士研究生与硕士研究生马晶晶、周清梅、黄鹂、秦瑾、李耀拉、李铁鲁、鲁擎擎、刘敏、肖志方、陶新、官章伟、华侨等参加了本书的初期文字整理工作，在此表示衷心的感谢。向所引用参考文献的编著、作者表示感谢。

由于编写水平所限，书中还存在不足之处，恳请读者批评指正。

编　者
2010年1月

第1版前言

《煤化学》一书是原冶金工业部“九五”规划教材。本书是在武汉科技大学1984年由冶金工业出版社出版的《煤化学》教材的基础上，经多年教学实践，并根据学科的发展与要求重新编写的。全书共分为10章，系统叙述了煤的特征、生成、组成、性质、分类、结构、加工利用及后续产品的深度加工化学等。

本书绪论、第3章、第5章、第6章和第10章由虞继舜编写；第4章、第7章和第9章由戴中蜀编写；第1章、第2章和第8章由何选明编写；最后由虞继舜对全书作最终修改与整理。本书初稿请华东冶金学院钱湛芬教授、姚伯元教授和郑明东副教授审查，他们提出了许多宝贵意见，对提高本书质量给予了很大的帮助，在此谨致衷心的谢意。

本书的编写得到了武汉科技大学有关领导、化工与资源环境学院领导，以及化工工艺教研室的老师和同行们的支持与帮助，在此向他们表示谢意，并向所引用资料的编著者表示感谢。

由于编写水平所限，书中不妥之处，恳请读者批评指正。

编　者

2000年2月

目　录

0 绪　论

0.1　中国煤炭开采利用历史

我国是世界上最早采煤和用煤的国家，沈阳新乐遗址中，发现了六七千年以前的煤精制品和煤块。春秋战国时期（公元前770年~公元前221年），煤炭称为石涅。春秋战国时代的著名地理著作《山海经》有三处记载石涅："女床之山，其阳多赤铜，其阴多石涅"，"岷山之首，曰女儿之山，其上多石涅"，"风雨之山，其上多白金，其下多石涅"。据考证，女床山即陕西"风翔府岐山"，该区赋存烟煤；女儿山为蜀群双流女伎山，今四川双流和什邡煤田；风雨山则为四川通江、南江和巴中一带，产煤之地。

魏晋时期（公元220年~420年），我国古代煤炭开发和利用有了初步发展。当时称煤为石墨，之后又出现了石炭这一名称，石墨与石炭这两个名称并用了很长时期。到了南北朝时期（公元420年~581年），煤称为石炭的名称才普及。这个时期已出现了煤井和相应的采煤技术。煤炭不仅用于生活，还用于冶铁等行业。煤的产地遍及南方和北方，甚至边陲新疆。正如古书《水经注》中描写的那样庞大的规模："屈茨（今新疆库车一带）北二百里有山，夜则火光，昼日但烟，人取此山石炭，冶此山铁，恒充三十六国用。"这说明这时我国采煤业及用煤炼铁业已相当发达。隋唐时代（公元581年~907年），中国采煤行业有较大进步，开采技术日渐成熟，煤炭广泛用于冶金、陶瓷、民用燃料等。从唐代开始，我国采煤知识逐渐传播到国外。唐代来华的日本留学僧园仁在《入唐求法巡礼行记》中写道："太原府…晋，遍山有石炭，近远诸州人尽来取烧。"该书在日本产生很大影响。这也说明，在唐代，中国煤炭知识已传入日本。日本现今还称煤炭为石炭。

宋代（公元960年~1279年），我国的煤炭事业在开采技术、规模和应用方面都出现了兴旺发达的势头。宫廷委派官吏专门管理煤炭生产和买卖，煤炭广泛用于冶铁、陶瓷、砖瓦等行业作燃料。最重要的是当时已经使用了焦炭，炼焦技术日臻完善，这表明我国煤炭事业步入了崭新的阶段，开采技术更为丰富。如鹤壁古煤矿的开采技术配套齐全，对井筒位置选择与开凿、巷道布置、采煤工作面、采煤方式、井下照明、运输、提升、排水以及生产管理等技术均较完善。宋代普遍称煤为石炭，至南宋末年，出现了"煤"的名称。到了元代（公元1206年~1368年），"煤"的名称才得到普及，且有黑煤、石炭煤、白煤等名称。元政府为了解决首都——大都（今北京）的燃料问题，计划重开金口河，把西山的煤运到京城来。左亟相脱脱奏曰："京师人烟百万，薪刍负担不便。今西山有煤炭，若都城开池河上，受金口灌注，通舟揖往来，西山之煤，可坐至于城中矣"。"遂起夫役，大开河五六十里。"可见，当时煤炭的名称已深入人心。从那时起，煤炭这一名称一直沿用至今。

元代，意大利人马可·波罗旅行来到中国。马可·波罗是世界上最著名的旅行家。他在中国游历了很久，几乎游遍了全中国，对中国的文明和风土人情有广泛的了解。他到过煤炭开采较发达的陕、甘、晋、鲁等地。中国采煤及用煤情况给他留下了深刻的印象和美好的回忆。他在《马可·波罗游记》中写道："整个契丹省到处都发现有一种黑色石块，它挖自矿山，在地下呈脉状延伸，一经点燃效力和木炭一样，而它的火焰却比木炭更大更旺，甚至可以从夜晚燃烧到天明，仍不会熄灭。这种石块，除非先将小块点燃，否则平时并不着火。若一旦着火，就会发出巨大的热量。”文中写的“契丹”就是中国，“黑色石块”就是煤。马可·波罗还在文中写道：“诚然，这个国家并不缺少木材，但是如此众多的人口，炉灶也多，而且燃烧不止，加上人们又勤于沐浴，这样必然造成木材数量供不应求。每个人一星期至少洗三次热水澡。每逢冬季，只要力所能及，甚至是一日一浴。凡身有职位或家庭富裕的人，家中都备有一个火炉，以供自己取暖之用。像这样大的燃料消耗，木材资源势难满足供应；然而这些黑色石块却取之不尽，而且价格十分低廉。”上述描述说明了中国宋末元初时期，煤炭开采规模几乎“到处都有”，煤炭使用广泛，而且成为代替木材的主要燃料。也说明了马可·波罗从未见过煤炭，更不了解煤炭，以至于到中国后对煤特别感兴趣，惊奇地称煤炭是可燃的“黑色石块”。正因如此，他又进行了调查研究，将煤炭的火力、价格、供求、资源等与木炭相比，得出了煤代替木炭成为主燃料的结论。这也说明了中国用煤远比欧洲用煤的历史悠久。其实，到元代，中国发现和使用煤炭已经超过5000年了。一个外国旅行家，到过叙利亚、伊朗等许多国家，他把中国燃烧“黑色石块”作为奇闻写进游记，带回他的祖国，传播到欧洲和世界各地。这是中国人民对世界各国开发煤炭做出的重大贡献！

明代，“京师百万之家，皆以石煤代薪。”中国人民在长期的煤炭开发实践中，对煤炭的认识不断加深，开采和利用技术不断提高，开创了前所未有的成果，形成了世界上独具特色的中国古代采煤技术。明代杰出科学家宋应星所著的《天工开物》就是一部总结我国古代工农业生产技术的科学技术巨著。其中，《天工开物·燔石》卷中，详细记叙了中国古代采煤技术：“凡取煤经历久者，从土面能辨有无之色，然后掘挖。深至五丈许，方始得煤。初见煤端时，毒气灼人。有将巨竹凿占中节，尖锐其末，插入炭中，其毒烟从竹中透上，人从其下施镢拾取者。或一井而下，炭纵横广有，则随其左右阔取。其上支板，以防压崩耳。”由此可知，明代以前已掌握了煤矿地质、开拓、采煤、支护、通风及瓦斯排放、提升、排水、煤炭利用等古代采煤技术。中国人民经过数千年煤炭开采实践，至明清时代已近完善，有许多发明创造形成了独具特色的中国古代采煤技术。当时在煤炭技术及组织管理等方面均处于世界领先水平。现在的煤矿开采技术，正是在过去煤炭开采技术基础上发展起来的。

古人对煤的认识不断提高，对煤的应用也日益广泛，几乎所有用燃料的部门和行业都用上了煤炭。冶铁行业炼铁的燃料，煤炭占7/10；陶瓷、烧砖、烧石灰、煮盐、冶炼其他金属等均用煤炭作燃料；此外，煤还用于医药、建筑、提炼硫磺、制墨写字、印刷等等。这显示了中国古人在煤炭利用方面的高超技能。

明代于谦有一首《咏煤炭》诗，全诗写道：

凿开混沌得乌金，蓄藏阳和意最深。
爝火燃回春浩浩，洪炉照破夜沉沉。
鼎彝元赖生成力，铁石犹存死后心。
但愿苍生俱饱暖，不辞辛苦出山林。

诗中称煤炭为乌金，它富含光和热，把煤放入炉中，其熊熊火焰照破沉沉夜间。为了造福人类，化为灰烬以后，依然存在一颗铁石般赤诚的心。全诗表现了煤炭为了人类的温饱，不辞辛苦出山林，献出全部光和热、自我牺牲的高尚品质，借物喻人，抒发了诗人炽热的爱国情怀。

我们的祖先发现和利用煤炭的伟大成就，是我国四大发明——造纸、印刷术、指南针和火药问世以前对人类做出的具有划时代意义的伟大创造和巨大贡献。煤炭的开发利用也远早于西方从技术上升到了文学的阶段。

然而，在世界范围内，煤化学作为一门学科的兴起是在18世纪产业革命之后。

0.2 煤化学学科的兴起与发展

0.2.1 煤化学的起源兴衰

煤化学是煤科学的一个分支，是研究煤生成、组成、结构、性质、分类、转化过程和合理利用的一门学科。18世纪以后，随着蒸汽机的普遍使用，煤炭成为世界的主要能源，也成为近代一个庞大的产业；它在世界能源总消费量中的比重，由1860年的24%增加到1900年的95%。煤炭在支撑社会发展和国民经济中的重要性，直接催生了煤化学。迄今为止，煤化学学科的发展大体经历了开创、鼎盛、衰落和复兴三个阶段。

0.2.1.1 开创阶段（1831~1913年）

从1780年第一次产业革命大规模利用煤作能源，人们就开始了对煤的研究。19世纪30年代，煤化学初步发端，首先解决了煤的起源问题，人们逐渐接受煤是由植物转变而来的概念。进入19世纪40年代，人们把煤列为科学研究的热门对象之一。英国和德国差不多同时开展了用显微镜对煤进行系统研究，并开始研究煤的热解、溶剂分离和氧化。由于焦炭生产的需要，已注意到煤的可塑性。1873年，法国对煤开展了较系统的化学研究，Regnault根据大量元素分析结果提出了第一个煤炭分类系统等。至此，人们开创了新的煤化学学科。

0.2.1.2 鼎盛阶段（1913~1963年）

在这个时期，煤在热源和能源中处于垄断地位，煤炭广泛用于机车、航行、炼焦、气化和发电等领域。煤的研究工作蓬勃开展，美、德、英、法、前苏联、波兰等国相继建立了高水平的煤炭研究机构，并在大学中设置了相应的学科。人们在煤岩学、煤化学和煤的转化等领域做出了显著的成果，涌现出许多著名的煤化学家和煤岩学家。

此期间在煤岩学方面，发展了透射光下观察的薄片技术，反射光下观察的光片技术以及薄光片技术；完善了煤岩定量方法和镜质组反射率测定的显微镜光度计法，使煤岩学的研究与实际应用都达到了较高的水平。

1913年德国Kaiser Wilhelm煤炭研究所成立，随后在这里发明了煤间接液化的Friecher-Tropsch合成法，它是两种主要的煤炭液化方法之一。大致与此同时，年仅27岁的贝吉乌斯（Friedrich Berguis）开始了第二种煤炭液化技术的研究，通过煤在高温高压下直接加氢液化，得到了类似石油的油品。1914年建成每天处理1t煤的中试厂，到1945年已建成18座煤液化工厂，年生产能力达到410万吨。由于这一贡献，1931年贝吉乌斯获得了煤化学科技史上唯一的一个诺贝尔奖。这两种煤转化技术至今仍具有重大的意义，他们开创了从固体煤转化为液体燃料和宝贵化学产品的有效途径。

在这一时期，英国、美国、日本等国的煤炭研究机构和大学广泛开展了对煤的研究。创立了很多测定煤塑性的方法，加深了对煤成焦机理的研究，并应用物理—化学方法研究煤的性质及其物理与化学结构，在煤的基础研究方面取得了重要进展；人们对煤的基本性质及其随煤化度的变化规律取得了大量的经验和研究数据，对煤的物理和化学结构有了比较全面的了解，并出版了大量重要著作，对这一时期的研究成果进行了科学的总结。

0.2.1.3 衰落和复兴阶段（1963年以后）

20世纪60年代中期，由于廉价石油和天然气的大量开发与应用，发达国家纷纷将注意力转向石油天然气工业和石油化工，煤炭工业逐渐衰落，煤的研究几乎停滞不前。到70年代中期，由于几次石油危机的发生，石油价格的猛涨使煤在能源结构中的地位得以恢复。在煤的气化、液化和制取洁净燃料方面，开发了一批新的加工工艺。特别是1993年在美国匹兹堡召开的国际煤炭会议，标志了人们对煤利用观念的转变，更多注意了煤作为原、材料的深层次开发和合理利用，由煤制取高附加值的化学、化工原料和高碳材料，并通过对煤液的分离利用将形成煤化学学科的一个新分支。1992年联合国环境与发展大会，表现了人类对大量使用矿物能源引起生态环境破坏的担忧，人们更加注重对煤组成结构、污染组分和有害元素的认识，以及这些组分在不同转化过程和阶段中的变化行为。2009年全世界刮起的碳减排和低碳经济旋风，促使人们更加关注煤炭利用对生态环境的严重影响，注重研究煤的高效、洁净利用。随着科技的发展，应用先进的仪器设备和计算机技术对煤炭的研究，提供了煤结构和性质方面更详细与准确的信息，使人们对煤炭的认识更为深化，无疑对煤化学学科的发展和煤炭资源的合理有效和洁净利用带来历史性的转折、希望与机遇。

0.2.2 煤化学的研究展望

0.2.2.1 煤化学的研究成果与热点课题

回顾煤化学的发展历史，令人欣喜地看到，煤化学在煤结构、岩相学、煤分类学、煤的燃烧、焦化、液化、气化等煤加工工艺反应机理和动力学理论方面，都取得了巨大进步。使人们对煤炭有了更全面、深刻的认知；同时人们也深切地感受到，跌宕起伏的政治、经济形势，强烈影响着煤化学研究的兴衰。

迄今为止，可以载入史册的煤化学里程碑研究成果主要有：德国的贝吉乌斯研究开发的煤在高温高压下的直接液化技术，成为现代煤液化加工工艺的重要基础；德国的温克勒（Friz Winkler）发现了“流化现象”，从而研究开发了流化床反应器，后来称之为温克勒炉，引起固体物料加工工艺的革命；1921年开发的“煤间接液化”技术，即F-T（费-托）合成液烃技术，通过煤的气化生产合成气，再经费-托合成生产液体燃料，是世界上唯一坚持生产的煤制液体燃料转化路线。对煤燃烧过程的研究中，提出的气-固宏观反应动力学原理，之后发展成著名的多孔固体的气-固相反应理论，已成为化学工程的经典内容。

进入21世纪以来，特别是在以煤炭为主要能源的中国，由于人们注意到煤炭在应对石油日益短缺与价格飞涨、保障国家能源安全战略中的重大意义；高度关注煤炭利用，尤其是煤的直接燃烧对环境与生态系统的巨大危害，有力推进了煤化学的理论与应用研究。部分研究热点与成果列举如下：

关于煤的生成，提出中国煤的叠加变质作用具有普遍意义，构成了中国煤多阶段演化、多热源叠加变质作用的特点，使中国赋存着煤种齐全，能适应各种用途的煤炭，并解释了中国煤炭高煤阶终点高于世界一般煤炭变质序列的原因。

关于煤结构的研究，重新探索煤结构化学理论体系，提出了煤超分子结构、分子煤化学等新概念及其研究方法。开展了用分子模拟、计算机模拟、量子化学计算等新方法研究煤大分子结构演化、结构与反应性、非共价键相互作用、煤的缔合结构、煤嵌布结构模型、煤中小分子的微孔嵌入特征与溶出特性、煤结构演化煤化度指标等问题。

在煤的转化方面，针对煤炭本身就是一种复杂混合物，单一的煤转化与利用过程难以达到最高的效率这一事实，提出大规模、基地化、煤基多联产技术路线。基于煤分子结构特殊性，提出煤高温快速液化（CQLHT）思想和直接液化方案，在理论上提供了实现最高液化效率和最低液化成本的可能性，并可以实现煤最大限度的综合利用，联产芳香族化合物和燃料油，开辟了一个新的研究方向。大力开展了煤液化催化剂、动力学与热力学、显微组分的加氢液化特征、煤与生物质加氢液化、煤液化中固体酸的催化作用等有关煤直接液化的研究。煤焦化过程方面，主要开展了与大量喷煤的现代大容积高炉炼铁生产相关的焦炭热态性能、煤中矿物质的种类对焦炭强度的影响、煤中矿物质对焦炭溶损反应的作用等研究，进行了与可再生能源利用、废塑料处理和焦炭质量相关的生物质与煤共热解、煤与各种添加物共碳化等研究与探索。

为了解决煤燃烧和其他煤转化利用过程的高污染，煤中微量元素，尤其是有害微量元素成为一段时期的研究热点。大量的研究工作集中于煤中微量元素的分布规律、赋存状态、成因机理及微量元素的应用，利用过程中迁移释放行为和机理等研究。

关于煤的物理、工艺性质，采用分形学方法研究了煤的空间结构性质，如煤孔隙特征及其随温度的变化规律，煤导电性质的分形特征等。

在煤制化学品与煤基材料方面，提出通过“分子剪裁”对煤与煤衍生物进行定向转化。开展了煤或焦炉煤气制甲醇、二甲醚、烯烃等研究。深入研究了煤的低温氧化时的活化能、低温氧化放热强度、低温氧化过程与自燃机理、煤自燃的分子结构模型及风化氧化对煤性质的影响。并对辐射化学在煤加工中的应用、微生物溶煤活性及机理有所探索。而煤基纳米材料、煤基功能材料、煤基炭分子筛、煤基活性材料，尤其是炭纳米管成为一个时期的研究前沿。

中国颁布中国煤层煤分类、中国煤炭商业编码，与中国煤分类一起形成了中国煤炭分类的完整体系，也是中国煤化学的一个标志性成果。

0.2.2.2 煤化学的研究展望

煤化学研究大约已有180年的历史，然而目前总体来说，煤化学还处于半理论、半经验状态，是一门不够成熟的学科。煤化学研究还处在资料积累、信息收集和规律归纳的阶段。

煤组成结构是煤炭能源科学、合理与洁净利用的基石。但人们目前只能从工业分析和元素分析了解煤的水分、挥发分、固定碳和灰分及主要元素组成（C、H、O、N、S），通过煤的萃取等产物了解煤的化学结构特征和部分组成，通过结构参数与煤结构模型推测煤的结构。人们对煤极其复杂组成结构的研究，还停留在对其外部特征和个别性质的定性描述水平。尚未能深入了解煤的总体组成和结构，对组成煤的物质结构层次的认识仍然是零散的、模糊的、宏观的。

现在主要的煤炭能源利用过程如燃烧、焦化、气化，主要依靠的还是煤炭的宏观和平均性质。现有有限的煤结构和反应性、煤中污染组分赋存状况和变迁规律的认识，还不足以在指导煤炭能源过程的技术进步方面产生显著的作用。

人们在煤的岩相组分（镜质组、惰质组、稳定组）及其反应性认识方面取得了一些进展，能够通过煤的岩相组成分析解释煤的反应性、黏结性，在一定程度上指导煤的焦化、气化和液化等工业应用。但由于煤中不同岩相组分的主要区别在于其宏观结构和光学性质，难以形成具有工业意义的岩相分离，而且由于不同煤种的相同岩相组分并不具有相同的化学组成，因此通过岩相组分研究煤的化学反应虽然比将煤看作单一物质深了一个层次，但仍然是宏观的，其应用范围是有限的。

目前人们对煤炭的认识水平不仅受到分析科学发展的限制（现在还没有足够有效和精密的仪器使人能够方便准确地剖析煤的组成结构），而且还与煤炭的利用方式有关。长期以来，煤炭的主要利用方式都以单一过程的转化（如燃烧、焦化、气化、液化等）为特征。由于过去能源价格的低廉以及基本无须考虑煤中污染物的排放控制，煤的单一转化过程一直是最简单、最直接、理所当然的能量获取和能源形式转换方式，人们所追求的主要是在这些单一转化过程中最大限度地将煤完全转化。这些过程仅仅需要把煤炭看做是组成单一的物质，仅仅需要了解煤炭的平均性质。

煤经气化后合成液体燃料是重要的煤炭能源形式转化途径，即一氧化碳（CO）与氢（H_2）反应合成烃、醇、醚等洁净燃料和化学品。南非近60年的工业实践和世界其他国家（包括我国）的大力研究开发使此项技术达到了很高的水平。目前面临的主要问题是成本较高，不能与廉价的石油竞争。

综上所述，煤化学今后的研究应主要集中在以下方向：

（1）煤集总结构的识别和描述。在分子水平上识别和描述煤的物理与化学结构参数、煤中各种化学键和有害组分的存在形态。

（2）煤中有效组分的结构特征及其在热场中的转化规律。碳、氢、氧键合结构的分布特征及其在热场中的变化，阶段热解产物与其他物质（煤中其他物质、反应气氛、添加物、催化剂）的相互作用及反应控制理论。

（3）煤中污染组分的赋存形态在热场中的变迁规律。硫、氮、磷、氯等无机元素，钾、钠等碱金属，汞、铅等重金属的赋存形态在热场中的变迁，与其他物质（煤中其他物质、反应气氛、添加物、催化剂）的相互作用，有害物质的生成，可控转化原理，脱除方法与资源化。

（4）煤中无机组分在热场中的形态变化。煤中无机组分在热场中的形态变化，与其他物质的相互作用，成灰机理，对有效组分转化及污染物溢出的影响。

（5）一氧化碳与氢的高效合成。氢碳的合理利用和氧的有效分配，高活性高选择性催化剂。煤转化产物（或阶段产物）的提级与污染物脱除。煤气（合成气）净化，液体产物的分析、精制与污染物（硫、氮、氧、重金属等）脱除，烟气净化，灰的利用，废水处理。

（6）外场或超常条件对煤中不同组分转化的影响。超声、微波、等离子体、超临界状态等对煤炭不同组分，特别是污染组分转化的影响及污染物的脱除，超临界状态下的燃料合成。

0.3 煤炭在社会发展中的地位

0.3.1 煤炭与中国社会的可持续发展

能源、材料、信息并称为人类社会发展的三大支柱。人类社会前进的每一步，都和能源息息相关，可以说，人类进化发展的过程也是人类开发的、利用能源的历史。

人类的文明始于火，燃烧现象是人类最早的化学实践之一，人类社会的发展与能源的利用水平紧密相关。

根据各历史阶段所使用的主要能源，能源利用史可分为三个阶段：柴草时期、煤炭时期和石油时期。在柴草时期（火的发现~18世纪产业革命），人类用柴草烧烤食物，驱寒取暖，烧制陶器。陶器是人类用柴草烧制的第一种人造材料，其发展经过了陶-瓷器的发展阶段。用木柴和木炭作燃料，金属冶炼始于铜（熔点1083℃），后发展至铁（熔点1537℃）。这是一个刀耕火种的时代，社会生产力低下，只能构建一个奴隶与封建社会。在煤炭时期（18世纪产业革命~20世纪40年代末），18世纪世界范围的大规模开采煤炭。1769年瓦特发明蒸汽机，以煤为动力终于引发了第一次产业革命。它使人类从繁重体力劳动中解放出来，把旧的作坊手工业变成了大工业，是一次生产技术上的根本性变革。以发达的社会生产力为基础，世界发达国家构建了资本主义社会。少数发达资本主义国家，凭借船坚炮利，成为世界霸主。石油时期

（20 世纪 40 年代末至今）起始于第二次世界大战后，美国、中东、北非相继发现大油田和伴生天然气田。由于石油的单位热量几乎比煤高一倍，石油加工的油料可作为内燃机的燃料。石油易采、运、储，且污染比煤小，故受到人们的青睐。20 世纪 60 年代初，就全世界而言，石油在全世界的能源消费中占到第一位。《BP 世界能源统计 2009》显示，以目前的开采速度计算，全球石油储量可供生产 40 多年，天然气和煤炭则分别可以供应 60 和 120 年。其后，以新能源，尤其新的可再生能源为主。

当前，世界处在石油时期，中国的情况则不同。在我国矿物能源储量和能源消费结构中，煤炭所占的比例均为 70% 左右，这是中国的基本国情，在相当长的历史时期不会改变。即使按照我国“以煤为主，多元发展”的能源战略，将能源结构调整为：2020 年煤炭占 54.3%、石油占 17.8%、天然气占 9.2%、核能占 8.6% 和可再生能源占 10%；2030 年煤炭占 47.8%、石油占 15.9%、天然气占 9.2%、核能占 12% 和可再生能源占 15.1%，煤炭还是我国最主要的一次能源。由于煤炭这种矿物能源固有的复杂固体混合物特性，使煤炭的转化、加工与利用成本高、效率低、污染严重，成为中国国情的一个重要特点。通过不懈努力，提高煤炭利用中的效率，减轻污染将是对中国煤炭科学技术的严峻挑战。

0.3.2 煤炭与环境保护

开采煤炭资源，就可能或大或小的改变矿区的原有的生态环境。开采煤炭资源破坏生态环境的程度，不仅取决于开采的规模和强度，还取决于矿区生态环境的恢复能力。中国国土面积虽然辽阔，但是煤炭资源却主要分布在长江以北的中西部地区，重点是生态环境较为脆弱的西北地区。如山西省已有 2 万平方公里的国土面积成为采空区，占该省国土面积的 13%，600 万人口饮水困难。采空区内，地下水位下降，河流干涸，草木枯萎，当地居民生产生活困难，成为生态难民。

煤炭工业的中心现在正由山西转移到内蒙古，30 年之后这个重心将转移到新疆。而内蒙古正是中国的生态屏障。令人忧心的是这个生态屏障的异常脆弱性。正在开发的鄂尔多斯地区，处于毛乌素沙漠的腹地，煤炭资源丰富。开发这里的煤炭资源，稍有不当，就会破坏已有的地表地下水系，造成地下水位下降，地表水枯竭，固沙的植被枯死。现在，我国已有 236 万平方公里荒漠。内蒙古煤炭资源开采不当，北方生态屏障将不复存在，沙漠有可能跳过黄河，逼近太行山，甚至越过燕山，抵达渤海之滨。因此，我国开发煤炭资源，一定要考虑生态环境的承载能力，正确地把握开采的规模和节奏。

如果说开采煤炭资源破坏的生态环境只是局部的问题，那么燃烧煤炭资源所排放的二氧化碳等温室气体就是全球的问题了。一般认为，人类明显的开始影响地球大气成分始于第一次工业革命。化石能源的利用过程，也是向地球的大气层不断大规模的排放二氧化碳的过程。大气层中的二氧化碳不断的积累，全球气温也就不断的上升。全球气温的上升，引起了人类的警觉。发展中国家认为，西方国家 200 多年的工业化，已经向大气排放了不少的温室气体，这几百年不断积累的温室气体，导致了现在的全球气温变暖。因此，发达国家对此应负主要责任。我国人均温室气体的排放量不到 4t，低于世界平均水平，不及发达国家的三分之一。所以，发达国家应该首先减排，应该利用其先进的环保技术帮助发展中国家。

中国政府遵循国际社会认同的“共同的但有区别的责任”，一方面积极与国际社会一起共同努力，一方面下大力气做好国内的减排工作。由于全球气候变暖，近 50 年来，中国沿海海平面年平均上升速率为 2.5mm，略高于全球平均水平。中国山地冰川快速退缩，并有加速趋势。2008 年中国环境状况公报显示，由于大量的排放二氧化硫，监测的 477 个城市（县）中，出现酸雨的城市252个，占52.8%；酸雨发生频率在25%以上的城市164个，占34.4%；酸雨发生频率在75%以上的城市55个，占11.5%。据2005年环境公报报道，我国2004年烟尘排放量1095万吨，SO_2排放量2255万吨。其中燃煤产生的SO_2约占总量的90%，CO占71%，CO_2占85%，氮氧化物占70%，灰尘微粒占61%。可见我国属于典型的燃煤型污染，中国温室气体和二氧化硫减排任重而道远。

很明显，以煤炭为主要能源的中国经济要持续增长，人均收入水平要在2050年左右达到当时的中等发达国家水平，即现在发达国家的水平，必然要受煤炭资源储量限制，也要受本国矿区生态环境的限制，更要受到二氧化碳和二氧化硫等排放的限制。

如果不考虑其他因素，仅从能源供求角度考虑，中国的经济的持续增长，必须“开源节流”，采用先进技术，提高煤炭利用效率，发展替代能源。同时，加强与国际社会合作，共同解决人类所面临的能源问题和环境问题。

0.4 煤的综合利用与洁净煤技术

0.4.1 煤炭综合利用

煤炭的早期用途与主要用途是直接做燃料使用。现代工业以煤作燃料，可用于发电、生产水泥与钢铁冶炼等，作用很大，但经济效益并不高。煤的化学深加工可显著增效。若通过煤转化成芳烃类化学品、塑料、炭纤维或药品，价值将十倍、百倍地增加。

因此，无论是从资源的合理利用，或是从提高经济效益的角度考虑，都应该加强煤的非燃料利用，即煤的综合利用。

煤炭综合利用并制取高附加值化工产品的方法是多种多样的，其中包括煤的干馏（焦化）、加氢、液化、气化、氧化、磺化、卤化、水解、溶剂抽提等。煤炭还可以直接用作还原剂、过滤材料、吸附材料、塑料和炭素材料等。

煤炭综合利用的主要工艺方法有干馏、气化、液化、炭素化与煤基材料和煤基化学品。

0.4.1.1 干馏

干馏是将煤料在隔绝空气的条件下加热炭化，以得到焦炭、焦油和煤气的工艺过程。按加热终温的不同，煤的干馏可分为三类：低温干馏（干馏终温500～550℃）；中温干馏（干馏终温600～800℃）和高温干馏（干馏终温950～1050℃）。其中，煤的高温干馏，即炼焦是技术最成熟、应用最广泛的煤炭综合利用方法。

0.4.1.2 气化

气化是将煤（煤的半焦、焦炭）在气化炉中加热，并通入气化剂（空气、氧气、水蒸气或氢气），使煤中的可燃成分转化为煤气的工艺过程。煤气化的工艺方法有固定床（慢移动床），常见有间歇式气化（UGI）和鲁奇（Lurgi）连续式气化两种；流化床，常见有温克勒（Winkler）、灰团聚（U-Gas）、循环流化床（CFB）、加压流化床（PFBC）等。气流床，从原料形态分有水煤浆、干煤粉两类。

0.4.1.3 液化

液化是采用溶解、加氢、加压与加热等方法，将煤中的有机物转化为液体产物的工艺过程。煤的液化有两个途径：一是使（脱硫）煤在高温、高压条件下与H_2反应，直接转化为液体燃油，即煤的直接加氢液化；二是先使（脱硫）煤气化生成（$CO+H_2$）合成气，再由合成气合成液体燃油，即煤的间接液化。

0.4.1.4 炭素化

炭素化是以煤及其衍生物为原料，生产炭素材料的工艺过程。无烟煤、焦炭用作生产电极糊、炭砖、炭块的骨料。煤沥青用作炭纤维、针状焦的原料，用作炭和石墨材料的黏结剂。煤焦油、蒽油用作黏结剂成分。

0.4.1.5 煤基材料与煤基化学品

煤基材料与煤基化学品是通过化学加工，利用煤及其衍生物生产化工原料或化工产品的工艺过程。煤基材料包括高分子合成单体、功能高分子材料和煤基复合材料等。煤基化学品包括从煤液中获取高附加值的苯酚、萘、菲、芘、联苯，BTX（苯、甲苯、二甲苯）及其衍生物，这些1~4环的芳烃都是重要的有机化工原料。

煤炭综合利用的系统图，如图0-1所示。由图0-1可见，煤炭的综合利用与能源、化工、冶金、炭素材料和农业等关系极为密切，在国民经济中具有举足轻重的重要位置。

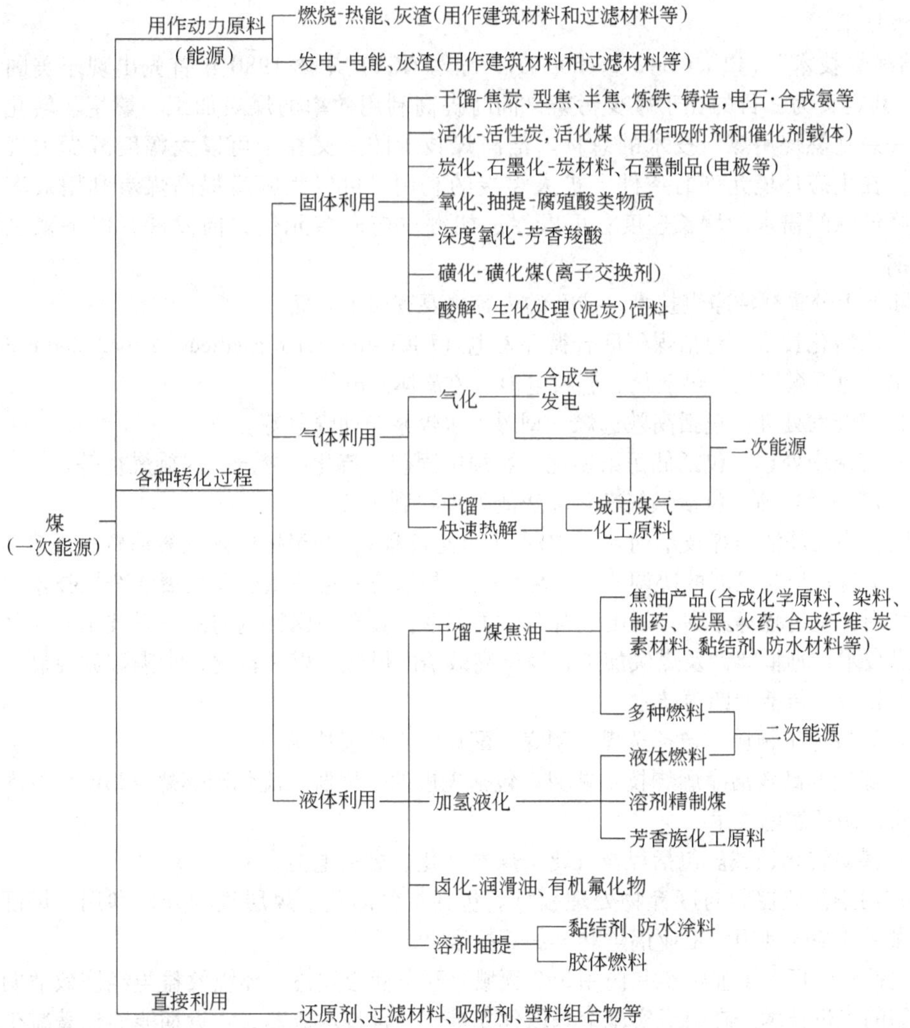

图0-1 煤炭综合利用系统图

为了体现规模效益，提高产品的附加值，提高企业的经济效益和社会效益，现代化的煤化学综合利用工业，应该采取大型化、基地化、多联产模式，其组织形式是各种各样煤炭利用部门的联合。其中包括：采煤-电力-建材-化工；采煤-电力-城市煤气-化工；钢铁-炼焦-化工-煤气-建材；炼焦-煤气-化工；煤气化-发电-城市煤气-化工等联合体。

我国在煤炭综合利用方面做了大量的工作，取得了很大的成绩，但在今后相当长的时间内，煤的综合利用还有待于向纵深发展。我国煤炭综合利用的选择标准应该是清洁（尽量减少环境污染）、高效［煤炭的高效率利用和无效运输的降低、高附加值和高效益（含经济与社会效益）］，为此，应尽早开发更多适合国情的煤炭利用新技术，以便使我国的煤炭利用技术在21世纪逐步完成向新技术的转变，并达到当时的国际先进水平，为我国与人类作出更大的贡献。

0.4.2 洁净煤技术

煤直接作燃料时的低效率、高污染引起了人们的广泛重视，主要在生态学的推动下，提出了洁净煤技术。

“洁净煤技术”（Clean Coal Technology，缩写 CCT）术语 1980 年首先出现于美国《能源词典》。其定义为：目的在于减少污染，同时提高利用效率的煤炭加工、燃烧、转化和污染控制等一系列燃烧用煤新技术的总称。洁净煤技术的意义在于可以大幅度减少大气污染物的排放，在生态环境允许的条件下扩大煤炭的利用；可以大幅度提高煤炭利用效率与经济效益，降低煤炭需求的增长速度；可以促进能源供应向多元化方向发展，以平稳过渡到石油后时期。

国际上十分重视洁净煤技术，涉及的内容主要有四个方面：

（1）煤转化技术。包括煤气联合循环发电（IGCC-integrated gasification combined cycle）、城市煤气化、地下煤气化、煤液化、燃料电池、磁流体发电等。

（2）燃烧前处理。包括高效选煤、型煤、水煤浆与油煤浆等。

（3）燃烧中处理。包括低污染燃烧、燃烧中固硫、流化床燃烧、涡旋燃烧等。

（4）燃烧后处理。包括烟气净化和灰渣处理与利用等。

中国已将发展洁净煤技术列入《中国21世纪议程》，并根据中国煤炭消费呈现多元化格局的特点，本着环境与发展的协调统一，环境效益与经济效益并重以及发展洁净煤技术要覆盖煤炭开发利用的全过程等原则，提出了符合中国国情，具有中国特色的洁净煤技术框架体系。中国洁净煤技术计划框架涉及煤炭加工、煤炭高效洁净燃烧、煤炭转化、污染排放控制与废弃物处理四个领域，包括十四项技术。

（1）煤炭加工领域。包括选煤、型煤、配煤、水煤浆技术。

（2）煤炭的高效洁净燃烧技术领域。包括先进的燃烧器、流化床燃烧（FBC）技术、整体煤气化联合循环发电技术。

（3）煤炭转化领域。包括煤炭气化、煤炭液化、燃料电池。

（4）污染排放控制与废弃物处理领域。包括烟气净化、煤层气的开发利用、煤矸石、粉煤灰和煤泥的综合利用、工业锅炉和窑炉等技术。

重点针对电厂、工业炉窑和民用3个领域，开发社会效益、环境效益与经济效益明显、实用而可靠的先进技术。在组织实施上采取优先推广一批技术成熟、在近期能够显著减少烟煤污染的技术，如选煤、型煤、配煤、烟气脱硫等；示范一批能在21世纪初实现商业化的技术，如增压循环流化床发电、大型循环流化床、工业型煤等；研究开发一批起点高、对长远发展有影响的技术，如煤炭液化、燃料电池等。

0.5 煤化学的内容特点与学习方法

煤化学的主要研究内容有：

（1）煤的生成、组成、岩相、性质、结构和分类等。

（2）煤的各种转化过程机理及其理论基础。

（3）煤的各种加工产物的组成、性质及其应用。

煤化学的涉及面广并与许多学科关系密切。要研究煤的生成，就要了解地球化学、古植物学、地理学、沼泽学、微生物学和地质学等方面的基本知识。煤的岩相研究需要了解岩石学、晶体结构、晶体光学的基本概念。煤及其转化产物的性能常采用高分子化学、胶体化学、电化学、表面化学和流变学等基本原理来阐明。因此，要深入掌握煤化学不仅要有扎实的有机化学、物理化学和物理学的知识，而且还要有上述各学科广博的基础知识。

煤是一种组成、结构非常复杂和极不均一的混合物，其中包括有机物、无机物和几十种复杂的煤岩显微组分。由于各种因素的千变万化，可以说世界上没有组成、结构和性质完全相同的两块煤。因此，煤化学的研究是复杂而困难的。人们为了深入揭示煤的组成和结构，采用了最现代化的科学研究仪器，如用色谱仪、红外光谱仪、紫外光谱仪、X 射线衍射仪、顺磁共振仪、核磁共振仪、质谱仪、热谱仪、显微光度仪、电子显微镜和电子计算机等进行煤及其衍生物的研究。为此，要学好煤化学，也应对现代仪器分析的基本原理、适用范围和谱图解析等有所了解。

煤化学的兴起与研究工作已有 100 多年的历史。由于煤的组成和结构的复杂与非均一性，目前煤化学的研究水平还不够高，对煤的组成、结构、分类和某些转化过程机理等理论问题尚无定论，煤化学还处在发展中的积累资料阶段。煤化学中概念多，但数学推导与定律较少，许多内容是叙述与评述性的定性描述，目前尚难进行定量测定。可见，在煤化学学科中还有许多尚待研究与解决的问题，这对煤化学研究者来说是一种压力，同时也是挑战与机遇。

煤化学是一门实践性很强并处于迅速发展的学科。在学习过程中应预习与及时复习，搞清有关基本概念和掌握基本数据，并不断拓宽知识面。同时，既要重视理论，又要重视有关煤化学的实验与实践，理论联系实际努力提高自己分析问题与解决问题的能力，刻苦钻研、勇于创新，促进煤化学学科的发展与完善。

复习思考题

0-1 归纳我国煤炭利用历史的大事表。

0-2 煤化学学科的发展大体经历了哪几个阶段，归纳煤化学历史大事表。

0-3 我国是世界上最早采煤和用煤的国家，但是为什么煤化学却没有从我国诞生？

0-4 迄今为止，可以载入史册的煤化学里程碑研究成果主要有哪些？

0-5 进入 21 世纪以来，煤化学有哪些主要研究热点与成果？

0-6 简述煤化学的研究现状。

0-7 煤化学今后主要有哪些研究方向？

0-8 煤炭与中国社会的可持续发展有什么关系？

0-9 煤炭与环境保护有什么关系？

0-10 煤炭综合利用有什么意义，有哪些工艺方法？

0-11 洁净煤技术有什么意义，有哪些研究内容？

0-12 煤的干馏如何分类，其温度和加工产物有什么不同？

1 煤的种类、特征与生成

煤主要是由植物遗体转化而成的碳质沉积岩，含有一定量的矿物质，相应的灰分产率小于或等于50%（干基质量分数）。从煤的生成过程来说，煤是由远古植物残骸没入水中经过生物化学作用，然后被地层覆盖并经过物理化学与化学作用而形成的有机生物岩。煤生成过程中的成煤植物来源与成煤条件的差异造成了煤种类的多样性与煤基本性质的复杂性，并直接影响煤的开采、洗选和综合利用。

1.1 煤的种类和特征

1.1.1 煤的种类

根据成煤植物种类的不同，煤主要可分为两大类，即腐殖煤和腐泥煤。

1.1.1.1 腐殖煤

由高等植物形成的煤称为腐殖煤。腐殖煤是因为植物的部分木质纤维组织在成煤过程中曾变成腐殖酸这一中间产物而得名。它在自然界分布最广，储量最大。绝大多数腐殖煤都是由植物中的木质素和纤维素等主要组分形成的。亦有少量腐殖煤是由高等植物中经微生物分解后残留的脂类化合物形成的，称为残殖煤。单独成矿的残殖煤很少，多以薄层或透镜状夹在腐殖煤中。我国江西乐平煤田和浙江长广煤田有典型的树皮和角质残殖煤，大同煤田发现有少量孢子残殖煤。

1.1.1.2 腐泥煤

由低等植物和少量浮游生物形成的煤称为腐泥煤。腐泥煤包括藻煤、石煤和胶泥煤等。藻煤主要由藻类生成，山西浑源有不少藻煤，山东兖州、肥城也有发现；石煤是一种高变质的腐泥煤或藻煤。其成分除含有机碳外，还含有40%～90%氧化硅、氧化钙和少量的氧化铁、氧化铝和氧化镁等。石煤在中国分布广泛，以南秦岭区储量最为丰富。胶泥煤是无结构的腐泥煤，植物成分分解彻底，几乎完全由基质组成。这种煤数量很少，山西浑源有少量存在。胶泥煤中的矿物质含量大于40%即称为油页岩，我国辽宁抚顺、吉林桦甸、广东茂名和山东黄县等地有丰富的油页岩资源。

此外，还有腐殖煤和腐泥煤的混合体，有时单独分类成与腐殖煤和腐泥煤并列的第三类煤，称为腐殖腐泥煤。主要有烛煤和煤精，前者与藻煤很相似，宏观上几乎难以区分，易燃，用火柴即可点燃，燃烧时火焰明亮，好像蜡烛一样；煤精盛产于我国抚顺，结构细腻，质轻而有韧性，因能雕琢工艺美术品而驰名。

由于储量、用途和习惯上的原因，除非特别指明，人们通常讲的煤，就是指主要由木质素、纤维素等形成的腐殖煤。它与腐泥煤主要特征的比较如表1-1所示。

1.1.2 腐殖煤的主要特征和一般特性

腐殖煤是近代煤炭综合利用的主要物质基础，也是煤化学的重点研究对象。根据煤化度的不同，它可分为泥炭、褐煤、烟煤和无烟煤四大类。各类煤具有不同的外表特征和特性；其典型的品种，一般肉眼就能区分。

表 1-1 腐殖煤与腐泥煤的主要特征

特 征	腐 殖 煤	腐 泥 煤
颜 色	褐色和黑色，多数为黑色	多数为褐色
光 泽	光亮者居多	暗
用火柴点燃	不燃烧	燃烧，有沥青气味
氢含量/%	一般小于6	一般大于6
低温干馏焦油产率/%	一般小于20	一般大于25

1.1.2.1 泥炭

泥炭是植物向煤转变的过渡产物，外观呈不均匀的棕褐色或黑褐色。它含有大量未分解的植物组织，如根、茎、叶等残留物，有时肉眼就能看出。泥炭含水量很高，一般为75%～95%。开采出的泥炭经自然风干后，水分可降至25%～35%。干泥炭为棕黑色或黑褐色土状碎块。

泥炭是在沼泽中形成的，根据沼泽的地形、环境、发育阶段的养料供应方式的不同，可将泥炭分为低位沼泽泥炭、中位沼泽泥炭和高位沼泽泥炭三种类型。前两种属土壤营养泥炭，后一种属大气营养泥炭。芬兰学者 E·基维年主张以植物残体对泥炭进行分类，将泥炭分为苔藓泥炭、草本泥炭和木本泥炭。也有人以沼泽的地理位置，将泥炭分为近海沼泽泥炭和内陆沼泽泥炭。

世界上泥炭储量丰富的国家有俄罗斯、芬兰、爱尔兰、瑞典、加拿大和美国等国。我国泥炭储量约270亿吨，80%属裸露型，20%属埋藏型。主要分布在大小兴安岭、三江平原、长白山、青藏高原东部以及燕山、太行山等山前洼地和长江冲积平原等地。

泥炭有广泛的用途。泥炭的硫含量平均为0.3%（质量分数），属于低硫燃料，经气化可制成气体燃料或工业原料气，经液化可制成人造液体洁净燃料；泥炭焦化所得泥炭焦是制造优质活性炭的原料；用泥炭可以制造甲醇等多种化工原料；泥炭还是制造泥炭纤维板等建材和木材替代品的原料。泥炭还可以直接用作土壤改良剂和高质量的腐殖酸肥料。泥炭的开发和利用已引起国内外的广泛重视，近些年来发展十分迅速。

1.1.2.2 褐煤

褐煤是泥炭沉积后经脱水、压实转变为有机生物岩的初期产物，因外表呈褐色或暗褐色而得名。与泥炭相比，褐煤中腐殖酸的芳香核缩合程度有所增加，含氧官能团有所减少，侧链较短，侧链的数量也较少。由于腐殖酸的相互作用，腐殖酸开始转变为中性腐殖质。褐煤大多数无光泽，真密度1.10～1.40g/cm^3。褐煤含水较多，达30%～60%，空气干燥后仍有10%～30%的水分，易风化破裂。在外观上，褐煤与泥炭的最大区别在于褐煤不含未分解的植物组织残骸，且呈成层分布状态。

根据外表特征，可将褐煤分为土状褐煤、暗褐煤和亮褐煤三种。其中土状褐煤和暗褐煤属于低煤化度褐煤，亮褐煤属于高煤化度褐煤。此外还有一种特殊形态的褐煤称为木褐煤。从低煤化度褐煤转变为高煤化度褐煤时，由于其组成与结构的改变，腐殖酸逐渐减少，水分显著降低，颜色变深，光泽从无到有，密度和硬度不断提高。

（1）土状褐煤。它是泥炭变成褐煤的最初产物，其断面与一般黏土相似，结构较疏松，易碎成粉末，玷污手指。

（2）暗褐煤。它是典型的褐煤，表面呈暗褐色，有一定的硬度，如将其破碎则碎成块状而不形成粉末。

（3）亮褐煤。从外表看它与低煤化度烟煤无明显区别，因而有些国家称其为次烟煤。但亮褐煤仍含有腐殖酸，外观呈深褐色或黑色，有的带有丝绢状光泽，有的则如烟煤一样含有暗亮相间的条带。

（4）木褐煤。亦称柴煤。有很明显的木质结构，用显微镜观察可清楚地看到完整的植物细胞组织。它除含有腐殖酸、腐殖质和沥青质外，还含有木质素和纤维素等。显然，木褐煤是由尚未受到充分腐败作用的泥炭所形成的一种特殊形态的褐煤。

德国、澳大利亚等国有丰富的褐煤资源。我国褐煤也较丰富，已探明的保有储量约1400亿吨，占全国煤炭储量的17%，在我国煤炭资源中占有重要地位。其中以内蒙古东北部地区最多，约占全国褐煤保有储量的3/4；以云南省为主的西南地区的褐煤储量约占全国的1/5；东北、华东和中南地区的褐煤仅占全国的5%左右。

褐煤适宜成型作气化原料；其低温干馏煤气可用作燃料气或制氢的原料气，低温干馏的煤焦油经加氢处理可制取液体燃料和化工原料；用褐煤半焦或瓷球作热载体对褐煤进行快速热分解是一种低、中温新法干馏工艺。可生产热值为18.84～20.93MJ/m^3（标态）的优质城市煤气，焦油产率达6.0%～8.5%；将褐煤制成（蒽）油煤浆后催化加氢，褐煤有机质的80%可以转化成气态和液态产品，油收率约占35%；褐煤经溶剂抽提所得褐煤蜡（又名蒙旦蜡），具有熔点高、化学稳定性好、防水性强、导电性低、耐酸、强度高和表面光亮等特性，可用作表面活性剂、表面光亮剂、疏水剂、色素溶剂和吸油介质等。褐煤的微生物转化与利用由于具有能耗低、转化条件温和、转化效率高、污染小等优点而越来越受到关注，其研究正方兴未艾。但褐煤易风化破碎，故一般不宜长途运输。而我国的主要褐煤产地又多远离城市和大工业用户，因此，褐煤的开发利用是一个迫切需要解决的问题，应予以高度重视。

1.1.2.3 烟煤

烟煤的煤化度低于无烟煤而高于褐煤，因燃烧时烟多而得名。烟煤中已不含有游离腐殖酸，腐殖酸已全部转变为更复杂的中性腐殖质了。因此，烟煤不能使酸、碱溶液染色。一般烟煤具有不同程度的光泽，绝大多数呈明暗交替条带状。所有的烟煤都是比较致密的，真密度较高（1.20～1.45g/cm^3），硬度亦较大。

烟煤是自然界最重要，分布最广，储量最大，品种最多的煤种。根据煤化度的不同，我国将其划分为长焰煤、不黏煤、弱黏煤、1/2中黏煤、气煤、气肥煤、1/3焦煤、肥煤、焦煤、瘦煤、贫瘦煤和贫煤等。

在烟煤中，气煤、气肥煤、1/3焦煤、肥煤、焦煤和瘦煤都具有不同程度的黏结性。它们被粉碎后高温干馏时，能不同程度地“软化”和“熔融”成为塑性体，然后再固化为块状的焦炭。传统观念认为这些煤是炼焦的主要原料煤，故称之为炼焦煤；除此以外的其他煤没有或基本没有黏结性，只能用于低温干馏、造气或动力燃料等，故称之为非炼焦用煤。随着煤准备与炼焦工艺的发展，扩大了炼焦用煤的资源。新的炼焦技术已能使用所有的烟煤，甚至无烟煤作为原料成分，不再仅仅局限于这些传统炼焦煤。

1.1.2.4 无烟煤

无烟煤是煤化度最高的一种腐殖煤，因燃烧时无烟而得名。无烟煤外观呈灰黑色，带有金属光泽，无明显条带。在各种煤中，它的含碳量最高，挥发分最低，真密度最大（1.35～1.90g/cm^3），硬度最高，化学反应性弱，燃点高达360～410℃以上，无黏结性。

无烟煤主要用作民用、发电燃料；制造合成氨的原料；制造炭电极、电极糊和活性炭等炭素材料的原料；煤气发生炉造气的燃料；低灰低硫、可磨性好的无烟煤还适于作新法炼焦的原料、高炉喷吹和烧结铁矿的燃料，以及生产脱氧剂、增碳剂等。

上述四类腐殖煤的主要特征与区分标志如表1-2所示。

表1-2 四类腐殖煤的主要特征与区分标志

特征与标志	泥 炭	褐 煤	烟 煤	无烟煤
颜 色	棕褐色	褐色、黑褐色	黑 色	灰黑色
光 泽	无	大多数无光泽	有一定光泽	金属光泽
外 观	有原始植物残体，土状	无原始植物残体，无明显条带	呈条带状	无明显条带
在沸腾的KOH中	棕红-棕黑	褐 色	无 色	无 色
在稀HNO_3中	棕 红	红 色	无 色	无 色
自然水分	多	较 多	较 少	少
密度/$g \cdot cm^{-3}$		1.10～1.40	1.20～1.45	1.35～1.90
硬 度	很 低	低	较 高	高
燃烧现象	有 烟	有 烟	多 烟	无 烟

1.2 成煤原始物料

1.2.1 地质年代与主要成煤植物

起初人们对煤是如何形成的认识并不一致，曾提出过多种假说，归纳起来主要有三种：一是认为煤是和地球一起形成的，有地球就有煤；二是认为煤是由岩石变化而来的；三是认为煤是由植物残骸形成的。

随着生产和科学技术的发展，人们在生产实践中常常发现在煤层中有保存完好的古植物化石和由树干变成的煤，有的甚至保留着原来断裂树干的形状；煤层底板多富含植物根化石或痕木化石，证明它曾经是植物生长的土壤；在显微镜下观察煤制成的薄片可以直接看到原始植物的木质细胞结构和其他残骸，如孢子、花粉、树脂、角质层和木栓体等；在实验室用树木进行人工煤化试验，可以得到外观和性质与煤类似的人造煤。因此，煤是由植物而且主要是由高等植物转变而来的观点已成为人们的共识。

在生物史上，植物经历了由低级向高级逐步发展，并且多次飞跃演化的漫长过程。按种类划分，其发展依次可分为菌藻植物时代、裸蕨植物时代、蕨类植物时代、裸子植物时代和被子植物时代。其中菌藻植物属于低等植物，其他植物属于高等植物。此外，高等植物还包括难以成煤的苔藓植物。在植物演化史上，某一种类的植物占优势后，前级植物中的某些门类仍继续存在。

低等植物主要是由单细胞或多细胞构成的丝状或叶片状植物体，没有根、茎、叶的划分，如细菌和藻类。它们大多数生活在水中，是地球上最早出现的生物。高等植物则有根、茎、叶等器官的划分。除了苔藓外，高等植物常能长成高大的乔木，具有粗壮的茎和根，成为重要的成煤物质来源。

植物演化的时间进程可以用地质年代来描述。地质年代是指地层形成的年代，亦可指煤层形成的年代。地质年代通常划分为代、纪、世、期、时；地层系统通常也划分为界、系、统、组、段。地质年代与地层系统之间存在着一一对应的关系。

国际通用的地层系统与地质年代的关系如表 1-3 所示，该表参照 1989 年国际地质联合会（ICS）的地球地层表，列出了相应的成煤植物及主要煤种开始生成的地质年代。

表 1-3　地层系统、地质年代、成煤植物与主要煤种

代（界）		纪（系）	距今年代（百万年）	中国主要成煤期▲	生物演化：植物	生物演化：动物	煤种
新生代（界）		第四纪（系）	1.6		被子植物	出现古人类	泥炭
		晚第三纪（系）	23	▲		哺乳动物	褐煤为主，少量烟煤
		早第三纪（系）	65				
中生代（界）		白垩纪（系）	135		裸子植物	爬行动物	褐煤、烟煤，少量无烟煤
		侏罗纪（系）	205	▲			
		三叠纪（系）	250				
古生代（界）	晚古生代	二叠纪（系）	290	▲	蕨类植物	两栖动物	烟煤 无烟煤
		石炭纪（系）	355				
		泥盆纪（系）	410		裸蕨植物		
	早古生代	志留纪（系）	438		菌藻植物	鱼类	石煤
		奥陶纪（系）	510			无脊椎动物	
		寒武纪（系）	570				
元古代（界）	新元古代	震旦（系）	1000				
	中元古代		1600				
	古元古代		2500				
太古代（界）			4000				

由表 1-3 可见，植物的演化对煤的形成有十分重要的影响，只有当植物广泛分布、繁茂生长时才可能有成煤作用发生，而新门类的植物群的出现是出现新的成煤期的前提。

1.2.2　成煤植物的有机族组成及成煤性质

高等植物和低等植物的基本组成单元是细胞。细胞是由细胞壁和原生质构成的。前者的主要成分是纤维素、半纤维素和木质素，而后者的主要成分是蛋白质和脂肪。高等植物的细胞含原生质较少，低等植物则相反。茎是高等植物的主体，其外表面被一层表皮所包裹。表皮外层为角质层，里层为木栓层。从表皮向内，依次是形成层、木质部和髓心。

高等植物除了根、茎、叶外，还有繁殖器官孢子和花粉。孢子属于孢子植物，花粉属于种子植物所有。

1.2.2.1　植物的有机族组成

从化学的观点看，植物的有机族组成可以分为四类，即糖类及其衍生物、木质素、蛋白质和脂类化合物。

A　糖类及其衍生物

糖类及其衍生物包括纤维素、半纤维素和果胶质等。

纤维素是一种高分子的碳水化合物，属于多糖；其链式结构可用通式（$C_6H_{10}O_5$）$_n$ 表示。分子结构，如图 1-1 所示。

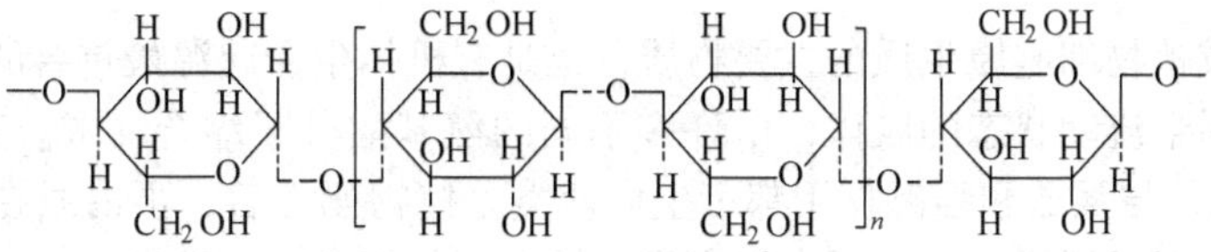

图 1-1　纤维素的分子结构式

纤维素在生长着的植物体内很稳定，但植物死亡后，需氧细菌通过纤维素水解酶的催化作用可将纤维素水解为单糖，后者进一步氧化则分解为 CO_2 和 H_2O，即：

$$(C_6H_{10}O_5)_n + nH_2O \xrightarrow{\text{细菌水解}} nC_6H_{12}O_6$$

$$C_6H_{12}O_6 + 6O_2 \longrightarrow 6CO_2 + 6H_2O$$

当环境缺氧时，厌氧细菌使纤维素发酵生成 CH_4、CO_2、C_3H_7COOH 和 CH_3COOH 等。

无论是水解产物还是发酵产物，它们都可与植物的其他分解产物缩合形成更复杂的物质参与成煤，或成为微生物的营养来源。

半纤维素也是多糖，其结构多种多样，例如多维戊糖（$C_5H_8O_4$）$_n$ 就是其中的一种。它们也能在微生物作用下分解成单糖：

$$(C_5H_8O_4)_n + nH_2O \longrightarrow nC_5H_{10}O_5$$

果胶质是糖的衍生物，呈果冻状存在于植物的果实和木质部中。果胶质分子中有半乳糖醛酸 $HOC—(CHOH)_4—COOH$，故呈酸性。果胶质的结构式，如图 1-2 所示。

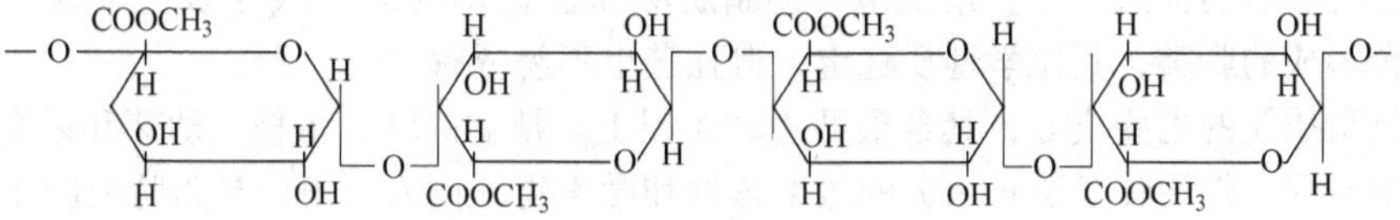

图 1-2　果胶质的分子结构式

果胶质是不稳定的，在泥炭形成的开始阶段，即可因生物化学作用水解成一系列的单糖和糖醛酸。

B　*木质素*

木质素主要分布在高等植物的细胞壁中，包围着纤维素并填满其间隙，以增加茎部的坚固性。

木质素是具有芳香结构的化合物，它的结构复杂，至今还不能用一个结构式来表示。但已知它具有一个芳香核，带有侧链并含有$—OCH_3$、—OH、—O—和 $—\overset{\displaystyle O}{\overset{\|}{C}}—H$ 等多种官能团。木质素的组成因植物的种类而异，目前已查明有三种类型的单体，如表 1-4 所示。

表 1-4　木质素的三种不同类型的单体

植　物	针叶树	阔叶树	乔　木
单　体	松柏醇	芥子醇	γ-香豆醇

木质素的单体以不同的链连接成三度空间的大分子，因而比纤维素稳定，不易水解。但在多氧的情况下，经微生物的作用易氧化成芳香酸和脂肪酸。

C　蛋白质

蛋白质是构成植物细胞原生质的主要物质，也是有机体生命起源最重要的物质基础。蛋白质是一种无色透明半流动状态的胶体，由许多不同的氨基酸分子缩合而成。其成分含—COOH和—NH_2，呈两性，与强酸和强碱作用都可生成盐类。植物死亡后，蛋白质在氧化条件下可分解为气态产物。在泥炭沼泽中，它可水解生成氨基酸。如氨基酸与糖类缩合则生成结构更为复杂的腐殖物质参与成煤。

D　脂类化合物

脂类化合物通常指不溶于水，而溶于苯、醚和氯仿等有机溶剂的一类有机化合物，包括脂肪、树脂、蜡质、角质、木栓质和孢粉质等。

脂肪属于长链脂肪酸的甘油脂。低等植物含脂肪较多，如藻类含脂肪可达20%。高等植物一般仅含1%～2%，且多集中在植物的孢子或种子中。脂肪受生物化学作用可被水解，生成脂肪酸和甘油，前者参与成煤作用。在天然条件下，脂肪酸具有一定的稳定性，因此从泥炭或褐煤的抽提沥青中能发现脂肪酸。

树脂是植物生长过程中的分泌物，当植物受创时，不断分泌出胶状的树脂来保护伤口。高等植物中的针状植物含树脂最多。低等植物不含树脂。树脂是混合物，其成分主要是二萜和三萜类的衍生物。树脂的化学性质十分稳定，不受微生物破坏，也不溶于有机酸，因此能较好地保存在煤中。我国抚顺第三纪褐煤中的“琥珀”就是由植物的树脂演变而成的。

树蜡的化学性质类似于脂肪，但比脂肪更稳定。它呈薄层覆于植物的叶、茎和果实表面，以防止水分的过度蒸发和微生物的侵入。植物茎、叶表面细胞壁外层的角质化和老的根、茎的栓质化，皆与蜡质的加入有关。蜡质是长链脂肪酸和含有24～36（或更多）个碳原子的高级一元醇聚合形成的脂类，其化学性质稳定，遇强酸也不易分解。

角质是角质膜的主要成分，其含量可达50%以上。植物的叶、嫩枝、幼芽和果实的表皮常常覆盖着角质膜，作用亦是防止水分的过度蒸发和微生物的侵入。角质是脂肪酸脱水或聚合的产物，其主要成分是含有16～18个碳原子的角质酸。

木栓质将植物的木栓组织浸透以提高其抵抗微生物作用腐烂变质的能力。在木栓中木栓质约含25%～50%。木栓质的主要成分是脂肪醇酸、二羧酸、碳原子数大于20的长链羧酸和醇类。

孢粉质是构成植物繁殖器官孢子、花粉外壁的主要有机成分，具有脂肪-芳香族网状结构。化学性质非常稳定，耐酸耐碱且不溶于有机溶剂，并可耐较高的温度而不发生分解。

脂类化合物的共同特点是化学性质稳定，因此能较完整地保存在煤中。

除上述四类有机化合物外，植物中还有少量鞣质、色素等成分。鞣质又称丹宁，是由不同组成的芳香族化合物如丹宁酸、五倍子酸、鞣花酸等混合而成，具有酚的特性。鞣质浸透了老年植物木质部细胞壁、种子外壳。许多植物的树皮中鞣质高度富集，如红树树皮中鞣质含量高达21%～58%。铁杉、漆树、云杉、栎、柳、桦等许多现代和第三纪沼泽植物的重要种属都含有鞣质。鞣质具有抗腐性，泥炭藓的细胞壁由于浸透了鞣质，所以抗腐性很强，通常难以分解。

色素是植物体内贮存和传递能量的重要因子，主要有脂溶性色素与水溶性色素两类。脂溶性色素主要为叶绿素、叶黄素与胡萝卜素，三者常共存。此外尚有藏红花素、辣椒红素等。叶绿素分子包含一个中央镁原子，外围一个卟啉环；一个很长的碳-氢侧链（称为叶绿醇链）连接於卟啉环上。除叶绿素外，其他脂溶性色素多为四萜衍生物。水溶性色素主要为花色甙类，又称花青素，普遍存在于花中。色素一般都具有抗氧化性或抑菌作用。

1.2.2.2 成煤植物的性质及其对成煤的影响

不同种类的植物，同种植物的不同部分，有机族组分的百分含量均不同。例如，木本植物各部分的有机族组成差别甚大，如表1-5所示。

表1-5 不同植物的有机族组成 （w/%）

植物		碳水化合物	木质素	蛋白质	脂类化合物
细菌		12~28	0	50~80	5~20
绿藻		30~40	0	40~50	10~20
苔藓		30~50	10	15~20	8~10
蕨类		50~60	20~30	10~15	3~5
草类		50~70	20~30	5~10	5~10
针叶和阔叶树		60~70	20~30	1~7	1~3
木本植物的不同部位	木质部	60~75	20~30	1	2~3
	叶	65	20	8	5~8
	木栓	60	10	2	25~30
	孢粉	5	0	5	90
	原生质	20	0	70	10

除了上述植物的有机化合物组成外，植物有机质的元素组成也影响着成煤特征和煤的利用。构成植物有机质的元素种类虽少，但含量大，主要有碳、氢、氧、氮四种元素，如表1-6所示。

表1-6 不同植物及其有机族组成的元素 （%）

植物或植物成分	w(C)	w(H)	w(O)	w(N)	植物或植物成分	w(C)	w(H)	w(O)	w(N)
浮游生物	45.0	7.0	45.0	3.0	脂肪	77.5	12.0	10.5	
细菌	48.0	7.5	32.5	12.0	蜡质	81.0	13.5	5.5	
陆生植物	54.0	6.0	37.0	2.75	角质	61.5	9.1	29.4	
纤维素	44.4	6.2	49.4		树脂	80.0	10.5	9.0	
木质素	62.0	6.1	31.9		孢粉质	59.3	8.2	32.5	
蛋白质	53.0	7.0	23.0	16.0	鞣质	51.5	4.3	44.4	

氮是形成蛋白质的重要组分，蛋白质中含氮15%~20%，氮也是叶绿素、生物碱等的组分。植物中的有机氮化合物在植物死亡后，被细菌分解形成氮，大部分被土壤中的细菌氧化成硝酸盐和亚硝酸盐。此外，硫和磷也是构成蛋白质的主要组分。硫常和α生物素及一些氨基酸有关；磷是形成细胞核和种子熟化所必需的，在花中磷含量可达1.5%，花粉中达2%~3%，种子含磷达0.5%~1%，磷是原生质和细胞核活性化合物以及核酸、蛋白质和脂类的重要组分，它可以促使能量转化。

植物中的钾能影响果实的性质，起着催化剂的功能，也是细胞质中的重要元素。在构成植物组织和成熟的木质部中钙起着重要作用，它主要聚集于死细胞内，钙与钾一起控制着植物体对水的吸入及运动。钾增加水的吸入、增加原生质，钙起着脱水的作用。镁是形成叶绿素所必需的元素，它含于细胞核的蛋白质中并大量存在于种子中。铁作为一种催化剂参与叶绿素的形成。

除上述元素外，植物中还含有微量的Na、Si、Al、Mn、B、Ba和Sr等，它们在植物体内主要起催化剂作用，其他功用有待探索。植物体有机物、无机物中的元素是众多的，它们的存在不仅直接影响植物体的生存和演化，而且也影响植物的遗体转化、成煤的特征和煤的加工利用，以及加工利用中带来的环境污染。

各种有机族组成的结构与化学性质，决定了它们抵抗微生物分解的能力。主要的有机族组分按分解的难易程度由易到难的排序依次为：（1）原生质；（2）叶绿素；（3）脂肪；（4）淀粉、半纤维素、纤维素；（5）木质素；（6）木栓质；（7）角质；（8）孢子与花粉；（9）蜡质；（10）鞣质；（11）树脂。

从理论上讲，各种植物、植物的各个部分与其分解产物及参与分解的微生物都参加了成煤。但是，由于成煤植物及植物的不同部分在有机族组成上的差异，也由于不同有机族组分在性质上的差异，使得不同植物和植物残骸的不同部分的分解、保存和转化存在相当大的差别。因此，对煤的种类、显微组成、化学性质及用途产生了重大影响。例如，如果成煤植物残骸以植物的茎、根等木质纤维组织为主，煤的氢含量就较低；如果成煤植物残骸中角质、木栓质、树脂、孢粉等脂类化合物较多，煤的氢含量就较高。

当然，植物残骸的堆积环境、微生物的种类及其活跃程度以及某些偶然因素，对成煤植物残骸的分解、保存与转化也有很大影响。但与前者相比，这种影响是第二位的。

1.2.3　植物的增长和植物遗体的堆积

植物有机体的增长量与大气和土壤的温度等环境因素有密切关系。根据推算，各自然地带（除干旱沙漠地区外）的植物增长量大致是从高纬度向低纬度增加。例如，苔原植物增长量是每年1.4t/10000m^2，赤道雨林地带则高达16.5t；我国华南亚热带森林的枯枝落叶层每年24～35t/10000m^2，而小兴安岭寒温带则为几吨到十几吨。

植物遗体是成煤的物质来源，但并不是在任何条件下植物遗体都能顺利地堆积并转变为泥炭，而是需要一定的条件。它首先需要大量植物持续繁殖，其次需要保存植物遗体的环境，使植物遗体能够原地堆积并且不至于完全被氧化分解。同时具备这两个条件的场所就是沼泽。

沼泽地势平坦低洼，排水不畅，植物繁茂。未被完全分解的植物残骸在其中逐年积累并开始泥炭化，天长日久便形成泡软的泥炭。

从地史上形成的煤层来看，绝大多数都属于植物遗体原地堆积成煤。植物遗体因水流搬运异地堆积后如能在沼泽中保存下来，也可以成煤，但较难形成有工业开采价值的煤层。

1.3　腐殖煤的生成过程

煤的生成是一个极其漫长与极其复杂的过程。煤的成因因素，即成煤植物的种类，植物遗体的堆积环境和堆积方式，泥炭化阶段经受的生物化学作用等影响泥炭形成并保存的诸因素，决定了煤在显微结构上具有多种形态各异的显微成分。煤的变质因素，即泥炭成岩后煤变质作用的类型、温度、压力、时间及其相互作用决定了煤的化学成熟程度，亦即煤化程度，又称煤化度。煤的显微成分组成和煤化度是表征煤的性质，尤其是炼焦用煤工艺性质的二维坐标。因此，了解煤的生成过程，可以帮助我们从本质上更深刻地认识煤。

腐殖煤的生成过程通常称为成煤过程。它是指高等植物在泥炭沼泽中持续地生长和死亡，其残骸不断堆积，经过长期而复杂的生物化学、地球化学、物理化学作用和地质化学作用，逐渐演化成泥炭、褐煤、烟煤和无烟煤的过程。煤的这一转化的全过程也称为成煤作用。成煤过程大致可分为泥炭化阶段和煤化阶段。

1.3.1 泥炭化阶段

泥炭化阶段是指高等植物残骸在泥炭沼泽中，经过生物化学和地球化学作用演变成泥炭的过程。在这个过程中，植物所有的有机组分和泥炭沼泽中的微生物都参与了成煤作用。

1.3.1.1 泥炭化阶段的生物化学变化

在泥炭化阶段，植物遗体的变化是十分复杂的。根据微生物的类型和作用，其生物化学作用大致可分为两个阶段。

第一阶段：植物遗体暴露在空气中或在沼泽浅部、多氧的条件下，由于需氧细菌和真菌等微生物对植物进行氧化分解和水解作用，植物遗体中的一部分被彻底破坏，变成气体和水；另一部分分解为较简单的有机化合物，它们在一定条件下可合成为腐殖酸；而未分解的稳定部分则保留下来。

第二阶段：在沼泽水的覆盖下，出现缺氧条件，微生物被厌氧细菌所替代。厌氧细菌与需氧细菌完全不同，它们的生命活动不需依靠空气中的氧，而能利用植物有机质中的氧，故发生了还原反应，结果留下了富氢的残留物。

第一阶段保留下来的分解产物，经过厌氧细菌的作用，一部分成为微生物的养料，一部分合成为腐殖酸和沥青质等较稳定的新物质。

第二阶段对于泥炭化是至关重要的。这是因为，如果植物遗体一直处在有氧或供氧充足的环境中，将被强烈地氧化分解，发生全败或半败作用，不再有泥炭生成如表1-7所示。

表1-7 植物遗体的分解过程

原始植物	过程名称	氧的供应状况	水的状况	过程实质	产 物
陆生及沼泽植物（高等植物）	全 败	充 足	有一定水分	完全氧化	仅留下矿物质
	半 败	少 量	有一定水分	腐殖化	腐殖土
	泥炭化	开始少量，后来无氧	开始有一定水分，后来浸没于水中	开始腐殖化，后来还原作用	泥 炭
水中有机物（低等植物）	腐泥化	无氧气	在死水中	还原作用	腐 泥

通常，在沼泽环境下，植物遗体的氧化分解往往是不充分的，经过第一阶段的不完全氧化分解之后，一般都会进入第二阶段，其原因主要在于：

（1）泥炭沼泽水的覆盖和植物遗体堆积厚度的增加，使正在分解的植物遗体逐渐与空气隔绝，进入弱氧化或还原环境。一般距泥炭沼泽表面0.5m以下，需氧细菌和真菌等微生物急剧减少，而厌氧细菌则逐步增加。

（2）植物遗体转变过程中分解出的气体、液体和微生物新陈代谢的产物促使沼泽中介质的酸度增加，抑制了需氧细菌、真菌的生存和活动。如分解产物中的硫化氢和有机酸的积累就能产生这种作用。

（3）植物本身存在的防腐和杀菌成分（如酚类）的逐步积累，不利于微生物的生存和活动。另外植物的分解产物也有一定的毒性。

1.3.1.2 泥炭化阶段的凝胶化作用和丝炭化作用

在泥炭化过程中，植物的木质纤维组织等除经受生物化学作用外，还发生了显著的物理化学变化。由于经受第一阶段生物化学的氧化分解的程度不同，从第一阶段转入第二阶段还原反应时机上的差别，再加上生物化学作用的第一阶段和第二阶段可能出现的交叉反复以及其他因素，植物残骸经泥炭化后将得到一系列成分和性质都不同的产物。综合生物化学作用与物理化学作用的总趋势，在泥炭化阶段主要发生两种作用：在弱氧化以至还原的条件下发生凝胶化作用，形成以腐殖酸和沥青质为主要成分的凝胶化物质；在强氧化条件下发生丝炭化作用，产生富碳贫氢的丝炭化物质。凝胶化作用和丝炭化作用是泥炭化过程中两种不同的典型的转变作用，它们不仅发生在泥炭化阶段，成岩过程中还要继续进行相当长的时间。经成岩与变质作用后，它们分别转变为煤中的两种典型有机显微煤岩组分组：镜质组和丝质组。

A 凝胶化作用

凝胶化作用是指植物的主要组分在泥炭化阶段经过生物化学变化和物理化学变化，形成以腐殖酸和沥青质为主体的胶体物质（凝胶和溶胶）的过程。这一过程在成岩阶段的延续又称为镜煤化作用。

凝胶化作用通常发生在沼泽中停滞、不太深的覆水条件下，弱氧化至还原环境中。在厌氧细菌的参与下，植物的木质纤维组织一方面发生生物化学变化，形成腐殖酸和沥青质等，另一方面植物的木质纤维组织在沼泽水的浸泡下，吸水膨胀，发生了胶体化学的变化。

凝胶化作用进行的强烈程度不同，产生了形态和结构各异的凝胶化物质。作为两个极端的例子：当凝胶化作用微弱时，植物的细胞壁基本不膨胀或仅微弱膨胀，则植物的细胞组织仍能保持原始规则的排列，细胞腔明显；当凝胶化作用极强烈时，植物的细胞结构完全消失，形成均匀的凝胶体。经过成岩阶段的镜煤化作用转变成煤后，前者形成木煤体或结构镜质体，后者形成基质镜质体或无结构镜质体。在这两种极端的显微成分之间，当然还存在若干凝胶化（镜煤化）程度不等的过渡和变形成分，如木质镜煤体、碎屑镜质体等。这些凝胶化过程中形成的不同产物不仅在形态上存在差别，成煤后在理化性质上也有所差异，但因为它们的工艺性质比较接近，故一起归并为镜质组。

B 丝炭化作用

植物的木质纤维组织在泥炭沼泽的氧化环境中，受到需氧细菌的氧化作用，产生贫氢富碳的腐殖物质，或遭受“森林火灾”而炭化成木炭的过程称为丝炭化作用。其产物统称为丝炭，依成因分为氧化丝质体与火焚丝质体。两者在形态、反射率和工艺性质等方面有一定的差异。但总体来说，氧化丝质体的存在是普遍的现象，而火焚丝质体的出现是偶然的情况。

氧化成因的丝炭化作用通常是在沼泽表面变得比较干燥，氧的供应较为充分的情况下发生的。在氧化过程中，有机物在微生物参与下失去被氧化的原子团而脱水、脱氢，碳含量相对增加。但若氧化作用无限制继续并不能形成丝炭，这是因为氧化作用的持续发生将导致植物遗体全部分解。只有当氧化到一定阶段后，植物残骸迅速转入覆水较深的弱氧化以至还原条件下；或被泥砂覆盖而与空气隔绝，中断了氧化作用，随后经煤化作用才能转变为丝炭。由于堆积环境、堆积方式等因素的影响，成煤后的丝炭有的细胞孔壁完整干净，有的孔壁中填充有黏土等矿物质，还有的细胞孔壁破裂为碎屑。它们的粉碎性能差异很大，但热工艺性质却相近，故均归属于丝质组（惰质组）。

凝胶化作用和丝炭化作用是泥炭化阶段两种不同的转变过程。但对同一植物遗体来说，这两种作用是可以交叉进行的。凝胶化物质可以因重新转入氧化环境而脱氢脱水，相对地增碳而向丝炭化物质转化。氧化较轻的丝炭化物质亦可以因进入还原环境而发生凝胶化作用。其互相转变的程度主要取决于沼泽覆水变化的程度。但是，彻底丝炭化的物质，即使在能够进行凝胶化作用的条件下，再也不可能向凝胶化物质转化了。

1.3.1.3 泥炭的积累与其组成

泥炭不断形成和积累有四个重要条件：

（1）植物增长量必须超过其分解量，即大量植物死亡残体经常处于厌氧分解的条件下，残体不能被完全氧化分解而保存下来。

（2）在植物残体转变为泥炭的过程中，分解产生的气体和液体以及微生物新陈代谢的产物，使沼泽水介质酸度增加，对微生物的活动产生抑制作用，使氧化分解逐渐减弱，泥炭积累便加强。

（3）泥炭沼泽有积水并处于停滞状态，造成水质的毒化，对微生物活动极其不利。氧化分解十分微弱，植物残体的有机组分大部分被保存下来。

（4）具有防腐和杀菌的植物成分较多，如泥炭藓能分泌酸类，木本植物残体含有丹宁物质，可保护纤维素等成分。某些针叶树含有的酸以及树脂等可保护纤维素不致完全被破坏。随着分解作用加强，酸性增大，使微生物受到抑制，生物化学作用逐渐减弱，泥炭积累加速。

综上所述，泥炭的积累速度受多种因素影响，大致每年的积累厚度在0.5～2.2mm的范围以内。平均每年积累1mm左右。有些地区，如位于热带的加里曼丹森林沼泽，每年积累的泥炭层厚达3～4mm（H. J. Anderson，1964），密西西比河三角洲全新统泥炭埋藏的积累速度更高达每年5.5～6.4mm。

由植物转变成泥炭，在化学组成上发生了质的变化，如表1-8所示。

表1-8 植物与泥炭化学组成的比较

植物与泥炭	元素组成/%(dmmf)				有机组成/%				
	w(C)	w(H)	w(N)	w(O+S)	纤维素 半纤维素	木质素	蛋白质	沥青A	腐殖酸
莎 草	47.90	5.51	1.64	39.37	50.00	20～30	5～10	5～10	0
木本植物	50.15	5.20	1.05	42.10	50.60	20.30	1～7	1～3	0
桦川草本泥炭	55.87	6.35	2.90	34.97	19.69	0.75	0	3.56	43.58
合浦木本泥炭	65.46	6.53	1.26	26.75	0.89	0.39	0	10	52.88

本资料据中国科学院煤化学研究所。

由表1-8可以看出，植物转变成泥炭后，蛋白质消失了，木质素、纤维素等减少，而产生了植物中没有的大量腐殖酸。元素组成中，泥炭的碳含量和氮含量有所增加，而氧含量减少。

泥炭的有机质主要包括：

（1）腐殖酸。它是泥炭最主要的有机成分，是一种由高分子羟基羧酸组成的复杂混合物胶体，可溶于碱溶液而呈棕红至棕黑色，当调节溶液的pH值至酸性时，则有棕色絮状沉淀析出。

（2）沥青质。它指可用苯、甲醇等有机溶剂抽提出的有机物，部分由树脂和树蜡转化而成，部分由植物组分的还原产物通过合成反应生成。

（3）未分解或尚未完全分解的植物族组成，包括纤维素、半纤维素、木质素和果胶质等。

（4）变化不大的植物稳定组分，如角质、树脂、孢粉和木栓质等。

1.3.1.4 泥炭聚积环境对煤质的影响

已有的研究表明，泥炭的堆积环境对煤的岩相组成、硫含量和煤的还原程度有显著的影响。

A 聚积环境与煤的岩相组成

物理条件，主要是水的深度和流动性，影响着泥炭沼泽的化学条件。化学条件尤其是氢离子浓度（pH值）和氧化/还原电势，又影响着微生物的活动。这些相互联系的物理、化学以及微生物条件与成煤植物物料相互作用，形成了泥炭的特定类型，并由此形成特定的煤类型。

例如，近海煤田的煤富含镜质组，也有相当数量的壳质组；而内陆煤田的煤则富含树脂体和惰质组。一般趋势是海水的影响越大，则煤的富氢岩相成分越多。

B 聚积环境与煤的硫含量

近海煤田的许多煤层，煤中的硫分都相当高，有的甚至高达8%～12%，而远海型煤田的煤一般硫分都比较低。这种情况反映了泥炭堆积环境的影响。

近海泥炭硫分高的原因主要有三个：一是海滨盐碱土上生长的植物本身硫含量就较高，如广东滨海现代红树林泥炭的硫分可高达4.69%～6.62%，这部分硫随着泥炭的煤化作用将成为煤中的有机硫；二是随着沼泽中水流的输运作用，某些元素会被泥炭沼泽中生长的植物选择性地浓缩，并与成为泥炭沉积物的有机物发生反应，一部分有机硫就是这样被浓缩的元素之一；三是海水硫含量高，平均含量为0.0888%，主要以硫酸根离子的形式存在。海水具有弱碱性，常被海水淹没的某些泥炭沼泽pH值达7.0～8.5。在此条件下，脱硫弧菌等硫酸盐还原菌很活跃，它利用有机质作为给氢体将硫酸盐还原成硫化氢。硫化氢与介质中的铁离子化合生成水陨硫铁（$FeS \cdot nH_2O$），再进一步与元素硫反应生成胶黄铁矿（$FeS_2 \cdot nH_2O$），经脱水即转变为黄铁矿FeS_2，成为煤中的无机硫。

C 聚积环境与煤的还原程度

煤的还原程度是指煤中的有机质在成煤过程中受到还原的程度。近海煤田某些煤层的煤，与变质程度相同、煤岩组成相近的其他煤比较，挥发分和硫、氢、氮的含量都较高，黏结性较强，发热量和焦油产率也较高，因此称为强还原煤。

强还原煤的生成与滨海泥炭沼泽的介质化学特性有关。它是在碱性介质，停滞和厌氧的还原环境下生成的。人工煤化作用的实验也证实了在碱性介质中，形成的煤黏结性较强。

研究证明煤的还原程度与煤的分子结构特征有关。一般强还原煤的酚羟基和羰基含量都较低，氢键结构多属于NH—O和NH—N类型；而弱还原煤的酚羟基和羰基含量较高，氢键结构多属于OH—O和OH—N类型。国外已制定了用电化学法测定煤还原程度的标准。

1.3.2 煤化阶段

以泥炭被无机沉积物覆盖为标志，泥炭化阶段结束，生物化学作用逐渐减弱以至停止。在物理化学和化学作用下，泥炭开始向褐煤、烟煤和无烟煤转变的过程称为煤化阶段。由于作用因素和结果的不同，煤化阶段可以划分为成岩阶段和变质阶段。它们与成煤过程的相互关系，如图1-3所示。

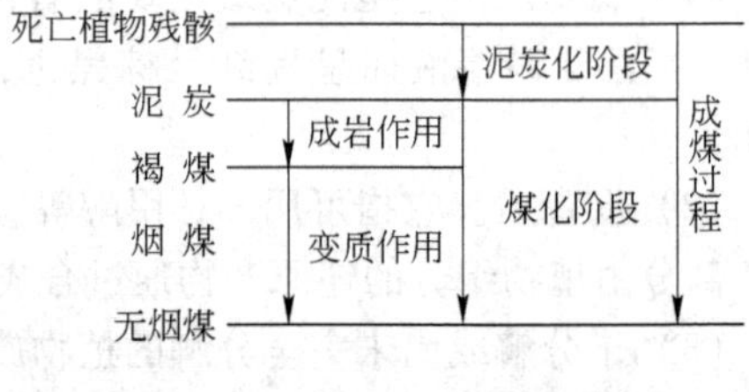

图1-3 成煤过程示意图

1.3.2.1 成岩阶段

成岩阶段是指无定形的泥炭，因受上覆无机沉积物的巨大压力逐渐发生压紧、失水、胶体老化硬结等物理和物理化学变化，转变为具有生物岩特征的褐煤的过程。

这一过程发生在深度不大的地下，泥炭上面的覆盖层厚度大致为 200~400m，温度不高，估计不到60℃。因此，压力及其作用时间对泥炭的成岩起主导作用。例如，在绝对年代较小的第三纪地层中，煤层一般为低煤化度的褐煤，而在较古老的石炭纪和二叠纪地层中，才能看到典型的和高煤化度的褐煤。

从泥炭阶段经褐煤阶段到烟煤阶段，压实或者说体积的缩小是相当可观的，但压缩的量决定于一定泥炭沼泽环境下形成的煤成因类型和煤岩类型。如森林泥炭的压缩量小于芦苇泥炭。一般常认为，从泥炭至软褐煤再到烟煤的压缩比例为6∶3∶1。也就是说，1m 泥炭将生成不到20cm 的烟煤。

在成岩过程中，除了发生压实和失水等物理变化外，也在一定程度上进行了分解和缩聚反应。泥炭中残留的植物成分，如少量纤维素、半纤维素和木质素等逐渐消失，腐殖酸含量先增加，后减少。从元素组成看，氢、氧减少，碳增加，如表1-9 所示。

表 1-9 成煤过程的化学组成变化

物料		$w(C)/\%$	$w(O)/\%$	腐殖酸/%(daf)	挥发分/%(daf)	水分/%(ad)
植物	草本植物	48	39			
	木本植物	50	42			
泥炭	草本泥炭	56	34	43	70	>40
	木本泥炭	66	26	53	70	>40
褐煤	低煤化度褐煤	67	25	68	58	
	典型褐煤	71	23	22	50	10~30
	高煤化度褐煤	73	17	3	45	
烟煤	长焰煤	77	13	0	43	10
	气煤	82	10	0	41	3
	肥煤	85	5	0	33	1.5
	焦煤	88	4	0	25	0.9
	瘦煤	90	3.8	0	16	0.9
	贫煤	91	2.8	0	15	1.3
无烟煤		93	2.7	0	<10	2.3

当地层继续下沉和顶板加厚时，由于温度明显升高，压力继续加大，而使煤质的变化转入变质阶段。

1.3.2.2 变质阶段

变质阶段是指褐煤沉降到地壳的深处，在长时间地热和高压作用下发生化学反应，其组成、结构和性质发生变化，转变为烟煤、无烟煤的过程。

在这一转变过程中，煤层所受到的压力一般可达几十到几百兆帕，温度一般在200℃以下。如受到火山岩浆等更高温度作用，则烟煤可能变成天然焦，无烟煤则可能变成石墨。后者是一种高级变质作用，已不属于煤的变质阶段。

变质作用的原因：引起煤变质的主要因素是温度、时间和压力。

A 温度

温度是煤变质的主要因素，这一点已为国内外大量的研究和实验所证实。

地球是一个庞大的热库，巨大的地热使地温自地表常温层以下随深度加大而逐渐升高。深度每增加100m温度升高的数值叫地温（热）梯度。

地温梯度一般恒为正值，即地温朝地下深处逐渐升高，尽管地热场的分布总是不均一的。现代地壳平均地温梯度为3℃/100m，但其变化范围可由0.5℃/100m到25℃/100m。由此可以推测成煤期的古代地温分布也是不均一的，但应有相同的变化趋势。煤的变质过程除了主要以正常地温为热源外，还可以以岩浆、热液或热水、深大断裂上导的高温以及莫霍面抬高构成地热场异常为热源。

由于地温分布的这种规律性，在穿过含煤岩系的深孔中发现煤的变质程度向深部依层递增，这一事实无疑是温度对煤变质发生强烈影响的有力例证。另一方面，温度因素的重要性也已被一系列的人工煤化实验所证明。人工煤化实验发现，泥炭在100MPa的压力下加热到200℃时，试样在相当长的时间内并无变化，而当温度超过200℃时，试样转变为褐煤；当压力升高到180MPa，温度低于320℃时，褐煤一直无明显变化；而当温度升至320℃后，它就转变为接近于长焰煤的产物，但仍能使KOH溶液染色；当继续升温到345℃后，得到了具有典型烟煤性质的产物；继续升温至500℃，产物具有无烟煤性质。由此可见，温度不仅是煤变质的主要因素，而且似乎存在一个煤变质的临界温度。

当然，天然的变质过程不需要这么高的温度，而且除个别情况外，一般也不可能达到这么高的温度。应用地质-地球物理方法研究地热场的变化，用围岩矿化推测古地温及用热动力模拟计算煤化温度，得出了天然煤化作用所需的温度比人工煤化实验推断温度要低得多的结论。大量资料表明，转变为不同煤化阶段所需的温度大致为：褐煤40～50℃，长焰煤小于100℃，典型烟煤一般小于200℃，无烟煤一般不超过350℃。

B 时间

时间也是煤变质的一个重要因素。这里所说的时间，严格地讲不是指距今地质年代的长短，而是指某种温度和压力等条件作用于煤的过程的长短。温度和压力对煤变质的影响随着它的持续时间而变化。时间因素的重要影响表现在以下两方面。

第一，受热温度相同时，变质程度取决于受热时间的长短。受热时间短的煤变质程度低，受热时间长的煤变质程度较高。例如美国第三纪地层中的煤包裹体与德国石炭纪的煤层，沉降深度分别为5440m和5100m，地质历史分析表明至今没有变动。受热温度前者约为141℃，后者约为147℃。可见温度与压力条件是近似的，但因时间差别很大，前者为1300万～1900万年，后者为2亿7千万年，造成煤的变质程度出现明显差异。前者$V_{daf}=35\%\sim40\%$，变质程度较低，属于气煤；后者$V_{daf}=14\%\sim16\%$，变质程度较高，大致属于焦煤或瘦煤。

第二，煤受短时间较高温度的作用或受长时间较低温度（超过变质临界温度）作用，可以达到相同的变质程度。一些煤田的地质观测结果表明，如果受热持续时间为500万年，大约在340℃的温度下可形成无烟煤；而当持续受热时间为2千万年至1亿年时，只要150～200℃的温度就能形成高变质烟煤和无烟煤。

C 压力

压力也是煤变质阶段不可缺少的条件。压力不仅可以使成煤物质在物理形态上发生变化，使煤压实，孔隙率降低，水分减少，而且还可以使煤的岩相组分沿垂直压力的方向作定向排列。静压力还促使煤的芳香族稠环平行层面作有规则的排列。动压力使煤层产生破裂、滑动。强烈的动压力甚至可以使低变质程度煤的芳香族稠环层面的堆砌高度增大。

尽管一定的压力有促进煤物理结构变化的作用，但只有化学变化才对煤的化学结构有决定性的影响。此外，人工煤化实验表明，当静压力过大时，由于化学平衡移动的原因，压力反而会抑制煤结构单元中侧链或基团的分解析出，从而阻碍煤的变质。因此，人们一般认为压力是煤变质的次要因素。

除了温度、时间和压力之外，有些研究者还认为放射性因素也能影响煤的变质。例如放射性蜕变热与放射性的β粒子辐射可以使低变质煤局部转变为较高变质程度的煤。但有的研究者认为放射性因素仅有非常局部的影响，例如在煤层中围绕放射性矿物出现反射率较高的小“接触晕圈”。看来这一问题还有待于进一步的研究。

1.3.2.3 变质作用的类型

根据变质条件和变质特征的不同，煤的变质作用可以分为深成变质作用、岩浆变质作用和动力变质作用三种类型。

A 深成变质作用

深成变质作用是指煤在地下较深处，受到地热和上覆岩层静压力的影响而引起的变质作用。这种变质作用与大规模的地壳升降活动直接相关，具有广泛的区域性，因此过去常称为区域变质。有的文献也称作正常变质和地热变质等。深成变质是主要的煤变质作用，具有普遍意义。

深成变质作用主要具有以下两个特点：

第一，煤的变质程度具有垂直分布规律。即在同一煤田大致相同的构造条件下，随着埋藏深度的增加，煤的挥发分逐渐减少，变质程度逐渐增高。大致上深度每增加100m，煤的挥发分V_{daf}减少2.3%左右。这个规律称为希尔特（Hilt，1873年）定律。希尔特定律几乎在世界各地都已得到证实。但不同煤田由于地热梯度不同，挥发分梯度也略有差异。例如我国阳泉、大同等煤田的挥发分梯度为1.4%~3.3%，豫西煤田为2%~3%，红阳煤田为3.15%，章邱煤田为4%等。

除构造异常与岩浆侵入煤系的情况外，由于煤岩组成、还原程度等差异可能会出现不符合希尔特定律的情况。因此，应综合采用挥发分、碳含量和镜质组反射率等多项煤变质指标，评价煤的变质程度。这样可以更准确地反映煤的变质程度的垂直分布规律。

第二，煤的变质程度具有水平分带规律。由于地质构造因素的影响，在同一煤田中，同一煤层或煤层组原始沉积时沉降幅度可能不同，成煤后下降的深度也可能不一样。按照希尔特定律，这一煤层或煤层组在不同的深度上变质程度也就不同，反映到平面上即为变质程度的水平分带规律。例如我国华北某煤田，煤的变质程度在平面上呈环状分布，形态类似原始沉积盆地的等高线轮廓。在煤田盆地的边缘，含煤岩层厚度小，煤的变质程度较低，越往盆地中央，含煤岩系厚度越大（后期上覆沉积物厚度增大），煤的变质程度越高。显然，变质程度的水平分带规律，只不过是希尔特定律在平面上的表现形式。这两种分带现象的关系，如图1-4所示。希尔特定律对于煤矿的勘探、开采和预测矿区煤质变化均具有重要的意义。

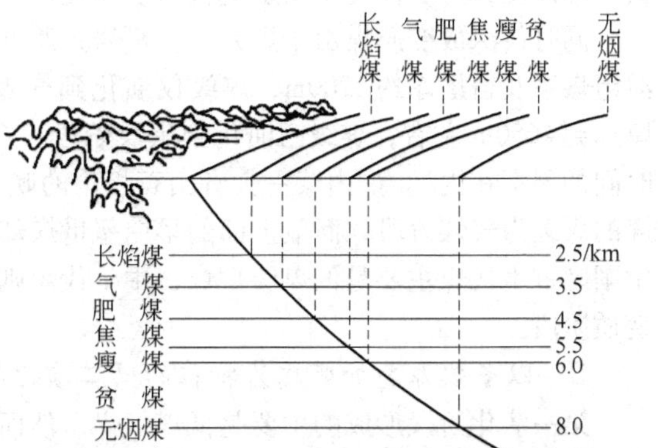

图1-4 煤质的水平分布与水平分带关系示意图

B 岩浆变质作用

岩浆变质是指煤层受到岩浆带来的高温、挥发性气体和压力的影响使煤发生异常变质的作用。岩浆变质作用的影响范围和强度与岩浆是否直接侵入煤层、岩浆活动的强弱、规模的大小以及持续时间的长短有关，细分起来可分为两种类型。一是主要由浅层侵入岩的岩浆直接侵入、穿过或接近煤体而使煤变质程度增高的接触变质作用；二是煤层下部巨大的深成岩侵入岩浆引起煤变质程度增高的区域热（力）变质作用。

发生接触变质时，在岩浆侵入体与煤层接触带附近，煤层的受热温度高，持续时间较短，受热均匀性差。发生的过程有些类似于快速加热炼焦，因此与岩浆侵入体接触的煤常常转变为天然焦。如我国山东淄博和阜新煤田就有这样形成的天然焦。接触变质产生的煤变质带一般不规则，通常为局部现象。

区域热（力）变质又称远成岩浆变质、均匀热力变质或热力变质。产生区域热（力）变质的原因是含煤岩系下部有隐伏的深成岩浆侵入体，它们靠近了含煤岩系但并未与煤层直接接触。由于岩浆热的影响，岩浆侵入体上部的煤层变质程度异常增高，它叠加在深成变质作用之上，强烈地改造并掩盖了深成变质的特点。区域热（力）变质的影响范围决定于岩浆侵入体的大小，影响程度取决于岩浆侵入体距煤层的远近。区域热（力）变质的煤质分布较有规律，煤的挥发分、镜质组反射率等值线与地热梯度等值线相吻合。通常是产生高变质无烟煤，亦可能产生天然焦。由于总的地热梯度比较高，因此变质梯度也比较大，变质带在立剖面上的厚度和平面上的宽度都比较小。

C 动力变质作用

动力变质是指由于地壳构造变化所产生的动压力和热量使煤发生的变质作用。引起动力变质的地壳构造变化主要是含煤岩系形成之后地壳的褶皱与断裂。煤田地质研究表明，地壳构造活动引起煤异常变质的范围一般不大，因此动力变质也是局部现象。

动力变质煤的主要特点是密度增大，挥发分和发热量降低，煤层层理受到破坏等。

1.3.2.4 中国煤的多阶段变质演化

中国煤常经历了多阶段的变质演化，不同阶段经受了不同的热源及相应的地温梯度，这些煤在受到深成变质作用之后又叠加了各种类型的异常热变质作用，因而促成中国赋存了能满足各种用途的多煤级煤。中国煤变质与中国大地构造格局的形成与演化是分不开的，在这一过程中，印支运动、燕山运动以及喜马拉雅运动，特别是燕山期的岩浆活动，对中国煤变质的分布产生了决定性的影响。

A 以煤的深成变质作用为主的第一演化阶段

中国煤的深成变质作用具有普遍性，在第一演化阶段形成低煤级煤。大多数中国煤经历了深成变质作用，深成变质煤的煤级受控于煤层经受的地温和持续时间。煤层经受的地温取决于其沉降深度，后者体现了煤层上覆盖层厚度。

同时代深成变质煤由于煤系及上覆岩系厚度不同导致煤级差异。如四川盆地绵竹一带的龙潭组煤系及盖层厚约1200m，煤级仅演化到气煤-气肥煤阶段，而在重庆附近龙潭组及盖层总厚达到4650m左右，煤级已演化到焦煤阶段；在多纪煤田中煤级的差别也很典型（当然也有时间的因素在内）。如内蒙古大青山石拐沟的晚石炭世煤达到肥煤、气煤阶段，早、中侏罗世煤的煤级为气煤阶段，而最上面的早白垩世煤却仍为褐煤。基本规律是，仅仅经受深成变质的中国晚古生代煤主要是低煤级烟煤；中生代煤则低煤级烟煤与褐煤都有；第三纪煤通常达不到变质阶段。

B 以多热源叠加变质为特征的第二演化阶段

第一演化阶段形成的主要是低煤级煤。然而现实是中国晚古生代煤系中赋存大量的中、高变质程度的烟煤和无烟煤；中生代煤系中以低变质程度烟煤为主，也不乏无烟煤；第三纪煤系大多数为褐煤，但也有低煤级烟煤。这表明各时代的多种变质程度煤绝非仅仅是深成变质作用的结果。在第二演化阶段主要是中生代的岩浆活动，促使在第一演化阶段形成的部分低煤级煤又叠加了煤的区域岩浆热变质作用及其派生的多种变质作用，如叠加一次或一次以上区域岩浆热变质作用、叠加区域岩浆热变质和接触变质作用、叠加热液热水变质作用、叠加区域岩浆热变质和热液热水变质作用等，使低煤级煤提高到中、高煤级。

C　*以奠定煤变质格局为主的第三演化阶段*

以构造变动为特点的第三演化阶段奠定了中国煤的变质格局。在第三演化阶段中，加深煤变质、提高煤级不再是主要的。这一演化阶段的特征是，中生代晚期，特别是新生代的构造运动，使已形成的煤变质分带发生位移，通过构造变动奠定了中国煤变质格局。对第一和第二演化阶段所形成的煤变质分带起显著改造作用的是北东-北北东向深大断裂，其中最典型的是山西-河北的紫荆关断裂沿北北东向的右旋移动。相对于紫荆关断裂西侧沁水盆地北部的高变质煤带而言，断裂以东的太行山东麓和鲁山高变质煤带向南移动了纬度1°左右的距离，从北纬38°～37°移到北纬37°～36°，约100km；原来与紫荆关断裂西侧山西东南部的高变质煤带相连的河南中部的高变质煤带也向南移动。由于这一带还有一些规模较小的断裂，如阳谷-东明-太康北北东向断裂的活动，以及受南面秦岭走向的影响，造成豫中高变质煤带各区段向南移动的距离参差不齐。紫荆关断裂的演化主要是由于太平洋板块向中国大陆板块俯冲，在中国大陆东部出现北北东向压性断裂；及至太平样板块快速向北俯冲时，断裂呈现挤压兼逆扭性质；太平洋板块向北北西方向俯冲，使北东-北北东向断裂出现顺扭剪切活动。郯庐断裂带由于地理位置更靠东，太平洋板块的影响更为明显。张文佑认为，郯庐断裂带作为一条重要的平移大断裂，在晚第三纪以来，又转为以挤压兼右旋剪切为主。合肥工业大学教授徐嘉炜也认为，郯庐断裂带新第三纪以来受到东西向的挤压并有右移。其他北北东-北东向的深大断裂带还有黄岩-惠来断裂带、镇江-海丰断裂带、余姚-深圳断裂带、连平-恩平深断裂带以及四会-吴川断裂带，各断裂带附近皆因中生代岩浆侵入形成了高煤级煤。其中，镇江-海丰断裂带在第三纪早期有明显的左移（万天丰，1993）。

第三演化阶段断裂的平移运动，使已形成的煤变质分带明显地发生位移外，垂直运动会使煤变质分带遭受剥蚀破坏而残缺不全，如太行山东麓煤田原为串珠状煤变质分带，被第三演化阶段的北北东向断裂所切割，造成残留的煤变质分带与区域走向近于垂直。

中国煤的多阶段变质演化的结果，使中国煤变质具有南北分区、东西分带的特点。自北而南，中国煤的变质程度有增强之势。反映在煤的异常热叠加变质作用的广泛性以及叠加强度由北向南增大；北部基本上以煤的深成变质作用为主，异常热叠加变质作用只在局部出现，且多以轻度-中度叠加变质作用为主；中部煤的异常热叠加变质作用明显增强，且分布较普遍；而南部，尤其是东南部则分布更广、更显著。自西向东，中国的异常热叠加变质作用由弱变强：西部以煤的深成变质作用为主，异常热叠加变质作用较弱；而东部异常热叠加变质作用比较普遍，且其强度往东有增大的趋势，如松辽、华北及华南三个地区，若以兴安岭-太行山-武陵山和郯庐断裂为界进一步可划分出西、中、东三个条带。煤的异常热叠加变质作用由西往东增强，是与地壳厚度由西往东变薄、居里等温面埋深变浅、构造活动性及岩浆活动由弱增强的变化规律是一致的。这是太平洋板块向东亚大陆多次西向俯冲，其影响程度自东向西减弱的结果。构成了中国煤多阶段演化、多热源叠加变质作用的特点，使中国赋存着适应各种用途的煤类。

1.3.2.5　煤化作用跃变

煤化作用的发展是非线性的，表现为煤化作用的跃变，简称煤化跃变。煤的各种物理、化学性质的变化，在煤化进程中，快、慢、多、少是不均衡的。20 世纪 40 年代，英国煤岩学家指出，煤化过程中镜质体反射率的增高是跳跃式的。1939 年 Stach 提出，挥发分为 28% 时类脂组出现煤化作用转折。20 世纪 70 年代以来，提出了煤化过程中的四次明显变化，即煤化作用跃变。

第一次跃变发生在长焰煤开始阶段［w_{daf}(C) = 75% ~ 80%，V_{daf} = 43%，R^o_{max} = 0.6%］，它与石油开始形成阶段相当。本次跃变的特点是沥青化作用的发生，随煤化程度的提高，各种含氧官能团逐渐脱落，在 R^o_{max} = 0.6% 以前主要以析出 CO_2 和 H_2O 为特征；当煤化作用达到 R^o_{max} =0.5% ~ 0.6% 阶段，芳香核稠环上开始脱落脂肪族和脂肪族官能团和侧链，形成以甲烷为主的挥发物，于是开始了生成沥青质的沥青化作用。

煤化作用中，腐殖物质的煤化作用与沥青质的沥青化作用是同期进行的。沥青化作用是指壳质组（包括藻类体）和镜质组在煤化过程中形成沥青质，即石油型烃类的一种作用，这种作用起始于硬褐煤阶段（R^o_{max} 为 0.5%），持续到早期肥煤阶段（R^o_{max} = 1.2%）。

第二次煤化跃变出现在肥煤到焦煤阶段［约 w_{daf}(C) = 87%，V_{daf} = 29%，R^o_{max} = 1.3%］。跃变的发生是因煤中甲烷的大量逸出，从而释放出大量的氢所造成的。本阶段开始，由于富氢的侧链和键的大量缩短及减少，使煤的密度下降到最小值。在压力的作用下，煤的显微孔隙度逐渐缩小，水分减少。到焦煤阶段［w_{daf}(C) =89%，V_{daf} = 20%，R^o_{max} = 1.7%］腐殖凝胶基本上完成了脱水作用，水分和孔隙度都达到了最低值，发热量则升高到最大值（这和镜质组的硬度、密度的最小值，以及炼焦时可塑性最大值相一致），随后由于化学结构的变化，水分含量又有所回升。此外，第二次跃变使煤的耐磨性、胶质体流动性、黏结性、内生裂隙数目等都达到极大值，内面积、湿润热等达到最小值。这些性质变化曲线的明显转折，称为煤化作用转折。自第二次跃变后，稳定组与镜质组在颜色、突起、反射率等方面的差异愈加变小。

第三次跃变发生于烟煤变为无烟煤阶段［w_{daf}(C) = 91%，V_{daf} = 8%，R^o_{max} = 2.5%］。煤化作用的第三次跃变以后，就是有人称为无烟煤化作用和半石墨化作用（M. Teichmüller，1987）的阶段，它们代表了煤化作用的最终阶段，其产物是无烟煤和变无烟煤的形成。

第四次跃变为无烟煤与超无烟煤的分界［w_{daf}(C) = 93.5%，w_{daf}(H) = 2.5%，V_{daf} = 4.0%，R^o_{max} = 4.0%］。本阶段和初期煤化作用阶段相比有较多的不同。在化学煤化作用方面，主要表现为氢含量与氢碳原子比的急剧下降。碳含量随埋藏深度的增加也明显地增大，同时芳香单元的芳香度和缩合度也急剧增加。

关于煤化作用特征的认识在不断深化。例如，关于煤化作用中惰性组的演化问题，已日益受到关注，惰性组在煤化作用中不变化的观点已为若干研究成果所改变。

1.4　主要成煤期与主要煤田

1.4.1　影响成煤期的主要因素

自从地球上出现植物，便有了成煤的物质基础，但世界范围内最主要的成煤期都仅属于某些地质年代。这是因为聚煤作用的发生是古气候、古植物、古地理和古构造诸因素综合作用的结果。

1.4.1.1　古气候因素

古气候和聚煤作用的关系首先表现在它对全球煤炭资源分布的控制上。晚古生代以来，全球煤炭资源的古纬度分布表明，位于赤道至极地的陆块都可能有潜在的聚煤作用发生。但是，赤道两侧的热带雨林气候带和中高纬度的常湿温带气候是强聚煤作用带，而南、北半球 15° ~

30°之间的稀树林、干草原和干旱气候带处于全球聚煤作用低谷。

其次，煤和含煤沉积是沉积盆地的一部分，没有沉积盆地，便没有聚煤作用。然而，现今已知和潜在的含煤沉积只占全球沉积岩总体积的4%，这就表明，沉积盆地并不都是聚煤盆地，其含煤沉积总是囿于特定的地层层段。这个含煤层段与相应的古气候类型密切相关。

就煤的成因而言，物理的沉积环境模式不能充分解释煤岩和煤中矿物质组成和含量上的变化。它们显然受成煤植物和原始泥炭沼泽的地球化学条件的影响，而古气候是控制上述条件的首要因素。

分布于不同气候带（热带、暖温带、冷温带）的现代泥炭地的调查证明，气候控制了泥炭类型和泥炭沼泽植物群落类型。同样古气候条件的差异导致煤岩组分和煤质的不同。例如，冷温带条件下，主要由恒河羊齿类和舌羊齿类植物形成的印度石炭二叠纪煤与其他冈瓦那煤（澳大利亚、南非、南美洲）的对比分析表明，它们虽然形成于不同构造体制的煤盆地和沉积体系，但煤岩特征相似。而冈瓦那煤与形成于热带、主要成煤植物是乔木状石松类和树蕨的欧美、中国石炭二叠纪煤的基本煤岩特征差别较大，前者惰质组含量高，后者镜质组居多。

北美 Pennsylvanian 系煤层形成于热带和亚热带。据 Cecil C. B、Hower J. C 等研究，Westphalian C 期以前的煤层在无季节性变化的热带形成，原始泥炭沼泽类型属穹丘状（domed peat）；Westphalian D 和 Stephanian 阶的煤层形成于具季节性的热带和亚热带，原始泥炭沼泽类型为平坦状（planar peat）。受泥炭沼泽地球化学条件的制约，前一类泥炭的最终产物是富镜质组、低灰、低硫厚煤层；后一类泥炭形成富惰质组、高灰、高硫薄煤层。

总之，地史上最适于聚煤作用发生的气候条件是温暖潮湿的气候。根据现代聚煤作用发生的气候条件来看，无论在热带、温带和寒带，只要有足够的湿度，都可形成泥炭层。但在同样长的时间里，以温暖潮湿气候下形成的泥炭层最厚。因此，湿度与温度相比，湿度对聚煤作用的影响更大。

1.4.1.2　古植物因素

古植物是聚煤作用的物质基础。从古植物在地史中的演化来看，不同聚煤期含煤盆地中的古植物面貌各不相同，基本上都遵循着生物从简单至复杂、从低等至高等、从水生到陆生的发展规律而演化。聚煤期的古构造对地史期的古海陆分布、聚煤盆地的发展演化，古地理环境的总体格局及所处的古纬度，古植物的生长发育，以及煤层富集带的分布迁移都起着总的控制作用。

中国最早的陆生植物自下泥盆统上部开始出现，但以草本植物为主，未能形成可采煤层。晚泥盆世陆相（或滨海）地层中，在扬子板块的一些地方不断有石松纲、真蕨纲植物的发现，虽偶见煤线，但未形成可采煤层。晚古生代是近海型蕨类植物成煤阶段，石炭二叠纪是真蕨、种子蕨、石松等纲植物及部分裸子植物（主要为科达纲）繁衍的时代，在适宜的近海古地理条件下，便可能形成煤层，这在中国非常明显，故晚古生代是我国近海型蕨类植物的成煤阶段。由于晚古生代后的中国大陆板块基本拼合在一起，古地形分异加剧，陆地面积增加，以及全球干旱气候的不断形成，使得更多地依赖水体生存的植物相对衰落。进入中生代时，远离海水的内陆地区繁衍的裸子植物占据主要地位，故中生代是远海型裸子植物的成煤阶段。

新生代中国大陆板块内大面积长期为干旱气候所笼罩，地形分异较中生代又进一步加剧，陆地面积大大增加。但植物对地区的适应性也随之大大增加，故植物生存范围十分广泛，远离大海的高山区同样也有大量的植物群落生存，但中国仅在东北、南方、东海海域及台湾等地形成一定规模的聚煤盆地。故新生代为远海型被子植物的成煤阶段。

从成煤原始质料来看，泥盆纪前后是两个不同的阶段。泥盆纪以前，原始质料是菌藻类等低等生物，以后则是以陆生植物为主。在造煤植物中，晚古生代大多数以滋生于滨海、近海地带的植物为主；而中、新生代这类植物便降到次要地位，以远海、内陆、高地或山区的植物群落为主。也就是说，随着造煤植物由低处向高处繁衍，成煤作用的主要发生地点亦不断从近海低地向内陆盆地转移。聚煤作用由热带、亚热带迁移扩展至温带。古生代聚煤盆地多分布于热带、亚热带潮湿气候地区；中、新生代的含煤盆地多分布于温带潮湿气候地区。

只有当植物演化发展到一定阶段，即有高大的木本植物大量繁殖堆积，才能广泛形成有工业意义的煤层。高等植物中如石松纲、苛达纲、银杏纲等，树木粗壮高大，树高可达三四十米。因此它们繁盛发育的石炭纪、二叠纪、白垩纪和第三纪等时期都是重要的成煤期。

1.4.1.3 古地理因素

聚煤作用主要发生在相对宁静的构造环境内，特别是在地壳沉降速度与成煤物质堆积速度接近的时候，所以稳定区的聚煤条件较好。此外，还要有适合植物生长的古气候条件及广阔的聚煤场所等。为此，只有在地台阶段的聚煤条件最佳，一方面地壳以振荡运动为主，相对稳定，经常出现地壳沉降速度与成煤物质堆积速度相持的局面；另一方面地台阶段的沉积区呈大面积分布，能够在大范围内同时进行含煤沉积，尤其在边缘坳陷内。此外，含煤盆地聚煤期所处的古纬度亦十分重要。据研究南纬15°到北纬15°之间为赤道降雨量带，在这一带内，在信风的影响下，雨量充沛，生物繁茂，形成赤道含煤带，但由于气温高，有机物分解快，难以形成大煤田。经研究南、北纬度45°至70°的温带降雨带是形成煤田的最理想带。

一般最适于形成泥炭沼泽的古地理环境是广阔的滨海平原、泻湖海湾、河流的冲积平原、山间或内陆盆地等。在这些地区，聚煤作用可以在几万乃至几十万平方公里范围内广泛而连续地发生。

我国聚煤古地理变迁的总趋势是由海到陆，聚煤盆地从大到小。古生代发育大型的陆表海盆地，聚煤古地理类型从早古生代的滨浅海型向晚古生代的滨海平原、滨海冲积平原演化。中、新生代则发育内陆坳陷或断陷盆地，古地理随时间推移具有从大型内陆聚煤盆地向小型坳陷或断陷盆地演化的趋势。古地形的总趋势是由简单到复杂，即古生代地形平坦、稳定，新生代地形复杂多变。反映在各时代含煤性的区域变化上，表现出随年代的更新，富煤面积缩小，煤层稳定性变差，但单层煤有增厚的趋势，如云南先锋盆地第三纪单层煤厚度最大可达244.24m。

1.4.1.4 古构造因素

我国发育的主要构造域大多具有长期演变的历史，在其发展过程中构成了各地质历史时期的古构造格架，从而控制了聚煤盆地的形成、演化和分布。盆地基底的构成及其活动性对聚煤作用有着极为重要的影响。一般大型的重要的聚煤坳陷或含煤盆地均有稳定的地台或地块为底托；而发育在古生代褶皱基底上的继承性和上叠性的坳陷盆地，则由于聚煤期基底表现出较强的构造活动性，聚煤作用普遍较弱，其规模通常较小，含煤性较差。

板块的碰撞结合带、深大断裂带、古坳拉槽带，以及地壳厚度的剧变带是控制大型含煤盆地或聚煤盆地群展布的构造带；板块内的基底构造线或同期沉积构造往往是控制单个煤盆展布及盆内建造的厚度、岩性、岩相及含煤性变化的构造带；一些局部构造线与其他构造线的复合带，往往是控制含煤盆地内富煤带展布的构造线。例如，控制中国华北石炭二叠纪煤田展布的构造带，即阴山-天山构造及秦岭-昆仑构造带，后者的东延部分即大别山构造带。华北石炭二叠纪煤田分布区即华北板块是一个大规模的聚煤盆地，其构造位置介于上述两个构造带（或板块碰撞带）之间，为一个呈东西向展布的大型克拉通聚煤坳陷盆地，这个大型聚煤盆地为中国北方石炭二叠纪煤田的形成提供了广阔、稳定的聚煤场所。同时，上述两条板块碰撞带所构成的广阔地带，也是中国部分晚二叠世及早中侏罗世聚煤盆地的分布区，这是一些中生代聚煤盆地叠置在古生代克拉通聚煤盆地上的复合聚煤盆地，如塔里木聚煤盆地、柴达木聚煤盆地、鄂尔多斯聚煤盆地、大同聚煤盆地等。

古地壳构造运动是影响成煤期的主导因素。它不仅影响古气候和古地理条件，而且直接影响聚煤作用，主要表现在以下三个方面：

（1）泥炭层的堆积要求地壳发生缓慢的下降。下降的速度最好与植物残骸堆积的速度大致平衡，这种平衡持续的时间越长，形成的煤层也越厚。

（2）当地壳的陷落速度大于植物残骸的堆积速度，但泥炭沼泽上面的水层厚度仍小于2m时，水层下的植物残骸可作为养料，滋养新一代植物的生长，泥炭层可继续堆积增厚。同时，水流和风带来的泥砂会分散掺混于泥炭中。

（3）当泥炭沼泽的覆水厚度大于2m时，光线难以透过水层，植物因光合作用受阻不能生长，泥炭层的堆积过程亦随之停止。此时，从相邻陆地被水冲下来的泥砂在陷落地区成层淤积，将泥炭层覆盖起来，使成煤过程转入成岩作用阶段。成煤后，与煤层相间的泥砂形成碳质页岩的夹层（夹矸），而位于煤层上方者则形成矿物岩层（煤层顶板）。

此外，如果地壳在总的下降趋势中发生多次小幅升降，则同一地区可能形成较多煤层。

总之，在地史上，只要某地区同时具备聚煤所要求的气候、植物、地理和构造运动条件，并且持续的时间也较长，就能形成煤层多，储量大的重要煤田。反之则煤层少而薄，甚至根本没有煤。

1.4.2 主要聚煤期和主要煤田

1.4.2.1 主要聚煤期

地史上有五个世界性的聚煤期：中、晚石炭世，早二叠世，早、中侏罗世，晚侏罗世-早白垩世和晚白垩世-早第三纪。

中国聚煤期的地质时代由老到新主要是：早古生代的早寒武世；晚古生代的早石炭世，晚石炭世-早二叠世，晚二叠世；中生代的晚三叠世，早、中侏罗世，晚侏罗世-早白垩世和新生代的第三纪等共14个。其中有四个最主要的成煤期，即广泛分布在华北一带的晚石炭世-早二叠世，广泛分布在南方各省的晚二叠世，分布在华北北部、东北南部和西北地区的早、中侏罗世以及分布在东北地区、内蒙古东部的晚侏罗世-早白垩世等四个时期。它们所赋存的煤炭资源量分别占中国煤炭资源总量的26%、5%、60%和7%，合计占总资源量的98%。上述四个最主要的成煤期中，晚二叠世主要在中国南方形成了有工业价值的煤炭资源，其他三个成煤期分别在中国华北、西北和东北地区形成极为丰富的煤炭资源。

与世界性的聚煤期相比，我国的聚煤期的特殊性表现为晚二叠世、晚第三纪仍有重要煤田，晚白垩世却无重要聚煤作用。我国的聚煤规模虽以早、中侏罗世居首，但从煤质和地理分布来看，石炭世与二叠世更为重要。我国聚煤期连续性较好，地史上基本不聚煤的只有两段：早三叠世-中三叠世，早白垩世晚期-晚白垩世。

1.4.2.2 主要煤田

世界煤炭储量较多的国家有中国、俄罗斯、美国、澳大利亚、印度、德国、南非、加拿大和波兰等，多集中在欧亚大陆、北美洲和大洋洲，南美洲和非洲储量很少。

除中国以外的世界主要煤田，有美国阿帕拉契亚（石炭纪），煤炭资源量3168亿吨，炼焦煤储量占美国的92%；德国鲁尔（石炭纪），储量超过2000亿吨；俄罗斯的通古斯（二叠纪）、坎斯克-阿钦斯克（侏罗世）煤炭储量均达数千亿吨等。

我国石炭纪-二叠纪著名煤田有宁武、沁水、大同、开滦、本溪、淮北、豫西和水城等。宁武煤田位于山西省中北部宁武至静乐一带，煤炭资源量700亿吨，探明储量390亿吨。

晚三叠世较重要的煤田有达县、广元、攀枝花、一平浪、萍乡、资兴等。

侏罗纪我国最重要的煤田集中分布于内蒙南部、新疆北部、甘肃中部-青海北部、陕甘宁盆地和晋北燕山等地区。如位于陕西省西北部和内蒙古自治区南部的神府-东胜煤田，是中国已探明的最大煤田，世界大型煤田，预测储量6690亿吨，探明储量2300亿吨。

晚侏罗世-早白垩世重要的煤田有鸡西、双鸭山、阜新、铁法和元宝山等。

第三纪重要煤田有抚顺、沈北、梅河、黄县、昭通、小龙潭和台湾等。

我国还有跨越多个地质时代的煤田，如鄂尔多斯煤田、大同煤田等。鄂尔多斯煤田是中国最大的多纪煤田，世界特大型煤田之一，地跨陕、甘、宁、内蒙古、晋五省区，东西宽400km，南北长600km，平面略呈矩形。地质界多把黄河河套以南，渭河平原以北，吕梁山以西，贺兰山以东的区域称作鄂尔多斯地台，该煤田范围大体与之相当。鄂尔多斯煤田成煤期有石炭二叠纪、晚三叠纪、中侏罗世。鄂尔多斯煤田预测储量1800亿吨，探明储量346.4亿吨。

1.5 煤成气

1.5.1 煤成气的分类

煤系地层中以腐殖质为主的有机质，包括高度集中的煤层和分散于暗色沉积物中的有机质都可以生成煤成气。世界上一些著名的特大气田都与煤系地层有关，如荷兰的格罗宁根大气田，俄罗斯的乌连戈伊大气田等。

集中式和分散式的腐殖型有机物在成煤过程中形成的可燃气体称为广义煤成气，单纯由煤层生成的可燃气体则称为狭义煤成气。

根据煤成气储集体的岩石性质、运移特征、聚散性和工业意义，煤成气可分为：

（1）煤层气。它指留存在生气源岩（煤层、炭质页岩、泥岩等）中的那部分煤成气。当其在极少数情况下聚集成“瓦斯包”时，就成为采煤过程中发生瓦斯突出的根源。为了保证采煤的安全生产，煤矿通常采用抽吸法排放瓦斯。这一部分通过抽吸排出的瓦斯与空气的混合物则称为矿井气。矿井气是利用煤层气的主要形式。如我国辽宁抚顺矿务局每年抽放瓦斯约为$1.6\times10^8 m^3$，除$6.3\times10^6 m^3$用于工业外，还可供7万户居民生活用。我国典型矿井气的性质，如表1-10所示。

表1-10 我国典型矿井气的性质

成分/%				密度 /kg·m^{-3}	低热值 /MJ·m^{-3}	华白指数 /MJ·m^{-3}	产地
$\varphi(CH_4)$	$\varphi(O_2)$	$\varphi(N_2)$	$\varphi(CO_2)$				
36.8	10.4	49.25	3.55	1.0986	13.21	15.90	抚顺
42.3	10.1	46.85	0.75	1.0484	15.18	18.71	阳泉
(41.0)	(10.0)	(47.00)	(2.00)	(1.0643)	(14.71)	(17.99)	

注：括弧中的数字为基准值。

（2）煤出气。它指从生气源岩运移出来的那部分煤成气。其中小部分可以聚集起来成为有工业价值的气藏，称为聚煤气。大部分煤出气则呈分散状态逸散在空气中，溶解在地下水里或分散在生气源岩之外的围岩中，称为散煤气。在目前技术条件下，散煤气基本没有工业利用价值。

1.5.2 煤成气的生成

煤成气的生成与成煤过程密切相关。在煤化过程中，由于温度、压力及其持续时间的共同作用，煤层中的聚集有机质和煤系地层岩石中的分散有机质不断发生分解与缩聚。缩聚的转化方向是生成更高变质程度的煤，而分解的主要结果就是生成煤成气。

褐煤煤化作用模拟实验关于煤成气的结果如表 1-11 和图 1-5 所示。

表 1-11 各温阶的煤成气发生率（daf） （m^3/t）

温阶/℃	相当煤阶	$\varphi(CH_4)/\%$	总 烃	$\varphi(H_2)/\%$	可燃气	$\varphi(CO_2)/\%$	$\varphi(N_2)/\%$	总发生率
240	长焰煤	5	7	3	10	46	1.2	58
330	气 煤	20	32	9	41	87	2.0	132
390	肥 煤	59	80	35	113	105	3.5	224
440	焦 煤	86	113	52	167	119	4.5	291
470	瘦 煤	113	148	87	234	129	5.4	371
500	贫 煤	133	175	117	292	138	5.8	437
540	无烟煤	170	220	172	391	153	6.2	551

由表 1-11 和图 1-5 可见，随着煤化度的提高，煤层气的总发生率不断增加，气体组成也逐渐变化，但这种数量和组成上的变化存在与煤化跃变一致的跳跃性，尤其是第一次和第二次煤化作用跃变的影响更明显。在 $R^o=0.6\%$ 以前（硬褐煤以前），煤层气的成分基本上全部是 CO_2；发生第一次煤化跃变时（$R^o=0.6\%$，相当于硬褐煤-长焰煤阶段），开始出现可燃气体，主要是 CH_4、H_2；发生第二次煤化跃变时（$R^o=1.3\%$，相当于肥煤阶段），CH_4、H_2 和总烃由缓慢增加变为线性急剧增加，总烃含量与 CO_2 接近，成为煤成气的主要成分。

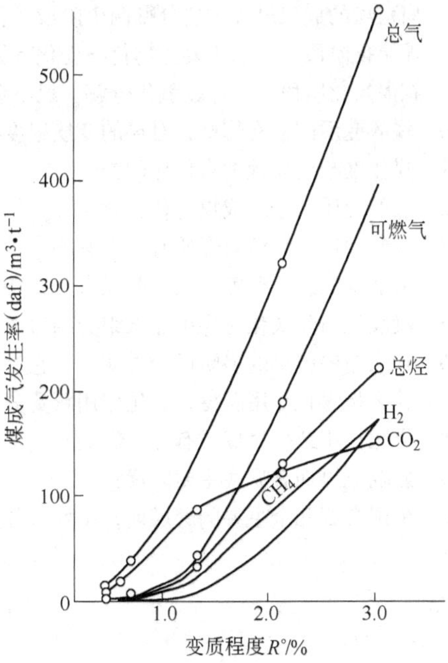

图 1-5 变质程度（R^o）与煤成气发生率的关系

1.5.3 中国煤层气资源量

中国煤田地质总局最近一次（1998 年）曾对全国进行了煤层气资源评价。统计计算获得，全国煤层甲烷含量大于 $4m^3/t$、埋藏深度 2000m 以浅的煤层气资源总量为 $143369.44\times10^8 m^3$。其中大于 $8m^3/t$ 的富甲烷煤层的煤层气资源量占 86.8%，$4\sim8m^3/t$ 含甲烷煤层的占 13.2%；埋深 1500m 以浅的煤层气资源量占 64.56%，埋深在 1500～2000m 之间的占 35.44%。

中国的煤层气资源主要分布于华北聚气区和华南聚气区，前者煤层气资源量为 95228×10^8

m^3，占全国煤层气资源量的 66.6%；后者煤层气资源量 41277 × $10^8 m^3$，占全国煤层气资源的 28.7%，详见表 1-12。

表 1-12 中国各聚气区煤层气资源分布 （$10^8 m^3$）

分 布	总资源量	富甲烷资源量	含甲烷资源量	1500m 以浅资源量	1500～2000m 资源量	总资源量占全国比例/%
华北聚气区	95528	81940	13588	53113	42415	66.63
华南聚气区	41277	37035	4242	34951	6326	28.79
东北聚气区	4223	3770	453	2877	1346	2.95
西北聚气区	2341	1695	646	1620	721	1.63
全 国	143369	124440	18929	92561	50808	100

复习思考题

1-1 按成煤植物的不同，煤可以划分几大类，其主要特征有何不同？
1-2 按煤化程度，可以将腐殖煤分为几大类，请两两比较其区分标志。
1-3 主要的成煤期及其代表性植物是什么？
1-4 低等植物与高等植物的族组成有何区别？
1-5 植物的族组成在成煤过程中发生了什么变化？
1-6 成煤的地质年龄与煤的变质程度是否一致，为什么？
1-7 腐殖煤的成煤过程主要分哪两个阶段，各阶段发生的主要变化是什么？
1-8 泥炭化阶段发生的主要生物化学变化有哪几种类型？
1-9 在泥炭化阶段，为什么氧化分解一般不会进行到底？
1-10 煤的变质因素有哪些，对煤的变质程度有何影响？
1-11 煤化度与变质程度有何异同？
1-12 煤的变质类型对成煤有什么意义？
1-13 泥炭的堆积环境对煤质有什么影响？
1-14 何谓煤的还原程度，强还原煤有什么特征？
1-15 凝胶化与丝炭化对煤中显微组分的形成有什么作用？
1-16 什么是中国煤的多阶段变质演化，它对中国煤质分布有什么影响？
1-17 什么是煤化作用跃变，煤化作用跃变分为哪几个阶段？
1-18 煤化作用跃变对煤质有什么影响？
1-19 影响成煤期有哪些主要因素？
1-20 中国有哪几个主要的聚煤期，试列举各主要的聚煤期的不少于 5 个著名煤田。

2 煤的工业分析与元素分析

煤的工业分析与元素分析是煤质分析的基本内容。通过工业分析，可以初步判断煤的性质、种类和工业用途。元素分析主要用于了解煤的元素组成。由于工业分析方法较为简便，故应用较广泛。

工业分析和元素分析的结果与煤的成因、煤化度以及岩相组成有密切的关系。其中有些参数被用作煤分类指标。但是为了对煤质做出更全面更科学的评价，还需要对煤的岩相性质、工艺性质、物理性质和化学性质等进行综合性的分析研究。

2.1 煤的工业分析

煤的工业分析也称为煤的实用分析或技术分析，包括煤的水分、灰分、挥发分的测定和固定碳的计算四项内容。水分和灰分可反映出煤中无机质的数量，而挥发分和固定碳则初步表明了煤中有机质的数量与性质。因此，评价煤时，一般总是先进行煤的工业分析，以大致了解煤的性质，作为进一步研究的基础。

2.1.1 煤中的水分

2.1.1.1 水分的分类

煤中的水分，按其在煤中存在的状态，可以分为外在水分、内在水分和化合水三种。

A 外在水分（free moisture；surface moisture）

煤的外在水分是指煤在开采、运输、储存和洗选过程中，附着在煤的颗粒表面以及直径大于 10^{-5}cm 的毛细孔中的水分（简记符号 M_f）。外在水分以机械的方式与煤相结合，蒸汽压与纯水的蒸汽压相等，较易蒸发。当煤在室温下的空气中放置时，外在水分不断蒸发，直至与空气的相对湿度达到平衡时为止。此时失去的水分就是外在水分。含有外在水分的煤称为收到煤，仅失去外在水分的煤则称为空气干燥煤。煤质化验通常采用空气干燥煤样进行。

B 内在水分（moisture in air-dried coal；inherent moisture）

煤的内在水分是指煤在一定条件下达到空气干燥状态时所保持的水分（简记符号 M_{inh}）。内在水分以物理化学方式与煤相结合，即以吸附或凝聚方式存在于煤粒内部直径小于 10^{-5}cm 的小毛细孔中，蒸汽压小于纯水的蒸汽压，较难蒸发，加热至 105～110℃时才能蒸发。

因此，将空气干燥煤样加热至 105～110℃时所失去的水分即为内在水分。失去内在水分的煤称为干燥煤。

煤的内在水分与煤质有关，随煤的内表面积而变化。内表面积愈大，小毛细孔愈多，内在水分亦愈高。当环境的相对湿度为96%，温度为30℃，且煤样内部毛细孔吸附的水分达到平衡（饱和）状态时，内在水分达到最大值。此时的内在水分即称为最高内在水分（moisture holding capacity，简记符号 MHC）。它能较好地区分低煤化度煤的煤化度。

煤的外在水分与内在水分的总和称为煤的全水分（total moisture，简记符号 M_t）。

C 化合水（water of constitution）

煤中的化合水是指以化学方式与矿物质结合的，在全水分测定后仍保留下来的水分，即通常所说的结晶水和结合水。化合水含量不大，而且必须在更高的温度下才能失去。例如，石膏（$CaSO_4 \cdot 2H_2O$）在163℃时分解失去结晶水，高岭石（$Al_2O_3 \cdot 2SiO_2 \cdot 2H_2O$）在450～600℃方才失去结合水。因此，在煤的工业分析中，一般不考虑化合水。

此外，煤的有机质中的氢与氧在干馏或燃烧时生成的水称为热解水，亦不在工业分析的考虑之列。

2.1.1.2 水分与煤质的关系

煤中各种水分的多少在一定程度上反映了煤质状况。煤中的外在水分和内在水分，都与煤质有关。低煤化度煤结构疏松，结构中极性官能团多，内部毛细管发达，内表面积大。因此外在水分高，内在水分大。例如褐煤的外在水分和内在水分均可高达20%以上。随着煤化度的提高，两种水分都在减少。在烟煤中的肥煤与焦煤变质阶段，外在水分较少，内在水分达到最小值（小于1%）。到高变质的无烟煤阶段，由于缩聚的收缩应力使煤粒内部的裂隙增加，外在水分与内在水分又有所增加，内在水分可达到4%左右。

煤的最高内在水分与煤化度的关系基本与内在水分相同，具有明显的规律性，如图2-1所示。由图2-1可见，当挥发分（V_{daf}）为25%±5%时，MHC<1%，达到最小值；对于高挥发分（$V_{daf}>30\%$）低煤化度煤，MHC随着V_{daf}的增加迅速增大，最高可达20%～30%；对于低挥发分（$V_{daf}<20\%$）高煤化度煤，MHC随着V_{daf}的减小又略有增大。因此，可采用MHC作为低煤化度煤的一个分类指标。

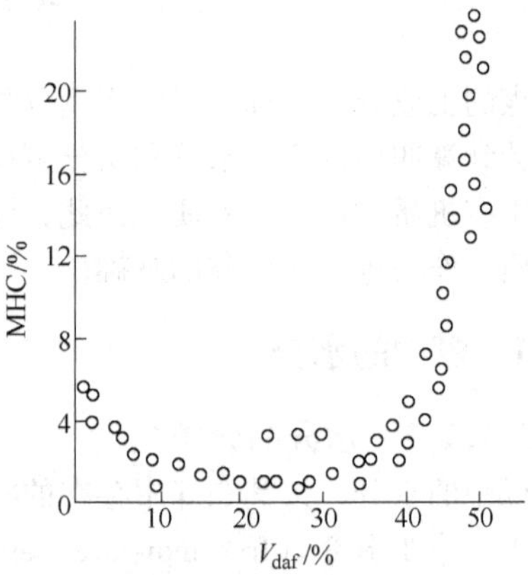

图2-1 MHC与V_{daf}的关系

煤经风化后，煤的内在水分增加。所以煤内在水分的大小，也是衡量煤风化程度的标志之一。

煤中的化合水虽与煤的煤化度没有关系，但化合水多，说明含化合水的矿物质多，因而间接地影响了煤质。

2.1.1.3 水分对煤利用的影响

一般说来，水分是煤中无利有害的无机物质。这是因为：在运输时，煤的水分增加了运输负荷，在寒冷地带水分易冻结，使煤的装卸发生困难，解冻则需增加额外的能耗；贮存时，煤中的水分随空气湿度而变化，使煤易破裂，加速了氧化；对煤进行机械加工时，煤中水分过多将造成粉碎、筛分困难，降低生产效率，损坏设备；炼焦时，煤中水分的蒸发需消耗热量，增加焦炉能耗，延长了结焦时间，降低了焦炉生产能力。水分过大时，还会损坏焦炉，使焦炉使用年限缩短。此外，炼焦煤中的各种水分，包括热解水全部转入焦化剩余氨水，增大了焦化废水处理的负荷；气化与燃烧时，煤中的水分降低了煤的有效发热量。

2.1.1.4 煤中水分的测定

国家标准规定了煤中全水分、空气干燥基水分和最高内在水分的测定方法。

A 煤中全水分

按国家标准GB/T 211—2007的规定，煤中全水分的测定有五种方法。在氮气流中的干燥方式（方法A1和方法B1）适用于所有煤种；在空气流中的干燥方式（方法A2和方法B2）适用于烟煤和无烟煤；微波干燥法（方法C）适用于烟煤和褐煤。以方法A1作为仲裁方法。

由于取样代表性的要求，粒度小于13mm的全水分煤样，煤样不少于3kg；粒度小于6mm的全水分煤样，煤样不少于1.25kg。试验所用煤样为用容器密封盛装的原始煤样，试验前应检查核对煤样在运送过程中的水分损失量，并将其加入到全水分测定的计算结果中。全水分的测定采用空气干燥一步法（方法B2），按照粒度的不同，称取不同量的煤样在105～110℃下，在空气流中干燥到质量恒定，根据煤样干燥后的质量损失计算出全水分。计算公式为：

$$M_t = M_1 + \frac{m_1}{m}(100 - M_1) \tag{2-1}$$

式中 M_t——煤样的全水分的质量分数,%；

m——称取的煤样质量，g；

m_1——煤样干燥后的质量损失，g；

M_1——煤样在运送过程中的水分损失百分率,%。

B 空气干燥基水分

按国家标准GB/T 212—2008的规定，空气干燥基水分的测定有三种方法。方法A适用于所有煤种，方法B仅适用于烟煤和无烟煤，微波干燥法适用于褐煤和烟煤水分的快速测定。

称取一定量的一般分析试验煤样，粒度为小于0.2mm。方法A与方法B采用气流干燥法；将一定量的煤样置于105～110℃干燥箱中，在干燥氮气流（方法A）或空气流（方法B）中干燥到质量恒定，然后按下式计算出水分的含量。

$$M_{ad} = \frac{m_1}{m} \times 100\% \tag{2-2}$$

式中 M_{ad}—— 一般分析试验煤样的水分的质量分数,%；

m_1 ——煤样干燥后失去的质量，g；

m ——称取的一般分析试验煤样的质量，g。

C 最高内在水分

国家标准GB 4632—2008规定，最高内在水分的测定要点是：取粒度小于0.2mm煤样约20g，饱浸水分，用恒湿纸除去大部分外在水分，并使煤团分散开。然后放在温度30℃，相对湿度为96%的充氮调湿器内，在常压和不断搅动气氛的情况下使其达到湿度平衡。然后在105～110℃的温度下的氮气流中干燥至质量恒定，以其质量损失分数表示最高内在水分。计算如下：

$$\mathrm{MHC} = \frac{m_2 - m_3}{m_2 - m_1} \times 100\% \tag{2-3}$$

式中 MHC——煤样的最高内在水分质量分数,%；

m_1 ——称量瓶及其盖的质量，g；

m_2 ——湿度平衡后煤样、称量瓶及其盖的质量，g；

m_3 ——干燥后煤样、称量瓶及其盖的质量，g。

2.1.2 煤中矿物质和煤的灰分产率

煤中矿物质（mineral matter，简记符号MM）是除水分外所有无机质的总称。主要成分一般有黏土、高岭石、黄铁矿和方解石等。矿物类型属硅酸盐、碳酸盐、硫酸盐、金属硫化物和硫酸亚铁等。

煤的灰分（ash，简记符号A）是指煤中所有可燃物质完全燃烧时，煤中矿物质在一定温度下经过一系列分解、化合等复杂反应后剩下的残渣，因此称为灰分产率更确切。

煤的灰分与煤中矿物质有密切的关系。国家标准规定的工业分析只包括煤的灰分测定，但因为不仅灰分，而且矿物质对煤的利用也有直接影响，所以有必要分别讨论。

2.1.2.1 煤中矿物质

A 煤中矿物质的来源

在采出的煤中，矿物质一般有三个来源：

（1）原生矿物质。它指存在于成煤植物中的矿物质。主要是碱金属和碱土金属的盐类，如钾、钠、钙、镁的盐类。此外还有铁、硫、磷以及少量的钛、钒、氯等元素。原生矿物质参与煤的分子结构，与有机质紧密地结合在一起，在煤中呈细分散分布，很难用机械方法洗选出。这类矿物质含量较少，一般仅为1% ~2%。

（2）次生矿物质。它指成煤过程中，由外界混入煤层中的矿物质。如煤中的高岭土、方解石、黄铁矿等，在沼泽中由胶体溶液沉淀形成；而石英、长石、云母等，则是被风和流水带入沼泽中与泥炭同时沉积形成；煤层形成后，由于地下水的淋滤作用，使方解石、石膏等矿物质沉淀下来，填充在煤的裂隙中。

次生矿物质以多种形态嵌布于煤中。例如以矿物夹层、包裹体、结核状存在于煤中。常见的有黄铁矿结核，菱铁矿以及泥质、炭质页岩，肉眼可见；呈细粒浸染状分散在煤中，常见的有黄铁矿小晶体和黏土矿物，肉眼不易看出；呈脉状、片状充填在煤的裂隙中或丝炭细胞腔中，如黄铁矿、白铁矿、方解石、菱铁矿等。

次生矿物质选除的难易程度与其分布形态有关，若在煤中分散均匀，且颗粒较小，就很难与煤分离；若颗粒较大，在煤中较为聚集，则将煤破碎后利用密度差可将其选除。

（3）外来矿物质。它指在采煤过程中混入煤中的顶、底板岩石和夹矸层中的矸石。随开采条件的不同，其数量在很大范围内波动。外来矿物质的主要成分是 SiO_2、Al_2O_3、$CaCO_3$、$CaSO_4$ 和 FeS_2 等。外来矿物质的密度越大，块度越大，越易与煤分离，用一般选煤方法即可除去。

B 煤中矿物质含量的计算与测定

煤中矿物质与灰分的含量不同，但两者之间存在一定的关系。可以采用以下经验公式从煤灰分计算煤中矿物质的含量：

$$\mathrm{MM} = 1.08A + 0.55w(\mathrm{S_t})\text{（派尔公式）} \tag{2-4}$$

$$\mathrm{MM} = 1.10A + 0.5w(\mathrm{S_p})\text{（克雷姆公式）} \tag{2-5}$$

$$\mathrm{MM} = 1.13A + 0.47w(\mathrm{S_p}) + 0.5w(\mathrm{Cl})\text{（吉文公式）} \tag{2-6}$$

$$\mathrm{MM} = 1.06A + 0.67w(\mathrm{S_t}) + 0.66w(\mathrm{CO_2}) - 0.30\text{（费莱台公式）} \tag{2-7}$$

式中 MM——煤中矿物质含量，%；

A——煤的灰分，%；

$w(\mathrm{S_t})$——煤中全硫含量，%；

$w(\mathrm{S_p})$——煤中硫化铁硫含量，%；

$w(\mathrm{Cl})$——煤中氯的含量，%；

$w(\mathrm{CO_2})$——煤中二氧化碳含量，%；

0.30——经验常数。

煤中矿物质的含量也可以直接测定。国家标准 GB/T 7560—2001 中的方法提要为：煤样用盐酸和氢氟酸处理，计算用酸处理后煤样的质量损失；测定酸处理过的煤样的灰分及氧化铁含量，经分别计算扣除氧化铁后残留灰分及酸处理过的煤样中黄铁矿含量；再测定酸处理过的煤样中氯的含量，以计算其吸附盐酸的量，根据以上结果，计算出煤中矿物质含量。

煤中矿物质含量计算如下：

$$MM = \frac{m_1 - m_2 + m_3 + m_4 + 1.1m_5}{m_1} \times 100\% \tag{2-8}$$

式中 MM——煤中矿物质含量，%；

m_1——干燥的煤样质量，g；

m_2——干燥的酸处理后煤样质量，g；

m_3——干燥的酸处理后煤样吸附的盐酸质量，g；

m_4——干燥的酸处理后煤样中黄铁矿质量，g；

m_5——扣除 Fe_2O_3 后残留的灰分的质量，g。

2.1.2.2 煤的灰分

A 煤灰分的来源

煤高温燃烧时，大部分矿物质发生多种化学反应，与未发生变化的那部分矿物质一起转变为灰分。这些化学反应主要有：

（1）黏土、石膏等失去化合水：

$$SiO_2 \cdot Al_2O_3 \cdot 2H_2O \longrightarrow SiO_2 \cdot Al_2O_3 + 2H_2O$$

$$CaSO_4 \cdot 2H_2O \longrightarrow CaSO_4 + 2H_2O$$

（2）碳酸盐矿物受热分解，放出 CO_2：

$$CaCO_3 \longrightarrow CaO + CO_2$$

$$FeCO_3 \longrightarrow FeO + CO_2$$

（3）硫化物矿物或热分解产物发生氧化反应：

$$4FeS_2 + 11O_2 \longrightarrow 2Fe_2O_3 + 8SO_2$$

$$2CaO + 2SO_2 + O_2 \longrightarrow 2CaSO_4$$

$$4FeO + O_2 \longrightarrow 2Fe_2O_3$$

（4）碱金属氧化物和氯化物在温度为700℃以上时部分挥发。

此外，在高温燃烧时，煤中的有机硫、有机氯分解失去，还有一些元素如钠和汞等也将失去。

B 煤的灰分产率测定

国家标准（GB/T 212—2008）规定，灰分测定分缓慢灰化法和快速灰化法两种。

缓慢灰化法要点：称取一定量的一般分析试验煤样，放入马弗炉中。以一定速度加热到815±10℃，灰化并灼烧至质量恒定，以残留物的质量占煤样质量的质量分数作为灰分产率。

快速灰化法包括方法A和方法B两种方法。方法A将装有煤样的灰皿放在预先加热至815±10℃的灰分快速测定仪的传送带上，煤样自动送入仪器内完全灰化。方法B则将装有煤样的灰皿由炉外逐渐送入预先加热至815±10℃的马弗炉灰化并灼烧至质量恒定。然后均以残留物的质量占煤样质量的质量分数作为灰分产率。

空气干燥煤样的灰分按下式计算：

$$A_{ad} = \frac{m_1}{m} \times 100\% \tag{2-9}$$

式中 A_{ad}——空气干燥基灰分质量分数，%；

m_1——灼烧后残留物的质量，g；

m——称取的一般分析试验煤样的质量，g。

C 煤灰分的组成

按照煤中矿物质在煤高温燃烧时发生的化学反应，煤灰分主要是由金属和非金属的氧化物和盐类组成。在工业生产中，煤灰是指煤用作锅炉燃料和气化原料时得到的大量灰渣。煤灰依形态的不同可分为粉煤灰和炉渣两种。粉煤灰又称飞灰，是指随同烟道气或煤气一起带出的粒径小于90μm的灰尘。炉渣是指呈熔融状态或以较大颗粒的不熔状态从炉底排出的底灰。

煤灰与煤灰分的化学组成是一致的，其主要成分是SiO_2、Al_2O_3、CaO、MgO，它们之和占煤灰的95%以上，还有少量K_2O、Na_2O、SO_3、P_2O_5及微量的Ge、Ga、U、V等元素的化合物。我国煤灰主要成分的一般范围如表2-1所示，煤灰分的化学组成分析法有经典的化学分析法（如常量分析法、半微量分析法）和各种仪器分析法（如原子吸收光谱法、X射线荧光测定法和中子活化分析法等），煤灰中主要的单个常量元素和微量元素的测定方法，如表2-2所示。

表2-1 我国煤灰主要成分的一般范围

煤灰成分	褐煤/%		硬煤/%		煤灰成分	褐煤/%		硬煤/%	
	最低	最高	最低	最高		最低	最高	最低	最高
$w(SiO_2)$	10	60	15	>80	$w(TiO_2)$	0.2	4	0.1	6
$w(Al_2O_3)$	5	35	8	50	$w(SO_3)$	0.6	35	<0.1	15
$w(Fe_2O_3)$	4	25	1	65	$w(P_2O_5)$	0.04	2.5	0.01	5
$w(CaO)$	5	40	0.5	35	$w(KNaO)$	0.09	10	<0.1	10
$w(MgO)$	0.1	3	<0.1	5					

表2-2 煤灰中主要单个元素的测定方法

测定方法	元 素	测定方法	元 素
光发射法	K、Na、Ti	中子活化分析法	Fe、Na、Si、Al
原子吸收法	Ca、K、Na、Mg	化学法	Fe、Ca、Mg、K、Na、P、Si
比色法	Al、Ca、Mg、P、Ti	电化学法	Ca、Mg、Ti
火焰发射法	Ca、Mg、K、Na		

2.1.2.3 煤中矿物质和灰分对煤利用的影响

煤在作为燃料或加工转化的资源时，几乎都是利用煤中的有机质。因此煤中的矿物质或灰分一向被认为是有害的废物，人们一直在致力于设法降低或脱除煤中的矿物质或灰分。但是人们后来发现，煤中矿物质对煤的某些利用过程有有益的作用。即使是煤灰也得到了越来越广泛的利用。

A 煤中矿物质或灰分的不利影响

（1）增加运输负荷。我国煤炭产地分布很不均匀，约有70%的铁路运输能力用于煤炭运输，每年因煤中矿物质含量过高造成的无效运输十分惊人。

（2）增加煤炭消耗。煤作为燃料时，煤中矿物质不仅不能产生热量，而且煤灰外排要带走显热。外排煤有时还可能夹带一部分未燃煤，造成机械性燃料损失。因此，动力煤的灰分每增加1%，大约要多消耗2.0%～2.5%的煤炭。

煤作为炼焦原料时，煤中绝大部分灰分转入焦炭中，使焦炭的固定碳减少，用量增加，生产率降低。一般认为，焦炭灰分增加1%，炼铁焦比增加2%～2.5%，石灰石增加4%，高炉产量下降3%。所以，一般要求炼焦用煤的灰分不应大于10%。

（3）影响生产操作条件和产品质量。煤作为燃料和气化原料时，煤中的某些低熔点灰分易造成锅炉和气化炉的结渣和堵塞。高灰煤制得的焦炭强度差，某些灰成分还使焦炭的反应性异常增大，反应后强度降低；用高硫或高磷煤炼制的焦炭炼铁，会使钢铁发脆。煤在液化加工时，煤中矿物质使溶剂精制煤的过滤发生困难；煤中碱金属和碱土金属的化合物会使加氢液化过程中使用的钴钼催化剂活性降低；煤中的含铁化合物对煤的氧化和自燃具有催化作用。

（4）腐蚀设备和装置。煤中的Pb和Bi随燃烧气体带走，若沉积在金属表面会产生颗粒边界脆化作用导致金属损伤；煤中的黄铁矿使燃烧粉煤的锅炉炉底因发生硫化作用而损伤；烟道气中的含硫成分使过热器、省煤器外部腐蚀；煤中氯离子是奥氏体钢的一种主要腐蚀剂。

（5）造成环境污染。锅炉与气化炉产生的灰渣与粉煤灰如不能及时利用，会占用大片土地并造成大气和水体污染；煤中含硫化合物和微量的汞在燃烧时生成SO_x、COS、H_2S等有毒气体和汞蒸气造成环境污染，严重时可能形成酸雨。

B　煤中矿物质或煤灰的利用途径

（1）作为煤转化过程的催化剂。煤中某些矿物质，例如碱金属的碳酸盐（K_2CO_3、Na_2CO_3）、碱金属的氯化物（KCl、NaCl）、碱土金属氧化物（CaO）、羰基铁、铝酸钴等是煤气化反应的催化剂；钼是煤加氢催化剂，黄铁矿、高岭土和TiO_2也具有加氢活性。

（2）生产建筑材料。利用煤矸石和煤灰可生产水泥、砖瓦、大型砌块、筑路材料和装饰材料，还可生产铸石和耐火材料。

（3）生产功能材料。从粉煤灰中浮选出来的漂珠，具有许多优良的物理化学性质，是一种新兴的功能材料，在建材、塑料、橡胶、涂料、化工、冶金、航海和航天等领域都显示出广阔的应用前景。

（4）制成环保制剂与材料。粉煤灰可制成废水处理剂、除草醚载体；气化煤灰可用作煤气脱硫剂。

（5）回收稀有金属和其他有用成分。从煤可回收的金属有锗、镓、铝、钒、铀等；提取煤灰中的Al_2O_3可制成无水氯化铝、硫酸铝及高铝水泥；回收煤灰中的SiO_2可以制成白炭黑及水玻璃。

（6）用作化肥和土壤改良剂。

C　脱除煤中矿物质的途径

脱除煤中矿物质的途径，主要有物理洗选法和化学净化法两大类。物理洗选法主要是利用煤与矸石密度或表面性质不同进行分离，包括水力淘汰法、重介质分选法、风力分选法、泡沫浮选法、油团聚法和磁力分离法等。化学净化法则主要利用煤的有机质与矿物质化学性质不同而脱除矿物质，如氢氟酸和盐酸处理法、碱性溶剂处理法、溶剂抽提法等。

2.1.3　煤的挥发分和固定碳

2.1.3.1　挥发分（volatile matter）

A　挥发分的概念

煤在规定条件下隔绝空气加热后挥发性有机物质的产率称为挥发分，简记符号V。事实上，煤在该条件下产生的挥发物既包括了煤的有机质热解气态产物，还包括煤中水分产生的水蒸气以及碳酸盐矿物质分解出的 CO_2 等。因此，挥发分属于煤挥发物的一部分，但并不等同于挥发物。此外，挥发分不是煤中的固有物质，而是煤在特定加热制度下的热分解产物，所以煤的挥发分称为挥发分产率更为确切。

B 挥发分的测定

按照国家标准 GB/T 212—2008 的规定，挥发分测定方法的要点为：称取一定量的一般分析试验煤样，放在带盖的瓷坩埚中，在 900 ± 10℃ 的温度下，隔绝空气加热 7min。以减少的质量占煤样质量的质量分数，减去该煤样的水分含量作为挥发分产率。测定结果按下式计算：

$$V_{ad} = \frac{m_1}{m} \times 100 - M_{ad} \tag{2-10}$$

式中 V_{ad}——空气干燥基的挥发分质量分数，%；

m_1——煤样加热后减少的质量，g；

m——一般分析试验煤样的质量，g；

M_{ad}——一般分析试验煤样水分的质量分数，%。

如煤中碳酸盐形式的 CO_2 含量大于等于 2% 时，应从计算结果中扣除该 CO_2 的含量。

C 焦渣特征（char residue characteristic）

测定挥发分时，坩埚中残留下来的固体物称为焦渣。从焦渣的形状、强度和光泽等特征，可以初步判断煤的黏结性、熔融性和膨胀性。焦渣特征可分为以下八类：

（1）粉状。全部是粉末，没有互相黏着的颗粒。

（2）黏着。用手指轻碰即成粉末或基本上是粉末，其中较大的团块轻轻一碰即成粉末。

（3）弱黏结。用手指轻压即成小块。

（4）不熔融黏结。以手指用力压才裂成小块，焦渣上表面无光泽，下表面稍有银白色光泽。

（5）不膨胀熔融黏结。焦渣形成扁平的块，煤粒的界线不易分清，焦渣上表面有明显银白色金属光泽，下表面银白色光泽更明显。

（6）微膨胀熔融黏结。用手指压不碎，焦渣的上、下表面均有银白色光泽，但焦渣表面具有较小的膨胀泡（或小气泡）。

（7）膨胀熔融黏结。焦渣上、下表面均有银白色金属光泽，明显膨胀，但高度不超过 15mm。

（8）强膨胀熔融黏结。焦渣上、下表面有银白色金属光泽，焦渣高度大于 15mm。

为了简便起见，通常用上列序号作为各种焦渣特征的代号。

2.1.3.2 固定碳（fixed carbon）

A 固定碳的概念

从测定煤样挥发分后的焦渣中减去灰分后的残留物称为固定碳，简记符号 FC。固定碳实际上是煤中的有机质在一定加热制度下产生的热解固体产物，属于焦渣的一部分。在元素组成上，固定碳不仅含有碳元素，还含有氢、氧、氮等元素。因此，固定碳含量与煤中有机质的碳元素含量是不相同的两个概念。一般说来，煤中固定碳含量小于煤中有机质的碳含量，只有在高煤化度的煤中两者才趋于接近。

B 固定碳的计算

按照固定碳的概念和煤的工业分析的基本思想，煤的固定碳应为除去水分、挥发分和灰分后的残余物，其产率可采用减量法计算，即：

$$w_{ad}(FC) = 100 - (M_{ad} + A_{ad} + V_{ad}) \tag{2-11}$$

式中 $w_{ad}(FC)$——空气干燥基固定碳的质量分数,%；

M_{ad}——一般分析试验煤样水分的质量分数,%；

A_{ad}——空气干燥基灰分产率,%；

V_{ad}——空气干燥基挥发分产率,%。

C 燃料比 (fuel ratio)

煤中固定碳与挥发分之比称为燃料比，简记符号 $w_{daf}(FC)/V_{daf}$。各种煤的燃料比大致为：褐煤0.6～1.5，长焰煤1.0～1.7，气煤1.0～2.3，焦煤2.0～4.6，瘦煤4.0～6.2，贫煤4～9，无烟煤9～29。无烟煤燃料比变化很大，因此可作为划分无烟煤小类的指标。此外，燃料比还可用来评价煤的燃烧性质。

2.1.3.3 挥发分指标的应用

挥发分产率与煤的煤化度关系密切，我国煤炭技术分类和世界上许多国家都以挥发分产率作为煤的第一分类指标，以表征煤的煤化度。

根据挥发分产率和焦渣特征，可以初步评价各种煤的加工工艺适宜性。

利用挥发分产率并配合其他指标可以预测并估算煤干馏时各主要产物的产率，亦可计算煤燃烧时的发热量。

2.2 煤的元素分析

煤的组成以有机质为主体，煤的工艺用途主要是由煤中有机质的性质决定的。在测定煤的有机质时，煤的有机质一般会分解，因此按现有的分析方法，直接测定煤的有机物是困难的。煤中有机质主要由碳、氢、氧、氮和硫等元素组成。通常，碳、氢、氧元素之和占煤中有机质的95%以上。这些元素在煤有机质中的含量与煤的成因类型、煤岩组成和煤化程度有关。因此，通过元素分析了解煤中有机质的元素组成是煤质分析与研究的重要内容。

利用元素分析数据并配合其他工艺性质指标，可以帮助我们了解煤的某些性质。例如，可以计算煤的发热量，理论燃烧温度，燃烧产物的组成；估算炼焦化学产品的产率；还可以作为煤分类的辅助指标等。

2.2.1 煤的元素组成

煤作为有机物和无机物的混合体，其元素组成极其复杂，几乎包含了地壳中有质量分数统计的所有88种元素。根据元素在煤中的浓度或含量，一般认为，煤中元素可分为常量元素（大于0.1%）和微量元素（小于等于0.1%）两大范畴。常量元素在煤中主要为碳、氢、氧、氮、硫、铝、硅、铁、镁、钠、钾、钙等，其他大多数元素以微量级浓度存在于煤中。

2.2.1.1 煤中的常量元素

在国家标准（GB/T 3715—2007）中规定：煤的元素分析是碳、氢、氧、氮和硫五个分析项目的总称，因此，通常所说的煤的元素分析仅指组成煤有机质的五种主要元素，即碳、氢、氧、氮和硫的含量的分析，由于这五种元素对煤的工艺用途有着较大的影响，因此，这里作为重点介绍。

A 碳

碳是煤中有机质的主要组成元素。在煤的结构单元中，它构成了稠环芳烃的骨架。在煤炼焦时，它是形成焦炭的主要物质基础。在煤燃烧时，它是发热量的主要来源。

碳含量随着煤化度升高而有规律地增加。在我国各种煤中，泥炭的干燥无灰基碳含量 $w_{daf}(C)$ 为55% ~62%，褐煤为60% ~77%，烟煤为77% ~93%，无烟煤为88% ~98%。在同一种煤中，各种显微组分的碳含量也不一样，一般丝质组 $w_{daf}(C)$ 最高，镜质组次之，稳定组最低。

碳含量与挥发分之间存在负相关关系，因此碳含量也可以作为表征煤化度的分类指标。在某些情况下，碳含量对煤化度的表征比挥发分更准确。

B　氢

氢在煤中的重要性仅次于碳。氢元素占腐殖煤有机质的质量一般小于7%。但因其相对原子质量最小，故原子个数与碳在同一数量级，甚至可能比碳还多（如泥炭和某些低煤化度褐煤）。氢也是组成煤大分子骨架和侧链的重要元素。与碳相比，氢元素具有较大的反应能力，单位质量的燃烧热也更大。

不同成因类型的煤，氢含量不同。腐泥煤的氢含量 $w_{daf}(H)$ 比腐殖煤高，差值一般在6%以上，高者达11%。这是因为形成腐泥煤的低等生物富含氢所致。

氢含量与煤的煤化度也密切相关，随着煤化度增高，氢含量逐渐下降。在中变质烟煤之后，这种规律更为明显。在气煤、气肥煤阶段，氢含量能高达6.5%；到高变质烟煤阶段，氢含量甚至可下降到1%以下。

各种显微组分的氢含量也有明显差别，对于同一种煤化度的煤，稳定组 $w_{daf}(H)$ 最大，镜质组次之，丝质组最低。

从中变质烟煤到无烟煤，氢含量与碳含量之间有较好的相关关系。对于炼焦煤，两者之间的相关系数 $\gamma = -0.72$，其回归方程为：

$$w_{daf}(H) = 26.10 - 0.241 w_{daf}(C) \tag{2-12}$$

对于无烟煤，两者之间的相关系数 $\gamma = -0.83$，其回归方程为：

$$w_{daf}(H) = 44.73 - 0.448 w_{daf}(C) \tag{2-13}$$

C　氧

氧是煤中第三个重要的组成元素。有机氧在煤中主要以羧基（—COOH）、羟基（—OH）、羰基（$>C=O$）、甲氧基（$—OCH_3$）和醚基（—C—O—C—）形态存在，也有些氧与碳骨架结合成杂环。氧在煤中存在的总量和形态直接影响煤的性质。

煤中有机氧含量随煤化度增高而明显减少。泥炭中无水无灰基氧含量 $w_{daf}(O)$ 高达27% ~34%，褐煤中 $w_{daf}(O)$ 为15% ~30%，到烟煤阶段为2% ~15%，无烟煤为1% ~3%。在研究煤的煤化度演变过程时，经常用O/C和H/C原子比来描述煤元素组成的变化以及煤的脱羧、脱水和脱甲基反应。

氧反应能力很强，在煤的加工利用中起着较大的作用。如低煤化度煤液化时，因为含氧量高，会消耗大量的氢，氢与氧结合生成无用的水；在炼焦过程中，当氧化使煤氧含量增加时，会导致煤的黏结性降低，甚至消失；煤燃烧时，煤中氧不参与燃烧，却约束本来可燃的元素如碳和氢；但对煤制取芳香羧酸和腐殖酸类物质而言，氧含量高的煤是较好的原料。

各种显微组分氧含量的相对关系与煤的煤化度有关。对于中等变质程度的烟煤，镜质组最高，丝质组次之，稳定组最低；对于高变质烟煤和无烟煤，仍然是镜质组 $w_{daf}(O)$ 最高，但稳定组的 $w_{daf}(O)$ 略高于丝质组。

煤中的氧含量与碳含量亦有一定的相关关系。对于烟煤，两者间相关关系明显，相关系数

$\gamma=-0.98$，回归方程为：

$$w_{daf}(O)=85.0-0.9w_{daf}(C) \tag{2-14}$$

对于褐煤与长焰煤，两者间相关关系亦较明显，相关系数 $\gamma=-0.95$，其回归方程为：

$$w_{daf}(O)=80.38-0.84w_{daf}(C) \tag{2-15}$$

但对无烟煤，氧与碳的这种负相关关系不明显，甚至有些高煤化度的无烟煤出现相反的情况。

D 氮

煤中的氮含量较少，一般约为0.5%～3.0%。氮是煤中唯一的完全以有机状态存在的元素。煤中有机氮化物被认为是比较稳定的杂环和复杂的非环结构的化合物，其来源可能是动、植物的脂肪、蛋白质等成分。植物中的植物碱、叶绿素和其他组织的环状结构中都含有氮，而且相当稳定，在煤化过程中不发生变化，成为煤中保留的氮化物。以蛋白质形态存在的氮，仅在泥炭和褐煤中发现，在烟煤中几乎没有发现。煤中氮含量随煤化度的加深而趋向减少，但规律性到高变质烟煤阶段以后才比较明显。在各种显微组分中，氮含量的相对关系也没有规律性。

在煤的转化过程中，煤中的氮可生成胺类、含氮杂环、含氮多环化合物和氰化物等。煤燃烧和气化时，氮转化成污染环境的 NO_x。煤液化时，需要消耗部分氢才能使产品中的氮含量降到最低限度。煤炼焦时，一部分氮变成 N_2、NH_3、HCN 和其他一些有机氮化物逸出，其余的氮进入煤焦油或残留在焦炭中。炼焦化学产品中氨的产率与煤中氮含量及其存在形态有关。煤焦油中的含氮化合物有吡啶类和喹啉类，而在焦炭中则以某些结构复杂的含氮化合物形态存在。

对于我国的大多数煤来说，煤中的氮与氢含量存在如下关系：

$$w_{daf}(N)=0.3w_{daf}(H) \tag{2-16}$$

按此式氮含量的计算值与实测值之差，一般在 ±0.3% 以内。

E 硫

煤中的硫通常以有机硫和无机硫的状态存在。有机硫是指与煤有机结构相结合的硫，其组成结构非常复杂，主要存在形式有硫醇、硫醚、双硫醚以及呈杂环状态的硫醌和噻吩等。有机硫主要来自成煤植物中的蛋白质和微生物的蛋白质。蛋白质中含硫量为0.3%～2.4%，而植物的总含硫量一般都小于0.5%。所以，硫分在0.5%以下的大多数煤，一般都以有机硫为主。有机硫与煤中有机质共生，结为一体，分布均匀，不易清除。对于以有机硫为主的低硫煤，经洗选后精煤的硫含量反而会因矿物质的减少而增高。

煤中无机硫主要来自矿物质中各种含硫化合物。主要有硫化物硫和少量硫酸盐硫，偶尔也有元素硫存在。

硫化物硫以黄铁矿为主，其次为白铁矿、磁黄铁矿（Fe_7S_8）、闪锌矿（ZnS）、方铅矿（PbS）等。黄铁矿与白铁矿的分子式都是 FeS_2。不同的是黄铁矿为正方晶系晶体，多呈结核状、透镜状、团块状和浸染状等形态存于煤中；白铁矿则是斜方晶系晶体，多呈星散状存于煤中。硫化物硫清除的难易程度与硫化物的颗粒大小及分布状态有关，粒度大者可用洗选法除去，粒度极小且均匀分布在煤中者，就难以选除。高硫煤的硫含量中，硫化物硫所占比例较大。它们一是由成煤植物转化而来，另外就是由硫酸铁等盐类在停滞缺氧的水中，进行还原反应而生成的。

硫酸盐硫以石膏为主，也有少量硫酸亚铁等。我国煤中硫酸盐硫含量大多小于0.1%，部分煤为0.1%～0.3%，有些风化或氧化过的含黄铁矿高的煤可达0.1%～0.5%。煤中石膏矿物用洗选法可以除去；硫酸亚铁水溶性好，也易于水洗除去。

煤中的硫按可燃性可以分为可燃硫和不可燃硫（或称固定硫），硫酸盐硫属不可燃硫。按挥发性又可分为挥发硫和固定硫。煤中各种形态硫的总和称为全硫。煤中硫的形态及其相互关系，如图 2-2 所示。

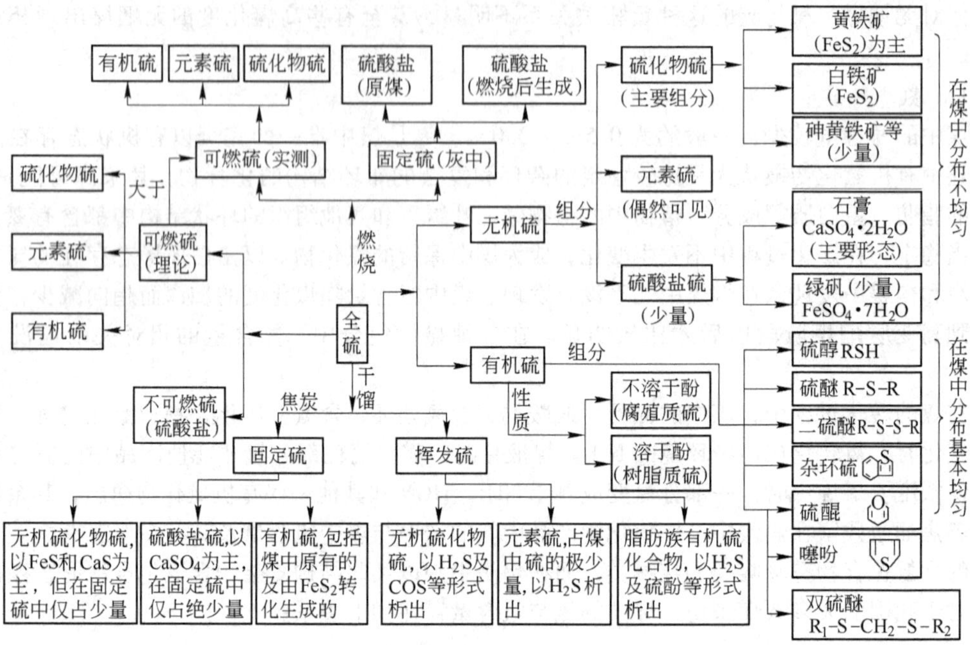

图 2-2　煤中硫的形态及其相互关系

各类煤全硫含量高低不等（0.1% ~ >10%），硫含量多少与成煤时的沉积环境有关。一般趋势是：海陆交替相或浅海相沉积的煤层，煤中的硫含量就比较高。如华北、华东多数地区晚石炭世太原组的煤层，硫含量为 2.5% ~4%；广西、黔东晚二叠世煤层，硫含量高达 7% ~8% 以上，且大部分为有机硫。内陆环境或滨海三角洲平原环境下形成的煤，硫含量就比较低。如我国第三纪、侏罗纪、晚三叠纪以及华北、华东二叠纪的石盒子组、山西组煤层，其硫含量一般在 1.5% 以下。

煤中的硫对于炼焦、气化、燃烧和贮运都十分有害，因此硫含量是评价煤质的重要指标之一。煤在炼焦时，约60% 的硫进入焦炭。硫的存在使生铁具有热脆性，用这些生铁炼制钢不能轧制成材。为了除去硫，在高炉生产中需要增加石灰石和焦炭用量，因而导致高炉生产能力降低，焦比升高。经验表明，焦炭中硫含量每增加 0.1%，炼铁时焦炭和石灰石将分别增加 2%，高炉生产能力下降 2% ~2.5%。因此炼焦配合煤要求硫分小于 1%。

煤气化时，由硫生成的二氧化硫不仅腐蚀设备，而且易使合成催化剂中毒，影响操作和产品质量。

煤燃烧时，煤中的硫转化为二氧化硫排入大气，腐蚀金属设备和设施，污染环境，造成酸雨。

硫铁矿硫含量高的煤，在堆放时易于氧化和自燃，使煤的灰分增加，热值降低。

世界上高硫煤的贮量占有一定比例，因此寻求高效经济的脱硫方法和回收利用硫的途径，具有重大意义。

2.2.1.2 煤中的微量有害元素

对于煤中微量元素的研究始于20世纪40年代，早期的研究是期望从中发现新元素，或关注微量元素的地球化学特征。到了20世纪50年代，由于电子工业、原子能工业的迅猛发展，人们的兴趣集中在煤中的锗、镓、铀、矾等可能被利用的元素上。到了20世纪60年代末以后，随着人们环保意识的逐渐增强，煤中微量元素对环境可能造成的污染研究，受到了越来越多的关注。

在煤的加工、转化、利用过程中，煤中常量有害元素硫和氮对环境造成的巨大危害已是众所周知，如燃烧产生的大量的SO_x、NO_x等有害气体排放引起的酸雨问题。实际上，煤中的微量有害元素也会发生转化，并迁移到周围环境中，极易被动植物和人体所吸收。虽然这些微量有害元素在煤中的含量较低，但对于煤这种大量广泛使用的燃料来说，它的长期积累危害是不容忽视的。

按煤中微量元素的存在形态、浓度、pH值和氧化-还原条件及其他因素，可以将其划分为必需的、非必需的和有害的三类。这里所说的“有害”是指在煤炭加工、利用、运输和存放过程中，对工艺、设备、产品、人体、环境等会产生危害。煤中元素的有害性或无害性是相对的，某些元素在特定浓度时是属于有益的，浓度高一些就成为有害的。从工业利用的角度看，它们的危害性各不相同，如煤中的磷主要对炼焦用煤有害，砷主要对酿造工业和食品工业有害，氯主要对燃烧和炼焦有害。煤中有26种微量元素应引起环境关注，根据其危害性，可以分为三类，从Ⅰ类到Ⅲ类危害程度降低。Ⅰ类元素有砷、镉、铬、汞、铅、硒；Ⅱ类元素有硼、氯、氟、锰、钼、镍、铍、铜、磷、钍、铀、钒、锌；Ⅲ类元素有钡、钴、碘、镭、锑、锡、铊。以下重点介绍几种人们关注较多的微量有害元素。

A 磷

磷在煤中的含量较低，一般为0.001%～0.1%，最高不超过1%。煤中磷主要以无机磷形式存在，如磷灰石[$3Ca_3(PO_4)_2 \cdot CaF_2$]和磷酸铝矿物（$Al_6P_2O_{14}$），也有微量的有机磷。炼焦时煤中的磷几乎全部进入焦炭，炼铁时磷又从焦炭进入生铁，当其含量超过0.05%时会使钢铁产生冷脆性，在零下十几度的低温下会使钢铁制品脆裂，因此，炼焦用煤要求磷含量小于0.1%。在作为动力燃料时，煤中的含磷化合物在高温下挥发，在锅炉受热面上冷凝下来，胶结一些飞灰颗粒，形成难以清除的污垢，严重影响锅炉效率。

B 氯

世界上主要产煤国的煤中氯含量差别较大，含量一般为0.005%～0.2%，个别的高达1.7%，最大值分布在澳大利亚煤中。我国煤中氯含量较低，在0.01%～0.2%之间。煤中的氯既有有机态，又有无机态。无机态氯的赋存形式主要是含氯矿物、煤孔隙水中的氯、离子吸附的氯和类质同象进入矿物晶格中的氯。关于煤中氯的存在形式学术界还存在争议。煤中的氯对煤炭利用有很大的危害，如炼焦煤氯含量高于0.3%，将腐蚀焦炉炭化室的耐火砖，大大缩短焦炉的使用寿命。若含氯量高的煤用于燃烧，会对设备产生严重的腐蚀。经过分选的煤，其中的氯化物会溶于水而使煤中的氯含量下降。

C 氟

氟是人体中既不可缺少，又不能多的“临界元素”，微量氟有促进儿童生长发育和预防龋齿的作用。煤中的氟主要以无机物赋存于煤中的矿物质中，含量一般在3.0×10^{-4}以下，也有个别高氟煤的氟含量达到1.0×10^{-3}以上。在燃煤排放大气污染物中，氟是危害人类及动植物健康最为严重的一种污染物。氟进入机体后，绝大部分积聚于牙齿和骨组织中。对人体健康的主要危害是引起氟斑牙、氟骨症以及对神经、生化的影响。燃煤氟污染引起的以人体骨骼组织病变为主要症状的慢性氟中毒，在我国流行甚广，危害严重。

D　砷

煤中的砷含量极小，一般为$(0.5\sim80)\times10^{-6}$。煤中的砷主要以硫化物的形式与硫铁矿结合在一起，即以砷黄铁矿（$FeS_2\cdot FeAs_2$）的形式存在矿物质中，小部分以有机质的形式存在。燃煤是大气中砷的主要来源，煤燃烧时，砷以三氧化二砷的形式随烟气排放到大气中。三氧化二砷俗称砒霜，是一种剧毒物质。因此，作为食品工业用的燃料，砷含量必须小于8×10^{-6}。

E　镉

镉以无机物形式存在于煤中，在煤中的含量为$(0.1\sim3)\times10^{-6}$。镉是危害植物生长的有毒元素。镉对人体也可产生毒性效应，镉中毒可引起肾功能障碍。在煤燃烧时，镉以氧化物的形式随烟气进入大气，通过呼吸道进入人体，在人体内的镉能积聚并取代骨骼中的钙，能造成严重的骨质疏松症。

F　铬

煤中的铬含量一般在$(0.5\sim60)\times10^{-6}$，煤中铬含量最大值分布于土耳其煤中。在富铬的煤中，发现有$FeCrO_4$矿物的存在。铬是致癌元素，同时也有致畸与致突变作用。目前世界上公认某些铬化合物可致肺癌，称为铬癌。煤在燃烧时，铬以多种价态氧化物的形式随烟尘进入大气，通过呼吸道进入人体。

G　汞

煤中汞分布于硫化物、黏土矿物和有机汞化合物中，也有一定量的碳酸盐结合态及水溶态和离子交换态。其含量一般在$(0.02\sim1)\times10^{-6}$。煤在燃烧时，汞以蒸气的形式排入大气，当空气中的汞浓度达到$30\sim50\mu g/m^3$时，将对人体产生危害。汞蒸气吸附在粉尘颗粒上，随风飘散，进入水体后，能通过微生物作用，转化为毒性更大的有机汞（如甲基汞CH_3HgCH_3）。甲基汞能在水体动物体内积累，最后通过食物链而危害人类。汞的慢性中毒会导致精神失常、肌肉震颤、口腔炎等，对人体危害极大。

H　铅

煤中的铅以方铅矿（PbS）的形式存在于煤中，我国煤中的铅含量一般在$(2\sim80)\times10^{-6}$。铅是一种严重的环境毒物和神经毒物，主要影响儿童的智力发育，损伤认知功能、神经行为和学习记忆等脑功能。大气铅的污染源，主要是汽车废气。煤燃烧产生的工业废气也是大气铅污染的一个重要来源。煤燃烧产生大量的粉煤灰进入大气，粉煤灰是铅的良好载体。前捷克斯洛伐克燃煤电厂排放的Pb、As已造成附近儿童骨骼生长延缓。

2.2.2　煤中常量元素分析的方法原理

根据我国国家标准（GB/T 3715—2007）的定义，煤的元素分析包括煤中碳、氢、氧、氮、硫五种元素的测定。从理论上讲，煤的元素分析应是仅测定煤的有机结构中的这五种元素。但由于得到纯的煤有机质比较困难，因此实际测定的结果往往包括了无机矿物质中相应元素的含量。

2.2.2.1　煤中碳和氢的测定

A　测定原理

煤在氧中燃烧，其中的碳转化成二氧化碳，氢转化为水，此外还生成了其他副产物：

$$\text{煤}\xrightarrow[O_2]{\text{燃烧}}CO_2+H_2O+SO_2+SO_3+Cl_2+N_2+NO_2$$

只要测定反应生成的 CO_2 和 H_2O，并排除其他元素的干扰，就可以算出煤中碳和氢的含量。

测定 CO_2 和 H_2O 的方法很多，例如气相色谱、红外吸收、库仑法和酸碱滴定法等。我国国家标准 GB/T 476—2008 中规定了采用高锰酸银法（二节炉法）和利比西法（三节炉法），并增加了电量-重量法。目前，各国标准都是采用吸收法，即用无水氯化钙或过氯酸镁来吸收水分，用碱石棉或碱石灰来吸收二氧化碳。吸收反应为：

$$2H_2O + CaCl_2 = CaCl_2 \cdot 2H_2O$$

$$4H_2O + CaCl_2 \cdot 2H_2O = CaCl_2 \cdot 6H_2O$$

$$6H_2O + Mg(ClO_4)_2 = Mg(ClO_4)_2 \cdot 6H_2O$$

$$CO_2 + 2NaOH = Na_2CO_3 + H_2O$$

排除杂质的干扰可采用高锰酸银法和利比西法。二节炉法是利用高锰酸银热解产物来除去杂质的干扰。高锰酸银热解产物的结构非常特殊，它是以二氧化锰为主体，银分子呈高度分散状态分布于其上，从而形成 n 型半导体，具有极强的催化氧化作用，能够将有机物中的碳、氢定量地氧化成二氧化碳和水。同时银分子表面具有很强的活性，对硫、氯、磷等的燃烧产物具有很强的吸收作用。所以高锰酸银的热解产物既是氧化剂，又是干扰元素吸收剂。反应式如下：

$$AgMnO_4 \xrightarrow{\triangle} Ag \cdot MnO_2 + O_2$$

$$2SO_2 + 2Ag \cdot MnO_2 + 2O_2 \xrightarrow{500^\circ C} Ag_2SO_4 + 2MnSO_4$$

$$2SO_3 + 2Ag \cdot MnO_2 + O_2 \xrightarrow{500^\circ C} 2AgSO_4 \cdot MnO_2$$

$$Cl_2 + 2Ag \cdot MnO_2 \xrightarrow{500^\circ C} 2AgCl \cdot MnO_2$$

$$2NO_2 + MnO_2 \longrightarrow Mn(NO_3)_2$$

三节炉法是以氧化铜作催化剂，用铬酸铅和银丝卷除去硫、氯的干扰，用二氧化锰除去氮的干扰。反应式如下：

$$4SO_2 + 4PbCrO_4 \xrightarrow{600^\circ C} 4PbSO_4 + 2Cr_2O_3 + O_2\uparrow$$

$$4SO_3 + 4PbCrO_4 \xrightarrow{600^\circ C} 4PbSO_4 + 2Cr_2O_3 + 3O_2\uparrow$$

$$Cl_2 + 2Ag \xrightarrow{180^\circ C} 2AgCl$$

B　*方法概要*

称取一定量的一般分析煤样在氧气流中燃烧，生成的水和二氧化碳分别用装有吸水剂和二氧化碳吸收剂的 U 形管来吸收，以吸收剂的增量来计算煤中碳、氢的含量。

计算公式为：

$$w_{ad}(C) = \frac{0.2729m_1}{m} \times 100\% \qquad (2\text{-}17)$$

$$w_{ad}(H) = \frac{0.119(m_2 - m_3)}{m} \times 100 - 0.1119M_{ad} \qquad (2\text{-}18)$$

式中 $w_{ad}(C)$ —— 一般分析试验煤样中碳的质量分数,%;

$w_{ad}(H)$ —— 一般分析试验煤样中氢的质量分数,%;

m——一般分析试验煤样质量，g;

m_1——吸收二氧化碳的U形管的质量增量，g;

m_2——吸收水的U形管的质量增量，g;

m_3——空白值，g;

0.2729——将二氧化碳折算成碳的因数;

0.1119——将水折算成氢的因数;

M_{ad}—— 一般分析试验煤样水分的质量分数,%。

当需要测定有机碳时，则按下式计算：

$$w_{ad}(C) = \frac{0.2729m_1}{m} \times 100 - 0.2729w_{ad}(CO_2) \tag{2-19}$$

式中 $w_{ad}(CO_2)$ —— 一般分析试验煤样中碳酸盐二氧化碳的质量分数,%。

2.2.2.2 煤中氧的测定

A 直接测定

在20世纪30年代，德国舒兹（M. Shutze）等人曾提出有机物中氧元素的直接测定法。后来，国际标准化组织对舒兹法进行研究和改进，于1976年制定了煤中氧含量的直接测定方法（ISO 1994—1976）。该法的测定原理为：在氮气流和105～110℃下干燥煤样，然后使之在1125±25℃下分解，有机物挥发，只留下不含氧的焦渣。挥发物中含有以有机状态结合的氧，用纯碳将挥发产物中的氧转化为一氧化碳，并进一步氧化成二氧化碳，然后用滴定法或重量法测定。测定结果按下列公式计算：

滴定法时
$$w_{ad}(O) = \frac{1600TV}{m_0} \tag{2-20}$$

重量法时
$$w_{ad}(O) = \frac{36.36\Delta m}{m_0} \tag{2-21}$$

式中 T——滴定液物质的量浓度，mol/L;

V——滴定液的净消耗量，mL;

Δm——吸收管的质量增量，mg;

m_0——空气干燥基煤样的质量，mg。

由于煤在氮气流中分解时，不仅析出有机氧，而且水和矿物质中的无机氧也同时析出，并同样与碳起反应生成一氧化碳和二氧化碳。所以在测定煤中氧元素时，必须先将煤样干燥脱水，必要时还应进行脱除矿物质处理。因此测定所用仪器设备和操作步骤都比较复杂，在元素分析的实际工作中一般都不采用直接测定法，而是采用间接计算法。

B 间接计算

煤中氧含量可以近似地按下式计算：

$$w_{ad}(O) = 100 - [w_{ad}(C) + w_{ad}(H) + w_{ad}(N) + w_{ad}(S_t) + M_{ad} + A_{ad}] \tag{2-22}$$

当煤中碳酸盐二氧化碳含量大于2%时，则：

$$w_{ad}(O) = 100 - [w_{ad}(C) + w_{ad}(H) + w_{ad}(N) + w_{ad}(S_t) + M_{ad} + A_{ad} + w_{ad}(CO_2)] \tag{2-23}$$

应该指出，间接计算求得的氧含量存在较大误差，这是因为各项测定的分析误差都累积到 $w_{ad}(O)$ 上；此外，A_{ad} 并不等于煤中矿物质的含量，$w_{ad}(S_t)$ 也并不完全代表煤中的有机硫。

2.2.2.3 煤中氮的测定

煤中氮的测定方法有开氏法、杜马法和蒸气燃烧法，其中以开氏法应用最广泛，开氏法分为常量法和半微量法，我国测定煤中氮的国家标准（GB/T 19227—2008）主要采用半微量开氏法和半微量蒸气法。以下主要介绍半微量开氏法。

方法原理：称取一定量的空气干燥煤样，加入混合催化剂和硫酸，加热分解，氮转化为硫酸氢氨。加入过量的氢氧化钠溶液，把氨蒸出并吸收在硼酸溶液中。用硫酸标准溶液滴定，根据硫酸的用量，计算样品中氮的含量。各步反应如下：

（1）消化反应：

$$\text{煤}\xrightarrow[\triangle]{\text{浓 }H_2SO_4\text{，催化剂}} NH_4HSO_4 + CO_2 + CO + SO_2 + SO_3 + Cl_2 + H_3PO_4 + N_2(\text{极少})$$

（2）蒸馏反应：

$$NH_4HSO_4 + H_2SO_4 + 4NaOH(\text{过量}) \xrightarrow{\triangle} NH_3 + 2Na_2SO_4 + 4H_2O$$

（3）吸收反应：

$$NH_3 + H_3BO_3 \Longrightarrow NH_4H_2BO_3$$

（4）滴定反应：

$$2NH_4H_2BO_3 + H_2SO_4 \Longrightarrow (NH_4)_2SO_4 + 2H_3BO_3$$

测定结果的计算公式为：

$$w_{ad}(N) = \frac{c(V_1 - V_2) \times 0.014}{m} \times 100\% \tag{2-24}$$

式中 $w_{ad}(N)$——空气干燥煤样中氮的质量分数，%；
c——H_2SO_4 标准溶液的浓度，mol/L；
V_1——样品试验时 H_2SO_4 标准溶液的用量，mL；
V_2——空白试验时 H_2SO_4 标准溶液的用量，mL；
0.014——氮的毫摩尔质量，g/mmol；
m——空气干燥煤样的质量，g。

需要指出的是，用开氏法测氮时，在消化反应过程中，煤中以吡啶、吡咯和嘌呤形态存在的有机杂环氮化物，有一部分以氮分子的形态逸出，致使测值偏低。高煤化度的贫煤和无烟煤所含的杂环氮化物更多，测值偏低更严重。为了使测定结果更准确，必须收集并测定在消化反应中分解出来的游离氮以作校正；或者在消化煤样时，补加助催化剂以抑制氮分子的析出。这些助催化剂有三氧化铬（CrO_3）、三氧化二铬（Cr_2O_3）、五氧化二钒（V_2O_5）和高锰酸钾（$KMnO_4$）等，其中以三氧化铬综合效果最好。

2.2.2.4 煤中硫的测定

煤中硫的测定，分为全硫测定和各种形态硫测定两类，我国相应的制定了两个国家标准，以下简要介绍煤中全硫的测定。

国家标准（GB/T 214—2007）规定了全硫的三种测定方法，即艾氏法、库仑滴定法和高温燃烧中和法。其中，艾氏法是仲裁分析法。各方法的原理与概要如下。

A 艾氏法

艾氏法又称重量法，它是各国通用的经典方法，1874 年由德国人艾士卡（A. Eschka）提出。测定原理为：将煤样与艾氏卡试剂（由两份质量的化学纯轻质氧化镁和一份质量的化学纯无水碳酸钠配制而成）混合灼烧，煤中硫生成硫酸盐，然后使硫酸根离子生成硫酸钡沉淀，根据硫酸钡的质量计算煤中全硫的含量。主要反应有：

（1）煤样的氧化：

$$\text{煤}\xrightarrow{O_2} CO_2 + N_2 + H_2O + SO_3 + SO_2$$

（2）氧化硫的固定：

$$2SO_2 + SO_3 + 3Na_2CO_3 + O_2 \xrightarrow{\triangle} 3Na_2SO_4 + 3CO_2$$

$$2SO_2 + SO_3 + 3MgO + O_2 \xrightarrow{\triangle} 3MgSO_4$$

（3）硫酸盐的转化：

$$CaSO_4 + Na_2CO_3 \xrightarrow{\triangle} CaCO_3 + Na_2SO_4$$

（4）硫酸盐的沉淀：

$$MgSO_4 + Na_2SO_4 + 2BaCl_2 \longrightarrow 2BaSO_4\downarrow + 2NaCl + MgCl_2$$

测定结果按下式计算：

$$w_{ad}(S_t) = \frac{(m_1 - m_2) \times 0.1374}{m} \times 100\% \qquad (2\text{-}25)$$

式中 $w_{ad}(S_t)$——一般分析试验煤样中全硫质量分数，%；

m_1——硫酸钡质量，g；

m_2——空白试验的硫酸钡质量，g；

m——煤样质量，g；

0.1374——由硫酸钡换算成硫的系数。

B 库仑滴定法

库仑滴定法，这是一种仪器分析法，采用自动定硫仪或类似定硫仪可以测出煤中全硫含量。空气干燥煤样在不低于1150℃高温和催化剂三氧化钨作用下，于净化的空气中燃烧分解。煤中各种形态硫都被氧化为二氧化硫和少量的三氧化硫，进入电解池中与水化合，生成亚硫酸和少量硫酸。电解池的电位平衡被破坏，仪器自动电解碘化钾和溴化钾溶液，产生碘和溴进行库仑滴定。主要反应有：

（1）煤的氧化：

$$\text{煤}\xrightarrow{O_2} CO_2 + N_2 + H_2O + SO_3 + SO_2$$

（2）电解反应：

阳极 $$2I^- - 2e \longrightarrow I_2$$

阴极 $$2H^+ + 2e \longrightarrow H_2$$

（3）滴定氧化反应：

$$I_2 + H_2SO_3 + H_2O \longrightarrow 2I^- + H_2SO_4 + 2H^+$$

电生碘和电生溴所消耗的电量由库仑积分仪积分，当库仑积分器最终显示数为硫的毫克数时，全硫质量分数按下式计算：

$$w_{ad}(S_t) = \frac{m_1}{m} \times 100\% \tag{2-26}$$

式中 $w_{ad}(S_t)$ —— 一般分析试验煤样中全硫质量分数,%；

m_1——库仑积分器显示值，mg；

m——煤样质量，mg。

C 高温燃烧中和法

这是一种快速测定的方法，其测定包括煤的燃烧、氧化硫的吸收和中和滴定等步骤。首先将煤样加入催化剂三氧化钨或二氧化硅，置于氧气流中在1200℃的高温下燃烧。使煤中的可燃硫氧化，不可燃硫分解，生成三氧化硫和二氧化硫。然后用过氧化氢吸收硫的氧化物使之生成硫酸，再用标准氢氧化钠溶液滴定之，测得总酸量。

在高温燃烧时，煤中的氯也将转化成气态氯析出，气态氯与过氧化氢作用生成盐酸。当用氢氧化钠滴定时，盐酸也消耗了一部分氢氧化钠。故在计算全硫时，对氯含量较高的煤应予以校正。校正的方法是向滴定总酸最后的溶液中加入10mL羟基氰化汞，使滴定中生成的氯化钠转化为氢氧化钠，再用标准硫酸溶液滴定，计算出煤中氯含量，从总酸量中减去相当于氯含量的酸量，就可以计算出煤中的全硫量。

测定过程中的主要反应：

（1）煤的燃烧：

$$煤 \longrightarrow SO_2 + SO_3 + H_2O + CO_2 + N_2$$

（2）硫的吸收：

$$SO_2 + H_2O + H_2O_2 \longrightarrow H_2SO_4 + H_2O$$

$$SO_3 + H_2O \longrightarrow H_2SO_4$$

（3）氯的吸收：

$$Cl_2 + H_2O_2 \longrightarrow 2HCl + O_2$$

（4）中和滴定：

$$H_2SO_4 + 2HCl + 4NaOH \longrightarrow Na_2SO_4 + 2NaCl + 4H_2O$$

（5）氯化钠转化：

$$NaCl + Hg(OH)CN \longrightarrow HgCl(CN) + NaOH$$

测定氯含量的反滴定：

$$2NaOH + H_2SO_4 \longrightarrow Na_2SO_4 + 2H_2O$$

测定结果计算：

$$w_{ad}(S_t) = \frac{(V - V_0)c \times 0.016 \times f}{m} \times 100\% \tag{2-27}$$

当煤中氯含量大于0.02%时，应对氯进行校正，按下式计算：

$$w_{ad}(S_t) = \frac{[(V - V_0)cf - c_1V_1] \times 0.016}{m} \times 100\% \tag{2-28}$$

在以上两式中，各符号意义为：

$w_{ad}(S_t)$——一般分析试验煤样中全硫质量分数,%；

V——煤样测定时，氢氧化钠标准溶液的用量，mL;

V_0——空白测定时，氢氧化钠标准溶液的用量，mL;

V_1——硫酸标准溶液的用量，mL;

c——氢氧化钠标准溶液的浓度，mol/L;

c_1——硫酸标准溶液的浓度，mol/L;

0.016——硫的毫摩尔质量，g/mmol;

m——煤样的质量，g;

f——校正系数，当 $w_{ad}(S_t) < 1\%$，$f = 0.95$；当 $w_{ad}(S_t)$ 为 $1\% \sim 4\%$，$f = 1.00$；当 $w_{ad}(S_t) > 4\%$，$f = 1.05$。

2.2.3 煤中微量有害元素分析的方法原理

由于煤中微量元素的含量是很低的，煤本身不均一的自然特性，以及煤中复杂成分间可能存在的相互干扰等一系列因素的影响，使得煤中微量元素的定量检测是比较困难的。微量元素的定量检测，主要是靠先进的仪器分析方法。目前用于煤中微量元素含量分析的方法，基本上可以分为以下四类：

（1）X 射线/γ 射线分析法。主要包括中子活化分析（instrumental neutron activation analysis，INAA）、X 射线荧光分析（X-ray fluorescence，XRF）、同步辐射 X 射线荧光分析（synchrotron XRF，SXRF）、质子诱导 X 射线/γ 射线发射[particle(proton) induced X-ray/γ-ray emission，PIXE/PIGE]。

（2）吸收/发射光谱法。主要包括发射光谱法（optical emission spectroscopy，OES 或 atomic emission spectroscopy，AES）、电感耦合等离子体-原子发射光谱（inductively coupled plasma atomic emission spectrometry，ICP/AES）、原子吸收光谱（atomic adsorption spectrometry，AAS）。

（3）质谱法。主要包括火花源质谱（spark-source mass spectrometry，SSMS）、电感耦合等离子体-质谱（inductively coupled plasma-mass spectrometry，ICP/MS）、二次离子质谱（secondary ion mass spectrometry，SIMS）。

（4）化学方法和电化学方法。主要包括离子选择电极法（ion-selective electrode，ISE）和离子色谱法（ion chromatography，IC）。

由于微量元素在丰度、赋存形态、挥发性以及化学性质等多方面性质的差异，致使任何一种仪器分析技术都不能同时获得煤中大部分微量元素，对不同的元素时常要选用不同的检测手段，有些元素还需要特殊的处理技术。另外，由于特定的仪器往往对一些特定的元素检测灵敏度较高，因此，不同的仪器对同一种元素分析结果可能有很大的差别。表 2-3 给出煤中部分微量有害元素适宜的分析方法。

表 2-3 煤中微量有害元素的适宜分析方法（Huggins F. E 2002）

元 素	INAA	PIXE/PIGE	ICP/AES	ICP/MS	AAS	其 他
Sb	√			√	HAAS	
As	√	√		√	HAAS	
Ba	√	√	√		√	
Be			√		√	
Cd				√	GFAAS	

续表 2-3

元　素	INAA	PIXE/PIGE	ICP/AES	ICP/MS	AAS	其　他
Cl						WDXRF IC，ISE
Cr	√	√	√		√	
Co	√	√	√		√	
F		√				ISE，IC
Pb		√	√	√	GFAAS	
Mn	√	√	√		√	
Hg					CVAAS	RNAA
Ni	√	√	√		√	
Se	√	√			HAAS	
Th	√		√			
U	√			√		
Zn	√	√	√		√	

注：1. AAS 代表标准火焰原子吸收光谱法；HAAS 代表氢化物发生原子吸收光谱法；GFAAS 代表石墨炉原子吸收光谱法；CVAAS 代表冷原子吸收光谱法。

2. WDXRF 代表波长色散 X 射线荧光法。

3. RNAA 代表中子活化分析与放射化学分离。

由于这些先进的仪器价格昂贵，在我国普及率不高，因此，在国家标准中常采用一些实验室中常见和广泛使用的分析仪器，表 2-4 给出我国国家标准中规定的一些微量元素分析方法。

表 2-4　我国国家标准中规定的一些微量元素的分析方法

元　素	方　法	方法原理提要
P	GB/T 216—2003 磷钼蓝比色法	在煤样灰化后用氢氟酸-硫酸分解，脱除二氧化硅，然后加入钼酸铵和抗坏血酸，生成磷钼蓝后，用分光光度计测定吸光度
Cl	GB/T 3558—1996 高温燃烧水解-电位滴定法	煤样在氧气和水蒸气混合气流中燃烧和水解，煤中氯全部转化为氯化物并定量地溶于水中。以银为指示电极，银-氯化银为参比电极，用标准硝酸银电位法直接滴定冷凝液中的氯离子浓度，根据标准硝酸银溶液用量计算煤中氯的含量
	GB/T 3558—1996 艾氏剂熔样-硫氰酸钾滴定	煤样和艾氏卡混合剂混合，放入马弗炉熔融，将氯转变为氯化物。用沸水浸取，在酸性介质中，加入过量的硝酸银溶液，以硫酸铁铵作指示剂，用硫氰酸钾溶液滴定，以硝酸银溶液的实际消耗量计算煤中氯的含量
F	GB/T 4633—1997 高温燃烧水解-氟离子选择电极法	煤样在氧气和水蒸气混合气流中燃烧和水解，煤中氟全部转化为挥发性氟化物（SiF_4 及 HF）并定量地溶于水中。以氟离子选择性电极为指示电极，饱和甘汞电极为参比电极，用标准加入法测定样品溶液中氟离子浓度，计算出煤中总氟量

续表 2-4

元素	方法	方法原理提要
Se	GB/T 16415—2008 氢化物发生原子吸收法	将煤样与艾氏剂混合，于800℃下灼烧，用盐酸溶解，加热使六价硒还原为四价，再用硼氢化钠将四价硒还原为氢化硒，以氮气为载气将其导入石英管原子化器，以原子吸收法测定
Cd Cr Pb	GB/T 16658—2007 原子吸收法	煤样灰化后，用氢氟酸-高氯酸分解，在硝酸介质中加入硫酸钠消除镁等共存元素对铬的干扰，用原子吸收法进行测定
Hg	GB/T 16659—2008 冷原子吸收分光光度法	以五氧化二钒为催化剂，用硝酸-硫酸分解煤样，使煤中汞转化为二价汞离子，再将汞离子还原为汞原子蒸气，用测汞仪或原子吸收分光光度计测定汞的含量
Cu Co Ni Zn	GB/T 19225—2003 原子吸收法	煤样灰化后，用氢氟酸-高氯酸分解，用原子吸收法测定其中的铜、钴、镍、锌的含量
V	GB/T 19226—2003 分光光度法	煤样灰化，然后用碱熔融、沸水浸取。浸取液中加掩蔽剂以消除干扰元素的影响。在磷酸介质中，五价钒与2-(5-溴-2-吡啶偶氮)-5-二乙胺基苯酚（Br-PADAP）和过氧化氢形成有色的三元络合物，然后进行光度测量，求得钒含量
As	GB/T 3058—2008 砷钼蓝分光光度法	将煤样与艾氏卡试剂混合灼烧，用盐酸溶解灼烧物，加入还原剂，使五价砷还原成三价，加入锌粒，放出氢气，使砷形成氢化砷气体释出，然后被碘溶液吸收并氧化成砷酸，加入钼酸铵-硫酸肼溶液使之生成砷钼蓝，然后用分光光度计测定

2.3 分析结果的表示方法与基准换算

2.3.1 煤质指标及基准的表示方法

煤的工业分析、元素分析和其他煤质分析项目的测定数据，在煤炭勘探、采选、运输、贸易和众多应用领域具有广泛的用途。为了统一名称，便于使用，有必要规范煤质分析项目的术语名称与符号。

《煤质及煤分析有关术语》（GB/T 3715—2007）和《煤炭分析试验方法一般规定》（GB/T 483—2007），按照容易记忆，便于国际交流，并全面向国际标准（ISO）靠拢的指导思想，重新规定了煤质和煤分析有关的术语、定义及符号。

对于煤质分析项目的符号，现行国家标准规定的书写原则是：代表符号一般用英文；国际标准（ISO）已有规定的符号，基本采用；ISO 未规定者，用欧美通用的符号；ISO 和欧美都没有的，用英语名词的开头字母或缩写字母表示；我国独有的项目则采用我国国家标准原规定符号。

部分煤炭分析项目的专用符号及其中英文名称，如表 2-5 所示，项目细划分的符号及其中英文名称，如表 2-6 所示。

表 2-5 部分煤炭分析项目专用符号及其中英文名称对照

项目中文名称	项目英文名称	项目专用符号	项目中文名称	项目英文名称	项目专用符号
最大收缩度	maximum contraction	*a*	水　分	moisture	*M*
灰　分	ash	*A*	最高内在水分	moisture holding capacity	MHC
磨损指数	abrasion index	AI	矿物质	mineral matter	MM
视相对密度	apparent relative density	ARD	透光率	transmittance	P_M
最大膨胀度	maximum dilatation	*b*	发热量	(quantity of heat) calorific value	*Q*
(挥发分测定)焦渣特征	characteristic of char button	CB	反射率	reflectance	*R*
结渣率	clinkering rate	*Clin*	罗加指数	Roga index	R. I
半焦产率	yield of coke residue	CR	落下强度	shatter strength	*SS*
坩埚膨胀序数	crucible swelling number	CSN	(灰熔融性)软化温度	softening temperature	*ST*
(灰熔融性)变形温度	deformation temperature	DT	焦油产率	yield of tar	*Tar*
苯萃取物产率	yield of benzene-soluble extract	E_B	真相对密度	true relative density	TRD
固定碳	fixed carbon	FC	热稳定性	thermal stability	TS
(灰熔融性)流动温度	flow temperature	FT	挥发分	Volatile matter	*V*
黏结指数	caking index	$G_{R.I}$	干馏总水(产率)	total water of distillation	*Water*
腐殖酸产率	yield of humic acids	HA	焦块最终收缩度	final contraction of coke residue	*x*
哈氏可磨性指数	Hardgrov grindability index	HGI	胶质层最大厚度	maximum thickness of plastic layer	*y*
(灰熔融性)半球温度	hemispherical temperature	HT	二氧化碳转化率	conversion ratio of carbon dioxide	α

表 2-6 项目细划分的符号及其中英文名称对照

项目中文名称	项目英文名称	项目专用符号	项目中文名称	项目英文名称	项目专用符号
弹　筒	bomb	b	恒压高位	Gross, at constant pressure	gr, p
外在或游离	free	f	恒容高位	Gross, at constant volume	gr, v
内　在	inherent	inh	恒压低位	net, at constant pressure	net, p
有　机	organic	o	恒容低温	net, at constant volume	net, v
硫化铁	pyrite	p	全	total	t
硫酸盐	sulfate	s			

由于煤中水分和灰分变化很大，同一种煤在不同的条件下会表现出不同的状态。在这些不同状态下，同一个分析项目的结果将出现很大的差异。为了使不同来源的分析数据具有可比性，在报告分析结果时，不仅要用标准规定的统一符号来表示这些分析项目，而且还必须给出实际分析煤样或理论换算煤样的基本状态。用以表征煤样基本状态的统一尺度，即为基准。

在我国现行国家标准（GB/T 3715—2007）和（GB/T 483—2007）中，采用英文名称缩写字母表示基准符号，将其标注在项目符号的右下角。当该处有项目细划分符号时，则将基准的符号标注在项目细划分符号的后面，并用逗号分开。例如 M_{ad}、A_{d}、V_{daf}、$S_{t,ad}$ 等等。煤炭分析常用的基的符号如表 2-7 所示。

表 2-7 基准的符号及其中英文名称对照

中文名称	英文名称	符号	中文名称	英文名称	符号
空气干燥基	air dried basis	ad	干燥无矿物质基	dry mineral matter-free basis	dmmf
收到基	as received basis	ar	恒湿无灰基	moist ash-free basis	maf
干燥基	dry basis	d	恒湿无矿物质基	moist mineral matter-free basis	mmmf
干燥无灰基	dry ash-free basis	daf			

在表 2-7 中，空气干燥基的概念尤为重要。这是因为空气干燥煤样是大多数分析项目常用的煤样，空气干燥煤样中的水分 M_{ad} 已成为煤炭贸易和利用的一项重要指标。由于不同实验室掌握“空气干燥”状态的尺度不同，所制备的分析煤样的水分就相差很大，有可能超过因空气温度和湿度变化而导致的差异。因此，现行国家标准（GB/T 474—2008）规定：在制备煤样时，若在室温下连续干燥 1h 后煤样质量变化小于等于 0.1%，则为达到空气干燥状态。这种规定使空气干燥基的概念更加严格和科学。

各种基准的定义及煤在各基准下的工业分析和元素分析组成分述如下：

（1）收到基（as received basis）。以收到状态的煤为基准，称为收到基。在此基准下：

$$V_{ar} + w_{ar}(FC) + A_{ar} + M_{ar} = 100$$

$$w_{ar}(C) + w_{ar}(H) + w_{ar}(O) + w_{ar}(N) + w_{ar}(S) + A_{ar} + M_{ar} = 100$$

（2）空气干燥基（air dried basis）。以达到空气干燥状态的煤为基准，称为空气干燥基。在此基准下：

$$V_{ad} + w_{ad}(FC) + A_{ad} + M_{ad} = 100$$

$$w_{ad}(C) + w_{ad}(H) + w_{ad}(O) + w_{ad}(N) + w_{ad}(S) + A_{ad} + M_{ad} = 100$$

（3）干燥基（dry basis）。以假想无水状态的煤为基准，称为干燥基。在此基准下：

$$V_{d} + w_{d}(FC) + A_{d} = 100$$

$$w_{d}(C) + w_{d}(H) + w_{d}(O) + w_{d}(N) + w_{d}(S) + A_{d} = 100$$

（4）干燥无灰基（dry ash-free basis）。以假想无水、无灰状态的煤为基准，称为干燥无灰基。在此基准下：

$$V_{daf} + w_{daf}(FC) = 100$$

$$w_{daf}(C) + w_{daf}(H) + w_{daf}(O) + w_{daf}(N) + w_{daf}(S) = 100$$

（5）干燥无矿物质基（dry mineral matter free basis）以假想无水、无矿物质状态的煤为基准，称为干燥无矿物质基。在此基准下：

$$V_{dmmf} + w_{dmmf}(FC) = 100$$

$$w_{dmmf}(C) + w_{dmmf}(H) + w_{dmmf}(O) + w_{dmmf}(N) + w_{dmmf}(S) = 100$$

此外，我国国家标准（GB/T 3715—2007）还规定了两个特殊的基准：以假想含最高内在水分、无灰状态的煤为基准，称为恒湿无灰基，符号 maf；以假想含最高内在水分、无矿物质状态的煤为基准，称为恒湿无矿物质基，符号 mmf。

前五个基准为常用基准，它们相互间的关系如图 2-3 所示。

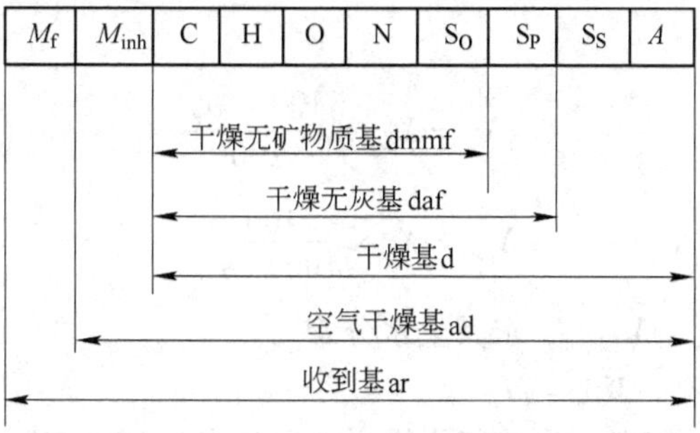

图 2-3　常用基准间的相互关系

2.3.2　煤质分析结果的基准换算

实验室在进行工业分析、元素分析和某些其他煤质分析时，一般采用空气干燥煤样为试样，所得到的直接结果为空气干燥基数据。但由于用途不同，这些分析数据往往需要采用其他的基准来表示。如煤作为气化原料或动力燃料时，热工计算中多采用收到基数据；在炼焦生产上为便于比较，常采用干燥基表示灰分 A_d 和挥发分 V_d，也常采用干燥基表示全硫含量 $w_d(S_t)$；在研究煤结构和煤质特性时，通常以干燥无灰基表示元素组成，如 $w_{daf}(C)$、$w_{daf}(H)$、$w_{daf}(O)$ 等，有时也用干燥无灰基表示挥发分产率 V_{daf}。

由于不同基准之间存在如图 2-3 所示的关系，因此可以对煤质分析数据进行常用基准的换算，基准换算的基本原理是物质不灭定律。该定律应用于此可以表述为：煤中任一成分的分析结果采用不同的基准表示时，可以有不同的相对数值，但该成分的绝对质量不会发生变化。

例 2-1　某煤 A_{ad}、M_{ad} 已知，求其 A_d。

解：（1）以空气干燥煤样的质量为 100，则干燥煤样的质量为 $100 - M_{ad}$。

（2）空气干燥煤样中灰分的绝对质量为：

$$100 \times \frac{A_{ad}}{100} = A_{ad} \tag{a}$$

干燥煤样中灰分的绝对质量为：

$$(100 - M_{ad}) \times \frac{A_d}{100} \tag{b}$$

（3）根据物质不灭定律式（a）应与式（b）相等，即：

$$A_{ad} = A_d \times \frac{100 - M_{ad}}{100} \tag{c}$$

$$A_d = A_{ad} \times \frac{100}{100 - M_{ad}} \tag{d}$$

若将灰分产率 A 看作是工业分析或元素分析中的任一成分，并用 X 代表，式（c）、式（d）可写成：

$$X_{ad} = X_d \times \frac{100 - M_{ad}}{100} \tag{2-29}$$

$$X_d = X_{ad} \times \frac{100}{100 - M_{ad}} \tag{2-30}$$

同理可得：

$$X_d = X_{daf} \times \frac{100 - A_d}{100} \tag{2-31}$$

$$X_{daf} = X_d \times \frac{100}{100 - A_d} \tag{2-32}$$

例 2-2　已知某煤 $M_{f,ar}$、$M_{inh,ad}$，求其全水分 $M_{t,ar}$。

解：由题意 $M_{inh,ad} = M_{ad}$，$M_{t,ar} = M_{ar}$。

（1）设收到煤的质量为 100，则空气干燥煤的质量应为 $100 - M_{t,ar}$。

（2）收到煤中的内在水分质量为：

$$100 \times \frac{M_{inh,ar}}{100} = M_{inh,ar} \tag{e}$$

空气干燥煤中内在水分的质量为：

$$(100 - M_{f,ar}) \times \frac{M_{ad}}{100} \tag{f}$$

（3）按照物质不灭定律，式（e）应与式（f）相等，即：

$$M_{inh,ar} = M_{ad} \times \frac{100 - M_{f,ar}}{100}$$

（4）所求收到基全水分应为收到基下外在水分与内在水分之和，即：

$$M_{ar} = M_{f,ar} + M_{inh,ar} = M_{f,ar} + M_{ad} \times \frac{100 - M_{f,ar}}{100} \tag{2-33}$$

为所求。

将式（2-33）整理，从中解出 $M_{f,ar}$，可得：

$$M_{f,ar} = \frac{100(M_{ar} - M_{ad})}{100 - M_{ad}} \tag{2-34}$$

例 2-3　已知某煤 X_{ad}、M_{ar}、M_{ad}，求 X_{ar}。

解：（1）以收到煤的质量为 100，则空气干燥煤的质量应为 $100 - M_{f,ar}$。

（2）在收到煤中，X 的质量为 $100 \times \frac{X_{ar}}{100} = X_{ar}$，在空气干燥煤中 X 的质量为 $(100 - M_{f,ar}) \times \frac{X_{ad}}{100}$。

（3）X 的绝对质量不变，应有：

$$X_{ar} = X_{ad} \times \frac{(100 - M_{f,ar})}{100}$$

代入式（2-34），整理可得：

$$X_{ar} = X_{ad} \times \frac{100 - M_{ar}}{100 - M_{ad}} \tag{2-35}$$

按照类似的思想方法，可推导出常用基准之间的其他换算公式，这些公式列于表 2-8。应用表中的公式，不仅可以对工业分析、元素分析的组分和低位发热量等进行换基计算，而且还可以计算全焦率和验算配比，以下举例说明。

表 2-8 不同基的换算公式

已知基	要求基				
	空气干燥基 ad	收到基 ar	干燥基 d	干燥无灰基 daf	干燥无矿物质基 dmmf
空气干燥基 ad		$\frac{100-M_{ar}}{100-M_{ad}}$	$\frac{100}{100-M_{ad}}$	$\frac{100}{100-(M_{ad}+A_{ad})}$	$\frac{100}{100-(M_{ad}+MM_{ad})}$
收到基 ar	$\frac{100-M_{ad}}{100-M_{ar}}$		$\frac{100}{100-M_{ar}}$	$\frac{100}{100-(M_{ar}+A_{ar})}$	$\frac{100}{100-(M_{ar}+MM_{ar})}$
干燥基 d	$\frac{100-M_{ad}}{100}$	$\frac{100-M_{ar}}{100}$		$\frac{100}{100-A_d}$	$\frac{100}{100-MM_d}$
干燥无灰基 daf	$\frac{100-(M_{ad}+A_{ad})}{100}$	$\frac{100-(M_{ar}+A_{ar})}{100}$	$\frac{100-A_d}{100}$		$\frac{100-A_d}{100-MM_d}$
干燥无矿物质基 dmmf	$\frac{100-(M_{ad}+MM_{ad})}{100}$	$\frac{100-(M_{ar}+MM_{ar})}{100}$	$\frac{100-MM_d}{100}$	$\frac{100-MM_d}{100-A_d}$	

例 2-4 已知某煤样 $M_{ad}=3.0\%$，$A_{ad}=11.0\%$，$V_{ad}=24.0\%$，求 $w_{ad}(FC)$、$w_d(FC)$ 和 $w_{daf}(FC)$。

解：（1）由 $M_{ad}+A_{ad}+V_{ad}+w_{ad}(FC)=100$ 有：

$$w_{ad}(FC)=100-M_{ad}-A_{ad}-V_{ad}=100-3-11-24=62.00\%$$

（2）由式（2-30）或查表 2-8，有：

$$w_d(FC)=w_{ad}(FC)\times\frac{100}{100-M_{ad}}=62\times\frac{100}{100-3}=63.92\%$$

（3）由式（2-32）或查表 2-8，有：

$$w_{daf}(FC)=w_d(FC)\times\frac{100}{100-A_d}=63.92\times\frac{100}{100-A_d}$$

因为 $$A_d=A_{ad}\times\frac{100}{100-M_{ad}}=11\times\frac{100}{100-3}=11.34\%$$

所以 $$w_{daf}(FC)=63.92\times\frac{100}{100-11.34}=72.10\%$$

或 $$w_{daf}(FC)=w_{ad}(FC)\times\frac{100}{100-A_{ad}-M_{ad}}=62\times\frac{100}{100-11-3}=72.09\%$$

计算得：$w_{ad}(FC)=62.00\%$，$w_d(FC)=63.92\%$，$w_{daf}(FC)=72.10\%$ 或 $w_{daf}(FC)=72.09\%$，解毕。

例 2-5 已知某入炉煤 $M_{ad}=2.5\%$，$V_{ad}=25.84\%$；由该煤所炼焦炭 $V_{daf}=1.20\%$，$A_d=12.68\%$，求全焦率。

解：（1）首先推导全焦率计算公式。定义：炼焦所产干全焦占入炉干煤的质量分数，称为全焦率，一般用干燥基表示，记为 K_d。

1）令入炉干煤的质量为100，则所产干全焦的质量为 $100\times\frac{K_d}{100}=K_d$；

2）干全焦仍含有一定的挥发分 $V_{coke,d}$，因此从煤中减去干煤挥发分的质量，再加上干全焦挥发分的质量，即为干全焦的质量，故有：

$$K_d=100-100\times\frac{V_{coal,d}}{100}+K_d\times\frac{V_{coke,d}}{100}$$

整理后，得：
$$K_d=\frac{100-V_{coal,d}}{100-V_{coke,d}}\times 100$$

3）在工业炼焦生产中，由于挥发分（煤气）的二次热解，一部分游离碳沉积在焦炭的表面上会增加焦炭的质量，对这种影响需进行校正，记校正值为 a，其值为1%～2%，一般可取 $a=1.5\%$。因此，可得全焦率计算公式：

$$K_d=\frac{100-V_{coal,d}}{100-V_{coke,d}}\times 100+a \tag{2-36}$$

式中 K_d——干燥基全焦率，%；
$V_{coal,d}$——煤的干燥基挥发分产率，%；
$V_{coke,d}$——焦炭的干燥基挥发分产率，%；
a——校正值，%。

（2）计算全焦率：

$$V_{coal,d}=V_{ad}\times\frac{100}{100-M_{ad}}=25.84\times\frac{100}{100-2.5}=26.50\%$$

$$V_{coke,d}=V_{daf}\times\frac{100-A_d}{100}=1.2\times\frac{100-12.68}{100}=1.05\%$$

取 $a=1.5\%$，由式（2-36），有全焦率：

$$K_d=\frac{100-V_{coal,d}}{100-V_{coke,d}}\times 100+a=\frac{100-26.50}{100-1.05}\times 100+1.5=75.78\%$$

所求全焦率为75.78%，解毕。

复习思考题

2-1 试述煤的工业分析的基本思想。

2-2 试述煤的元素分析的基本思想。

2-3 煤中水分存在的形态分哪几种，它们与水分脱除的难易程度有什么关系？

2-4 最高内在水分 MHC 与煤的煤化度有什么关系？

2-5 煤中矿物质有哪几种来源，洗选脱除的难易程度有什么不同，矿物质的来源与煤中灰分的种类有什么联系？

2-6 煤中矿物质的化合物类型有哪几种？请写出其代表性化合物的名称与分子式。

2-7 选煤有哪几种工业生产方法，一般选煤工艺有哪些产品和副产品？

2-8 灰分的组成与灰熔点有什么关系，这种关系有何工业意义？

2-9 煤中常量元素和微量元素是如何分类的，各有哪些主要的元素？

2-10 煤中有哪些主要有害微量元素，按危害程度如何分类？

2-11 试述煤中碳和氢的测定的原理，并说明试验中可能产生的误差及减小误差的方法。

2-12 煤中的氮完全以有机氮的形式存在，对否？试述其理由。

2-13 煤中的硫有哪几种存在形态，煤中的硫分对煤的应用有什么影响？

2-14 煤中的硫或磷过多时，通过焦炭与高炉冶炼进入钢铁后，对产品质量有什么影响？

2-15 什么是基准，煤的分析数据为何要用基准表示？

2-16 基准的常用形式因利用场合不同而异，请写出各种基准的适用场合。

2-17 画出基准关系图，并说明换基计算的基本思想和一般规律。

2-18 已知某煤 $M_{ad}=14.8\%$，$A_{ad}=6.4\%$，称取该煤样 1.53612g，在 900±10℃ 温度下隔绝空气加热 7min，加热后试样残重 0.640g，求该煤样的 V_{ad}、$w_{ad}(FC)$。

2-19 某煤 $M_{ar}=9\%$，$M_{ad}=1.0\%$，$A_d=10\%$，$V_{daf}=31\%$，计算其 M_f 和 $w_{ad}(FC)$。

2-20 已知某煤 $M_{ad}=2.05\%$，$A_d=14.14\%$，$V_d=28.35\%$，求 V_{ad} 和 V_{daf}。

2-21 某煤样 $M_{ad}=3.0\%$，$A_{ad}=11\%$，$V_{ad}=24.0\%$，试求 $w_{ad}(FC)$、$w_d(FC)$、$w_{daf}(FC)$。

2-22 某配合煤 $V_{d,coal}=29.00\%$，$V_{d,coke}=1.10\%$，求全焦率 K_d。

2-23 某厂采用如下性质的单种煤配合炼焦：

煤　种	配煤比(干基)/%	M_{ar}/%	A_d/%	V_{daf}/%	$w_d(S_t)$/%
A	70	9.2	10.09	19.80	0.5
B	30	6.8	8.82	38.09	0.6

求配合煤的 M_{ar}、A_d、V_{daf}、$w_d(S_t)$。

2-24 用燃烧法测定煤的碳、氢含量时，称空气干燥煤样 0.2000g，燃烧后碱石棉管增重 0.5880g，氯化钙管增重 0.0880g。此外，分析已知该煤样 $M_{ad}=2.50\%$，$M_{ar}=4.00\%$，$A_{ad}=10.00\%$，$w_{ar}(S_t)=0.40\%$，$w_{ar}(N)=0.40\%$，试求该煤样的 $w_{ar}(C)$、$w_{ar}(H)$、$w_{ar}(O)$。

3 煤的物理性质和物理化学性质

煤的物理性质主要包括机械性质、热性质、光学性质、电性质与磁性质等。煤的物理化学性质主要指润湿性、润湿热和孔隙等。

煤的物理性质和物理化学性质主要取决于煤化度和煤岩组成，有时还取决于煤的原始物料、堆积条件和煤的还原条件。此外，煤的某些物理性质还与矿物质（质量、性质与分布）、水分和风化程度有关。

煤的物理性质和物理化学性质与它的各种用途有密切的关系，了解煤的物理性质和物理化学性质对煤的开采、破碎、分选、型煤制造、热加工和新产品的开发等工艺有很大的实际意义。同时，煤的物理性质和物理化学性质反映了煤分子的化学组成和结构、分子空间结构及其变化特点，为煤结构的研究和煤化学学科的发展提供了重要信息。

3.1 煤的密度

密度是性质和结构的重要参数。物质所有宏观的物理性质在一定程度上与密度有关。物质密度的大小取决于分子结构和分子排列的紧密度，因而与分子空间结构有关，而分子之间的相互作用是分子间距离函数，直接影响着物质的物理性质和物理化学性质。

3.1.1 煤密度的表征

煤的密度是单位体积煤的质量，单位是 g/cm^3 或 kg/m^3。煤的相对体积质量（亦称比重、相对密度）是煤的密度与参考物质的密度在规定条件下的比值，量纲为 1。密度与相对密度数值相同，但物理意义不同。学术上多使用密度，而工业上习惯用相对体积质量。中国已将煤的相对体积质量的测定方法列为国家标准。煤的密度因研究的目的和用途不同可分为真相对体积质量、视相对体积质量和散密度。

3.1.1.1 煤的真相对体积质量

煤的真相对体积质量（亦称真密度）是指煤的密度（不包括煤粒间和煤粒中所有孔隙的体积）与参考物质的密度在规定条件下之比，通常用 TRD 表示。

真相对体积质量是煤的主要物理性质之一，它是计算煤层平均质量和煤质研究的一项重要指标。研究煤化程度、确定煤的分选密度等都要涉及煤的真相对体积质量。

3.1.1.2 煤的视相对体积质量

煤的视相对体积质量（亦称视密度）是指煤的密度（仅包括煤的内孔隙）与参考物质的密度在规定条件下之比，用 ARD 表示。煤的视相对体积质量常用于煤的埋藏量及煤的运输、粉碎、燃烧等过程的计算。

3.1.1.3 煤的散密度

煤的散密度（又称堆积密度或堆比重）是指用自由堆积方法装满容器的煤粒的总质量与容器容积之比，以 t/m^3 或 kg/m^3 为单位，用 BRD 表示。煤的散密度的大小不仅与煤的真密度有关，主要还取决于煤的粒度组成和堆积的密实度。煤的堆密度用于估算煤堆质量、煤炭运输物流量、煤仓储煤量、炼焦炉炭化室装煤量、气化炉的装煤量、商品煤的装车量以及设计矿车、煤仓、煤车等方面。

对同一煤样，煤的真密度数值最大，视密度其次，散密度的数值最小。

3.1.2 煤密度的测定

3.1.2.1 煤真密度的测定

可用比重瓶法或其他置换法求得。不同物质（如氦、水、正丁烷、甲醇和苯等）作为置换物质测定煤的真密度时所得的数值是不同的。用置换法测定煤的密度需要扣除煤中所有孔隙的体积。由于这些置换物质的分子大小、极性和对煤的润湿性不同，故所达到的置换程度不同，所得到的密度值也相应不同。

煤真密度的测定原理：一定体积的煤能在容器中置换出一定体积的介质，求出介质体积（或质量）在有煤与无煤时的变化，即可准确地知道煤的体积，从而求出 TRD。

根据煤真密度的定义，准确测定煤真密度的条件如下。

（1）将煤粉碎至煤粒内部没有封闭孔。

（2）选取适当介质，使之充满煤的全部孔隙。

（3）介质与煤不存在表面效应。

国家标准（GB/T 217—2008）是以十二烷基硫酸钠溶液为浸润剂，使分析煤样在密度瓶中浸润并排除吸附的气体，在 20℃ 的温度下，根据煤样排除同体积的水的质量计算出煤的真相对密度。

$$\mathrm{TRD}_{20}^{20} = \frac{m_d}{m_2 + m_d - m_1} \tag{3-1}$$

式中 TRD_{20}^{20}——干燥基煤样的真相对密度；

m_d——干燥煤样质量，g；

m_2——密度瓶加浸润剂和水的质量，g；

m_1——密度瓶加煤样、浸润剂和水的质量，g。

尽管煤样在测定前已通过洗选除去煤中绝大部分的矿物质，但不可能除净，因此必须按残存矿物质的量来校正煤的密度。若已知矿物质的密度与含量，可按下式求出校正后煤的密度。

$$d_0 = d \times d_a(100 - A_d)/(100d_a - A_d \times d) \tag{3-2}$$

式中 d_0——经校正后煤的密度，g/cm^3；

d——测得的煤的密度，g/cm^3，数值上与 TRD 相等；

d_a——矿物质的密度，g/cm^3；

A_d——矿物质或灰分的含量，%。

若未实测矿物质的密度，则 d_a 可取 2.7 或 3。

当知道灰分时，有时也可以用下式估算纯煤的真密度：

$$d_0 = d - 0.001A_d \tag{3-3}$$

3.1.2.2 煤视密度的测定

视密度可用涂蜡法（参考 GB/T 6949）、凡士林法或水银法测定。

国家标准（GB/T 6949）的测定原理：称取一定粒度的煤，表面用蜡涂封后，放入密度瓶内，以十二烷基硫酸钠溶液为浸润剂，测出涂蜡煤粒所排开同体积水溶液的质量，计算涂蜡煤粒的视密度，减去蜡的密度后，按式（3-4）求出在20℃时煤的视相对密度。

$$ARD_{20}^{20} = \frac{m_1}{\left(\frac{m_2 + m_4 - m_3}{d_S}\right) - \left(\frac{m_2 - m_1}{d_{Wax}}\right) \times d_W^{20}} \qquad (3\text{-}4)$$

式中 ARD_{20}^{20}——在20℃时煤的视相对密度；

m_1——煤样的质量，g；

m_2——涂蜡煤粒的质量，g；

m_3——密度瓶、涂蜡煤粒及水溶液的质量，g；

m_4——密度瓶、水溶液的质量，g；

d_S——在t℃时1g/L十二烷基硫酸钠溶液的密度，g/cm^3；

d_{Wax}——石蜡的密度，g/cm^3；

d_W^{20}——蒸馏水在20℃时的密度，可近似取1.00000g/cm^3。

由煤的真密度和视密度的定义可知，引起真密度和视密度的唯一因素就是煤的孔隙率，因此，由煤的真密度和视密度可按式（3-5）计算煤的孔隙率P。

$$P = \frac{TRD - ARD}{TRD} \times 100\% \qquad (3\text{-}5)$$

3.1.2.3 煤散密度的测定

煤的散密度测定，是在具有一定容积的容器中以自由堆积方法装满煤，然后称出煤的质量，再换算成单位体积的质量（t/m^3）。

测定煤的散密度可用火车车皮、船舱等大容器，也可用木箱等较小容器。所用的容器越大，其准确性也就越好。因此，测定粒度较大的块煤时应用较大的容器，测定粒度较小的煤时可用稍小的容器。在火车车皮上直接测定的煤的堆积密度与实际情况较为接近，而且准确度也高，但需要称量大量的煤，工作量太大，实施有一定困难。国际标准规定大容量测堆积密度时煤量不少于3t；小容量测定时，容器容积为0.2m^3，约0.6m×0.6m×0.6m。美国标准规定木箱容积为(28.3±0.082)dm^3，即木箱的长、宽、高为0.305m×0.305m×0.305m。我国原煤炭工业部标准MT/T 739规定小容量测定时，采用容积为200L(0.200m^3)内边长为585mm的正方形容器。MT/T 740规定大容量测定时，采用至少可容3t样品的方形容器，如火车或翻斗车。

由于煤的散密度是在一定条件下测出的，为了得到可比性较好的结果，应该对容器的形状、大小、煤的水分、粒度及装样方法（影响煤的堆积紧密程度）做出严格规定。例如，用大容器直接在车皮上测得的煤炭散密度，因煤本身重力作用，煤装得比较紧密，因而比用小容器测出的数值要大一些。为使试样的紧密程度尽可能一致，在装样方法（如落煤高度、速度、位置等）上也有一定规定，以免由于试样降落力量不同使紧密程度有所差别。为使测定条件与煤的实际使用条件一致，并消除煤的水分对测定的影响，煤炭散密度应以含全水分的煤样测定，因而在取样和保存煤样时要注意防止水分损失。在雨雪天气或有五级以上大风时，不能进行散密度的测定。

3.1.3 影响煤密度的因素

煤密度的波动范围较大，影响因素也较多，其中主要有煤的种类、岩相组成、煤化程度、矿物质的含量和煤的风化程度等。

3.1.3.1 成煤原始物质的影响

不同成因的煤，密度是不同的，腐殖煤的真密度比腐泥煤高。例如，除去矿物质的纯腐殖煤的真密度在1.25g/cm^3 以上，而纯腐泥煤的真密度约为1.0g/cm^3。腐殖煤的密度较腐泥煤高是由前者的分子结构特征所决定的，这可用腐殖煤有机质的芳香结构来解释。

3.1.3.2 煤化度的影响

自然状态下煤的成分比较复杂，因各种因素的综合影响使煤的密度大体上随煤化度的加深而提高。当煤化度不高时真密度增加较慢，接近无烟煤时真密度增加很快。各大类煤的真密度大致范围如下：泥炭为0.72g/cm^3；褐煤为0.8～1.35g/cm^3；烟煤为1.25～1.50g/cm^3；无烟煤为1.36～1.80g/cm^3。

显微煤岩组分的真密度随煤化度的变化如图3-1所示。由图3-1可见，丝质组、微粒体的真密度最高，镜质组其次，壳质组最低；当 $w_{daf}(C) > 90\%$ 后，三者的真密度逐渐趋于一致并且急剧上升。这表明它们的结构发生了巨大的变化。

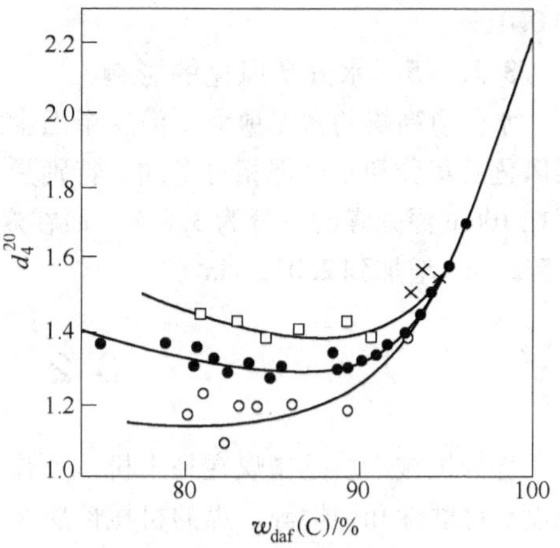

图3-1 煤的不同显微组分的真密度
●—镜质组；○—壳质组；
□—微粒体；×—丝质组

按说，随着煤化度的提高，煤的结构愈趋紧密化，因而煤的密度也应不断增加。然而，实际上如图3-1所示，在煤化度较低时，即镜质组的 $w_{daf}(C) < 87\%$ 的情况下，镜质组的密度反而随煤化度增高而降低，这点可用表3-1的数据加以解析。

由表3-1可见，当 $w_{daf}(C) < 87\%$ 时，H/C、O/C、N/C的变化幅度，以O/C减少的幅度最大。由于氧的迅速减少，且氧原子的摩尔质量又较碳原子的摩尔质量大，因而碳原子质量的相对增长率低于氧原子质量的减少速度，这使煤的密度相对地降低了。如表3-1所示，当 $w_{daf}(C) = 87\%$ 时，密度达极小值（$d_4^{20} = 1.274$g/cm^3）。

表3-1 煤过程中镜质组的化学成分与密度的变化

w(C)/%	H/C	O/C	N/C	d_4^{20}/g·cm^{-3}	w(C)/%	H/C	O/C	N/C	d_4^{20}/g·cm^{-3}
70.5	0.862	0.247	0.015	1.425	91.2	0.594	0.021	0.015	1.352
75.5	0.789	0.181	0.015	1.385	92.5	0.509	0.016	0.015	1.400
81.5	0.753	0.108	0.017	1.320	93.4	0.440	0.013	0.015	1.452
85.0	0.757	0.071	0.016	1.283	94.2	0.379	0.011	0.013	1.511
87.0	0.733	0.050	0.018	1.274	95.0	0.307	0.009	0.013	1.587
89.0	0.683	0.034	0.018	1.296	96.0	0.223	0.007	0.012	1.698
90.0	0.656	0.027	0.018	1.319					

3.1.3.3 岩相组成的影响

就腐殖煤的宏观显微成分而言，丝炭密度最大，暗煤次之，镜煤、亮煤最小。丝炭的真密度为1.37～1.52g/cm^3；暗煤为1.30～1.37g/cm^3；镜煤为1.28～1.30g/cm^3；亮煤为1.27～1.29g/cm^3。表3-2为中国本溪煤田各岩相组分的真密度。

表 3-2 本溪煤田各岩相组分的真密度 (g/cm^3)

煤岩组成	镜 煤	亮 煤	暗 煤	丝 炭
真密度	1.294~1.350	1.320~1.406	1.339~1.465	约1.542

3.1.3.4 矿物质的影响

煤中矿物质含量与组成对煤的密度影响很大，矿物的密度比有机质密度大。例如：常见黏土矿物的密度为2.4~2.6g/cm^3；方解石密度为2.60~2.8g/cm^3；石英的密度为2.65~2.66g/cm^3；黄铁矿的密度约5.0g/cm^3。可以粗略地认为：煤的灰分每增加1%，煤的密度增加0.01%。

3.1.3.5 水分及风化的影响

水分愈高煤的密度愈大，但这个因素的影响较为次要。煤风化作用使煤的密度增加，因为煤风化后灰分和水分都相对增加。特别是煤层露出地面之处，灰分增加得特别快。例如：某矿区在106m深处煤的灰分为3.8%，而在煤层露头附近表面处其灰分高达42.1%，密度相应由1.53g/cm^3增加到2.07g/cm^3。

3.2 煤的机械性质

煤的机械性质是指煤在外来机械力作用下表现的各种特性，其中比较重要的是煤的硬度、脆度、可磨性和弹性等。煤的机械性质在煤的开采及加工利用方面有重要的应用价值，并能为煤结构的研究提供重要信息。

3.2.1 煤的硬度

煤的硬度反映煤抵抗外来机械作用的能力。煤的硬度影响采煤机械的工作效率，采煤机械的应用范围，各种机械和鼓齿的磨损情况，同时它还决定破碎、成形加工的难易程度。

根据外加机械力的不同，煤硬度有不同的表示和测定方法。通常有刻划硬度（莫氏硬度），弹性回跳硬度（肖氏硬度），压痕硬度（努普硬度、显微维氏硬度）和耐磨硬度（突起）等。常用和较重要的是刻划硬度与显微维氏硬度。

3.2.1.1 刻划硬度

采用一套具有标准硬度的矿物刻划煤，得到粗略的相对硬度，称为莫氏硬度。标准矿物的莫氏硬度见表3-3。根据莫氏硬度的划分，煤的刻划硬度多在1~4之间，金刚石最大，为10。在宏观煤岩成分中，暗煤比亮煤硬。煤的硬度与煤化度有关，煤化度低的褐煤和中等煤化度的焦煤的刻划硬度最小，约为2~2.5；无烟煤的刻划硬度最大，接近4。刻划硬度的准确性较差，在科学研究上一般采用显微硬度指标。

表 3-3 标准矿物的莫氏硬度

矿 物	硬度级别	矿 物	硬度级别
滑 石	1	长 石	6
石 膏	2	石 英	7
方解石	3	黄 晶	8
氟 石	4	刚 玉	9
磷灰石	5	金刚石	10

3.2.1.2 显微维氏硬度

显微维氏硬度简称显微硬度，代表符号为 MH（或 H_m），它是在显微镜下根据具有静载荷的金刚石压锥压入显微组分的程度来测定。压痕愈大，煤的显微硬度愈低。显微硬度的数值是以压锥与煤的单位实际接触面积上所承受的载荷量来表示，即 kg/mm^2。

A 显微维氏硬度的测定方法

测定显微硬度时将光片放在显微硬度计的载物台上，在光片上确定测点后，将方棱锥的金刚石压头对准测点，加上负荷（一般是 20g）并保持约 15s，即可得正方形的压痕。用目镜测微计量得压痕的对角线长度（μm），按式（3-6）计算显微硬度。

$$H_m = 2\sin\frac{\alpha}{2} \cdot \frac{p}{d^2} \tag{3-6}$$

式中 H_m——显微硬度，kg/mm^2；

α——金刚石方形棱锥体压头两相对锥面的夹角；

d——负荷除去后压痕对角线之长，mm；

p——加在压头上的负荷，kg。

一般 $\alpha = 136°$，$2\sin\frac{136°}{2} = 1.854$，因此上式可简化为：

$$H_m = 1.854 \times \frac{p}{d^2} \tag{3-7}$$

同一显微组分测定 10 点，取其算术平均值即为试样某组分的显微硬度。

用压入法测定的显微硬度在煤化学的研究中具有很高的应用价值。因为它测定时只要求很小的一块表面，并能在脆性煤上留下压印，因而可以避免由于煤的不均一或脆性破裂所造成的误差，更重要的是它可直接研究煤中各显微组分的性质。此法仅需少量煤样，操作迅速，并可排除煤质不均、成分多变的干扰。

B 显微维氏硬度与煤化程度的关系

中国煤科院北京煤化所曾对中国 50 多个主要矿区的 400 多个煤样进行过显微硬度的研究，得出显微硬度与煤化度的关系，如图 3-2 所示。由图 3-2 可见，整个曲线像一个靠背椅，“椅背”是无烟煤，“椅面”是烟煤，“椅脚”是褐煤。这条特殊形状的曲线可用煤的组成和结构的变化来解析。

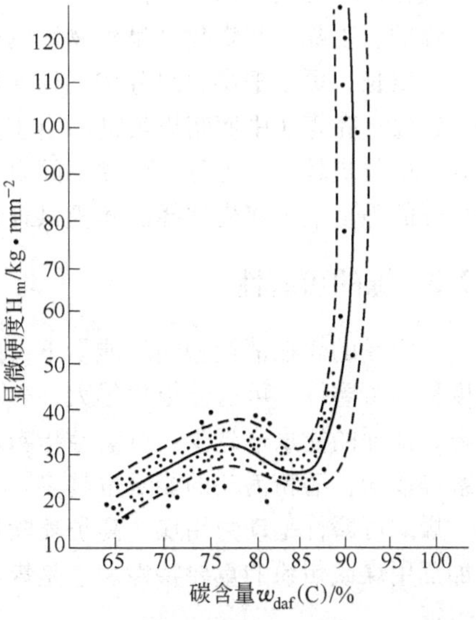

图 3-2 煤的显微硬度与碳含量

（1）“椅脚”的褐煤阶段，由于具有约 5% 高塑性的腐殖酸及沥青质，这些成分的硬度值很小。因此褐煤的显微硬度最低，其最低值小于 $20kg/mm^2$。随着煤化度的增加，$w_{daf}(C)$ 从 65% 逐渐上升，煤中的腐殖酸不断转化为结构紧密和弹性较高的腐殖质，沥青质含量也逐渐减少，因此其显微硬度逐渐提高。当 $w_{daf}(C)$ 达到 78% 刚刚转入烟煤阶段时，显微硬度值达最大，$H_m > 35kg/mm^2$。

（2）在 $w_{daf}(C) > 78\%$ 的烟煤阶段，其显微硬度逐渐变小与其中氧含量有关。煤中氧的存在形式及多寡常使煤的性质产生巨大的改变，随着氧原子的减少，氧桥（—O—）也减少，使分子间的结合力降低。反映在硬度上就出现了由不黏煤转化为黏结煤时硬度的逐渐降低，当 $w_{daf}(C)$ 为 87%，接近无烟煤阶段时，显微硬度值最小，约为 $20kg/mm^2$。

（3）从 $w_{daf}(C)>87\%$ 起达到无烟煤阶段（相当于图 3-2 中的"椅背"），此时由于无烟煤具有高度芳香缩合结构，其机械性质由组成高聚物空间结构的键的数量及坚固性所决定。随着相邻碳网的结合、增大及碳网序理性（排列的整齐程度）的加强，硬度必随之增大。因而 $w_{daf}(C)>87\%$ 后显微硬度急剧升高，变化幅度很大，在 $30 \sim 200kg/mm^2$ 之间。因此，显微硬度可作为详细划分无烟煤煤化度及其与贫煤区分的指标。

煤的显微硬度除主要取决于煤化度外，还与煤的还原程度、煤岩组成和矿物杂质的含量等关系密切。在不同还原程度煤中，强还原煤的显微硬度较小；在煤岩组成中，丝质组的显微硬度比镜质组的显微硬度高，丝质组中菌类的显微硬度最高。据此，在煤光片抛光时，丝质组比镜质组等组分磨损较慢，因而突起较高。

3.2.2　煤的脆度

煤的脆度是表征煤炭机械坚固性的一个指标，即煤被破碎的难易程度。

3.2.2.1　测定方法

煤脆度的测定方法有抗压强度法和抗碎强度法等。抗压强度一般用显微脆度表示，测定在一定负荷下每一百个压痕中出现裂痕的数值，以此数值表示煤的显微脆度。

表征煤脆度的抗碎强度法可采用 E. M. 泰茨提出的测定方法。该法将粒度为 4.70 ~ 3.96mm（4 ~ 5 目）的一定量煤样和六个钢球一起装入微分散计的圆筒内，圆筒的转速为 90r/min。转动 1000 转后，用大于 2.36mm 筛级煤的产率来表征煤的脆度。该法对煤的脆度大小做了如下规定：最脆的小于 10%；脆的为 10% ~ 30%；最坚固的大于 50%。

3.2.2.2　抗碎强度法脆度和煤化度的关系

库兹涅茨煤的抗碎强度与煤化度的关系，如图 3-3 所示。由图 3-3 可见：最高煤化度和低煤化度煤的脆性都较小，而中等煤化度的肥煤与焦煤脆性最大。并且挥发分小于 10% 的无烟煤其脆性比高挥发分的褐煤低。

煤的脆度除了与煤化度呈抛物线的变化趋势外，还与岩相组成有关。根据煤脆度的降低和韧性的增长，可以把煤岩组分按下列次序排列：丝炭最脆，镜煤、亮煤居中而暗煤最韧。由于丝炭易碎，故通常煤粉中丝炭较多。可见，研究不同煤化度和不同岩相类型煤的脆度能为煤岩选择破碎提供理论和实验依据。

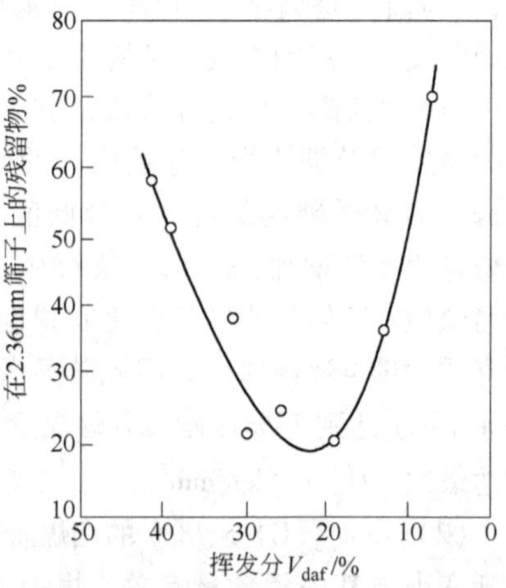

图 3-3　煤的抗碎强度与煤化度的关系

3.2.3　煤的可磨性

一定量的煤在消耗相同的能量下，磨碎成粉的难易程度称为可磨性。可磨性指数越大，表示煤越容易磨碎成粉，消耗的能量也越少；可磨性指数越小，表示煤难以磨碎成粉，磨粉消耗的能量也越多。

煤的可磨性是动力用煤、高炉喷吹用煤和炼焦惰性添加剂用煤或焦粉的重要特性。它是煤制粉的难易程度的表征。

测定煤的可磨性在某些工业部门中具有重要的意

义。例如：使用粉煤的火力发电厂和水泥厂，在设计与改进制粉系统并估算磨煤机的产量和耗电率时，常需测定煤的可磨性；在应用非炼焦煤为主的型焦工业中，为了知道所用煤料的粉碎性，以便确定粉碎系统的级数及粉碎设备的类型等，也要预先测定煤的可磨性。此外，煤的可磨性指数也是煤质研究的重要数据。煤的可磨性与煤化度、煤岩组成、煤中水分含量和矿物质的种类、数量及分布状况等有关。因而在煤质研究和检验工作中，煤的可磨性是一个重要参数。

3.2.3.1 测定方法

煤的组成比较复杂，由于煤中矿物质的性质、数量的不同以及煤的结构、挥发分产率、水分的差异，其可磨性也有差别。煤的可磨性很难通过研磨时煤粒内部应力变化来测定。实验室的可磨性测定一般是模拟实际生产中磨煤机的工作条件，采用专门的仪器设备进行的。测定煤的可磨性指数目前国内外普遍采用哈德格罗夫法（简称哈氏法）。由于该方法适用于大多数煤种，且仪器结构紧凑、使用方便、结果重现性好，于1981年被采用为国际标准，此外，苏联使用的是全苏热工研究所法（简称VTI法），1984年苏联重新修订了VTI法，改进了测定装置，克服了原来反复样品量大，测定装置笨重和操作繁琐等缺点。煤的可磨性指数测定方法，我国国家标准（GB/T 2565—1998）采用了哈德格罗夫法，电力行业标准（DL/T 1038—2007）采用了VTI法。

哈氏法和VTI法所测得的可磨性指数因计算方法的不同而差别很大，但是它们的测定原理完全相同，都是根据里廷格（Rittinger）磨碎定律：在研磨煤时所消耗的功（能量）与煤所产生的新表面积成正比。其表达如下：

$$\mathrm{HGI}=\frac{k}{E}[14.2(50-G)+27]S_1 \quad 或 \quad E=\frac{k}{\mathrm{VTI}}\times\Delta S \tag{3-8}$$

式中 E——磨碎消耗的有效能量；

k——常数，与其消耗的能量有关；

HGI、VTI——分别为哈氏法和VTI法可磨指数；

ΔS——被磨颗粒磨碎后增加的表面积。

在磨碎颗粒过程中能量的消耗主要包括以下几方面：

（1）增加颗粒的表面积。

（2）颗粒和研磨件的弹性变形。

（3）摩擦损失。

（4）机械运转，颗粒运动及其他方面损失的机械能。

增加表面积所消耗的能量是磨碎的有效能，它只是消耗总能量的一小部分。如果其他的能量消耗一定，余下的能量全部用于表面积的增加即符合磨碎定律。由式（3-8）得（以哈氏法为例）：

$$\mathrm{HGI}=\frac{k}{E}\times\Delta S \tag{3-9}$$

直接测定表面积的增加（ΔS）是很困难的，但可以通过与表面积有关的粒度来推导。

如果设磨碎过程中颗粒密度不变，单位质量下不同粒度的表面积和粒度有如下关系。

$$\frac{S_1}{S_2}=\frac{d_1}{d_2} \tag{3-10}$$

式中 S_1——粒度（直径）为 d_1 的颗粒总表面积；

S_2——粒度为 d_2 的颗粒总表面积。

哈德格罗夫法规定如下条件：

（1）颗粒的直径为恰好通过筛子的孔径。

（2）研磨前试样的总质量 50g，粒度为 0.59 ~ 1.19mm，设 1.19mm 筛的孔径为 d_1，0.59mm 筛的孔径为 d_2，则粒度 d_{1-2} 的 1g 煤的表面积为 S_{1-2}。

（3）研磨后用 0.074mm 的筛子筛分，设筛子孔径为 d_3，筛上物的质量为 G，筛上物的粒度为 d_{1-3}，1g 筛上物表面积为 S_{1-3}；筛下物为（50 - G），粒度为 d_3，1g 筛下物的表面积为 S_3。

研磨后新增加的表面积应该是研磨后筛上和筛下物的表面积之和减去研磨前的煤样的表面积。由以下公式计算：

$$\Delta S = S_3(50 - G) + S_{1-3}G - S_{1-2} \cdot 50$$

根据式（3-10），新增加的表面积为：

$$\Delta S = \frac{d_1}{d_3} \cdot S_1(50 - G) + \frac{d_1}{d_{1-3}}S_1 G - \frac{d_1}{d_{1-2}} \cdot S_1 \cdot 50$$

得出：

$$\Delta S = \frac{1.19}{0.074} \cdot S_1(50 - G) + \frac{1.19_1}{\frac{1.19 + 0.074}{2}}S_1 G - \frac{1.19}{\frac{1.19 + 1.59}{2}} \cdot S_1 \cdot 50$$

$$\Delta S = [14.2(50 - G) + 27]S_1 \tag{3-11}$$

将式（3-11）代入式（3-9）得：

$$\mathrm{HGI} = \frac{k}{E}[14.2(50 - G) + 27]S_1 \tag{3-12}$$

由于直接测量能量 E、常数 k 和表面积 S_1 很困难，故采用了反推法。选择美国宾夕法尼亚州某矿的煤为基准煤，规定其哈氏指数为100，在标准仪器及操作条件下测得 0.074mm 筛下物的质量为 12.54g，代入式（3-11）求得增加的表面积：

$$\Delta S = 205S_1 \tag{3-13}$$

将式（3-13）代入式（3-9）得：

$$100 = \frac{k}{E} \cdot 205S_1$$

由此得

$$\frac{kS_1}{E} = 0.488 \tag{3-14}$$

将式（3-14）代入式（3-12）得：

$$\mathrm{HGI} = 13 + 6.93(50 - G) \tag{3-15}$$

式（3-15）为哈氏法的计算公式。只有测定条件与公式推导条件完全一致时，用式(3-15)计算才能得到准确的结果。但是，在实际测定中这些标准条件很难达到；仪器设备在使用过程中，由于磨损、变形等作用，其性能参数逐渐改变，从而影响了用公式计算的准确度和精密度。

在实验室中测定煤可磨性，中国国家标准（GB/T 2565）和国际标准（ISO/5074）规定用哈德格罗夫法测定。其要点是：称取 0.63 ~ 1.25mm 的煤样 50g，放在内装八个钢球的哈氏可磨性试验仪中，研磨环以(20 ± 1)r/min 转 3min 后，过 0.071mm（200 目）筛子。由筛上煤样量用下式计算可磨性指数 HGI：

$$HGI = 13 + 6.93(m - m_1) \tag{3-16}$$

式中　m——煤样质量，g；

m_1——研磨后 0.071mm 筛上煤样的质量，g。

哈德格罗夫法操作简便、重现性好。但由于该试验方法规范性强，为了减小计算等实验误差，因此 ISO、ASTM 及 GB 标准中都规定可以采用标准图法予以校正。标准图是以四个不同数值的国家标准可磨性煤样（峰峰煤矿的烟煤），测得 $m - m_1$ 的数值，以此作为标准图的纵坐标，再以标准煤样的可磨性指数为横坐标绘制得一条标准直线。由实验结果得到的 $m - m_1$ 值即可在标准图上查找到对应的 HGI 值。

3.2.3.2　煤的可磨性和煤化度的关系

哈德格罗夫可磨性指数与煤化度的关系如图 3-4 所示。由图 3-4 可见，随煤化度的增加，HGI 呈抛物线变化，在 $w_{daf}(C)$ 为 90% 处出现最大值，此时煤最容易磨碎。

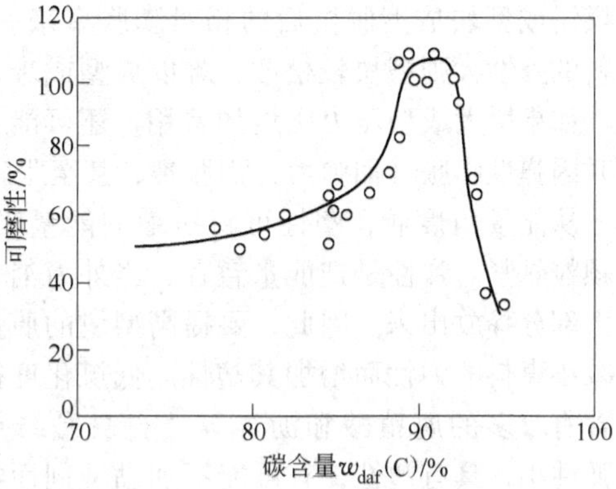

图 3-4　煤的可磨性和煤化度的关系

煤的可磨性和脆度都表征了煤被粉碎的难易程度，但从实验方法可见，煤的可磨性将煤磨成细粉，该指标对非炼焦煤的制粉工艺较合适；而应用抗碎强度法所测定的煤的脆度，其粒度范围与炼焦煤较为接近，因而煤的脆度用于衡量炼焦煤较为合适。

3.2.4　煤的弹性

煤的弹性是指外力（荷重）下所产生的形变，以及外力除去后形变的复原程度。由于物质的弹性与其结构有关，特别是与构成它的分子间结合力的大小有着密切关系，因此测定煤的弹性对研究煤结构也是很重要的。例如，由煤的弹性模量可以显示出煤结构单元间化学键的特性。此外，因为煤的弹性与煤的压缩成形性关系密切，因此研究煤料的弹性有助于提高捣固煤饼、型煤与型焦的产品质量。

物质弹性的测定方法有静态法和动态法。静态法测定压力与应变之间的关系，例如可测定煤块在不同荷重下所发生的弯曲度。动态法测定声音在煤中的传递速度，可由下式计算煤的弹性模量：

$$v = \kappa \sqrt{\frac{E}{\rho}} \tag{3-17}$$

式中　v——声音在煤中的传递速度，m/s；

κ——常数；

E——煤的弹性模量，10^{-5}N/cm^2；

ρ——煤的密度，g/cm^3。

由于煤中存在微细龟裂等原因，用静态法测得的静态弹性模量数值偏低，因而认为用动态法测得的动态弹性模量值的可靠性大。

在弹性模量中有杨氏弹性模量 E，刚性模量 G，横向变形系数（泊松比）和压缩率 κ 等参数。低煤化度煤与烟煤的弹性模量通常是各向同性的，而高煤化度煤则显示各向异性。杨氏弹

性模量 E 及刚性模量 G 与煤化度的关系如图 3-5 所示。

由图 3-5 可见：当 $w_{daf}(C) > 90\%$ 时，E 和 G 的数值均随煤化度提高而急剧增加。同时显示出各向异性，表现为 E_Z 和 G_Z 均有单独的曲线。

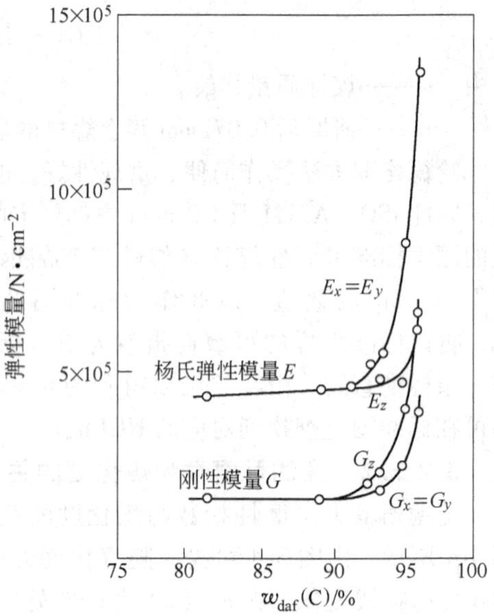

图 3-5 杨氏弹性模量及刚性模量和煤化度关系

与弹性相反的性质是塑性，可塑性愈大，成型愈容易。煤料成型过程中所表现的弹性可用捣固煤饼或型块成型脱模后的相对膨胀率来表征。煤料的弹性大则型块较松散，难以成型或难以脱模。如果增大成型压力则增加费用，还可能在脱模时因弹性膨胀（回弹力）而胀裂，甚至胀碎。

从能量角度看，塑性可将压缩的能量吸收，使颗粒靠紧。弹性是把能量暂存，当外力消失后又大部分释放出来。因此，要提高型块的质量就要减小煤料的弹性而增加其塑性。低煤化度褐煤中含有较多的腐殖酸和沥青等“自身黏结剂”，其弹性小，具有塑性，有可能不加黏结剂而实现高压成型。高煤化度褐煤、烟煤和无烟煤弹性较大，需加黏结剂提高塑性，减小煤料弹性后才能较好成型。

不同显微组分其弹性不一样，从小到大的排列顺序为稳定组、镜质组、惰质组。但随煤化度的增加，它们之间的差别渐小。此外，煤中的矿物质和水分越多，矿物质的密度越大，则煤的弹性也越大。

3.3 煤的热性质

煤的热性质包括煤的质量热容（又称比热容）、导热性和热稳定性等。研究煤的热性质不仅对煤的热加工过程及传热计算有很重要的意义，而且某些热性质还与煤结构关系密切。例如，煤的导热性能反映煤的一些重要结构特点，即煤中分子的接近程度和定向程度。

3.3.1 煤的质量热容

在一定温度范围内，单位质量的煤温度升高 1K 所需的热量称为煤的质量热容，室温下煤的质量热容为 1.00 ~ 1.26kJ/(kg · K)。煤的质量热容因煤化度、水分、灰分及温度而变化。室温下煤的质量热容随煤化度（以碳质量分数表示）提高而减少，如图 3-6 所示。煤的质量热容随其所含水分的提高而大致呈直线增加，因为水的质量热容较大。煤的灰分较多时，质量热容则下降，因为一般矿物质在室温时的质量热容为 0.70 ~ 0.84kJ/(kg · K)。

煤的质量热容随温度而变化，当温度从 0 ~ 350℃时，质量热容量增加，在 270 ~ 350℃时达最大值，这是煤大分子的原子和原子团剧烈振动所致；而从 350 ~ 1000℃时质量热容下降，因为 350℃后煤发生了热分解，最后接近于石墨的质量热容 0.71kJ/(kg · K)。不同挥发分煤的质量热容与温度的关系如图 3-7 所示。

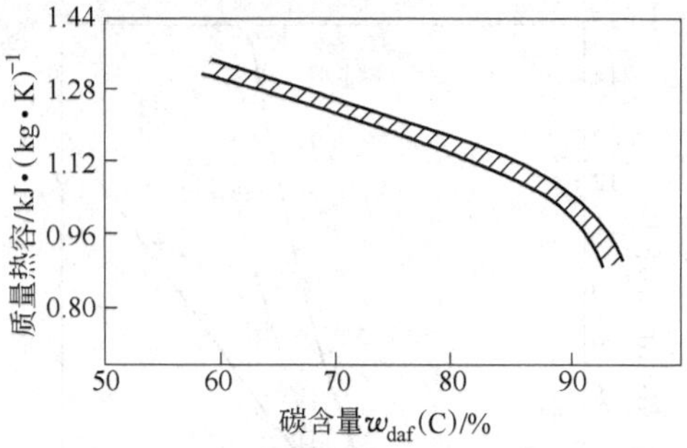

图 3-6 煤的质量热容与碳含量的关系

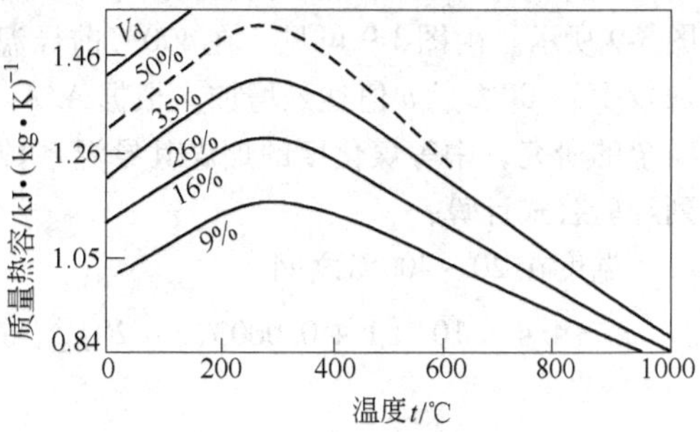

图 3-7 煤的质量热容与温度的关系

3.3.2 煤的导热性

煤的导热性包括煤的热导率（导热系数）λ[W/(m · K)] 和热扩散率（导温系数）a(m^2/h）两个基本常数。热导率λ是热量从煤的高温部位向低温部位传递时，单位距离上温差为1K的传热速率。λ和a有如下关系式：

$$a = \frac{\lambda}{c\rho} \tag{3-18}$$

式中　c——煤的质量热容，kJ/(kg · K)；

ρ——煤的密度，kg/m^3。

物质的热导率λ应理解为热量在物体中直接传导的速度。而物质的导温系数是不稳定导热的一个特征物理量。它代表物体具有的温度变化（加热或冷却）的能力。由上式可知，导温系数与λ成正比，与$c\rho$成反比。λ可表示物体的散热能力，$c\rho$表示单位体积物体温度变化1K时吸收或放出的热量，即物体的蓄热能力。因此a也是表示物体散热能力与蓄热能力之比，它是物体在温度发生变化时显示的一种物理性质。λ与a常应用于煤料的传热计算。

煤的热导率和其水分、灰分及温度有关。热导率随煤中水分的增高而变大，因为水的热导率远大于空气的热导率，约为后者的25倍。所以煤粒间的空气被水排除后，煤料的热导率就要提高。

矿物质对煤的热导率有很大的影响。有机物的导热性远低于矿物质，因而煤的热导率随灰分的提高而增大。

煤的热导率与温度的关系如图3-8所示。由图3-8可见，热导率随温度上升而增大，并且块煤或型煤、煤饼的热导率比散状煤高。

煤的热导率[W/(m · K)]可用下式计算：

$$\lambda = 0.0003 + \frac{\alpha t}{1000} + \frac{\beta t^2}{(1000)^2} \tag{3-19}$$

式中，α、β为特定常数，黏结性煤的α和β相等，为0.0016，弱黏结性煤的α为0.0013，β为0.0010。

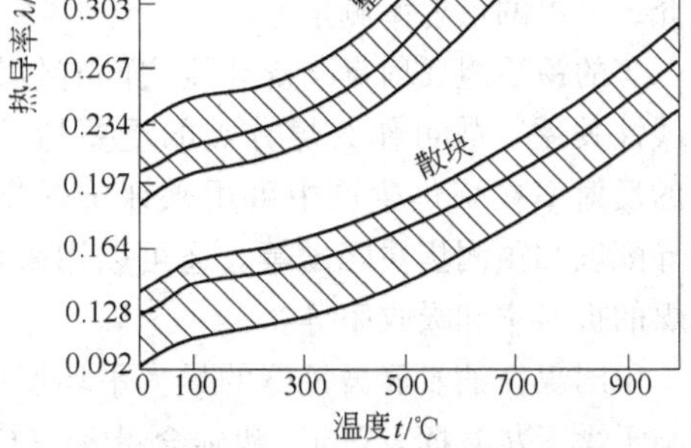

图 3-8 煤的热导率与温度的关系

煤的导温系数与热导率有相似的影响因素，

也因水分的增加而提高。导温系数与温度的关系如图3-9所示。由图3-9可见，在400℃前导温系数增加较少，400℃后 a 值猛烈增加。根据A. A. 阿格罗斯金的研究，中等煤化度的烟煤其导温系数可用下列经验公式计算：

温度在20~400℃之间

$$a = 4.4 \times 10^{-4}[1 + 0.0003(t - 20)],\ \mathrm{m^2/h} \tag{3-20}$$

温度在400~1000℃之间

$$a = 5.0 \times 10^{-4}[1 + 0.0033(t - 400)],\ \mathrm{m^2/h} \tag{3-21}$$

实验指出：腐殖煤中泥炭的热导率最低，烟煤的热导率显著比泥炭高，而无烟煤具有更高的热导率。各种煤的导温系数也有与此大致相似的变化规律。这些变化规律反映了煤质内部结构变化的特点，煤在变质过程中有机质结构渐趋紧密化与规则化，因而其导热性指标渐趋增大，并越来越接近于石墨。

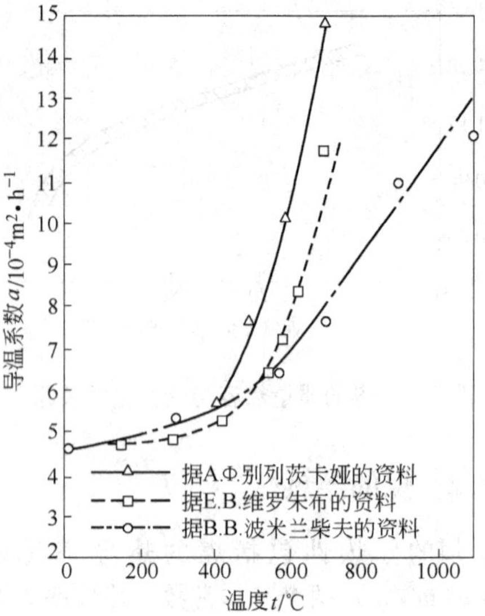

图3-9　煤的导温系数与温度的关系

3.4　煤的光学性质

煤的光学性质主要有可见光照射下的反射率、折射率和透光率以及不可见光照射下的X射线衍射图谱、红外光谱、紫外光谱和荧光性等。煤的光学性质可提供煤化度、各向异性及芳香层大小排列等煤结构的重要信息。煤在光学上的各向异性反映了煤结构内部微粒的形状和定向、聚集状况等。煤的光学性质也可作为煤分类的重要指标。本节重点介绍煤的反射率、折射率、透光率和荧光性。

3.4.1　煤的反射率

镜质体反射率（the reflectance of vitrinite）是指由褐煤、烟煤或无烟煤制成的粉煤光片，在显微镜油浸物镜下，镜质体的抛光面的反射光（λ = 546nm）强度对其垂直入射光强度之百分比。

国家标准对煤的反射率测定方法进行了规范（参见GB/T 6948），本书6.3.3节也简单介绍了煤的反射率测定方法。

煤的镜质组反射率与煤化度之间有较好的线性关系，故可作为煤分类的重要指标。煤的反射率在炼焦生产中可用来评价煤质，指导配煤和预测焦炭强度等。还可以用来计算煤的折射率和吸收率等。

中国煤在油浸显微镜下的最大平均反射率与干燥无灰基挥发分 V_{daf} 和碳含量 $w_{daf}(C)$ 的关系，如图3-10所示。由图3-10可见，

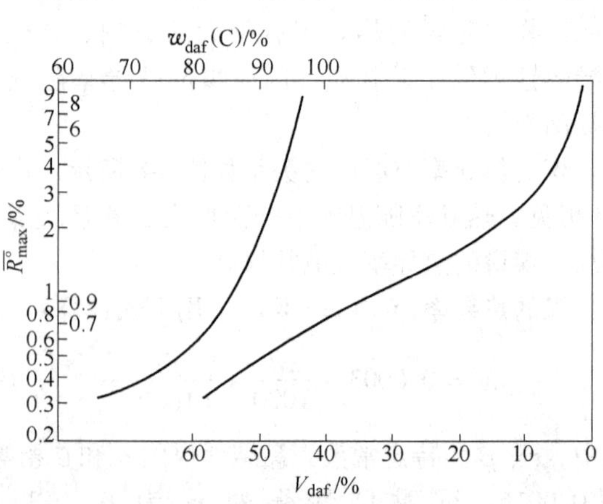

图3-10　中国煤镜质组反射率与干燥无灰基挥发分 V_{daf} 和碳含量 w_{daf}(C) 的关系

随煤化度的提高，反射率增加。当 $w_{daf}(C) > 90\%$ 时，反射率剧增。这是由于煤化度已接近无烟煤阶段，在结构上由于煤内部分子聚集特性发生急剧变化，分子排列更趋序理化（趋向石墨结构）、紧密化、稠环芳核层片变大，因而表现出煤的反射率有较高的变化速率。我国不同煤种煤的反射率变化范围，如表3-4所示。烟煤中镜质组的反射率与其他通常采用的煤分类指标如 V_{daf}、$w_{daf}(C)$、发热量等有很好的相关性。反射率参数已经成为判断煤化度的重要指标，国际煤分类、我国的中国煤炭分类的商业编码系统和中国煤层煤的科学成因分类都以反射率作为煤分类指标。

表3-4　我国不同煤种的 $\overline{R}_{max}$　（%）

煤 种	变质阶段	$\overline{R}_{max}$	煤 种	变质阶段	$\overline{R}_{max}$
褐 煤	0	0.40～0.50	瘦焦煤	Ⅵ	1.50～1.69
长焰煤	Ⅰ	0.50～0.65	瘦 煤	Ⅶ	1.69～1.90
气 煤	Ⅱ	0.65～0.80	贫 煤	Ⅷ	1.90～2.50
气肥煤	Ⅲ	0.80～0.90	无烟煤	Ⅸ	2.50～4.00
肥 煤	Ⅳ	0.90～1.20		Ⅹ	4.00～6.00
焦 煤	Ⅴ	1.20～1.50		Ⅺ	>6.00

3.4.2 煤的折射率

折射率是最基本的光学测定值，通过折射率的加和性可以求出分子折射，它是煤结构解析研究中的重要性质之一。折射率的定义是光线通过某物质界面时，在界面发生折射后进入该物质内部，其入射角和折射角正弦之比值（百分数）。煤的折射率不能直接测定，但折射率同垂直入射光的反射率之间存在下列关系式（比尔公式）：

$$R = \frac{(n - n_0)^2 + n^2K^2}{(n + n_0)^2 + n^2K^2} \tag{3-22}$$

式中　R——煤的反射率，%；

n_0——标准介质的折射率，雪松油的 $n_0 = 1.514\%$；

n——煤的折射率，%；

K——煤对光线的吸收率，%。

根据煤在空气和雪松油两种介质中所测出的入射光的反射率，可以用上述两方程联立求解出煤的折射率 n 和吸收率 K。

煤的镜质组折射率与煤化度的关系，如图3-11所示。由图3-11可见，折射率随煤化度的提高而增加，当碳含量高于85%时增加的幅度较大。

克雷诺娃在研究了煤的光学性质后指出：褐煤在光学上是各向同性的，随着煤化度的增加由烟煤向无烟煤阶段过渡，煤的各向异性越趋明显，并认为反射率的这种变化规律与折射率的变化一样，都是由煤质内部结构决定的。即随煤化度的提高，其分子结构中芳香核层状结构不断增大，排列趋向规则化，在平行或垂直于芳香层片的两个方向上光学

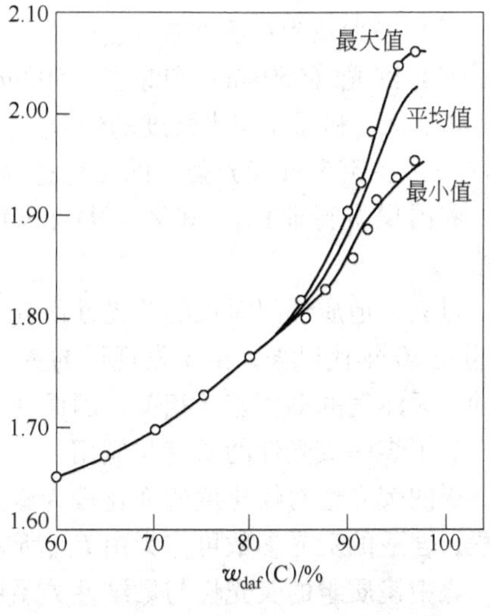

图3-11　煤的镜质组折射率与煤化度的关系

性质出现了异性现象。

3.4.3 煤的透光率

煤的透光率 P_M 是指煤样与混合酸（硝酸：磷酸：水 = 1：1：9）中的稀硝酸，在100℃的温度下加热90min后产生的有色溶液，对一定波长（475nm）的光透过的百分率。实际操作中是根据溶液颜色的深浅，以不同浓度的重铬酸钾硫酸溶液作为标准溶液，用目视比色法来测定煤样的透光率。

煤的透光率 P_M 在中国煤炭分类（GB 5751）中是区分褐煤与长焰煤的重要指标。研究表明：煤的透光率与煤化度关系密切，褐煤与稀硝酸反应后产生红棕色的溶液，其透光率 $P_M <$ 50%，低煤化度褐煤的 P_M 多数小于30%，高煤化度褐煤 P_M 为30% ~50%；长焰煤与稀硝酸反应后产生浅黄色至黄色溶液，$P_M >$ 50%；气煤的 $P_M >$ 90%；肥煤至贫煤及无烟煤与稀硝酸反应均生成无色溶液，透光率为100%。

3.4.4 煤的荧光性

荧光是指一种光致发光的冷发光现象。当某种常温物质经某种波长的入射光（通常是紫外线或X射线）照射，吸收光能后进入激发态，并且立即退激发并发出比入射光的波长长的出射光（通常波长在可见光波段）；而且一旦停止入射光，发光现象也随之立即消失。具有这种性质的出射光就被称为荧光。

泥炭、褐煤和烟煤的稳定组以及某些镜质组，经紫外光或蓝光的照射、激发后，能呈现不同颜色的荧光。荧光的颜色和强度因显微组分、煤化度和还原程度的不同而异。稳定组是煤中荧光特性最显著的组分：泥炭和褐煤的稳定组其荧光色总的来说是带绿的浅黄色，低煤化度烟煤的荧光色呈黄色，随煤化度提高变为黄橙色，到中等煤化度时稳定组变为红橙色。某些烟煤的镜质组也有荧光色，随煤化度的提高，荧光色由棕褐、棕黄、深褐到黑褐色。少数烟煤的丝质组也有荧光色，一般为黑褐或黑棕色。

煤的荧光性除了用荧光色定性描述外，通常可用如下几个荧光参数来定量表示：

（1）在546nm处的荧光强度；

（2）相对荧光强度的光谱分布（荧光光谱）；

（3）最大荧光强度波长 λ_{max}；

（4）红光（650nm）和绿光（500nm）强度的熵 Q 值；

（5）λ_{max} 和绿光荧光强度的熵 Q_{max}；

（6）在546nm荧光强度的变化过程（荧光强度变异）。

我国煤炭行业标准 MT/T 594 和 MT/T 595 分别规定了煤的荧光光谱和荧光强度的测定方法。

过去，地质部门对煤的荧光性研究较多，目的在于对显微组分的识别和对煤成因的研究。20世纪80年代以来，由于发现煤的荧光性与煤的黏结性、煤化度和还原程度关系密切，也与石油、天然气的勘探密切相关，因而在世界范围内形成了“荧光热”，许多煤化工部门与学者都开展了煤的荧光性的研究与应用。

煤的荧光性对煤化度的变化极为敏感，可作为监视煤化度变化的参数。特别是在低煤化度阶段，合适的荧光参数可作为由 $\bar{R}^o_{max}$ 所表征的煤化度的修正与补充。

煤中镜质组的荧光性与黏结性关系密切，荧光性强的镜质组往往黏结性特别强。因而，某些黏结性异常的烟煤可从荧光性的变化找出原因。

煤化过程中沥青化作用的强弱与成煤环境关系密切，沉积环境的还原性强，沥青化作用强烈，所形成的镜质组越有可能吸附较多的沥青而显示荧光性。因此，有可能以煤中显微组分的荧光强度等荧光参数作为煤的还原程度的指标。

近些年，在煤的荧光性的研究方面已取得很大进展，预计今后煤的荧光参数在煤化度、黏结性和还原性等煤质鉴定和煤分类等应用领域将得到愈来愈多的应用。

3.5 煤的电性质与磁性质

煤的电性质主要包括煤的导电性与介电常数。研究煤的电性质在理论上可提供煤的半导体性质、煤中芳香结构大小和各向异性等信息，为煤结构的研究服务。实际应用上，煤的导电性可应用于煤的电力炼焦和电力气化（含地下气化）等新工艺的开发。煤、焦的半导体性质及应用也是个新方向。煤的介电性可用于地球物理勘探方面，利用卫星勘察煤田与矿藏。

煤的磁性质主要有抗磁性和顺磁性，核磁共振和顺磁共振等。由核磁共振可了解煤中碳、氢原子的分布、芳香度和缩合芳环等信息，由顺磁共振（即电子自旋共振ESR）可了解煤及其衍生物中自由基的浓度，这些信息对阐明煤的结构都有重要的意义。本节主要介绍煤的抗磁性磁化率。

3.5.1 煤的导电性

煤的导电性是指煤在电场中导电的难易程度。物质的导电性常用电阻率$\rho(\Omega \cdot cm)$或电导率$\sigma(\Omega^{-1} \cdot cm^{-1})$表示。电阻率$\rho$是一个仅与导体材料、大小与形状有关的物理量，它在数值上等于把该材料做成长1cm，截面积是$1cm^2$的直柱体时，使电流沿它的轴线方向通过时的电阻。电阻率的倒数就是电导率，电导率越大，煤的导电能力越强。煤的导电有离子导电和电子导电两种，无烟煤以电子导电为主，褐煤以离子导电为主。根据电导率的大小，可将物质区分为导体、半导体和绝缘体。

煤的电导率与煤化度的关系，如图3-12所示。由图3-12可见，对干燥的煤样（图中实线）来说，煤的电导率随煤化度的提高而增加，当$w_{daf}(C) > 87\%$后煤的电导率急剧增加。其原因是$w_{daf}(C) > 87\%$后煤内部芳香层片迅速增大，分子内的π轨道彼此相连，使自由电子的活动范围扩大，并有可能在一定范围内转移，从而使电导率大幅度增大。特别到无烟煤阶段，自由电子导电迅猛，σ迅速增大，而电阻率ρ迅速减小。在无烟煤阶段ρ的变化范围非常宽广，例如：$w_{daf}(C)$为93.7%的无烟煤ρ为$4.01 \times 10^7 \Omega \cdot cm$；而$w_{daf}(C)$为96.0%的无烟煤$\rho$为$6.43\Omega \cdot cm$（垂直于芳香层面方向）或$3.73\Omega \cdot cm$（平行于芳香层面方向）。由此可见，无烟煤的电阻率具有各向异性，平行于芳香层面方向的ρ，显著低于垂直方向的ρ。

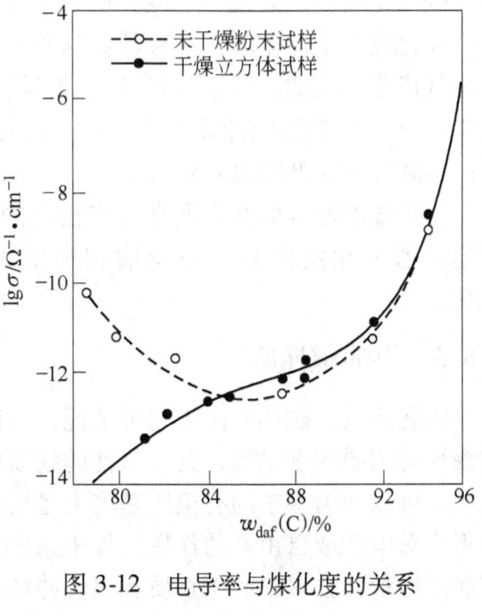

图3-12 电导率与煤化度的关系

图3-12中的虚线是未干燥粉煤试样的电导率与煤化度的关系。对$w_{daf}(C) < 84\%$煤化度较低的煤，特别是褐煤与长焰煤，由于煤中的水分含量高，孔隙率较大，并且其中存在能部分溶于水的羧

基与酚羟基等酸性含氧官能团，使煤的离子导电性增大，因而低煤化度煤的电导率较高，并在一定范围内随水分含量的减小而下降。

煤的电阻率ρ的数值在很大程度上取决于测定条件：煤的纯度、粉碎程度，加于试样上的压力和测定时的温度等。一般煤的电阻率在半导体的电阻率范围内（半导体的ρ为$10^{-1}\sim10^{10}$ $\Omega\cdot cm$），例如：莫斯科近郊褐煤在室温下的ρ为$4\times10^4\Omega\cdot cm$；美国某煤田的各种黏结性烟煤的$\rho$为$6\times10^7\sim15\times10^7\Omega\cdot cm$。此外，烟煤在常温下电阻率很大，但随着干馏温度的提高，尤其在半焦阶段以上，其电阻率显著降低。所以，电阻率可作为焦炭质量的一个指标。

3.5.2 煤的介电常数

物质介于两板间的蓄电量与两板间为真空时的蓄电量之比称为该物质的介电常数ε，ε又称为介电容量或电容率。煤的介电常数可以这样测定：将煤（块煤或分散在有机液体或石蜡中的粉状煤）插入一电容器中作为介质，用高频或低频几种技术来测定电容量的变化。绝缘体的介电常数ε与折射率n^2之间存在下列关系式（马克斯威尔公式）：

$$\varepsilon = n^2 \tag{3-23}$$

式（3-23）表明物质的电学性质与光学性质的关系，对于了解物质分子结构的特性有很大的意义。由于介电常数受水分的影响极大，因此必须采用十分干燥的煤样。曾在室温下用10^6Hz/s 的频率测定了不同煤化度煤的介电常数ε，ε和煤的折射率n^2与煤化度的关系，如图 3-13 所示。

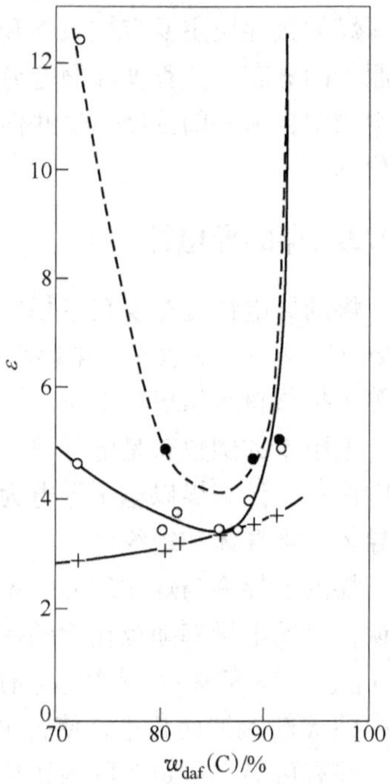

图 3-13 煤的介电常数ε和煤的折射率n^2与煤化度的关系
● —空气干燥煤的ε；
○ —剧烈干燥煤的ε；+ —n^2

由图 3-13 可见，开始介电常数随煤化度增加而减少，在w_{daf}(C)为 87% 处干煤的ε出现极小值，此时ε与n^2的数值基本相等，随后ε急剧增大。在w_{daf}(C) < 87% 以前，介电常数的减少是由于煤结构单元逐渐丧失其极性官能团所致。官能团的分析表明，当w_{daf}(C) < 87% 以前，随煤化度增加，极性基团—OH、—COOH 等减少了。当w_{daf}(C) > 87% 时，尽管极性基团在继续减少，但介电常数却急剧增加，这是由于高煤化度煤电导率增大的缘故。这种变化规律与煤结构的变化规律是一致的。从ε与n^2的关系看，只有w_{daf}(C)约为 87% 的中等变质程度烟煤接近于非极性的绝缘体，因而$\varepsilon\approx n^2$；其他煤化度煤均为$\varepsilon > n^2$。

由于煤的水分对其介电常数有很大的影响，因此可利用测定ε值来在线监测煤在运输和加工过程中水分含量的变化。

3.5.3 煤的磁性质

将物质放入磁场将出现两种情况，与磁场相吸或相斥，相吸叫顺磁性，相斥叫抗磁性。具顺磁性的物质叫顺磁质，具抗磁性的物质叫抗磁质。顺磁性特大的物质具强磁性，称为铁磁性物质。可以认为煤中的有机质基本上是抗磁性的，但也表现出少量的顺磁性，这可能是由于煤中不成对电子或自由基的作用。煤中某些共生的矿物质可能是铁磁性物质，因此测定煤的磁性质前应尽量除去煤中的矿物质和以强磁场饱和的方法来消除煤中杂质的影响。并用提高温度场的方法来避免煤中顺磁性的影响。

物质在外磁场作用下能产生磁效应。对于非铁磁性物质来说，其磁化强度 I（在外磁场作用下的附加磁场强度）与外磁场强度 H 成正比，即 $I=KH$。式中 K 称为磁化率。对顺磁性物质来说，磁化强度 I 和外磁场强度 H 方向相同，$K>0$。对抗磁性物质，I 和 H 方向相反，$K<0$。

化学上常用比磁化率 X 和摩尔磁化率 X_M 来表示物质磁性的大小。比磁化率是在 1Gs 磁场下，1g 物质所呈现的磁化率（或称单位质量抗磁性磁化率）。抗磁性磁化率与分子结构关系密切，抗磁性化合物的摩尔磁化率具有加和性质。

煤的抗磁性磁化率可用古埃（Gouy）磁力天平测定，磁场所施加的力由显微镜测量在磁场中的偏转，或是在有或无磁场的情况下测定摆动周期。研究表明：大部分煤均具有抗磁性，并且无烟煤在磁性上显示各向异性。煤的比磁化率与煤化度的关系如图 3-14 所示。由图 3-14 可见：比磁化率与煤化度的关系大致为一根折线，折线上有两个明显的转折点［w_{daf}(C) 为 79% 和 w_{daf}(C) 为 91%］，在 w_{daf}(C) 为 79% ~ 91% 阶段，直线的斜率减小。在 w_{daf}(C) 为 91% 以上又急剧增加。这说明煤的比磁化率在烟煤阶段［大致 w_{daf}(C) 为 79% ~ 91%］增加最慢，而在无烟煤阶段增加最快，在褐煤阶段增加速度居中。利用比磁化率和统计结构解析方法，可以计算煤的结构参数。

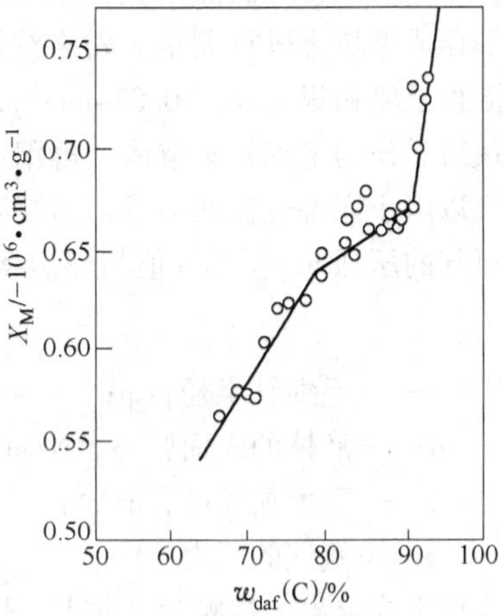

图 3-14 煤的比磁化率与煤化度的关系

3.6 煤的固态胶体性质

在泥炭化阶段，煤的镜质组是一种凝胶体，因此煤在生成的最初阶段就具有胶体性质。经成岩与变质作用后所生成的烟煤仍有胶体性质，这可从烟煤对某些液体及蒸气有很高的吸附能力，在蒽油、吡啶等有机溶剂中能膨胀和形成胶体溶液，以及某些物理性质和光学性质等加以证明。因此，从胶体化学的观点，可将烟煤看作是一种特殊和复杂的胶体系统，它是正在失去或已经失去分散介质（水）的有机凝胶系统。在由泥炭→褐煤→烟煤的凝胶发展的各阶段中失去分散介质后，形成了胶粒间的毛细管空间。因此可把烟煤看作为固态的胶体物质和玻璃体（过冷液体）。本节从胶体化学的角度研究与此有关的煤的润湿性、内表面积和孔隙率等。煤的固态胶体性质反映了煤的主要表面性质。

3.6.1 煤的润湿性

煤的润湿性是煤吸附液体的一种能力。当煤与液体接触时，如果固体煤的分子对液体分子的作用力大于液体分子之间的作用力，则固体煤可以被润湿，煤的表面黏附该液体。相反，若液体分子之间的作用力大于固体煤分子对液体分子的作用力，则固体煤不能被润湿。对于同一种固体，不同液体的润湿性不同；对于不同的固体，同一种液体的润湿性也不同。煤的润湿性可应用于选煤：因为煤易被油类润湿而不易被水润湿，但矸石则相反。故在粉煤浮选时加入矿物油用空气鼓泡，此时精煤被油膜包围而上浮，而矸石被水包围而下沉，从而达到分选目的。

通常，可利用液体表面张力 σ 和固体表面所成的接触角 θ 的大小来判定该液体对固体的润湿程度。若液滴能润湿固体，则液滴的形状如图 3-15（a）所示，此时接触角为锐角；若液滴不能润湿固体，则如图 3-15（b）所示，此时接触角 θ 为钝角。

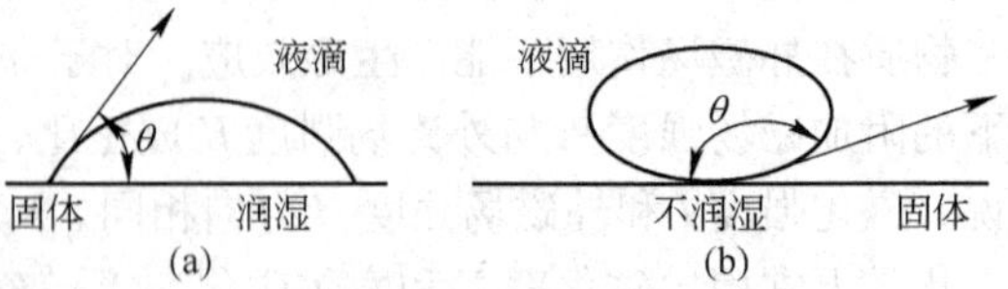

图 3-15 液体与固体之间的润湿情况

（a）θ 为锐角；（b）θ 为钝角

通过测定接触角可确定液体对煤润湿性的大小。对煤粉无法测定其接触角，可将煤粉加压成型块再进行测定。粉末法测定煤的润湿性是将粉煤［小于 0.074mm（200 目）］装填在测定器内，于 15MPa 下加压成型，制得的型块可看作为毛细管集束体，再用水或苯润湿。同时，从加入润湿剂的对侧，向测定器内通入氮气以阻止润湿过程的进行，当润湿恰好终止时（即型块刚好能全部润湿时），立即精确地测定氮气的压强 p，所测 p 值与润湿接触角 θ 之间存在下列关系：

$$\cos\theta = p \cdot g \cdot r/2\sigma \tag{3-24}$$

式中 r——毛细管半径，m；

σ——液体的表面张力，N/m；

g——重力加速度，m/s^2；

p——氮气的压力，Pa。

由上式求出的接触角 θ 愈大，煤就愈难被润湿；θ 愈小，则煤愈易被润湿。接触角的测定法除粉末法外，还有倾板法、液滴法和气泡黏结法等。

日本太刀川等人用氮-水或氮-苯系作为测定介质，对各种煤化度的煤采用粉末法求出的 $\cos\theta$ 值如表 3-5 所示。由表 3-5 可见，对于氮-水系，随着煤化度的增高，$\cos\theta$ 减少，即接触角显示增大的趋势，表明煤化度变高后煤就难于被水润湿。另外，在水-苯系统中，即用水润湿了的煤再用苯润湿时，随着煤化度增高 $\cos\theta$ 增大，即接触角变小。这表明随煤化度提高，煤就变得易于被苯润湿了。

表 3-5 用粉末法测定求出的接触角与计算出的比表面积

w(C)/%	$\cos\theta$ 氮-水系统	ΔF/J·cm^{-2} 氮-水系统(10^{-7})	$\Delta F \cdot S$ /J·g^{-1}	由接触润湿自由能求出的表面积/m^2·g^{-1}	$\cos\theta$ 水-苯系统	ΔF/J·cm^{-2} 水-苯系统（10^{-7}）
91.3	0.416	101.7			0.900	63.1
89.7	0.453	104.4	4.8	45	0.863	61.9
83.9	0.341	96.3	3.7	34	0.886	62.6
83.1	0.432	102.8	7.8	76	0.813	60.2
81.9	0.508	108.3			0.706	56.6
81.1	0.443	103.6			0.841	61.6
79.1	0.562	112.2	9.6	86	0.736	57.6
78.1	0.604	115.2			0.738	57.7
74.0	0.610	108.4	19.7	182	0.726	57.3

此外，用 $\cos\theta$ 的数值按下式可以求出比表面积 S。单位质量固体的表面自由能 ΔF 可按下式算出：

$$\Delta F \cdot S = \frac{RT}{M_r}\int_{p=0}^{p} s\,\mathrm{d}\ln p \tag{3-25}$$

式中 S——单位质量的吸附表面，m^2/g；

s——单位质量的吸附量，g/g；

p——吸附平衡蒸气压，Pa；

M_r——被吸附物的相对分子质量。

上式右边的积分值，能以 $\ln p$ 为横坐标，以 S 为纵坐标所作曲线下面的面积求出。左边的 ΔF 可由上述的"润湿"实验所得接触角 $\cos\theta$ 再通过 $\Delta F = \sigma(1+\cos\theta)$ 求出（式中 σ 是测定润湿性时所用液体的表面张力）。这样求出的比表面积的数值，如表3-5所示。由表3-5可见，随煤化度降低，比表面积有增大的趋势。

3.6.2 煤的润湿热

煤被液体润湿时会释放出热量，通常用1g煤被润湿时释放出的热量作为煤的润湿热，单位为J/g。煤的润湿热通常可用量热计直接测定。煤的润湿热是液体与煤表面相互作用，主要由范德华力或极性分子的作用所引起，润湿热的大小与液体种类和煤的表面积有关。因此，润湿热可用于确定煤中孔隙的总表面积。

由于甲醇对煤的润湿能力强，用它做润湿剂时能在数分钟内基本上释放出全部润湿热，因此它是比较好的试剂。甲醇润湿热与煤化度的关系，如图3-16所示。由图3-16可见，甲醇润湿热与煤化度大致有抛物线的关系，低煤化度煤的润湿热很高，但随煤化度的增加而急剧下降，当 $w_{daf}(C)$ 接近90%时润湿热达到最低点，以后又逐渐回升。并且，图3-16中润湿热随煤化度而变化的规律是不够严格的。这是因为煤在润湿过程中还有其他原因引起热量的增减。例如低煤化度的煤含氧量高，可能与甲醇发生强极化作用，或结合成氢键而释放热量；煤中某些矿物质组分与甲醇作用也能放热或吸热：煤中的黏土矿物能与甲醇反应，由水凝胶变为醇凝胶而放热；煤中常有硫化物和碳酸钙，它们与甲醇起吸热反应；煤中含有的树脂因溶于甲醇及煤的体积膨胀等而起吸热反应。根据润湿热的测定值可以粗略确定煤的内表面积，煤的单位内表面积的润湿热约为0.42J/m²（0.1cal/m²）。据此计算得到煤的内表面积范围是10～200m²/g。

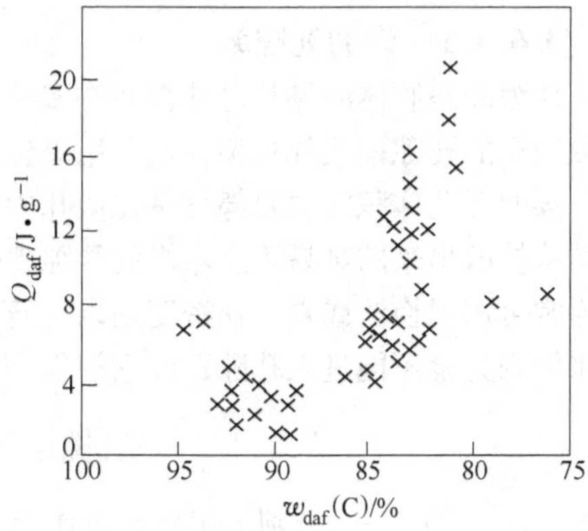

图3-16 甲醇润湿热与煤化度的关系

3.6.3 煤的内表面积

煤的内表面积指煤内部孔隙结构的全部表面积（孔壁面积），一般以比表面积（m²/g）表示，它是煤的重要物理指标之一。

在煤的生成过程中，煤的内部形成了极微细的毛细管及孔隙，它们构成的内表面积比外表面积要大得多。这种毛细管及孔隙的数量极大，分布又深又广，具有极为复杂、发达的内部结构，它是煤能吸附各种气体和液体的原因。煤内表面积的大小不仅对了解煤的生成过程及煤的微观结构和化学反应性非常重要，而且与煤的高真空热分解、溶剂抽提、气相氧化等性质有密切关系。

煤比表面积的测定方法有多种，如润湿热法、BET法、气相色谱法和微孔体积法等。BET是美国三位物化专家的姓氏缩写，该法是较经典的方法。其原理是假定煤表面的吸附为单分子层分布，在一定条件下测得被煤吸附的气体量和已知气体分子的截面积，由此算出煤的表面积。该法可使用不同的气体（例如 N_2、Kr、Xe、CO_2 等）和不同温度（深冷或常温），但所测得的结果有很大差别。目前，用不同方法或同一方法不同条件测得的煤的比表面积数值差别大，并且相互之间的可比性差。

用润湿热法和 BET 法测出煤的比表面积如图 3-17 所示。图中白圆圈表示甲醇润湿热所求出的表面积，黑圆点表示由 BET 法求得的表面积。由图 3-17 可见，随煤化度的变化，煤的内表面积具有两头大（褐煤与无烟煤）中间小（中等煤化度煤）的变化规律，这反映了煤化过程中分子空间结构的变化。此外，用润湿热法求出的表面积比用 BET 法求出的大，其原因是煤膨胀析出热量。在用甲醇润湿时，同时还发生溶解和吸附作用。

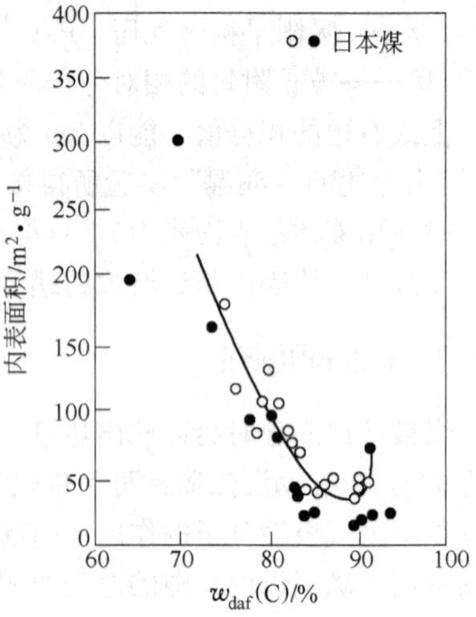

图 3-17 煤的内表面积与煤化度的关系

3.6.4 煤的孔隙率和孔径分布

3.6.4.1 煤的孔隙率

作为固态胶体的煤其内部存在许多毛细管及孔隙，这些孔隙的总体积占煤的整个体积的百分数叫煤的孔隙率或气孔率，也可用单位质量的煤所包含的孔隙体积（m^3/g）表示。

煤的开孔体积的主要部分是在微孔中，孔体积和孔大小的分布决定着开采时甲烷从煤的内孔结构扩散出来的难易程度。煤的孔隙率也可预测其能否制成适于特殊用途的炭。孔隙率的测定通常可用置换法或真、视密度加以计算。置换法的原理是：考虑到氦能充满煤的全部孔隙，而水银则完全不能进入孔隙，以它们作为置换物所求出的密度，按下式可计算出煤的孔隙率。

$$孔隙率 = \frac{D_{He} - D_{Hg}}{D_{He}} \times 100\% \tag{3-26}$$

式中 D_{He}，D_{Hg}——分别为用氦及汞作为置换物测得的煤的密度。

孔隙率和煤化度的关系如图 3-18 所示，由图 3-18 可见，$w_{daf}(C) < 83\%$ 的低煤化度的孔隙率大于 10%。$w_{daf}(C)$ 为 89% 的煤孔隙率最低，小于 3%。但煤化度再增高，孔隙率又有增高的趋势，这是由于煤化度提高后煤的裂隙增加所致。

图 3-17 及图 3-18 均呈抛物线形，最小值大约出现在 $w_{daf}(C)$ 为 90% 处。这可认为是由于煤化度的增加，煤在变质作用下结构渐趋紧密（也反映在胶粒的毛细管空间结构上），因此表现为内表面积与孔隙率等物化常数在 $w_{daf}(C) < 90\%$ 前有下降的趋势。也就是说煤的物化性质的变化反映了煤内部结构的变化。

煤炭和焦炭等的孔隙率对其反应性及实际应用有重大的影响。一般泥炭、褐煤的孔隙率很大，而中等煤化度煤的孔隙率为 4% ~5%，无烟煤块为 2% ~4%。一般煤球的孔隙率为 14% ~27%，冶金焦炭约为 45% ~55%，型焦孔隙率约为 20% ~30%，木炭约为 70%。

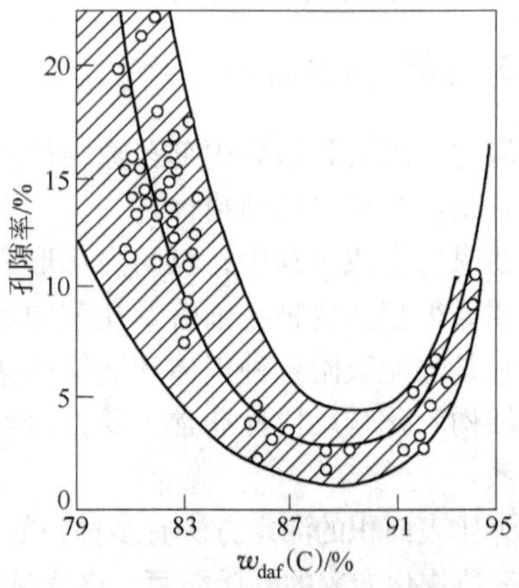

图 3-18 孔隙率和煤化度的关系

3.6.4.2 煤的孔径分布

煤中孔径的大小是不均一的，大致可分为三类：微孔，直径小于1.2nm；过渡孔，直径为1.2~30nm；大孔，直径大于30nm。孔径分布可用压汞法或液氮等温吸附法等测定。压汞法可测定10~1000nm之间的孔径分布，因为煤可压缩，当水银压力高时要加以校正。液氮等温吸附法只能测定过渡孔的孔体积，再换算为孔径。直径小于1.2nm的微孔不能直接测定，是用差减法间接求出。

不同煤化度煤的孔径分布，如表3-6所示。由表3-6可见，煤中的孔分布有一定的规律：w_{daf}(C) < 75% 的褐煤大孔占优势，过渡孔基本没有；w_{daf}(C) 为75% ~82%的煤，过渡孔特别发达，孔隙总体积主要由过渡孔和微孔所决定；w_{daf}(C) 为88% ~91%的煤微孔占优势，其体积占总体积70%以上，过渡孔一般很少。可见，随煤化度的提高，煤的孔径渐小，且孔体积中微孔所占的比例渐大，反映了煤的物理结构渐趋紧密化。

表3-6 煤的孔体积分布和煤化度的关系

煤样 w(C)/%	孔体积①/$cm^3 \cdot g^{-1}$						
	V_t	V_1	$V_1 \cdot V_t^{-1}$/%	V_2	$V_2 \cdot V_t^{-1}$/%	V_3	$V_3 \cdot V_t^{-1}$/%
90.8	0.076	0.009	11.9	0.010	13.1	0.057	75.0
89.5	0.052	0.014	27.0	0.000	0	0.038	73.0
88.3	0.042	0.016	38.1	0.000	0	0.026	61.9
83.8	0.033	0.017	51.5	0.000	0	0.016	48.5
81.3	0.144	0.036	25.0	0.065	45.1	0.043	29.9
79.9	0.083	0.017	20.5	0.027	32.5	0.039	47.0
77.2	0.158	0.031	19.6	0.061	38.6	0.066	41.8
76.5	0.105	0.022	20.9	0.013	12.4	0.070	66.7
75.5	0.232	0.040	17.2	0.122	52.6	0.070	30.2
71.7	0.114	0.088	77.2	0.004	3.5	0.022	19.3
71.2	0.105	0.062	59.1	0.000	0	0.043	40.9
63.3	0.073	0.064	87.7	0.000	0	0.009	12.3

①V_t—总孔容积；V_1—大孔容积；V_2—中孔容积；V_3—微孔容积。

近年，在煤复杂的内孔结构中发现了分子筛的结构，其孔径直径为2~4nm，孔穴之间以0.5~0.8nm的微孔连通。一般原煤的分子筛性质不明显，经加工、活化后可制成炭分子筛，能分离空气和从焦炉煤气中制氢，并已用于工业生产。

复习思考题

3-1 为什么说煤的所有宏观性质均在一定程度上与煤的密度有关？

3-2 煤的密度有哪几种表示方法，它们与煤的孔隙率有什么关系？

3-3 准确测定TRD的前提条件是什么，为什么？

3-4 影响煤密度的因素有哪些？

3-5 煤在机械力作用下的表现可以用哪些性质来表征？

3-6 为什么煤的维氏显微硬度 H_m 与煤化度的关系图示为著名的“椅式曲线”？

3-7 室温下煤的质量热容是多少，它受哪些因素的影响，如何影响？

3-8 煤的导温系数的物理意义是什么，它表示煤的什么性质或能力？

3-9 煤（镜质组）的反射率和折射率随煤化度如何变化，从煤结构分析为何有这样的变化。

3-10 各种煤的透光率有什么不同，P_M 为什么可以作为褐煤与长焰煤的区分指标？

3-11 什么是煤的荧光性，煤的荧光性如何表征，它们与煤的性质有什么关系？

3-12 煤的导电性与煤化度有什么关系，为什么会有这种关系？

3-13 煤的介电常数与煤化度有什么关系，为什么会有这种关系？

3-14 煤的磁性质与煤化度有什么关系，它对煤结构的研究有什么意义？

3-15 为什么说煤只有固态胶体性质，水与苯对煤的润湿角随煤化度的变化有什么不同？

3-16 从内表面积和孔隙率解释，为什么说煤是一种多孔材料？

4 化学方法研究煤

4.1 煤中的官能团分析

煤结构单元的外围部分除烷基侧链外，还有官能团，主要是含氧官能团和少量含氮、含硫官能团。由于煤的氧含量及氧的存在形式对煤的性质影响很大。对低煤化度煤尤为重要，因此进行官能团分析时，通常把重点放在含氧官能团上。

4.1.1 含氧官能团

4.1.1.1 主要含氧官能团的测定方法

A 羟基（—OH）

一般认为煤有机质中羟基含量较多，且绝大多数煤只含酚羟基而醇羟基很少。它们存在于泥炭、褐煤和烟煤中，是烟煤的主要含氧官能团。常用的化学测定方法是将煤样与 $Ba(OH)_2$ 溶液反应。后者可与羧基和酚羟基反应，从而测得总酸性基团含量，再减去羧基含量即得酚羟基含量。反应示意式如下：

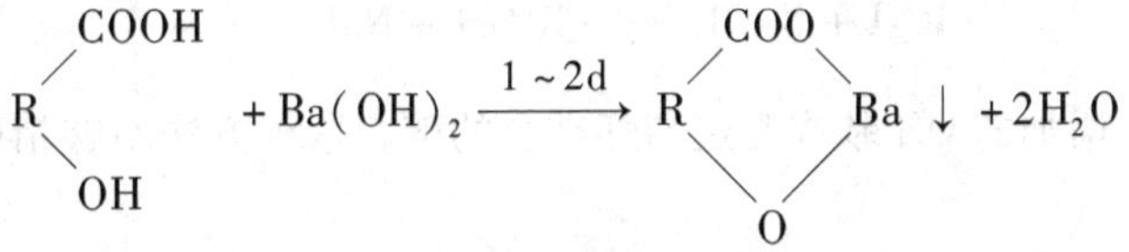

而醇羟基含量可采用乙酸酐乙酰化法测得总羟基含量，用差减法求得。含量以 mmol/g 表示（其他官能团表示法与此相同）。

B 羧基（—COOH）

在泥炭、褐煤和风化煤中含有羧基，在烟煤中已几乎不存在。当含碳量大于78%时，羧基已不存在。羧基呈酸性，且比乙酸强。常用的测定方法是与乙酸钙反应，然后以标准碱溶液滴定生成的乙酸，反应式如下：

$$2RCOOH + Ca(CH_3COO)_2 \xrightarrow{1 \sim 2d} (RCOO)_2Ca\downarrow + 2CH_3COOH$$

C 羰基（ $>C=O$ ）

羰基无酸性，在煤中含量虽少，但分布很广。从泥炭到无烟煤都含有羰基，但在煤化度较高的煤中，羰基大部分以醌基形式存在。羰基比较简便的测定方法是使煤样与苯肼溶液反应，反应如下：

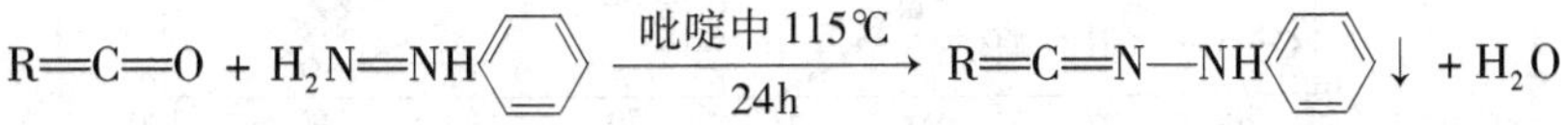

过量的苯肼溶液可用菲啉溶液氧化，测定 N_2 的体积即可求出与羰基反应的苯肼量。也可测定煤在反应前后的氮含量，根据氮含量的增加计算出羰基含量，其反应式：

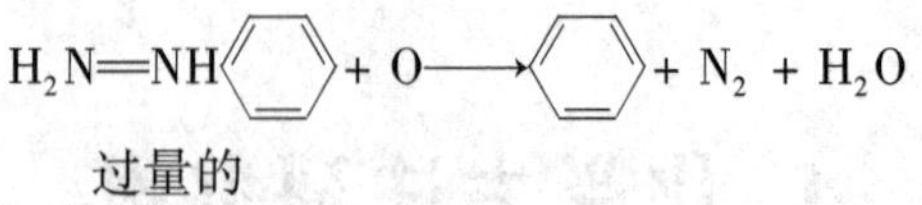

醌基有氧化性，还没有标准测定方法，也难以测准。一般用 $SnCl_2$ 作还原剂进行测定。

D 甲氧基（$—OCH_3$）

它仅存在于泥炭和软褐煤中，随煤化度增高甲氧基的消失比羧基还快。它能和 HI 反应生成 CH_3I，再用碘量法测定。反应式如下：

$$ROCH_3 + HI \longrightarrow ROH + CH_3I(\text{碘甲烷})$$

$$CH_3I + 3Br_2 + 3H_2O \longrightarrow HIO_3 + 5HBr + CH_3Br$$

$$HIO_3 + 5HI \longrightarrow 3I_2 + 3H_2O$$

E 非活性氧（—O—）

煤有机质中的氧相当一部分是以非活性氧状态（即不易起化学反应和不易热分解的那部分氧）存在。严格讲这一部分氧不属于官能团，它以醚键的形式存在。其测定方法未最终解决，可用 HI 水解，反应如下：

$$R—O—R' + HI \xrightarrow{130℃,8h} ROH + R'I$$

$$R'I + NaOH \longrightarrow R'OH + NaI$$

然后，测定煤中增加的 OH 基或测定与煤结合的碘。这种方法不够精确，不能保证测出全部醚键。

4.1.1.2 煤中含氧官能团随煤化度的变化

煤中含氧官能团的分布随煤化度的变化，如图 4-1 所示［L. 布洛姆（Blom）和 M. 依纳托维茨（Ihnatowkz）测定］。

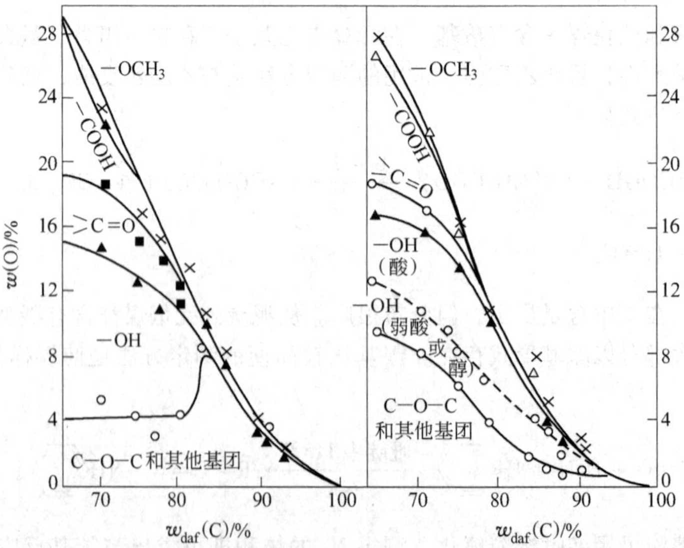

图 4-1 煤中各种含氧官能团的分布与煤化度的关系

由图4-1可见，煤中含氧官能团随煤化度增加而急剧降低，其中以羟基降低最多，其次是羰基和羧基。在煤化过程中，甲氧基首先消失，接着是羧基，它在典型烟煤中已不再存在。而羟基和羰基仅在数量上减少，即使在无烟煤中也还存在。图中非活性氧（醚键和杂环氧）所占的比例对中等变质程度煤而言相当可观，当碳含量达92%时，所有的氧都以非活性氧存在。

4.1.2 煤中的含硫和含氮官能团

硫的性质与氧相似，所以煤中的含硫官能团种类与含氧官能团种类差不多，包括硫醇（R—SH）、硫醚（R—S—R′）、二硫醚（R—S—S—R′）、硫醌（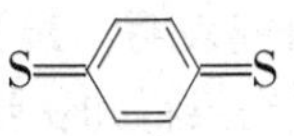）及杂环硫（）等。由于硫含量比氧含量低，加上分析测定方面的困难，故煤中有机硫的分布尚未完全弄清。现列出了几种美国煤有机硫的形态分布，如表4-1所示。

表4-1 几种美国煤有机硫的形态分布

煤 种	有机 $w(S)/\%$	煤含硫结构/$mol \cdot g^{-1}(\times 10^{-5})$				
		脂肪SH	芳香SH	脂肪硫醚	芳香硫醚	噻 吩
伊利诺斯6号	3.20	7.00	15.00	18.00	2.00	58.00
肯塔基4号	1.90	6.14	0.36	1.39	6.25	45.24
匹兹堡8号	1.85	5.66	1.95	3.49	1.39	45.32
西肯塔基	1.53	6.53	5.94	6.28	3.38	25.68
得克萨斯褐煤	0.80	1.63	5.25	4.25	6.00	7.88

煤中有机硫的主要存在形式是噻吩，其次是硫醚键和巯基（—SH）。

煤中含氮量多在1%～2%，大约50%～75%的氮以吡啶环或喹啉环形式存在，此外还有胺基、亚胺基、腈基和五元杂环等。由于含氮结构非常稳定，故定量测定十分困难，至今尚未见到可信的定量结果。

4.2 煤的高真空热分解

在高真空下使煤进行热分解，也称为煤的分子蒸馏。中国科学院山西煤炭化学研究所曾对其进行了研究，并设计和制造了不锈钢制的分子蒸馏装置，用来研究煤的结构和黏结性。

分子蒸馏的原理是，在高真空中从一薄层的高分子有机物质，将它的分子蒸馏出来，并冷凝在冷凝器上的一种过程。物质的蒸馏面与冷凝面之间的距离应当小于它的分子平均自由路径（一个分子在碰撞另一个分子之前所经历的平均距离）。在133Pa真空时，分子的平均自由路径约为5cm，这代表一般分子蒸馏设备的蒸馏面与冷凝面之前的标准距离。设计距离应小于此标准距离，一般为3～5cm。这样一来，从蒸馏面离开的分子，在冷凝前（平均而言）不与其他分子碰撞，也不与比蒸馏面温度更高的面相遇。所以分子蒸馏技术是控制大分子有机物热分解的好方法，在研究复杂的有机化合物方面是一种新工具。

因为在高真空中使一薄层煤热分解时，煤中含有的或者由于热分解生成的、相对分子质量比较低的物质能迅速蒸馏并附着在冷却面上，所以这些相对低分子质量的初次热解产物能迅速从加热面析出，在不再或很少进一步热分解或热缩聚的状态下将其冷凝取出。由此可知，对于煤的初次热解产物数量和性质的研究，高真空热分解是一种有效的方法。

中国科学院山西煤化所曾对三种有代表性的煤进行了高真空热分解研究。A 煤（V_{daf} = 33.6%）是黏结性最好的煤，而 B 煤（V_{daf} = 16.3%）和 C 煤（V_{daf} = 36.1%）则黏结性较差。试验所得冷凝蒸馏物是黄色树脂状固体，在空气中很快就变成深棕色。用苯-醇（1∶1）的混合液将其洗下，蒸去混合液，得到干的馏出物。再溶于 10 倍其体积的戊烷中，将其分为溶于戊烷和不溶于戊烷的两部分。前者是一种无定形的棕色粉末，后者是一种软的树脂状物。

A 煤馏出物中不溶于戊烷部分的质量平均为煤样重的 7.17%，B 煤的为 2.40%，而 C 煤的为 0.42%。研究表明，最好的黏结性煤经过高真空热分解，将其热分解产物除去后，黏结性消失。根据研究结果得知：强黏结性煤的高真空馏出物中，不溶于戊烷部分占煤样重的百分率比弱黏结性煤的大得多。

藤田等人对日本煤进行了高真空热分解的研究，其结果如图 4-2 所示。对于含碳 73% 的低煤化度煤，馏出物的收率约为 3%，随着煤化度的加深，对于含碳 86% 的煤（相当于肥煤）馏出物的收率增加到最大值为 16%。此后，馏出物的收率随着煤化度的增加而急剧减少，对于含碳 93% 的煤，几乎为零。另外，煤气的收率对于含碳 73% 的煤约为 23%，但随煤化度的加深而开始逐渐减少。对于含碳 87% 的煤，煤气收率约为 13%，对于含碳 93% 的煤，几乎为零。馏出物的平均相对分子质量大致随煤化度的加深而增加，其值约为 330～390。

图 4-3 是兰德勒尔（Ladner）提出的高真空馏出物的结构模型，它是煤的黏结组分，其特点是芳香环之间以脂环作为桥键。

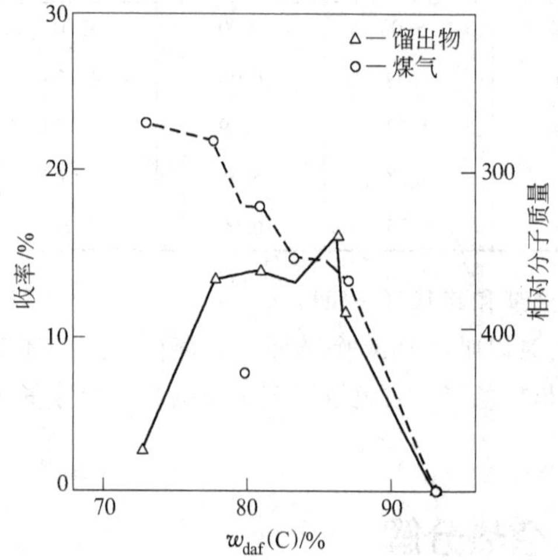

图 4-2 500℃高真空热分解产物收率与煤化度的关系

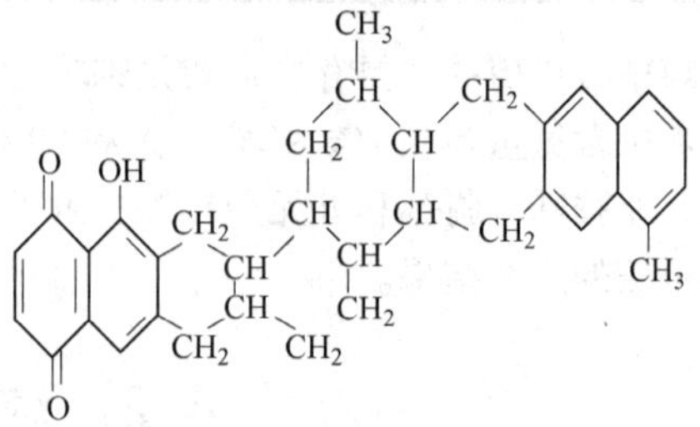

图 4-3 高真空馏出物的结构模型（$C_{36}H_{36}O_8$ 相对分子质量 516）

4.3 煤的溶剂抽提

溶剂抽提是研究煤的最早方法之一，早在 20 世纪初费雪尔（Fischer）、彭恩（Bonn）和惠勒（Wheeler）等相继采用溶剂抽提法，试图从炼焦煤中分离出结焦要素（coking principle）。随后，大量的研究工作转向通过研究溶剂抽提物来阐明煤的结构。另外，溶剂抽提还与煤的液化和脱灰有关，所以有关这方面的研究至今仍受到广泛重视。

4.3.1 煤溶剂抽提法的分类

根据溶剂种类、抽提温度和压力等条件的不同，煤的溶剂抽提可分为以下五类：

（1）普通抽提。抽提温度在100℃以下，用普通的低沸点有机溶剂，如苯、氯仿和乙醇等抽提。此种抽提的抽出物很少，烟煤的抽提物产率通常小于等于1%～2%。抽出物是由树脂和树蜡所组成的低分子有机化合物，不是煤的代表性结构成分。

（2）特定抽提。抽提温度为200℃以下，采用具有电子给予体性质的亲核性溶剂，如吡啶类、酚类和胺类等的抽提。抽提物产率可达20%～40%，甚至超过50%。由于抽出物数量多，抽提中基本上无化学变化，所得抽出物与煤有机质的基本结构单元类似，故对煤的结构研究特别重要。

（3）热解抽提。抽提温度在300℃以上，以多环芳烃为溶剂，如菲、蒽、喹啉和焦油馏分等的抽提。因抽提中伴有热解反应，故称热解抽提。抽提产率一般在60%以上，少数煤甚至高达90%。溶剂分解液化法即由此开发而成。

（4）超临界抽提。以甲苯、二甲苯、异丙醇或水为溶剂在超过溶剂临界点的条件下抽提煤。抽提温度一般在400℃左右，抽提率可达30%以上。它已发展成为一种煤液化工艺。

（5）加氢抽提。抽提温度在300℃以上，采用供氢溶剂，如四氢萘、9,10-二氢菲等，或采用非供氢溶剂但在氢气存在下进行抽提。抽提中伴有热解和加氢反应，是典型的煤液化方法，因此抽提率很高。

4.3.2　煤的抽提率与溶剂性质的关系

4.3.2.1　溶解机理

根据化学热力学，要使溶质溶解于溶剂必须要混合自由能 $\Delta F<0$。因 $\Delta F=\Delta H-T\Delta S$，所以要求 $\Delta H-T\Delta S<0$，$\Delta H<T\Delta S$。溶解过程引起分子排列更加混乱，故 $\Delta S>0$，因而溶解热 ΔH 总是大于零。这样为使 $\Delta F<0$，ΔH 应尽可能地小。

$$\Delta H=\frac{N_1\overline{V}_1\times N_2\overline{V}_2}{N_1\overline{V}_1+N_2\overline{V}_2}\left[\left(\frac{\Delta E_1}{\overline{V}_1}\right)^{1/2}-\left(\frac{\Delta E_2}{\overline{V}_2}\right)^{1/2}\right]$$

式中　N_1——溶剂的摩尔分数；

$\overline{V}_1$——溶剂的摩尔体积，cm^3；

N_2——溶质的摩尔分数；

$\overline{V}_2$——溶质的摩尔体积，cm^3；

ΔE_1，ΔE_2——分别为溶剂和溶质的内聚能，J。

$$\delta_1=\left(\frac{\Delta E_1}{\overline{V}_1}\right)^{1/2}\quad\delta_2=\left(\frac{\Delta E_2}{\overline{V}_2}\right)^{1/2}$$

式中　δ_1，δ_2——分别为溶剂和溶质的内聚能密度，又称溶解度参数，$(J/cm^3)^{1/2}$。

从上式可知，为使 ΔH 尽可能小，δ_1 和 δ_2 应尽量接近。

4.3.2.2　煤和溶剂的溶解度参数

煤的溶解度参数 δ_c 与煤化度有关，其关系如图4-4所示。图4-4中还附有几种常用溶剂的 δ_c 值以供比较。在图中的两条曲线包围了由芳香度 f_a 的低值和高值所限定的 δ_c 范围。

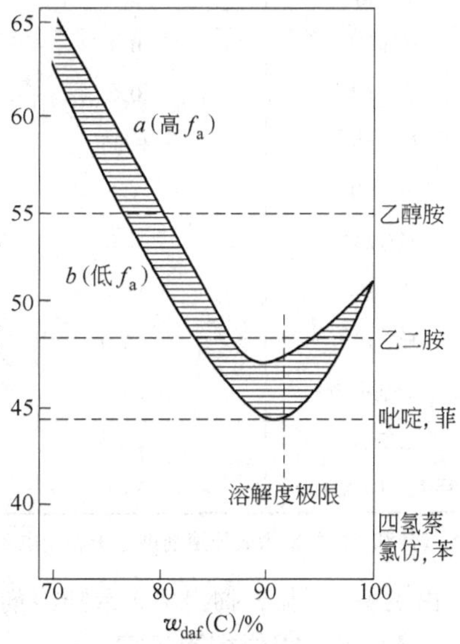

图4-4　煤的溶解度参数 δ_c 和煤化度的关系

苯—37.6；氯仿—38.0；四氢萘—38.9；菲—43.9；吡啶—44.7；乙二胺—48.5；乙醇胺—54.3

煤中 w_{daf}(C)值为70%时，δ_c 约为63(J/cm^3)$^{1/2}$，随着煤化度增加，δ_c 逐渐降低；至煤中 w_{daf}(C)接近90%时，δ_c 达到最低点，约为46(J/cm^3)$^{1/2}$；当 w_{daf}(C)>90%时，δ_c 又略有回升。但已超出煤实际可能溶解的范围，故没有什么意义。

由图4-4可见，当煤和溶剂的 δ 接近时抽提率就高，即溶解度好的溶剂的 $(\delta_{煤}/\delta_{溶剂})^2$ 必须小于或等于1，反之低。这说明上述溶解机理是正确的。低煤化度的 δ_c 在54(J/cm^3)$^{1/2}$左右，乙醇胺和乙二胺等胺类溶剂的 δ 接近，故胺类溶剂对低煤化度煤的抽提率特别高。吡啶的 δ 为44.7(J/cm^3)$^{1/2}$，与中等煤化度煤的 δ_c 最接近，所以吡啶抽提率在这里出现最大值。苯和氯仿的 δ 远低于煤，所以抽提率很低。

由此可见，利用溶解度参数数据可以解释溶剂对煤的作用。不过实际的溶解过程非常复杂，溶解度参数并不是唯一的因素。

4.3.2.3　溶剂的供电子性和受电子性

马泽克（Marzec）等研究了高挥发分烟煤于室温下，在不同溶剂中的溶解度和溶剂供电子性与受电子性之间的关系，结果列于表4-2。

表4-2　高挥发分烟煤的抽提率和溶剂供电子与受电子性的关系

溶　剂	抽提率 W_t(daf煤)/%	DN①	AN①	DN－AN
正己烷	0.0	0	0	0
水	0.0	33.0	54.8	－21.8
硝基甲烷	0.0	2.7	20.5	－17.8
异丙醇	0.0	20.0	33.5	－13.5
醋　酸	0.9	—	52.9	—
甲　醇	0.1	19.0	41.3	－22.3
苯	0.1	0.1	8.2	－8.1
乙　醇	0.2	20.5	37.1	－16.6
氯　仿	0.35	—	23.1	—
丙　酮	1.7	17.0	12.5	+4.5
四氢呋喃	8.0	20.0	8.0	+12.0
乙　醚	11.4	19.2	3.9	+15.3
吡　啶	12.5	33.1	14.2	+18.9
二甲基甲胺	15.2	26.6	16.0	+10.6
乙二胺	22.4	55.0	20.9	+34.1
甲基吡咯烷酮	35.0	27.3	13.3	+14.0

①DN和AN分别为表征溶剂供电子和受电子能力的指标。

由表4-2可见，抽提率大致随溶剂的（DN－AN）值增加而增加；而且胺类溶剂性能最佳。

4.3.2.4　相似相溶规律

关于物质的溶解有一条著名的经验规则，即“相似者相溶”，即结构相似，相对分子质量相似的相溶。根据此规则，非极性溶质易溶于非极性溶剂中，而极性溶质易溶于极性溶剂中。但是，非极性溶质在某些极性溶剂中的溶解度也常比在非极性溶剂中的大。这可解释为，虽然在极性溶剂中破坏溶剂-溶剂间相互作用所需的能量可能相当大。但是，非极性溶质和极性溶剂相互作用所得到的能量更大，抵消了破坏溶剂-溶剂间相互作用所需的能量损失，而导致有较高的溶解度。因为煤具有芳香性，所以芳香烃，尤其是杂环烃和酚类对煤的抽提率高，非芳香烃的抽提率低。

总之，溶剂对煤的作用，随溶剂、煤种和抽提条件的不同而异。普通抽提和特定抽提中一般无化学反应发生，热解抽提、超临界抽提和加氢抽提则伴随有化学反应。另外，煤在苯酚中有催化剂存在时可发生解聚反应，煤在氢氧化钠水溶液或醇溶液中可发生水解反应等。

4.3.3　煤的溶剂抽提

F. 费雪尔（Fischer）抽提法：在1924～1925年，费雪尔用苯和石油醚对德国煤进行了抽提，其程序大致如下：

$$\text{煤}\xrightarrow[285℃,\ 5.57\text{MPa}]{\text{苯}}\begin{cases}\text{抽出物（10\%～15\%）}\xrightarrow[40\sim60℃]{\text{石油醚}}\begin{cases}\text{可溶物（油状沥青）（1.0\%～5.5\%）}\\ \text{不溶物（固体沥青）（0.9\%～4.7\%）}\end{cases}\\ \text{残渣（腐殖质）（85\%～90\%）}\end{cases}$$

惠勒（Wheeler）抽提法：在1911～1931年惠勒对英国煤进行了抽提的研究，其程序大致如下：

$$\text{煤}\xrightarrow[118℃]{\text{吡啶}}\begin{cases}\text{抽出物（15\%～35\%）}\xrightarrow[61℃]{\text{氯仿}}\begin{cases}\text{可溶物—}\gamma\text{ 组分}\\ \text{不溶物—}\beta\text{ 组分}\end{cases}\\ \text{残渣（65\%～85\%）—}\alpha\text{ 组分}\end{cases}$$

费雪尔认为由炼焦煤中抽提出的沥青质为黏结性物质，残渣为不黏结性物质。而惠勒认为，α组分是大分子的腐殖质，β组分是小分子的腐殖质，γ组分是脂类和树脂类变成的沥青质。α、β组分是煤中的不黏结成分，而γ组分是煤中黏结的成分。

上述两位研究者把煤的黏结过程看作煤中黏结成分软化熔融，将腐殖质浸润，然后沥青质固化将腐殖质胶结在一起，显然是有错误和局限性的。因黏结性煤软化、熔融、固化是一种热分解现象而不是物理现象。

1958年，J. K. 布洛因（Brown）为研究煤的黏结机理，对煤的氯仿抽提做了大量研究。用氯仿在沸点温度下直接抽提烟煤，抽提率不到1%。若将烟煤在还原性气氛下快速加热至400～410℃（对高挥发分烟煤）或430～450℃（对中等挥发分烟煤），抽提率可增加到4%～7%。为寻求黏结性和氯仿抽提率之间的对应关系，在研究黏结性煤与弱黏结性煤配合时，发现氯仿抽出物的量完全取决于其中所含黏结性煤的比例。因此，他认为黏结性煤快速加热后氯仿抽出物的多少可以表明煤黏结性的强弱。

中科院山西煤化所曾对烟煤有机质的组成进行了溶剂抽提法的研究。在工作中较详细地研究了一个矿层按其走向而不同的烟煤（长焰煤、气煤、肥煤、焦煤）的苯-乙醇与苯酚抽出物的组成。发现它们的化学组成随其变质程度不同而有规律的变化。此外，研究证明，烟煤有机质是一个复杂的不同类型的有机化合物的混合物。具体情况如下。

（1）苯-乙醇及碱抽出物的收率，从长焰煤到焦煤减少，苯酚抽出物的收率从长焰煤到肥煤增加，而到焦煤则显著下降。

（2）苯-乙醇抽出物中的酸性物质与中性物质按长焰煤到焦煤有规律地变化，即酸性物质减少，中性物质增加。

从所有煤中得到的苯-乙醇抽出物是一个复杂的混合物。它由溶于苯与不溶于苯的部分组成。后者比前者的碳、氢含量低，氧含量高。可溶于苯的部分又可分为酸类、碱类及中性物质。所有这些物质都是相应类别化合物的混合物。中性物质可以认为由烷基取代四氢化菲型结构的碳氢化合物和不带酸性基团的含有杂原子的化合物所构成。

（3）苯酚抽出物是由溶于与不溶于乙醇两部分构成，它们中间的差别主要是氧连接的不同。在试验中用色层分离法将溶于乙醇部分分成一系列段分，并对它们用化学方法（测定相对分子质量、官能团及元素组成）以及用红外光谱进行了研究。证明这部分是一个复杂的混合物。它是由含有含氧官能团（酚羟基、芳香醚和脂肪醚、羰基）的联苯、萘、菲型的芳香族化合物所构成，但不排除杂环化合物的存在。

在90～100℃温和实验条件下，冯杰等人采用溶剂N-甲基-2吡咯烷酮（NMP）及其与二硫化碳（NMP + CS_2）混合溶剂体系对我国7个典型煤种进行抽提研究。研究表明，NMP + CS_2（75：1，体积比）混合溶剂体系对煤有较好的抽提效果。除无烟煤外，其他6个煤种获得了20%以上的抽提率，长焰煤的抽提率为41%。抽提可溶物利用高效液相色谱进行分离并结合色谱保留指数对物质结构进行分析，实验发现，煤中的活性组分为C_6以下的极性组分，而惰性组分为3个芳环的芳烃衍生物。

由上述可见，烟煤的溶剂抽提情况十分复杂，在普通有机溶剂中和100℃左右的温度下，仅有少量的低分子化合物被溶解。这正是煤具有高分子结构的论据之一。随着抽提条件的强化，煤分子间的交联键断裂和缔合结构破坏，煤在溶剂中的溶解度急剧提高，这同样可证明煤具有高分子结构。

4.3.4 烟煤的超临界抽提

临界状态是物质固有的性质，物质的临界温度、临界压力是物性常数。如果状态温度和压力超过临界值，则液体和气体状态就没有区别了，物质此种状态，称为超临界状态。在临界温度附近加压，流体具有与液体相近的密度，与液体状态无大差别，此状态的流体称为超临界气体，或称之为超临界流体。挥发性小的物质与具有超临界状态的溶剂相接触，能使物质的蒸气压增大，向超临界状态气体中气化和溶解。

超临界抽提可以和蒸馏、液液萃取进行比较。蒸馏是利用向气相蒸发产生的蒸气压大小的差异，蒸气压大的，即挥发度大的进入气相多，挥发度小的留在液相多，经过多级塔板蒸馏达到分离目的。液液萃取是利用分子间作用力大小的差异，溶解度不同，达到分离的目的。超临界抽提兼有蒸馏和液液萃取两个作用，在临界状态下物质的挥发度增大，分子间作用力增大，同时利用这两个作用，达到分离物质的目的。一般认为分子间作用力这一因素是主要的。对一定的气体来说，施加一定的压力在其临界温度时其密度最大，与溶质的分子间作用力增大，具备了作为溶剂的溶解能力。在温度一定的条件下，高压时超临界气体密度大，其溶解能力增大。因此选择超临界抽提过程温度应稍高于或接近所选择抽提气体的临界温度，所以称为超临界抽提。

超临界抽提技术是基于物质在超临界状态下提高了挥发能力，在适宜的条件下，其效应很大，挥发度可提高1万倍。因此，此法能在温度比其正常沸点低得多时抽提低挥发度物质。

此技术很适于抽提煤在400℃左右加热时形成的液体，这些产物在此温度下难挥发出。假如升高温度提高其挥发度，它们又容易发生二次热解生成气体、液体以及带游离基碎片聚合成大分子，后者是不挥发的。只有液体部分即煤焦油可以挥发出。利用超临界抽提可以避免发生不希望的热解反应，因为它们是在低温（煤热分解温度）下进行的，可抽提出较多的抽出物。将此挥发物移到另一容器中降至较低压力，“溶剂”气体密度降低，使之“溶解能力”降低，大部分挥发物析出。该气体被循环使用，而固体将沉淀下来被回收，可进一步加氢获得类似石油的液态产物。

溶剂选择的一般原则如下：

（1）所用的超临界溶剂是高密度的。烟煤一般在400℃左右开始分解，所以抽提温度必须比400℃高，这样所选择溶剂的临界温度应该在300～400℃的范围。临界温度比400℃低是为了保持其在临界状态，但也不能太低，因为气体在临界状态下有最大的密度，临界温度太低，偏离操作温度愈远，其密度也较低，使其溶解能力降低。表4-3列举了几种溶剂的临界参数。

表 4-3 几种溶剂的临界参数

溶　剂	临界温度/℃	临界压力/MPa	溶　剂	临界温度/℃	临界压力/MPa
苯	289	4.9	二甲苯	343	3.5
甲　苯	318	4.1	三甲苯	364	3.1

从表4-3可知，当工作压力为10MPa时，四种溶剂都处在临界压力以上。若工作温度为400℃，根据前面讨论，三甲苯将是较好的溶剂。

（2）溶剂容易得到。溶剂价廉易得，直接影响成本。如果所用溶剂很难得到，即使抽提率很高，从经济上考虑可能不合算。相反，如果所用溶剂溶解能力稍差，但它价廉易得，从经济上考虑还是可行的。例如，表4-3中的几种溶剂，甲苯是易得的，价格也比其他溶剂便宜，因而在生产中使用甲苯作为抽提剂比较合理。

溶剂要稳定。溶剂的稳定性一方面影响溶剂的回收和再利用，另一方面还影响产品的质量。如果溶剂在抽提过程中与抽出物或其他物质发生化学反应，可能使产品受污染，产品质量下降。所以在选择溶剂时，必须考虑其稳定性。甲苯在煤的抽提过程中是稳定的。

英国国家煤炭局（NCB）进行了烟煤超临界抽提研究工作。用甲苯作溶剂，抽提温度约400℃，压力约10MPa，抽提物产率约1/3（占干煤）。剩余的煤作为固体回收，气体和液体产率很低。原料煤及抽提物性质见表4-4数据。

表 4-4 典型超临界抽提物、原料煤及残渣的分析（daf）

物　质	原料煤	抽提物	残　渣	物　质	原料煤	抽提物	残　渣
碳(质量分数)/%	82.7	84.0	846	H/C(原子比)	0.72	0.98	0.63
氢（质量分数）/%	5.0	6.9	4.4	OH/%	5.2	4.4	4.8
氧（质量分数）/%	9.0	6.8	7.8	灰分/%（干基）	4.1	0.005	5.0
氮（质量分数）/%	1.85	1.25	1.90	挥发分/%	37.4	—	25.0
硫（质量分数）/%（收到基）	1.55	0.95	1.45	相对分子质量	—	490	—

表4-4中所得抽提物是低熔点玻璃状固体，软化点为50～70℃（与煤焦油中温沥青相近），完全不含灰分，是煤中富氢的那部分物质，是开链聚芳核结构，以醚键（—O—）或次甲基（—CH_2—）联结。超临界抽提过程不用氢气，而硫含量明显降低了，氧和氮含量稍有降低，抽提物的平均相对分子质量为500。按其组成和性质说明很容易转化成烃油和化学品。

煤的超临界抽提，比起多数煤转化过程，有许多优点，例如：

（1）不必供给高压气体，抽提介质像液体而不像气体那样被压缩，压缩能量低。

（2）煤抽提物含氢高，相对分子质量比用蒽油抽提时得到的低，更容易转化为烃油和化学品。

（3）残渣为非黏结性的多孔固体，并有适量的挥发分，反应性好，是理想的气化原料，并适宜作为流化燃烧电站的燃料。

(4) 抽提时仅有固体和蒸气相，所以残渣易从溶剂分离，避免了通常煤液化所得高黏流体过滤困难的操作。

由于上述优点，所以超临界抽提可以用在煤和油页岩等，代替一般抽提方法难以进行的过程。

4.4 煤的加氢

煤加氢是煤十分重要的化学反应，是研究煤的化学结构与性质的主要方法之一，同时也是具有发展前途的煤转化技术。煤加氢液化分轻度加氢和深度加氢两种。煤加氢可制取洁净的液体燃料，煤加氢脱灰、脱硫制取溶剂精制煤，以及制取结构复杂和有特殊用途的化工产品，煤加氢还可改善煤质等。

煤和液体烃类在化学组成上的差别，在于煤的氢/碳原子比 H/C 较石油、汽油低很多。几种煤和几种其他燃料以及纯化合物的 H/C 原子比见表 4-5。从表 4-5 中数据可见，所有煤转化过程都要相对于原料煤大大提高产品的 H/C 原子比。这就要对煤加氢，而加氢是个很困难的反应。所以煤的加氢除需要供氢溶剂外，还需要高压下的氢气及催化剂等。因此不仅费用高，工艺和设备也较复杂。

表 4-5 若干普通燃料和纯化合物的 H/C 原子比

燃料或化合物	H/C(原子比)	燃料或化合物	H/C(原子比)	燃料或化合物	H/C(原子比)
甲 烷	4.0	汽 油	1.9	高挥发分 B 烟煤	0.8
天然气	3.5	石油原油	1.8	高挥发分 A 烟煤	0.8
乙 烷	3.0	焦油砂	1.5	褐 煤	0.7
丙 烷	2.7	甲 苯	1.1	中挥发分烟煤	0.7
丁 烷	2.5	苯	1.0	无烟煤	0.3

除了要调节 H/C 原子比之外，还必须大大降低杂原子含量。煤液体中的含氧、硫和氯的化合物在精制过程中可使催化剂中毒，并对燃料性能有很大危害。煤中矿物质也必须除去，矿物质对液化过程中泵送和处理煤-油浆造成很大的困难，合成原油中的矿物质必须在精制和使用前除去。

对煤的直接加氢液化人们进行过很广泛的研究。现有的大多数煤液化方法具有共同的特征，基本上都是 1913 年德国贝吉乌斯（Friedrich Berguis）早期工作的延伸。大部分转化工作中，煤都先经过干燥和粉碎，再与煤衍生的循环油制浆。然后将煤浆打入高压反应器，在反应器中煤在高温和高压下加氢而被液化。大多数液化过程的操作温度和压力是类似的，如表 4-6 所示。

表 4-6 某些有代表性的液化条件

方 法	温度/℃	氢压力/MPa	催化剂	方 法	温度/℃	氢压力/MPa	催化剂
贝吉乌斯法	480	30～70	氧化铁	溶剂精炼煤法(SRC-Ⅱ)	460	13	无
SYNTHOIL 法	450	14～28	钼酸钴	道氏(Dow)煤液化法	460	14	乳化液
氢煤法(H-coal)	450	19	钼酸钴	CO-STEAM 法	450	20～30	无
供氢溶剂法(EDS)	450	10	无	科诺可氯化锌法	415	21	氯化锌

在温和条件下（低温、低压或短时间反应）或不使用催化剂时，液化产物通常是比较重的油类，仅适于用作锅炉燃料。在比较苛刻的条件下，重油进一步转化为可馏出的产品。但不论在哪种条件下，产品通常都需要进一步提质才适于用作燃料。

4.4.1 煤加氢液化的反应及原理

从煤结构概念出发，认为固体煤加氢转化为液体，就是煤结构中某些键断开，并同时加氢，生成液体产物和少量气态烃。下面介绍煤加氢的主要化学反应和煤加氢液化反应历程。

4.4.1.1 煤加氢的主要化学反应

煤加氢液化是一个极其复杂的反应过程，有平行反应，也有顺序反应。不可能用一个或几个反应式完整地进行描述。煤加氢液化的基本化学反应如下：

（1）热解反应。现在已公认，煤热解生成自由基，是加氢液化的第一步。煤热解温度是在煤的软化温度以上，煤结构单元间易受热裂解的桥键主要有：

次甲基键：$—CH_2—$，$—CH_2—CH_2—$，$—CH_2—CH_2—CH_2—$等；

含氧桥键：—O—，$—CH_2—O—$等；

含硫桥键：—S—，—S—S—，$—S—CH_2—$等。

热解反应式可示意为：

$$R—CH_2—CH_2—R' \longrightarrow RCH_2 \cdot + R'CH_2 \cdot$$

这些桥键的键能较低，受热很容易裂解生成自由基“碎片”。自由基在足够氢存在时，便得到饱和而稳定下来，生成低相对分子质量的液体，若没有氢供应就会重新缩合。

（2）供氢反应。煤加氢时一般都用溶剂作介质，溶剂的供氢性能对反应影响很大。研究证明，反应初期使自由基稳定的氢主要来自溶剂而不是来自氢气。煤在热解过程中，生成的自由基从供氢溶剂中取得氢，而生成相对分子质量低的产品，稳定下来。

$$H(\text{供氢溶剂}) + R \cdot \longrightarrow RH$$

当供氢溶剂不足时，煤热解生成带有自由基的碎片缩聚而形成半焦。

$$n(R \cdot) \xrightarrow{\text{缩聚}} \text{半焦}(R)_n$$

具有供氢能力的溶剂主要是部分氢化的缩合芳环，如四氢萘、9，10-二氢菲和四氢喹啉等。供氢溶剂给出氢后，又能从气相吸收氢，如此反复起到传递氢的作用。反应式如下：

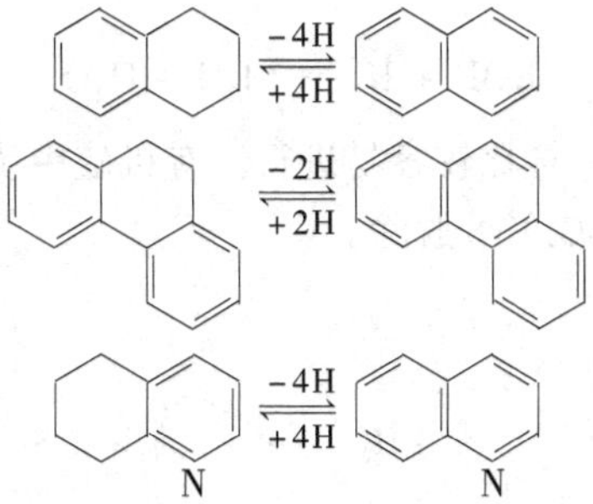

（3）脱杂原子反应。煤有机质中的O、N、S等元素，称为煤中的杂原子。杂原子在加氢条件下与氢反应，生成H_2O、H_2S、NH_3等低分子化合物，使杂原子从煤中脱出。这对煤加氢液化产品的质量和环境保护是很重要的。

1）脱氧反应。在煤加氢反应中，发现开始氧的脱除与氢的消耗正好符合化学计量关系，如图 4-5 所示。可见反应初期氢几乎全部消耗于脱氧，以后氢耗量急增是因为有大量气态烃和富氢液体生成。从煤的转化率和氧脱除率关系（见图 4-6）可见，开始转化率随氧的脱除率成直线关系增加。当氧脱除率达 60% 时，转化率已达 90%。另有 40% 的氧十分稳定，难以脱除。

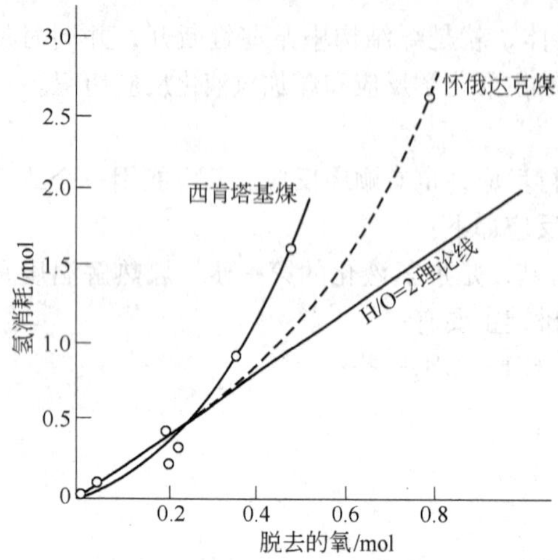

图 4-5　氢消耗与氧脱除的关系

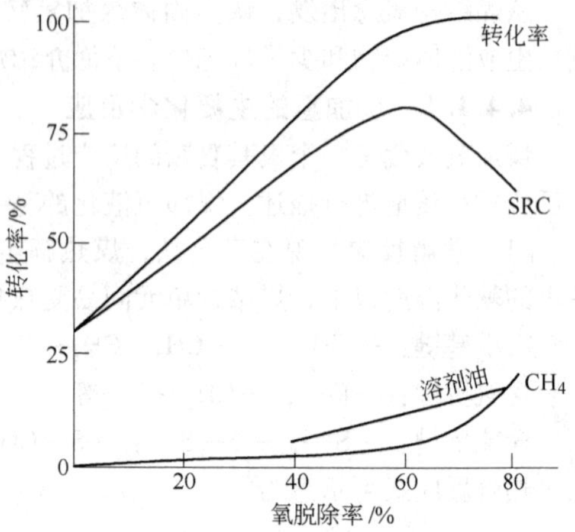

图 4-6　煤的转化率和氧脱除率的关系

脱氧反应主要有以下几种：

醚键　　$RCH_2—O—CH_2—R' + 2H_2 \longrightarrow RCH_3 + R'CH_3 + H_2O$

羧基　　$R—COOH + 4H_2 \longrightarrow RH + CH_4 + 2H_2O$

羰基

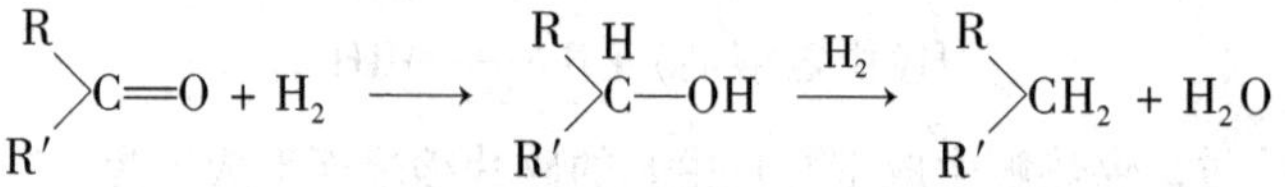

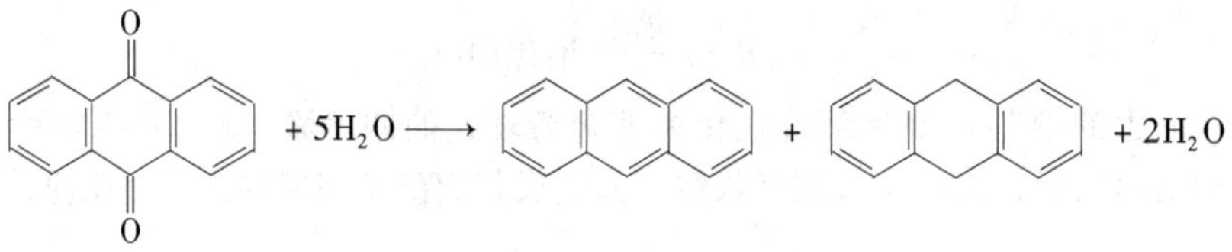

酚羟基难以脱除　　$ROH + H \longrightarrow RH + H_2O$

2）脱硫反应。脱硫与脱氧一样比较容易进行。有机硫中硫醚最易脱除，噻吩最难，一般要用催化剂。煤中硫化物加氢生成 H_2S 脱除。

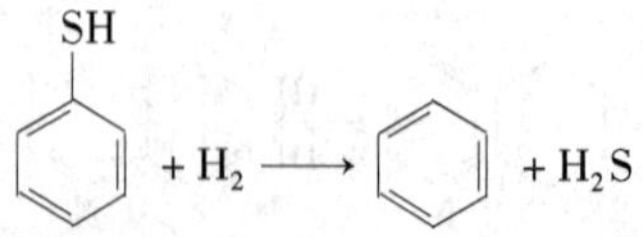

3）脱氮反应。脱氮反应要比脱氧、脱硫困难得多。在轻度加氢时氮含量几乎不减少，它需要激烈的反应条件和高活性催化剂。脱氮与脱硫不同的是，含氮杂环只有当旁边的苯环全部饱和后才能破裂。如：

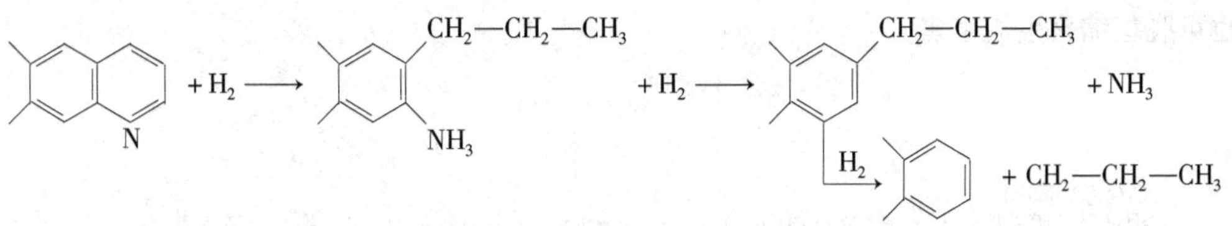

图 4-7 为氧、氮、硫的脱出率。从图 4-7 中可见，氮的脱除率低，氧和硫在反应初期就有约 80% 被脱除。所以煤的加氢是煤脱硫、脱氧的一个有效方法。

（4）加氢裂解反应。它是煤加氢液化的主要反应，包括多环芳香结构饱和加氢、环断裂和脱烷基等。随着反应的进行，产品的相对分子质量逐步降低，结构从复杂到简单。

（5）缩聚反应。在加氢反应中如温度太高，供氢量不足或反应时间过长，会发生逆向反应，即缩聚反应。生成相对分子质量更大的产物，例如：

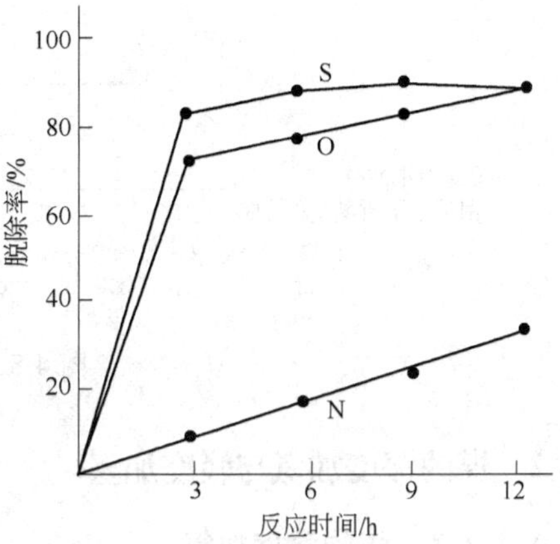

图 4-7 氧、氮、硫的脱出率

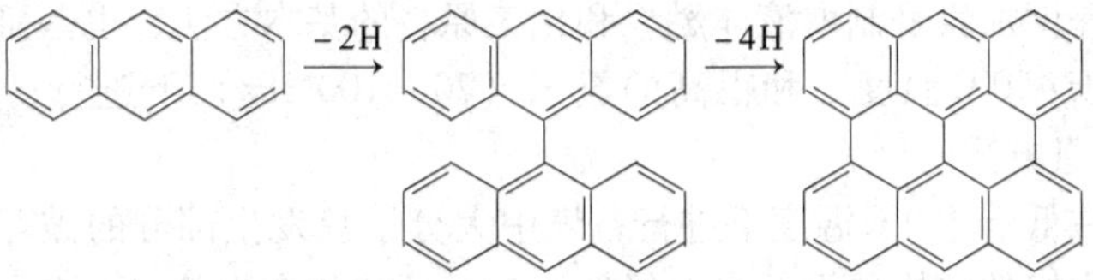

综上所述，煤加氢液化反应使煤的氢含量增加，氧、硫含量降低，生成相对分子质量较低的液化产品和少量气态产物。煤加氢时发生的各种反应，因原料煤的性质、反应温度、反应压力、氢量、溶剂和催化剂的种类等不同而异。因此，所得产物的产率、组成和性质也不同。如果氢分压很低，氢量又不足时，在生成含氢量较低的高分子化合物的同时，还可能发生脱氢反应，并伴随发生缩聚反应和生成半焦；如果氢分压较高，氢量富裕时，将促进煤裂解和氢化反应的进行，并能生成较多的低分子化合物。所以加氢时，除了原料煤的性质外，合理地选择反应条件是十分重要的。

4.4.1.2 煤加氢液化反应历程

煤加氢液化反应包括一系列非常复杂的顺序反应和平行反应，说它有顺序反应是因反应产物的相对分子质量从高到低，结构从复杂到简单，出现先后大致有一个次序；说它有平行反应是因为，即使在反应初期，煤还刚开始转化就有少量最终产物出现，任何时候反应产品都不是单一的。对煤加氢液化反应历程做了大量研究，并提出了各种反应历程。综合起来可认为煤加氢反应历程如图 4-8 所示。

煤是复杂的有机化合物的混合物，含有少量容易液化的成分，在反应初期加氢直接生成油；也存在少量很难甚至不能液化的成分，同时还有煤还原解聚反应。在加氢反应的初期由于醚键等桥键断裂生成沥青烯，沥青烯进一步加氢，可能使芳香环饱和及羧基、环内氧、环间氧脱除，使沥青烯转变成油。沥青烯是加氢液化的重要中间产物。近年研究发现沥青烯之前还有一个中间产物前沥青烯。油主要由前沥青烯还是沥青烯直接生成其看法不一。沥青烯和前沥青烯也可脱氢缩聚生成半焦。

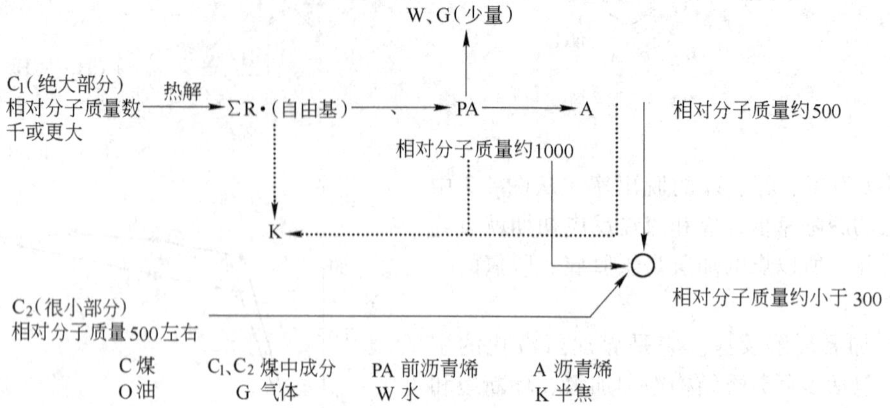

图 4-8 煤加氢反应历程

4.4.2 煤的深度加氢与轻度加氢

4.4.2.1 煤的深度加氢

深度加氢是煤在激烈反应条件下与更多的氢进行反应，使煤中大部分有机质转化为液体产物和少量气态烃。深度加氢是制取液体燃料和化工原料的基本方法，也是研究煤结构的方法之一。该法通常在低于450℃温度下和很高的氢压（70～100MPa）下进行；也有采用较低氢压（15MPa）的催化加氢方法。

煤的深度加氢在低于450℃温度下进行，煤中大分子只发生部分的破坏、解聚或裂解。在此条件下，可以认为煤的结构单元基本上保持不变。环状化合物基本上未发生破裂（至少不明显），脂肪族产物的碳骨架也未发生改变。因此，通过煤加氢产物的组成和结构的研究，可将煤的原始结构比较可靠地加以确定。

试验表明，煤的深度加氢产物组成中，沸点在200℃以上的产物主要是由多环芳香族化合物组成。有时多环化合物具有脂肪族侧链。在高沸点产物中含有蒎、芘及其同系物。它们都是四环或五环以上的稠环芳香族化合物。

J. P. 许麦佳（Schahmacharr）曾用肥煤（含碳86.5%）在325℃和40MPa的氢压下，用锡催化加氧，氢化煤有75%溶于苯。此产物用选择性抽提的方法，将其分别溶于石油醚、乙醚和苯三部分，其相对分子质量分别为350、600和1750。如果将溶于苯的相对分子质量为1750的部分进一步加氢，则可转变为溶于石油醚及乙醚的产物。显然这是个解聚过程，由此可推测煤的大分子具有高分子聚合物的结构特征。

许麦佳对上述加氢产物进行了红外光谱分析，发现：

（1）苯抽出物的所有组分，不管相对分子质量多大，几乎都有相同的红外光谱。这说明煤的大分子是由同样类型的结构单元构成。

（2）从三部分的红外光谱中，都表明有氢化菲存在，说明氢化煤中有菲族的结构基团。由此可知，以菲为主要成分的蒽油是煤的良好溶剂。

此外，还将溶于石油醚和乙醚的部分进一步分成一系列的窄馏分，测定各窄馏分的元素组成、相对分子质量、折射率及密度，以及相当于每个碳原子的环数R/C，如图4-9所示。由图4-9可知，随着相对分子质量的增加，单碳环数R/C越来越大，即芳香环的缩合程度加深。

中科院山西煤化所对以树皮为主的乐平煤进行加氢产物化学组成的研究，其结论是：从色谱分析表明，树皮体和镜质组加氢产物，其中性油主要由带脂肪族侧链的氢化芳香烃所组成，树皮体的脂肪结构比镜质组多；从红外光谱分析表明，树皮和镜质组的苯醇抽出物以及乙醚、苯、氯仿顺序抽提物的红外光谱，都有相似的谱带特征，这说明各组分在结构上的相似性。

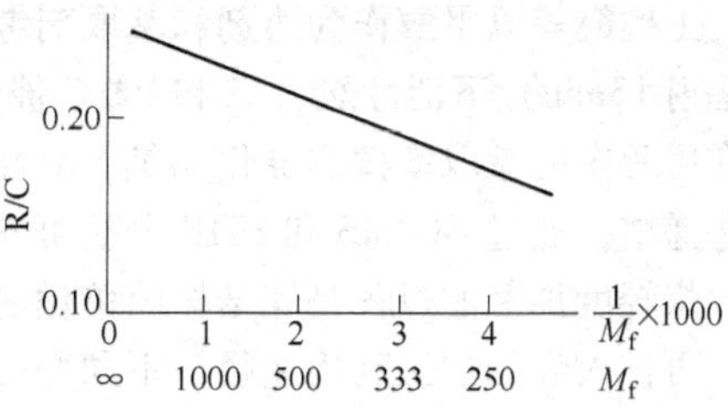

图 4-9　R/C 与相对分子质量

通过对煤深度加氢的研究，得到关于煤结构的依据，煤的大分子具有聚合物特征；煤是由结构相似的基本结构单元组成；随煤化度增高，基本结构单元的芳环缩合程度增加。

4.4.2.2　煤的轻度加氢

煤加氢的另一种方法是轻度加氢。轻度加氢是在较温和的反应条件下，也就是在较低的氢压（8～10MPa）和较低的温度（不超过煤的分解温度）下，对煤进行加氢。轻度加氢与深度加氢不同，轻度加氢不能使煤的有机质氢解为液体产物。煤的外形没有发生变化，煤的元素组成变化也不大，只能使煤的分子结构发生不大的变化，但煤的许多物化性质和工艺性质却发生明显变化。如轻度加氢后煤的黏结性，在蒽油中的溶解度、焦油产率、挥发分产率等发生明显变化。煤轻度加氢可改善煤的性质，因此，具有工业意义，也可用来了解煤的分子结构。

T. A. 库哈连柯（Кухариеко）研究了不同变质程度的烟煤的轻度加氢。煤加氢后，其黏结性增强，在蒽油中溶解度增加、焦油产率增加、元素组成和挥发分也发生一定变化，如图 4-10 所示。对于不同变质程度的烟煤，其变化幅度是不一样的。低、高变质程度的烟煤（长焰煤、贫煤）变化幅度较大，中变质程度的烟煤（肥煤）变化幅度小。煤轻度加氢结果，使低、高变质阶段煤的性质趋向中变质阶段煤的性质。肥煤的特点是具有最好的黏结性（胶质层厚度最大），在蒽油中有最大的溶解度。肥煤的特点是由其分子结构所决定的，肥煤的分子基本上是简单的二度空间结构（大分子平面网），结构单元之间连接键较少。因此，结构单元之间的活动性较大；而低、高变质阶段的烟煤，是三度空间结构，但其结合方式不同。低变质烟煤，靠桥键将结构单元连接起来，而成三度空间结构，因而使结构单元之间活动性较差。当轻度加氧后，桥键断裂，将三度空间转为二度空间，因而其活动性增强，容易裂解和溶解。高变质烟煤由于结构单元的缩合程度较高，侧链和官能团很少，大部分平面网之间主要靠分子间的引力（范德华力）相连接，形成二度空间结构。当轻度加氢时，削弱了平面网间的吸引力，将平面网互相拆开。因此，使煤变得易裂解和溶解。

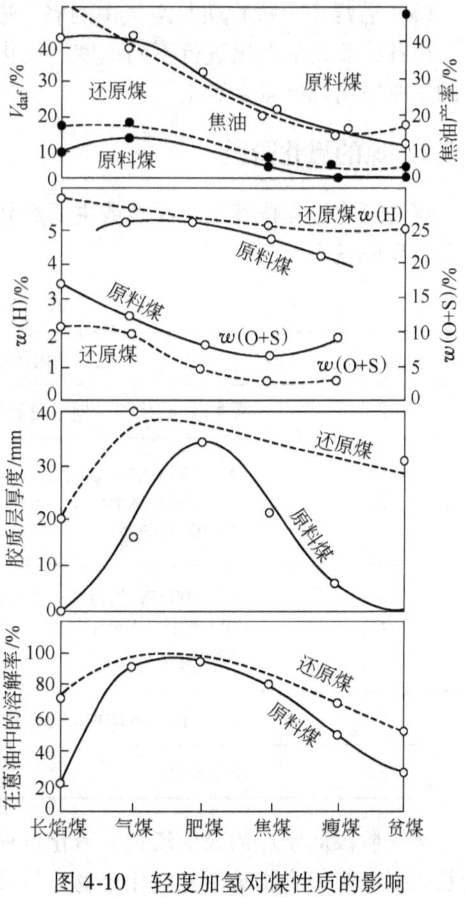

图 4-10　轻度加氢对煤性质的影响

王桃霞等以甲醇作为溶剂和萃取剂考察了在较温和的条件（140℃，氢气初压0.7MPa，微波辐射15min）下活性炭、Ni和Pd/C催化剂对神府煤加氢反应的影响。结果表明：反应混合物在甲醇中的萃取率按非催化加氢＜活性炭催化的加氢＜Ni催化的加氢＜Pd/C催化的加氢的顺序递增；通过GC/MS和FTIR分析可看出在不同反应条件下萃取物和萃余物组成的变化。

煤轻度加氢的过程是煤结构简单化的过程，因此，使煤的许多性质发生了变化，且耗氢量少，可扩大煤的加工利用途径。不同变质程度的煤，加氢后其性质改变的程度不同，正反映了它们结构上的区别，对研究煤结构也很有意义。

4.5 煤的氧化

煤的氧化过程是指煤同氧互相作用的过程。除燃烧外，煤在氧化中同时伴随着结构从复杂到简单的降解过程，该过程也称氧解。

通常，煤与氧的作用有风化、氧解和燃烧三种情况：

（1）煤在空气中堆放一定时间后，就会被空气中的氧缓慢氧化，煤化度越低的煤越易氧化。氧化会使煤失去光泽，变得疏松易碎，许多工艺性质发生变化（发热量降低，黏结性变差、甚至没有等）。这是一种轻度氧化，因为在大气条件下进行，通常称风化。

（2）煤与双氧水、硝酸等氧化剂反应，会很快生成各种有机芳香酸和脂肪酸，这是煤的深度氧化，也即氧解。

（3）若煤中可燃物质与空气中的氧，进行迅速的发光、发热的剧烈氧化反应，即是燃烧。

用各种氧化剂对煤进行不同程度的氧化，可以得到不同的氧化产物，这对研究煤的结构和煤的工业应用都有重要意义。

4.5.1 煤的氧化阶段

煤的氧化过程按其反应深度或主要产品的不同可分为5个阶段，如表4-7所示。但同时也有平行反应发生。

表4-7 煤的氧化阶段

氧化阶段	主要氧化条件	主要反应产物
1	从常温到100℃，空气或氧气	表面碳氧络合物
2	100～250℃空气或氧气 100～200℃碱溶液中，空气或氧气 80～100℃硝酸	可溶于碱的高分子有机酸（再生腐殖酸）
3	200～300℃碱溶液中，空气或氧气 100℃碱性$KMnO_4$氧化 100℃H_2O_2	可溶于水的复杂有机酸（次生腐殖酸）
4	与3相同，但增加氧化剂量和延长反应时间	可溶于水的苯羧酸
5	彻底氧化	二氧化碳和水

第一阶段属于煤的表面氧化，氧化过程发生在煤的表面（内、外表面）。首先形成碳氧络合物，而碳氧络合物是不稳定化合物，易分解生成一氧化碳、二氧化碳和水等。由于络合物分

解而煤被粉碎，增加表面积，氧又与煤表面接触，使其氧化作用反复循环进行。

第二阶段是煤的轻度氧化，氧化结果生成可溶于碱的再生腐殖酸。

第三阶段属于煤的深度氧化，生成可溶于水的较复杂的次生腐殖酸。

第四阶段氧化剂与第三阶段相同，但增加用量，延长反应时间，可生成溶于水的有机酸（如苯羧酸）。第二、第三、第四阶段为控制氧化，采用合适的氧化条件，可以控制氧解的深度。

第五阶段是最深的氧化，称为彻底氧化，即燃烧。生成 CO_2 和 H_2O，以及少量的 NO_x、SO_x 等化合物。

为简化起见，一般不考虑第五阶段，同时将第三阶段和第四阶段合并，这就成为三个阶段：

（1）表面氧化阶段；

（2）再生腐殖酸阶段；

（3）苯羧酸阶段。

第一、二阶段属轻度氧化，第三阶段为深度氧化。

由上可见，氧化过程中包括顺序反应和平行反应，如何提高反应的选择性显然是十分重要的。液相氧化与气相氧化相比，一般反应速度较快，选择性好，所以研究较多。根据氧化剂的不同，煤的液相氧化有硝酸氧化、碱溶液中高锰酸钾氧化、过氧化氢氧化和碱溶液中空气或氧气氧化等。

4.5.2 煤的轻度氧化

煤轻度氧化研究的对象主要是褐煤和烟煤。氧化结果可生成不溶于水，但能溶于碱液或某些有机溶剂的再生腐殖酸。其组成和性质与泥炭和褐煤中的原生腐殖酸相类似。为了与原生腐殖酸加以区别，故称再生腐殖酸。再生腐殖酸基本上保存了煤原有的结构特征，成为研究煤结构的重要方法。由于再生腐殖酸在工农业中有重要应用，因而轻度氧化已成为煤直接化学加工的一个方向。

用碱溶液从泥炭、褐煤和土壤等物质中抽提出的除去少量沥青和矿物质后的有机酸性物质称为腐殖酸。它不是单一的化合物，而是一组成十分复杂多变的羟基羧酸混合物。腐殖酸的相对分子质量有高有低，按其质量的大小、溶解度和颜色的不同，一般分为三个组分：

（1）黑腐酸，只溶于碱溶液。

（2）棕腐酸，除溶于碱外，还可溶于丙酮和乙醇等有机溶剂。

（3）黄腐酸，除溶于碱溶液和上述有机溶剂外，还能溶于水。

这三种组分同样也是混合物，只不过是相对分子质量范围比腐殖酸小一些而已。图4-11为腐殖酸三个组分的分离流程。

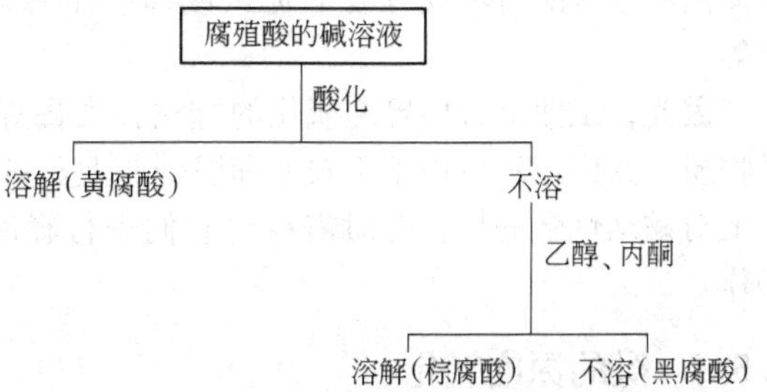

图 4-11　腐殖酸三个组分的分离流程

迄今为止，腐殖酸的结构尚不十分清楚，大致结构特征是，腐殖酸的核心是芳香环和环烷环，周围有—COOH、—OH 和 >C═O 等含氧官能团，环结构之间有桥键连接。腐殖酸中包含的环结构数目越多，其相对分子质量越高。腐殖酸最简单的结构单元，其形象如图 4-12 所示。

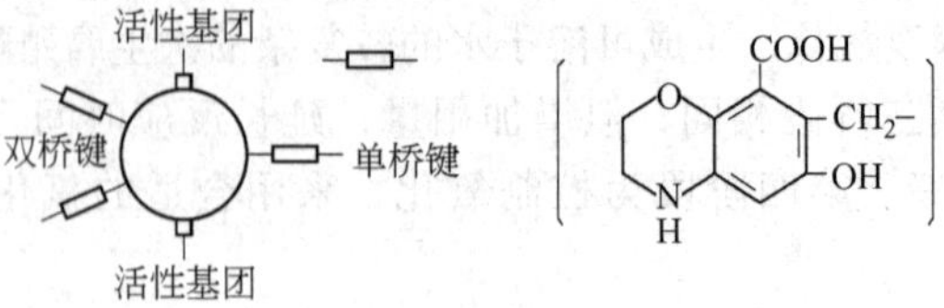

图 4-12 腐殖酸分子的基本结构单元示意图

煤的轻度氧化过程，与煤的形成过程相反，可示意表示如下：

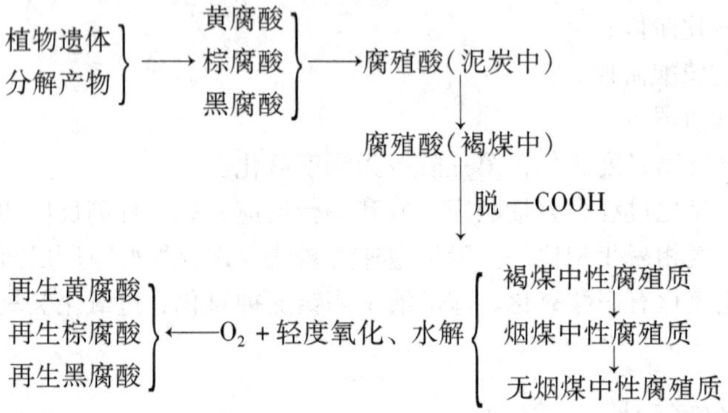

因此，用轻度氧化的方法，研究再生腐殖酸的组成结构，就可以获得有关煤结构的信息。腐殖酸类物质一般是指腐殖酸类及其派生出来物质的总称，它包括腐殖酸的各种盐类（钠、钾、铵等），各种配合物（配腐酸、腐殖酸-尿素等）以及各种衍生物（硝基腐殖酸、氯化腐殖酸、磺化腐殖酸等）。腐殖酸的主要性质有：

（1）腐殖酸的钠盐、钾盐、铵盐可溶于水。

（2）腐殖酸是一种亲水的可逆胶体，加入酸或高浓度盐溶液可使腐殖酸溶液发生凝聚。

（3）腐殖酸具有弱酸性，所含羧基的酸性比乙酸强，故能分解乙酸钙，有一定的离子交换能力。

（4）腐殖酸与金属离子能配合和螯合，故能从水溶液中除去金属离子。

（5）可溶于水的腐殖酸盐能降低水的表面张力，降低泥浆的黏度和失水。

（6）腐殖酸具有氧化还原性，如可将 H_2S 氧化为硫，将 V^{4+} 氧化为 V^{5+}；黄腐酸能把 Fe^{3+} 还原为 Fe^{2+} 等。

（7）腐殖酸具有一定的生理活性，作为氢接受体可参与植物体内的能量代谢过程，对植物体内的各种酶有不同程度的促进或抑制作用，也能促进铁、镁、锰及锌等离子的吸收与转移等。

因此，工业上常用轻度氧化的方法，由褐煤或低变质烟煤（长焰煤、气煤）制取腐殖酸类物质，并广泛地应用于工农业和医药业上。另外，因为轻度氧化可破坏煤的黏结性，所以工业上对黏结性强的煤，有时需要对它们进行轻度氧化，以防止该类煤在炉内黏结挂料而影响操作。

4.5.3 煤的深度氧化

煤经轻度氧化得到腐殖酸类物质，如果继续氧化分解（在氧化第三、第四阶段条件下），可生成溶于水的低分子有机酸和大量二氧化碳。低分子有机酸类包括草酸、醋酸和苯羧酸（主要有苯的二羧酸、三羧酸、四羧酸、五羧酸和六羧酸等）。深度氧化是研究煤结构的重要方法，根据所得产物的结构特征，就可以推测出煤的基本结构特征。

煤的深度氧化通常是在碱性介质中进行，碱性介质的作用，是使氧化生成的酸转变成相应的盐而稳定下来。同时，由于碱的存在还能促使腐殖酸盐转变为溶液。因此可明显地减少反应产物的过度氧化，从而达到控制氧化的目的。常用的碱性介质是 NaOH、Na_2CO_3、$Ca(OH)_2$ 等。如果采用中性或酸性介质，则会使 CO_2 增加，而水溶性酸降低。煤的深度氧化过程是分阶段进行的，氧化时首先生成腐殖酸，进一步氧化则生成各种低分子酸，如果一直氧化下去，则全部转变成 CO_2 和 H_2O。氧化过程又是一个连续变化过程，也就是边生成边分解的过程。因此，适当控制氧化条件，可增加某种产品的产率。

氧化剂的用量和氧化时间，对氧化产物的收率影响很大。用碱性高锰酸钾溶液氧化煤时，高锰酸钾与煤的质量比，对氧化产物的收率有很大影响，如表 4-8 所示。

表 4-8　$KMnO_4$ 与煤的质量比对于氧化生成物收率的影响

$\frac{m(KMnO_4)}{m(煤)}$ /%	0	1.0	3.0	5.0	7.0	8.1	12.8
未变化	100.0	81.9	56.1	32.4	10.9	4.4	0
腐殖酸	0	10.9	27.8	24.4	19.1	0	0
芳香族羧酸	0	6.0	23.0	35.1	51.0	46.8	41.8
草　酸	0	2.0	8.0	13.2	20.0	17.0	20.8
乙　酸	0	0.9	1.9	2.4	2.1	2.6	3.3

波内（Bone）等人对纤维素、木质素以及各种煤化度的煤，用碱性高锰酸钾进行了深度氧化研究。研究结果如表 4-9 所示。

表 4-9　将纤维素、木质素及各种煤用碱性高锰酸钾氧化所得各种生成物的收率　（%）

原料物质	二氧化碳	乙　酸	草　酸	芳香族酸
纤维素	48	3	48	—
木质素	57～60	2.5～6.0	21～22	12～16
泥　炭	49～61	3.0～5.5	15～28	10～25
泥炭和褐煤	45～47	3.0～7.5	9～23	22～34
烟　煤	36～42	1.5～4.5	13～14	39～46
无烟煤	43	2	7	50

从表 4-9 可知，乙酸的收率较少，且随煤化度变化甚微；草酸的收率较多，且随煤化度增加而减少；芳香族酸收率也较多，且随煤化度增加而增加，增加的幅度也比较大；二氧化碳的收率很高，随着煤化度的增加而显示出下降的趋势。

根据有机化学规律，草酸可由脂肪族生成，也可由芳环结构氧化与苯羧酸同时生成，如下：

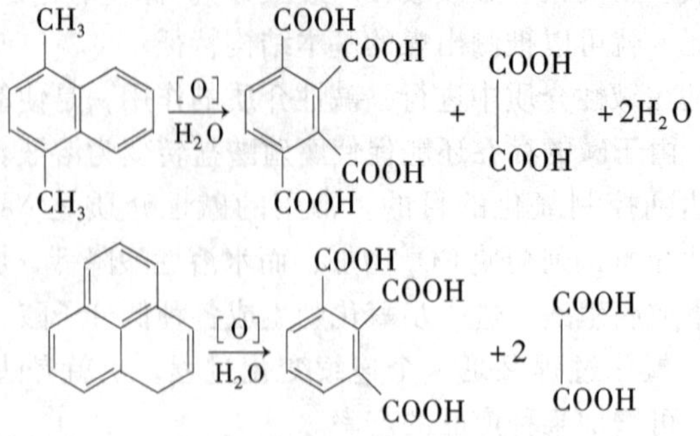

同样乙酸也是由脂肪族或芳环结构氧化与苯羧酸同时生成，如下：

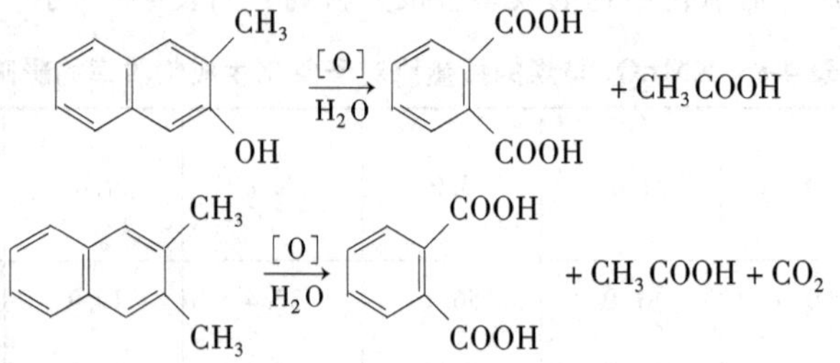

苯羧酸是由苯环上带有侧链的化合物或稠环化合物氧化生成，而苯六羧酸只能由稠环化合物氧化而成，如下：

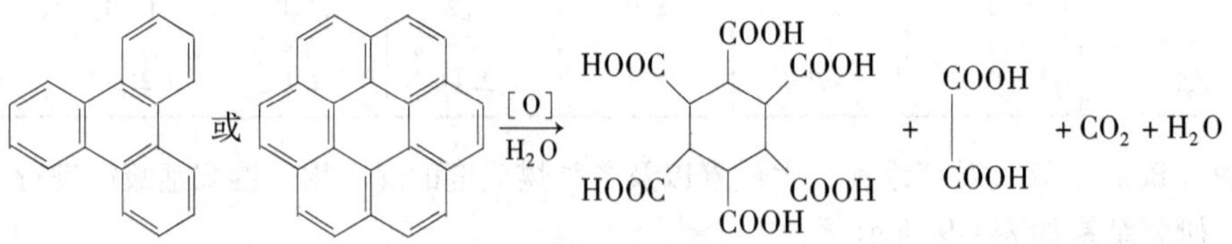

氧化产物中苯六羧酸的存在，证明了煤结构中存在着稠环芳香族的结构；芳香族酸随煤化度的增加而增加，其他低分子酸却减少，也证实了煤的结构随煤化度增加，芳香核缩合程度也越大，侧链减少。

早津等人用0.4mol/L重铬酸钠（$Na_2Cr_2O_7$）在250℃的温度下氧化各种烟煤，得到混合羧酸。将其脂化后，进行质谱分析，发现在32种芳香结构中，有20种为芳香杂环。

主要芳香环和芳香杂环如下：

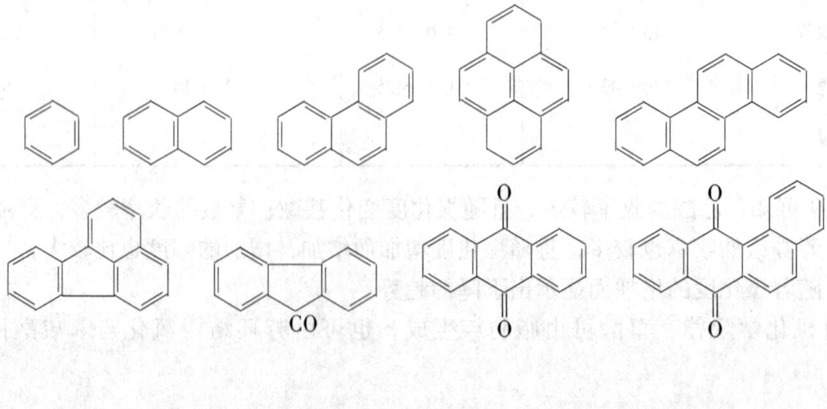

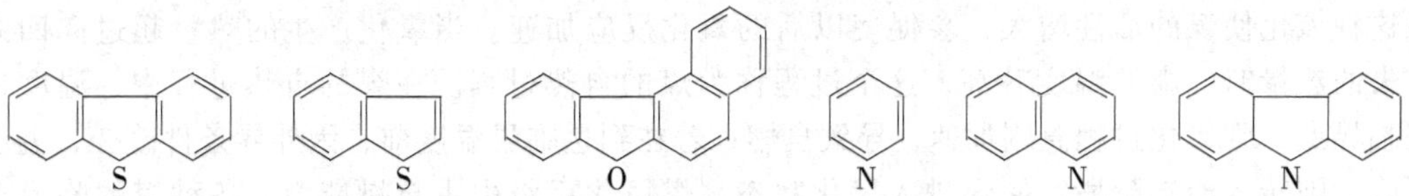

可以认为煤中存在上述芳香环和芳香杂环结构。

综上所述，通过对煤的深度氧化研究，可认为煤是复杂的高分子缩聚物。煤的基本结构单元是2~7环的稠环化合物，在稠环周围有许多侧链和各种官能团。随煤化度的加深，环数增大，侧链及官能团减少。

4.5.4 煤的风化与自燃

4.5.4.1 煤的风化

煤在离地很浅的煤层中或在堆放时，受大气因素（包括空气中的氧、地下水和地面上的温度变化等）的综合影响下所发生的一系列物理、化学和工艺性质的变化，这种变化称为风化。风化作用实质上是煤中有机物质和某些矿物质的低温氧化引起的。在浅煤层中被氧化了的煤，通常称作风化煤。而煤堆的风化虽也产生一定的氧化作用，但不是主要的，煤堆的风化作用主要是由于水分的大量溢出造成的煤块碎裂，不叫风化煤。

风化煤与原煤无论在化学组成、物理性质、化学性质和工艺性质等方面都有明显的不同。

（1）化学组成。风化后煤的碳和氢含量降低，氧含量增加，含氧酸性官能团增加。

（2）物理性质。煤风化后失去光泽，硬度降低，变脆而易崩裂。

（3）化学性质。煤风化后含有再生腐殖酸，低煤化度煤在风化后挥发分减少，而高煤化度煤的挥发分却增加。

（4）工艺性质。风化后煤的黏结性变差，浮选性能变坏，燃点和发热量降低。热加工产物的产率，其中以煤焦油的生成量减少最为明显。产生的气体 CO_2、CO 的产率增加，H_2 和烃类的产率降低。

4.5.4.2 煤的自燃

煤的氧化是放热反应。煤在堆放过程中因氧化而释放的热量如不能及时排散，且不断积累起来，则煤堆温度就会升高。温度的升高又会促使氧化反应更激烈地进行，放出更多的热量。当煤的温度达到着火点时就会燃烧。这种由于煤的低温空气氧化、自热而引起的燃烧称为自燃。煤的这种自热过程如图4-13所示。

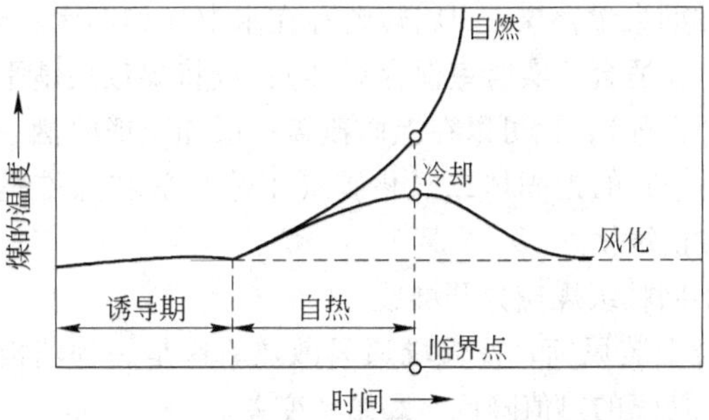

图4-13　煤的自热过程示意图

由图4-13可见，在一个相当长的时间内显示不出温度明显上升，这一阶段称为诱导期。

但这种氧化使煤的活性增大，会促使以后的氧化反应加速。当氧化产生的热量超过向四周散失的热量时，煤的温度升高，这个过程称为煤的自热过程。在煤的自热过程中，温度达到临界点，则氧化过程急剧加速，导致自燃；若在到达临界温度前，因外界条件改变，温度下降，则转入冷却阶段，使煤进入风化状态。煤风化后将失去自燃能力。各种煤的临界温度各不相同。

煤的自燃倾向性鉴定方法很多，目前较为成熟的有奥氏法、着火点法、交叉点温度法、差示量热法、静态及动态吸氧法等，近年我国主要采用煤炭科学研究总院抚顺分院流态色谱吸氧法。以上方法在不同的时代都具有适用性，但都是只用吸氧特性一个指标作为煤自燃倾向性的分类指标，因此具有局限性。王继仁等提出着火活化能的概念，着火活化能是指从增重开始到增重结束转为失重的拐点处阶段的活化能，并用煤的着火活化能作为煤自燃倾向性的分类指标，着火活化能越小煤样越容易自燃，着火活化能越大煤样越不易自燃。

4.5.4.3 影响煤风化与自燃的因素

影响煤的风化和自燃的因素可归纳如下：

（1）煤的类型和煤化度。腐泥煤和残殖煤较难风化和自燃，腐殖煤比较容易。随煤化度的加深，腐殖煤的着火点升高，风化和自燃的趋势下降。各种煤中以低煤化度的褐煤最易风化和自燃，煤化度较高的煤较难风化和自燃。

（2）岩相组成。不同岩相组分氧化趋势不同，各种岩相组分的氧化活性一般按下列顺序：镜煤 > 亮煤 > 暗煤 > 丝炭。丝炭具有较大的内表面积，低温下能吸附大量的氧气，丝炭内又常夹杂有黄铁矿，故在氧化时能放出较多热量，而促进周围煤质和自身的氧化。

（3）黄铁矿。在有水分存在时黄铁矿极易氧化并放出大量热量，加剧煤的氧化和自燃。有时，自燃现象与煤中黄铁矿的空气氧化有关，FeS_x 可氧化生成引火的硫化氧铁以及 Fe^{2+} 和 Fe^{3+} 的硫酸盐。这些反应将释放出 840kJ/mol 热量，并在煤黄铁矿界面附近造成一个煤的氧化反应，能很容易变成放热越来越多的失控反应。应当指出，有些含硫甚少的煤也会发生自燃，其原因是部分干燥煤在润湿时释放出热量，因而使煤的氧化作用发生自加速。研究表明，润湿热可高达 85 ~ 105J/g，可使煤的温度升高 25 ~ 30℃。

（4）散热与通风条件。一方面可改善通风条件使热量及时排散，另一方面可将煤堆压实，减小煤与空气的接触面，以避免自燃。

4.5.4.4 煤的贮存

为减少和防止煤的风化和自燃，煤的贮存可采用以下几种方法：

（1）隔断法。若长时期大量存煤，可将煤贮存在水中（如湖水、池塘及僻静的海湾）；也可将煤贮存在惰性气体中（适合于实验室保存煤样）；或将煤逐层铺平压紧，在煤堆表面涂上一层油类物质（重油、沥青等），也可以在上面覆盖一层黏土或喷洒一层石灰乳；还可以将煤存放在密闭的贮槽中。国外有的把固体二氧化碳（干冰）放在煤堆里，使之逐渐散出二氧化碳气体阻止氧气进入而防止氧化。

（2）按粒级堆放。不同粒级煤应分开堆放。

（3）换气法。在煤堆上装风筒，使煤堆通风散热。这是一种消极的办法，因为煤与空气接触多了易受缓慢氧化，使煤的热值降低，黏结性变差。

（4）堆煤高度和时间。堆煤不宜过高，贮煤时间不要太久，尤其是低煤化度煤应尽可能缩短贮存期。煤堆高度一般小于 1 ~ 2m 为宜。如堆煤过高，倘若发现有自燃发火危险很难倒堆。堆煤高度和时间可参考表4-10。

表 4-10　堆煤高度和时间

煤　种	堆煤高度	堆煤时间
褐煤、长焰煤	低于 2m	半个月至一个月
气、肥、焦、瘦煤	4 ~ 5m	不超过两个月
贫煤、无烟煤	不　限	不超过半年

（5）堆煤方式。贮煤时除了仔细考虑煤场的地基、周壁、排水、周边设备及气候影响外，对堆煤方式也需正确选择。堆煤时由于粒度偏析所造成的通风状态，如图 4-14 和图 4-15（a）所示，在粗粒与细粒界面上易于积累热量。图 4-14 和图 4-15（a）的堆积方式不好，图 4-15（b）为小堆重积堆煤，图 4-15（c）为小堆薄层压紧堆煤，这两种堆煤方式较为理想。

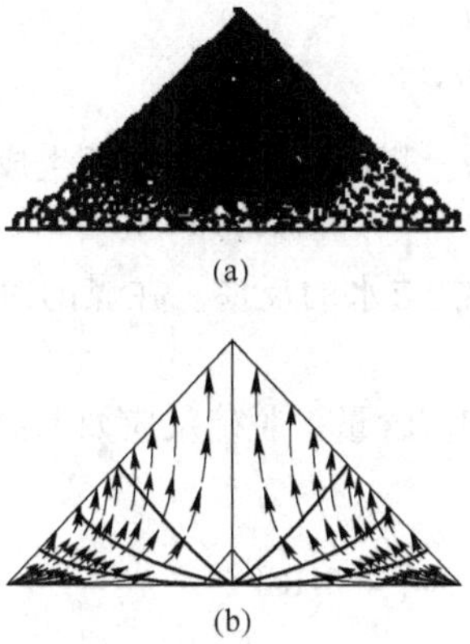

图 4-14　由于圆锥形贮煤的粒度偏析造成的通风状况
（a）粒度偏析；（b）通风状况

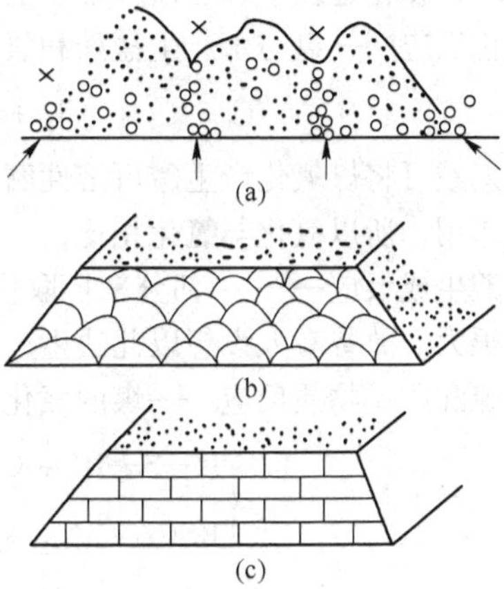

图 4-15　几种堆煤方式

4.6　煤的其他化学反应

煤的其他化学反应有煤的卤化、磺化、水解、烷基化、酰基化、烯基化、解聚和电解等。这些反应对研究煤的结构提供重要依据，有的也有工业意义。这里仅讨论卤化、磺化和水解。

4.6.1　煤的卤化反应

4.6.1.1　煤的氯化

氯化方法主要有两种：一是在较高温度（约 175℃或更高）下，用氯气进行气相氯化；二是在小于等于 100℃下，在水介质中氯化。由于水的强离子化作用，在后一条件下氯化反应的速度很快，煤的转化程度较深，故研究得较多。

A　煤在水介质中氯化时发生的反应

煤在水介质中氯化时可发生下列几种反应：

氯的取代和加成反应——氯化反应的前期主要是芳环和脂肪侧链上的氢被氯取代，析出 HCl。

$$RH + Cl_2 \longrightarrow RCl + HCl$$

在反应后期当煤中氢含量大大降低后也有加成反应发生：

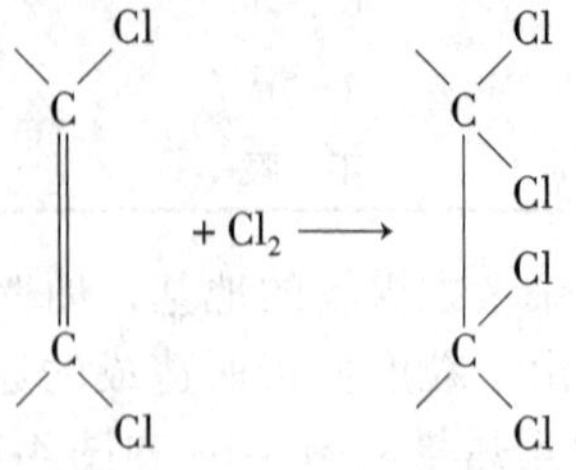

芳环　　芳环

所以，煤在氯化过程中氯含量大幅度上升，有时可达30%以上。

氧化反应——氯与水产生盐酸和氧化能力很强的次氯酸：

$$Cl_2 + H_2O \rightleftharpoons HCl + HClO$$

次氯酸可将煤氧化产生碱可溶性腐殖酸和水溶性有机酸。煤的氯化反应不断生成盐酸能抑制氧化作用，所以氧化与氯化相比，一般不是主要的。

盐酸生成反应—— 一部分来自取代反应，一部分来自氯与水的反应。在煤的氯化中盐酸生成量很大，故曾有人设想以此法生产盐酸。

脱硫和脱矿物质反应——煤的氯化可大量减少矿物质和硫含量。脱硫反应如下：

$$\begin{cases} R—S—R' + Cl_2 \longrightarrow RSCl + R'Cl \\ RSCl + 3Cl_2 + 4H_2O \longrightarrow RCl + H_2SO_4 + 6HCl \end{cases}$$

$$\begin{cases} 2FeS_2 + 5Cl_2 \longrightarrow 2FeCl_3 + 2S_2Cl_2 \\ S_2Cl_2 + 5Cl_2 + 8H_2O \longrightarrow 2H_2SO_4 + 12HCl \end{cases}$$

脱矿物质的反应主要是盐酸与矿物质中碱性成分的中和反应。

氯化煤是棕褐色固体，不溶于水。

B 氯化反应的条件和结果

反应主要影响因素有温度、时间、氯气流量、水煤比和催化剂等。我国扎赉诺尔褐煤在水介质中的氯化反应条件和结果列于表4-11。

表4-11 扎赉诺尔褐煤在水介质中的氯化反应条件和结果

反应温度/℃	反应时间/h	氯化煤产率/%	氯化煤元素组成(daf)/%			
			w(C)	w(H)	w(Cl)	w(O)(差减)
10	6	119.4	54.3	3.12	16.9	25.7
30	6	125.7	51.1	2.76	22.2	23.9
60	6	132.0	48.0	3.05	26.2	21.9
80	6	126.2	49.9	3.23	23.7	23.2
95	6	116.2	54.4	3.15	18.2	24.3
95	12	134.2	44.4	2.12	32.0	21.5
95	25	142.7	40.7	2.09	36.0	21.0
		原料煤	71.1	5.01	0	22.0

由表4-11可见，当反应时间为6h时，在反应温度60℃下氯化煤产率和氯化煤中的$w(Cl)$均最高。在95℃温度下，随时间延长，氯化煤产率和$w(Cl)$均增加。

C　氯化煤在有机溶剂中的溶解度

在氯化（还有氧化）过程中，由于煤的聚合物结构发生某种程度的解聚，使得氯化煤在有机溶剂中的溶解度大大提高，见表4-12。

表4-12　氯化煤在不同溶剂中的抽提率①

溶　剂	抽提率/%		溶　剂	抽提率/%	
	原　煤	氯化煤		原　煤	氯化煤
乙　醚	7.82	17.6	苯	3.86	4.11
酒　精	1.27	58.0	酒精＋苯(1∶1)	2.82	85.9

①氯化条件：80℃，6h，扎赉诺尔褐煤。

D　煤氯化的应用前景

氯化煤的溶剂抽出物可作为涂料和塑料的原料。氯化煤可作为水泥分散剂和钻井泥浆稳定剂等。利用氯化时副产的盐酸可分解磷矿粉，生产腐殖酸-磷肥。煤在高温下气相氯化可制取四氯化碳。

4.6.1.2　煤的氟化

由于氟的化学活性高于氯，所以煤的氟化反应速度更快和更完全。气相氟化反应包括取代和加成反应，它可用来测定煤的芳香度。

煤在氟化后质量增加。总增重中包括氟加成的增重和氟取代的增重。

$$\Delta W_t = \Delta W_H + \Delta W_a$$

式中　ΔW_t——总增重，g；

ΔW_H——氢被氟取代的增重，g；

ΔW_a——氟加成的增重，g。

现以芳香环中一个碳原子为例：

$$\underset{13}{CH} + F_2 \longrightarrow \underset{31}{CF} + \underset{20}{HF}$$

$$\Delta W_H = \frac{31-13}{20} \times \Delta W_{HF} = 0.9\Delta W_{HF}$$

式中　ΔW_{HF}——氟化中析出的HF质量，g。

芳香碳质量

$$W_c = \frac{12}{19}(\Delta W_t - \Delta W_H)$$

现以四氢萘为例：

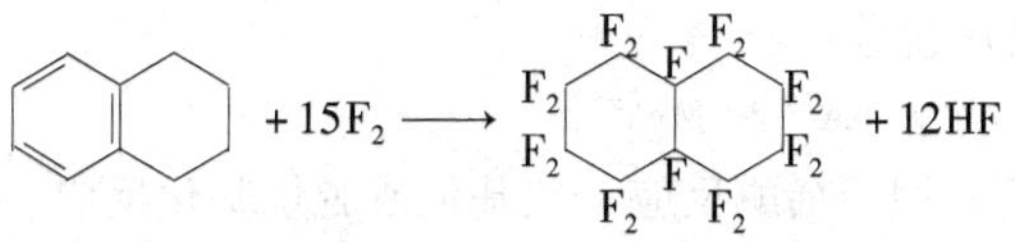

132　　　　462　　　　240

$$W_c = \frac{12}{19}(462 - 132 - 0.9 \times 240) = 72$$

$$f_{ar}^{c} = \frac{72}{120} = 0.6$$

4.6.2 煤的磺化反应

4.6.2.1 煤的磺化反应过程

煤与浓硫酸或发烟硫酸进行磺化反应，反应结果可使煤的缩合芳香环和侧链上引入磺酸基（$—SO_3H$），生成磺化煤。煤的磺化反应如下：

$$RH + HOSO_3H \longrightarrow R—SO_3H + H_2O$$

进行磺化反应时，在加热条件下浓硫酸是一种氧化剂，可把煤分子结构中的甲基（$—CH_3$）、乙基（$—C_2H_5$）氧化，生成羧基（—COOH），并使碳氢键（C—H）氧化成酚羟基（—OH）。故磺化煤可表示为 $R\begin{cases} SO_3H \\ COOH \\ OH \end{cases}$，可简化表示为 RH。

由于煤经磺化反应后，增加了$—SO_3H$、—COOH 和—OH 等官能团，这些官能团上的氢离子 H^+能被其他金属离子（如 Ca^{2+}、Mg^{2+}等）所取代。当磺化煤遇到含金属离子的溶液，就以 H^+和金属离子进行交换。

$$2RH + Ca^{2+} \longrightarrow R_2Ca + 2H^+$$

$$2RH + Mg^{2+} \longrightarrow R_2Mg + 2H^+$$

因此，磺化煤是一种多官能团的阳离子交换剂。

4.6.2.2 煤磺化反应的工艺条件

（1）原料煤。采用挥发分大于 20% 的中等变质程度的烟煤。为了确保磺化煤具有较好的机械强度，最好选用暗煤较多的煤种，灰分在 6% 左右，不能过高。煤粒度 2 ~ 4mm，粒度太大磺化不完全，而过小使用时阻力大。

（2）硫酸浓度和用量。硫酸浓度应大于 90%，发烟硫酸反应效果更好。硫酸对煤的质量比一般为（3 ~ 5）：1。

（3）反应温度。在 110 ~ 160℃ 为宜。

（4）反应时间。包括升温在内的总反应时间一般在 9h 左右。反应开始需要加热，因磺化反应为放热反应，所以反应进行后就不需供热了。

煤磺化反应后经洗涤、干燥、过筛制得多孔的黑色颗粒，称氢型磺化煤（RH）。若与 Na^+交换可制成钠型磺化煤（RNa）。

4.6.2.3 磺化煤的用途

磺化煤是一种制备简单，价格低廉，原料广泛的阳离子交换剂。它们的饱和交换能力为 1.6 ~ 2.0mmol/g。其主要用途是：

（1）锅炉水软化剂，除去 Ca^{2+}和 Mg^{2+}。

（2）有机反应催化剂，用于烯酮反应、烷基化或脱烷基化反应、酯化反应和水解反应等。

（3）钻井泥浆添加剂。

（4）处理工业废水（含酚和重金属废水）。

（5）湿法冶金中回收金属，如 Ni、Ga、Li 等。

（6）制备活性炭。

磺化煤机械强度差，在运输和使用过程中破损率高，并且当水温超过40℃时，磺化煤会变质。

4.6.3 煤的水解

煤的水解反应是在碱性水溶液中进行。曾有人在325～350℃，用5mol/dm^3 NaOH水解一种含碳77%的烟煤，其水解产物如表4-13所示。

表4-13 煤的水解产物

水解时间/h	温度/℃	水解产物	其占原煤质量分数 w/%
24	350	气体（H_2、CH_4、C_2H_6）	2.8
		液体酚类（相对分子质量90～180）	3
		固体酚类（相对分子质量300）	5
		脂肪酸	13
		碱类	0.7
		NH_3	0.5
		烃类（相对分子质量100～400）	15.6
		碳酸盐	22.0
		残渣	28.3

从这些水解产物中，分离出苯酚类、丙酸、丁酸、己酸、十二烷酸、二元酚类和具有氢化芳香环的物质。

酚类的形成，可能是由于煤中醚键的水解：

$$R—O—R' + H_2O \longrightarrow ROH + R'OH$$

酸或醇类的产生，是由于煤中的醛基在NaOH介质中进行歧化作用形成酸或醇：

$$2RCHO + NaOH \longrightarrow RCOONa + RCH_2OH$$

二元酸的生成，是由于煤中醌基在碱性介质中水解时产生氧化，形成二元酸：

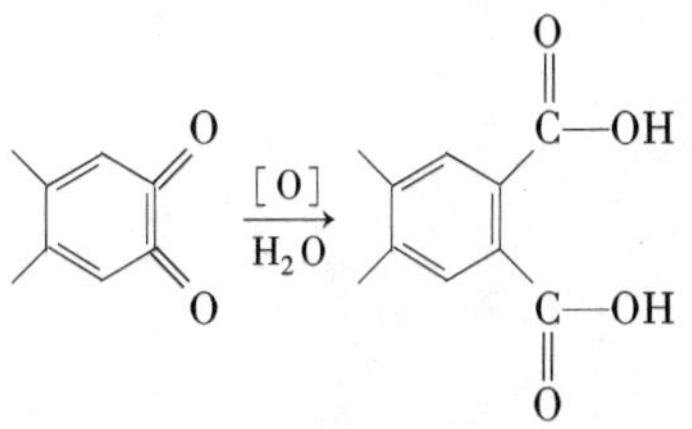

通过对煤水解产物的研究，说明了煤的结构单元是由缩合芳香环组成，在芳香环的周围有含氧官能团，为煤结构提供了依据。

实验证明，煤中可水解的键不多，但引起煤中有机质的变化，如煤水解后不溶残余物在苯中的溶解度增加，可达27%，而原煤在苯中只溶解6%～8%。

利用乙醇、异丙醇和乙二醇代替水，进行水解反应，其效果更好。但目前上述的水解反应还不能保证定量进行。

复习思考题

4-1 煤中有哪些含氧官能团，它们在煤中的相对含量及随煤化度的变化有什么规律？
4-2 煤中含氧官能团的含量如何测定？
4-3 煤中大致有哪些含硫官能团与含氮官能团？
4-4 煤中含硫官能团与含氮官能团随煤化度的变化有什么规律？
4-5 煤的高真空热分解的目的及工作原理是什么？
4-6 煤的高真空热分解得出了什么结果？
4-7 煤的溶剂抽提有什么意义，已有的抽提方法分为哪几种类型？
4-8 如何理解煤的抽提机理？
4-9 从煤的溶剂抽提，得到了哪些有关煤结构的信息，有哪些证据可以证明这些煤结构信息？
4-10 什么叫超临界抽提，它需要什么条件，有什么优点，烟煤的超临界得到什么产物？
4-11 为什么要进行煤的加氢研究，可达到什么目的？
4-12 煤的加氢可能发生哪些主要化学反应？
4-13 煤的深度加氢与轻度加氢各需要哪些条件，加氢使煤发生哪些变化，可达到什么目的？
4-14 煤的氧化分为哪几个阶段，分别得到哪些主要反应产物？
4-15 何为腐殖酸、再生腐殖酸，它可以分为哪几个主要组分？写出其分离流程。
4-16 腐殖酸具有哪些主要性质，腐殖酸具有哪些用途？
4-17 简述煤深度氧化的目的、氧化剂、主要产物及哪些产物的产率随煤化度的变化？
4-18 从煤的氧化可以得到哪些有关煤结构的信息？
4-19 风化对煤质有什么影响？
4-20 哪些因素影响煤的风化与自燃，如何减少煤的风化与自燃？
4-21 煤一般可进行哪些卤化反应？试述各种卤化反应的原理及产物用途。
4-22 试述煤磺化反应的原理及产物用途。

5 煤的工艺性质

煤的工艺性质是指煤炭在一定的加工工艺条件下或某些转化过程中所呈现的特性。如煤的黏结性、结焦性、可选性、低温干馏性、反应性、机械强度、热稳定性、结渣性、灰熔融性、灰黏度和煤的发热量等。

不同煤种或不同产地的煤往往工艺性质差别较大，不同加工利用方法对煤的工艺性质有不同的要求。因此，必须了解煤的各种工艺性质，以便选择其最合理的利用途径并满足各种工业用煤的质量要求。

5.1 煤的黏结性与结焦性

黏结性和结焦性是烟煤的一个重要的工艺性质，在冶金工业中煤的黏结性是评价炼焦用煤的主要指标，炼焦用煤必须具有一定的黏结性。煤的黏结性也是评价低温干馏、气化或动力用煤的重要依据。

5.1.1 煤的黏结性与结焦性概念

煤的黏结性是指烟煤在干馏时黏结其本身或外加惰性物的能力。煤的结焦性是指煤在工业焦炉或模拟工业焦炉的炼焦条件下，结成具有一定块度和强度焦炭的能力。

煤的黏结性反映烟煤在干馏过程中能够软化熔融形成胶质体并固化黏结的能力。测定煤黏结性的试验一般加热速度较快，到形成半焦即停止。煤的黏结性是煤形成焦炭的前提和必要条件，炼焦煤中肥煤的黏结性最好。

煤的结焦性反映烟煤在干馏过程中软化熔融黏结成半焦，以及半焦进一步热解、收缩最终形成焦炭全过程的能力。测定煤结焦性的试验一般加热速度较慢。可见，结焦性好的煤除具备足够而适宜的黏结性外，还应在半焦到焦炭阶段具有较好的结焦能力。在炼焦煤中焦煤的结焦性最好。

5.1.2 煤的黏结性与结焦性的主要测定方法

测定煤黏结性和结焦性的实验室方法很多，常用的方法有：坩埚膨胀序数，罗加指数，黏结指数，吉氏流动度，胶质层指数，奥阿膨胀度和格金焦型等七种。这七种测定方法中大部分是在一定条件下测定煤黏结性或塑性的指标，而在 1955 年联合国欧洲经济委员会（ECE）提出，1956 年由联合国发布的硬煤国际分类中，将慢速加热条件下测定的奥阿膨胀度和格金焦型作为煤的结焦性指标。

5.1.2.1 坩埚膨胀序数

坩埚膨胀序数（CSN）又称自由膨胀序数（FSI），它是表征煤的膨胀性和黏结性的指标之一。1942 年英国将 FSI 定为标准（BS 1016），1985 年中国开始将 CSN 定为国家标准（GB/T 5448），坩埚膨胀序数的测定方法是：称取 1g 粒度小于 0.2mm 的空气干燥煤样放在专用坩埚中，利用电快速加热到(820 ± 5)℃。将所得焦块与一套标准侧面图形（如图 5-1 所示）比较，与焦块最为接近的一个图形的序号，便是该煤的坩埚膨胀序数。膨胀序数共分为 17 种，序数越大表示煤的膨胀性和黏结性越强。由于测定时加热速度很快，约为400℃/min，有可能将黏结性较差的煤判断为黏结性较强。这种方法还因焦型不规则而使判断带有较强的主观性。在利用该法确定膨胀序数5以上的煤时分辨能力较差。但此法快速简便，在英国等习用已久，在国际硬煤分类方案中被采用为黏结性的分类指标。

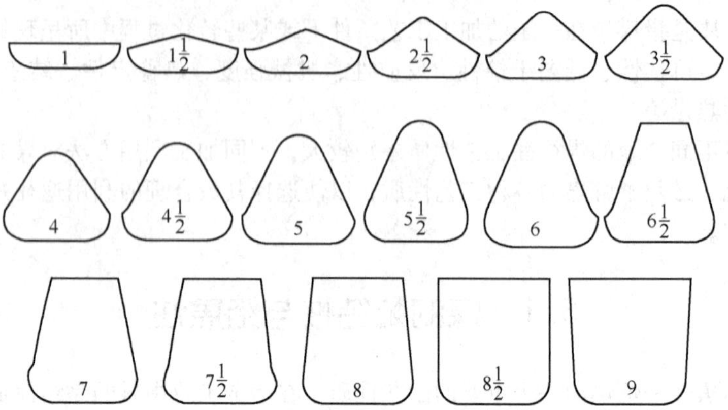

图5-1　标准焦块侧形图及其相应的坩埚膨胀序数

5.1.2.2　罗加指数

罗加指数（R.I.）由波兰的B. 罗加在1932年提出。中国在1985年也制定了相应的国家标准（GB/T 5449）。罗加指数是通过测定烟煤对惰性添加物（无烟煤）的黏结能力来确定煤黏结性的一种方法。测定方法是：将粒度小于0.2mm的1g煤样和5g粒度为0.3～0.4mm的标准煤（中国以宁夏汝箕沟的低灰无烟煤作为标准煤），放入罗加坩埚内充分混匀后铺平，放上钢质压块，置于负荷为6kg的质量下压30s后，将坩埚连同压块放入已加热到850℃的马弗炉内灼烧15min。冷却后称得的原焦块为m，然后将1mm圆孔筛筛上物称重得m'_1；后装入罗加转鼓中，以50r/min的转速转5min，再用1mm圆孔筛筛分，筛上物称重后又重复进行转鼓试验。如此将筛上物连续进行三次转鼓试验，然后按下式计算罗加指数R.I.。

$$\mathrm{R.I.} = \frac{\frac{1}{2}(m'_1 + m_3) + m_1 + m_2}{3m} \times 100\% \tag{5-1}$$

式中　m——焦化后焦炭的总质量；

m'_1——第一次转鼓试验前筛上焦炭的质量；

m_1，m_2，m_3——第一、第二、第三次转鼓后筛上的焦炭质量。

罗加指数所用设备简单，方法简便，易于推广。罗加指数对中等黏结性煤具有良好的区分能力，它与工业上的焦炭强度指数具有较好的相关性，因此是一个较好的黏结性指标。罗加指数已被选作国际硬煤分类中的黏结性指标，在炼焦配煤和国际煤炭贸易中也有广泛的应用。

但罗加指数对强黏煤的区分能力较差，对弱黏煤的测定则重现性较差，并且不同国家在测定罗加指数时使用的专用无烟煤不同，使各国的试验结果难于相互比较。

5.1.2.3　黏结指数

黏结指数（$G_{\mathrm{R.I.}}$）是中国煤科院北京煤化所在1976年提出的，1985年首次制定为国家标准（GB/T 5447）。黏结指数的测定原理与罗加指数的测定原理相似，但在测定方法上针对罗加指数存在的不足，做了下述五方面的改进：

（1）为了使测试时的外加惰性物标准化，按照 GB/T 14181《测定烟煤黏结指数专用无烟煤技术条件》的规定，采用宁夏汝箕沟西沟平硐两侧二$_1$煤层下分层煤，在同一层位以相同的加工生产方式制作专用无烟煤，统一发售。

（2）专用无烟煤粒度由罗加法的 0.3 ~ 0.4mm 改用 0.1 ~ 0.2mm，以扩大强黏结煤的测值范围，同时因无烟煤与烟煤粒度相近易于混匀而减小了试验误差。

（3）对 $G<18$ 的弱黏结煤，将无烟煤与烟煤的配比改为 3∶3 以提高对弱黏结煤的区分能力和测定的准确度。

（4）实现了煤样的机械搅拌混合，改善了试验条件，减少了人为误差。

（5）转鼓试验次数由罗加法的三次改为两次，并改变了计算公式简化了操作与计算。

通过上述改进措施，使黏结指数较罗加指数对不同黏结性煤的区分能力有所增强，简化了操作，提高了测试的精确性，但黏结指数对强黏结煤的区分能力仍不够，尚有待改进。

黏结指数按下式计算：

$$G = 10 + \frac{30m_1 + 70m_2}{m} \tag{5-2}$$

式中 m——焦化处理后，焦渣质量，g；

m_1——第一次转鼓试验后，筛上部分的质量，g；

m_2——第二次转鼓试验后，筛上部分的质量，g。

当测得的 $G<18$ 时，需重做试验。此时，试样与无烟煤的比例改为 3∶3，即 3g 煤样与 3g 专用无烟煤；其余测试步骤不变。计算公式为：

$$G = \frac{30m_1 + 70m_2}{5m} \tag{5-3}$$

黏结指数具有测定快速简易、重现性好，测值稳定、在一定范围内具有可加性等优点，因而易于推广。从黏结指数建立 30 多年的大量研究与试验证明，它不但是煤中可熔组分的函数，而且也可作为煤还原程度的标志。黏结指数不单能较好表征煤的黏结性，而且可用作指导炼焦配煤、预测焦炭强度以及作为煤分类等的较好指标。例如：V_{daf}-$G_{R.I.}$ 法能用来预测焦炭强度或根据强度指标确定配煤比；$G_{R.I.}$ 也是我国煤分类的主要指标之一。

5.1.2.4 吉氏流动度

吉氏流动度，该法首先由德国人吉泽勒提出，在 1934 ~ 1943 年间逐步发展与完善，1954 年，美国材料试验协会（ASTM）制定了吉氏流动度的测试标准，后来，波兰和日本也制定了标准，国内在这方面的研究较少，目前尚无国家标准，仪器设备需从国外进口，比较昂贵，测试费用较高。日本、韩国对流动度极为重视，我国宝钢、首钢曾引进美国型全自动操作的吉氏塑性计，测试时一般借鉴美国标准。

测定吉氏流动度的仪器主要为吉氏塑性计，该法的测定原理是：将煤样装入预先装有搅拌桨的钢锅中，对搅拌桨施加恒力矩。在盐浴中以 3℃/min 加热煤样，随着温度的升高煤料软化、熔融产生了塑性变化，使搅拌桨的运动呈现有规律的变化。它开始由不动到转动，转动速度逐渐增至最大，而后又渐变慢，直至停止。根据恒力矩下搅拌桨的转动特性，测定煤在可塑状态的流动性。通过试验可测得如下 5 个特性指标和绘制出吉氏流动度曲线。当刻度盘指针转动 1°时，对应的温度为软化温度 t_P；当指针转动最大时，对应温度 t_{max} 为最大流动度时的温度，此时的流动度为最大流动度 α_{max}，用每分钟转动的角度（ddpm）表示；当指针停止转动时的对应温度为固化温度 t_K；软、固化温度之差（$t_K - t_P$）为胶质体的温度间隔 Δt。几种典型炼焦煤的吉氏流动度曲线，如图 5-2 所示。

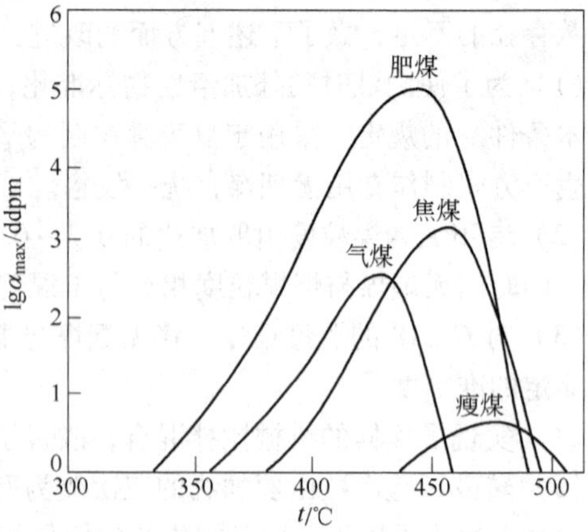

图 5-2　几种炼焦煤吉氏流动度曲线

由图 5-2 可见，肥煤的曲线比较平坦而宽，说明它停留在较大流动性时的时间较长（即 Δt 较大），因此其适应性较广，可供配合的煤种可以较广泛。而有些气肥煤的 α_{max} 虽很大，但曲线陡而尖（Δt 较小），说明它处于较大流动性的时间较短，影响了它的相容性。

吉氏流动度指标能同时反映胶质体的数量和性质，具有明显的优点。流动度是研究煤的流变性和热分解动力学的有效手段，可用于指导配煤和预测焦炭强度。但该法的规范性特强，重现性较差。搅拌器的尺寸、形状、加工精度和磨损情况、煤样制备和装煤方式等对测值的影响都较大。实现了自动操作的吉氏塑性计，其测值的准确度有较大提高。提高吉氏塑性计的加热速度，可测得快速加热下煤的塑性，对扩大炼焦用煤资源和研究快速加热下新的煤转化过程有重要的意义。例如可应用在热压型焦工艺参数的选择等。

5.1.2.5　胶质层指数

胶质层指数，此法是苏联萨波日尼柯夫和巴西列维奇在 1939 年提出的。主要测定胶质层最大厚度 Y 值，最终收缩度 X 值和体积曲线类型、焦块特征、焦块抗碎能力等多种指标，其中主要以 Y 值的大小表征煤黏结性的好坏。胶质层指数的测定方法于 1964 年首次列为中国国家标准（GB/T 479）。

此法模拟工业炼焦条件，对装在煤杯中的煤样进行单侧慢速度加热，在煤杯内的煤样形成一系列等温层面，而这些层面的温度由上而下依次递增。温度相当于软化的层面以下的煤都软化形成胶质体，如图 5-3 所示。在温度相当于固化点的层面以下则结成半焦。因而煤样中形成了半焦层、胶质层和未软化的煤样层三部分。在试验过程中最初在煤杯下部生成的胶质层比较薄，以后逐渐变厚，然后又逐渐变薄。因此，在煤杯中部常出现胶质层厚度的最大值。测定结束后由记录的体积变化曲线可以决定最终收缩度和体积曲线类型。

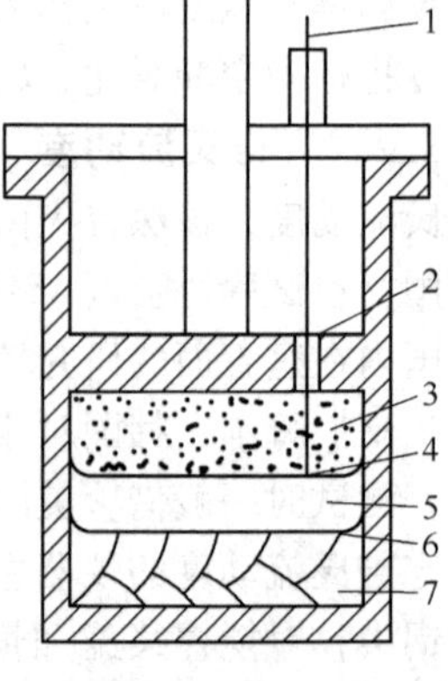

图 5-3　煤杯中的结焦过程示意图

1—测胶质层厚度的探针；2—压力盘；3—煤样；4—胶质层上层面；5—胶质层；6—胶质层下层面；7—半焦

胶质层最大厚度 Y 值主要取决于煤的性质和胶质体的膨胀（与胶质体的流动性、热稳定性和不透气性等有关）及试验条件。一般煤的 Y 值越大黏结性越好，并且 Y 值随煤化度呈现有规律的变化。一般当煤的 V_{daf} 为 30% 左右时，Y 值出现最大值，$V_{daf} < 3\%$ 和 $V_{daf} > 50\%$ 都几乎为零，Y 值对中等黏结性和较强黏结性烟煤都有较好的区分能力。

最终收缩度 X 值取决于煤的挥发分、熔融、固化和收缩等性质及实验条件。X 值可表征煤料在生成半焦后的收缩情况，该指标对焦炉中焦饼的收缩、焦块的块度、裂纹的多少及推焦是否顺利等有参考价值。

体积曲线是煤在恒压（101kPa）下加热时体积变化的记录，可反映出胶质体的厚度、黏结、透气性及气体析出强度，因而体积曲线与煤的胶质体性质有直接的关系。体积曲线有七种类型（见图5-4），它的形状与煤种有一定关系，如肥煤多为山字形或之山混合形，而瘦煤多为平滑下降或斜降形。

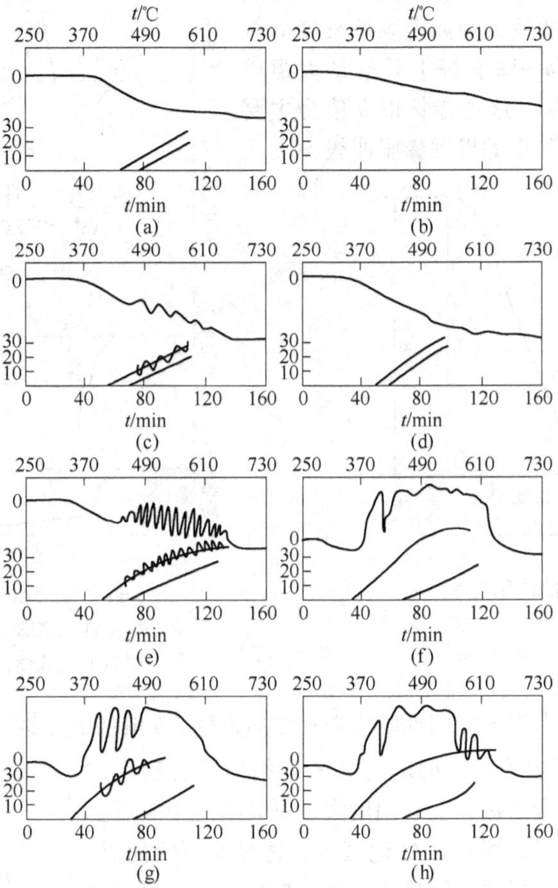

图5-4 胶质层测定所得体积曲线类型图
(a) 平滑下降形；(b) 平滑斜降形；(c) 波形；(d) 微波形；
(e) 之字形；(f) 山形；(g)、(h) 之山混合形

多年的实践表明，Y值多数情况下能表示胶质体的数量但不一定能反映其质量。Y值的测定主观因素大，煤样用量大，仪器的规范性很强。当Y值小于10mm和Y值大于25mm时，数据的重现性较差。但近年，通过对该仪器测试的自动化等项改进，使测试结果的精度提高较大。中国在2009年颁布的煤分类方案中，Y值用作区分强黏结煤的辅助指标。

一般认为，配煤的胶质层最大厚度Y值，具有可加性，但实际上，Y值的可加性是有一定条件的，这一点，在配煤计算时需要引起注意。

5.1.2.6 奥阿膨胀度

此法由德国奥迪贝尔于1926年提出，后经阿尼完善建立的测定煤膨胀性和结焦性的方法之一，是国际上最通用的一种膨胀度的测定方法，中国于1985年将该法列为国家标准（GB/T 5450）。

奥阿膨胀度试验是将新粉碎到0.2mm以下的空气干燥煤样4g与0.4mL水迅速混合，在钢模中按规定的方法制成60mm长的煤笔，将煤笔放在膨胀管中并放入预先升到一定温度的电炉中，应非常平稳地以3℃/min的速度升温，同时记录其体积变化。试验所得的膨胀曲线如图5-5所示。

由试验可测得如下指标：软化温度 T_1—膨胀杆下降0.5mm时的温度,℃；开始膨胀温度 T_2—膨胀杆下降到最低点后开始上升时的温度,℃；固化温度 T_3—膨胀杆停止移动时的温度,℃；最大收缩度 a—膨胀杆下降的最大距离占煤笔长度的百分数,%；最大膨胀度 b—膨胀杆上升的最大距离占煤笔长度的百分数,%。这些指标以 b 值为主要指标。图5-6是一组典型煤的奥阿膨胀曲线。

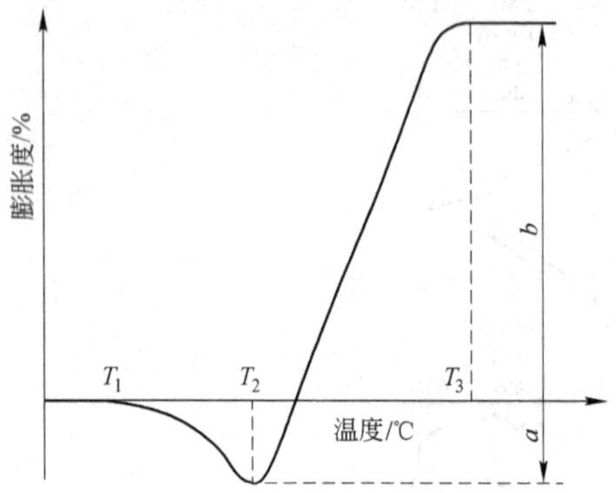

图5-5　膨胀曲线示意图

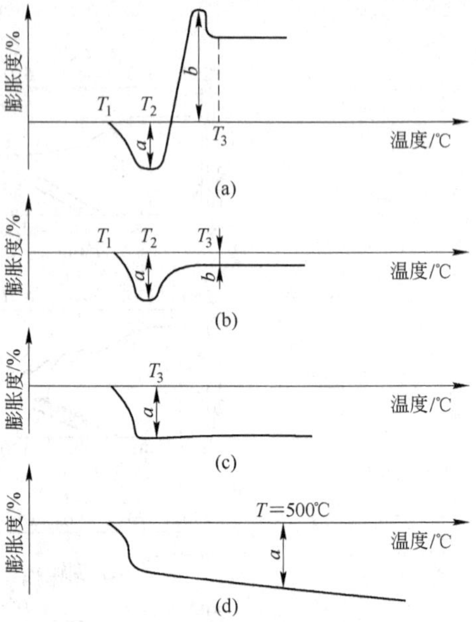

图5-6　煤的典型膨胀曲线

（a）正膨胀；（b）负膨胀；（c）仅收缩；（d）调杆收缩

奥阿膨胀度 b 值是在煤料的塑性阶段中直接测定的。b 值的大小取决于煤胶质体的不透气性和塑性期间的气体析出速度，同时与煤的岩相组成有密切关系。奥阿膨胀度为一综合指标，变动幅度大，对黏结性中等以上的煤，特别是煤料偏肥时，可以较好地区分，这是 b 值的优点。煤的膨胀度广泛用于研究煤的黏结成焦机理，煤质鉴定，煤炭分类和指导配煤与预测焦炭强度等。b 值在1956年的国际煤炭分类中被确定为煤的结焦性指标。在2009年中国的煤炭分类中，b 值被确定为区分强黏性煤的一个辅助指标。

几种典型炼焦煤的奥阿膨胀度曲线如图5-7所示。由图5-7可见，气煤的膨胀度 b 为负值，瘦煤为收缩、不产生膨胀。

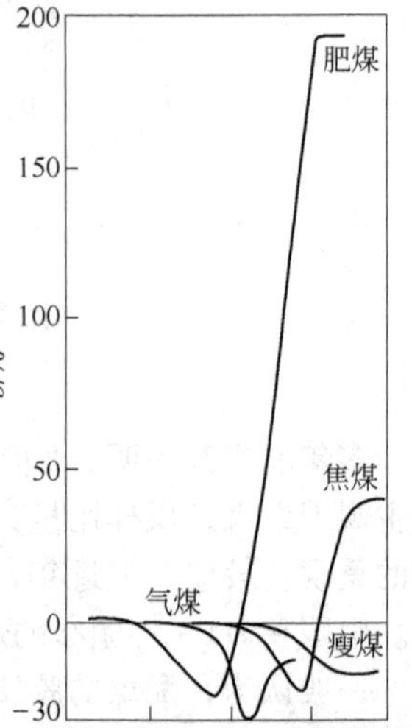

图5-7　几种典型炼焦煤的奥阿膨胀度曲线

5.1.2.7　格金焦型

格金焦型是1921年由英国的格雷和金两人提出的一种低温干馏试验方法，也是测定煤炭结焦性的一种方法。中国在1987年制定了相应的国家标准（GB/T 1341）。其测定方法是：把20g小于0.2mm的煤样放入特制的水平干馏管中，从300℃起以5℃/min升温速度加热，直至600℃，并在此温度下保持15min。在试验过程中收集焦油、热解水并求出它们的产率。计算出干馏管中半焦产率并从半焦的黏结情况来判断煤的结焦性。所得焦型与标准序号的焦型进行比较并按表5-1进行鉴定与分类。对于焦型大于G的煤样，在试验前应配入一些电极炭，使焦型正好为G型，以20g混合物中电极炭的配入量xg来表示G_x。x一般为1~13之间的任一数字。

表5-1　格金焦型的鉴定与分类（GB/T 1341—2007）

焦型	体积变化	主要特征、强度及其他
A	试验前后体积大体相等	不黏结、粉状或粉中带有少量小块，接触就碎
B	试验前后体积大体相等	微黏结，多于三块或块中带有少量粉，一拿就碎
C	试验前后体积大体相等	黏结，整块或少于三块，很脆易碎
D	试验后体积较试验前明显减小（收缩）	黏结或微熔融，较硬，能用指甲刻画，少于五条明显裂纹，手摸染指，无光泽
E	试验后体积较试验前明显减小（收缩）	熔融，有黑的或稍带灰的光泽，硬，手摸不染指，多于五条明显裂纹，敲时带有金属声响
F	试验后体积较试验前明显减小（收缩）	横断面完全熔融，并呈灰色，坚硬，手摸不染指，少于五条明显裂纹，敲时带金属声响
G	试验前后体积大体相等	完全熔融，坚硬，敲时发出清脆的金属声响
G_1	试验后体积较试验前明显增大（膨胀）	微膨胀
G_2	试验后体积较试验前明显增大（膨胀）	中度膨胀
G_3	试验后体积较试验前明显增大（膨胀）	强膨胀

本法的特点是可以比较全面地了解煤热分解的情况，但在评定过程中人为误差较大。并且在测定强黏结煤时需要逐次添加不同数量的电极炭，经多次探索才能测出。实际上格金焦型G_8以上已无法进一步区分，且不易测准。格金焦型是1956年硬煤国际分类中鉴别结焦性亚组的一个指标，但中国多以奥阿膨胀度b值代替格金焦型。

5.2　煤的可选性

煤的可选性是指从原煤中分选出符合质量要求的精煤（浮煤）的难易程度。工业上选煤过程多用水作介质，利用精煤与中煤及矸石的密度差，从煤中选出低灰、低硫的精煤，排出中煤、矸石和黄铁矿。选煤对提高煤炭质量等级、降低灰分、节能、减少污染及煤炭综合利用等均有重大的意义。

煤炭的洗选首先要了解它的可选性及其特征。煤的可选性是确定选煤工艺和设计选煤厂的主要依据。通过煤的可选性研究可估计各级产品的灰分和产率。可选性特征可以表明煤在分选时，理论上所获得的对应于不同净煤灰分或硫分时产品的最高产率。对易选原煤可以得到产率高而灰分（或硫分）低的精煤，选煤厂可采用较简单的工艺和设备，提高选煤厂的经济效益。

5.2.1　煤的可选性曲线

中国表示煤炭可选性特征的方法是：先做原煤的筛分试验，然后进行各粒度级煤样的浮沉试验（GB/T 478）并绘制出煤的可选性曲线。浮沉试验用煤样质量可以根据试验目的和煤样粒度而定。浮沉试验的主要方法是：从各筛级中分别缩分出一定量的煤样，分别在密度（kg/L）为1.30、1.40、1.50、1.60、1.70、1.80和2.00的七组氯化锌重液中依次进行浮沉。把所得各密度级产物分别用热水洗净、烘干，然后测定其产率和灰分（硫分），并计算、整理成如表5-2所示，并根据表中数据绘制出一组煤的可选性曲线（见图5-8）。此图的横坐标下轴表示干燥基灰分（A_d,%），横坐标上轴表示分选密度（δ，kg/L）。纵坐标左侧表示浮物产率（γ_β,%），纵坐标右侧表示沉物产率（γ_θ,%）。这些曲线是煤可选性的图解说明，该组曲线包括五条曲线，分述如下。

表 5-2　50～0.5mm 粒级原煤浮沉试验综合表

密度级 /kg·L⁻¹	产率/%	灰分/%	浮物累计		沉物累计		分选密度 ±0.1	
			产率/%	灰分/%	产率/%	灰分/%	密度/kg·L⁻¹	产率/%
<1.30	10.69	3.46	10.69	3.46	100.00	20.50	1.30	56.84
1.30～1.40	46.15	8.23	56.84	7.33	89.31	22.54	1.40	66.29
1.40～1.50	20.14	15.50	76.98	9.47	43.16	37.85	1.50	25.31
1.50～1.60	5.17	25.50	82.15	10.48	23.02	57.40	1.60	7.72
1.60～1.70	2.55	34.28	84.70	11.19	17.85	66.64	1.70	4.17
1.70～1.80	1.62	42.94	86.32	11.79	15.30	72.04	1.80	2.69
1.80～2.00	2.13	52.91	88.45	12.78	13.68	75.48	1.90	2.13
>2.00	11.55	79.64	100.00	20.50	11.55	79.61		
合　计	100.00							

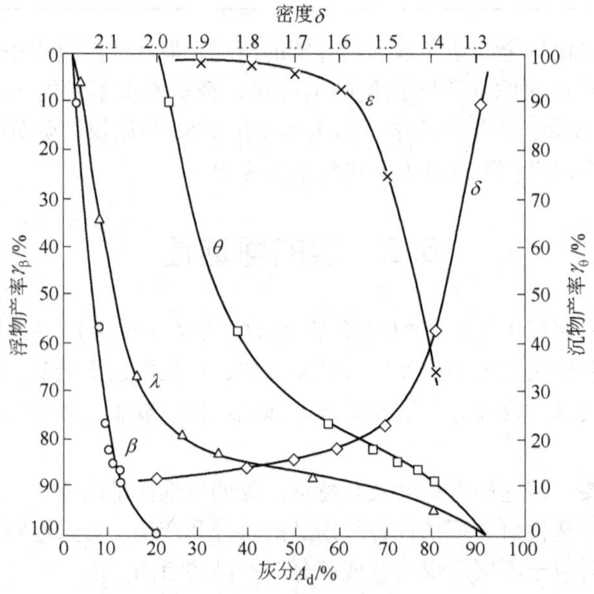

图 5-8　可选性曲线示例图

（1）浮物曲线β，表示浮物累计产率与其平均灰分之间的关系。

（2）沉物曲线θ，表示沉物累计产率与其平均灰分的关系。

（3）密度曲线δ，表示浮物（或沉物）累计产率与重液密度的关系。

（4）密度±0.1曲线ε，表示重液密度与该密度±0.1密度区间的浮物产率的关系。

（5）灰分特性曲线λ，表示浮物（或沉物）产率与其分界灰分的关系。λ曲线的绘制方法是将浮物产率画成平行于横轴的直线，再将各级密度物的灰分标在这些横线上。所得各点向上引垂直到上一级浮物产率线为止，以这些垂线的中点连接成平滑的曲线。该曲线的上限和下限是将曲线延伸而得，其上限必须与浮物曲线的起点相重合，其下限必须与沉物曲线的终点相重合。

可选性曲线的应用举例如下：

灰分特性曲线 λ：可以表示灰分在原煤各密度级中分布的情况，初步判断可选性。当 λ 曲线的上段愈陡直，中段曲率愈大，下段趋平缓则该煤易选。反之则愈难选。从可选性曲线中的 β、θ 和 δ 曲线，可以寻求产品的理论产率、理论灰分和分选密度，在这三项指标中只要确定一项就可从可选性曲线图上查得其他两项指标。密度 ±0.1 曲线 ε 可用作可选性标准的评价，并可观察出不同分选密度时中间密度级含量及其变化趋势。

煤可选性曲线的绘制除上述方法外，还有其他的绘制方法。其中较重要的有平均值曲线法。它是一种画法简单，而且可以扩展的可选性曲线。这种曲线是迈依尔 1950 年提出，故称迈依尔曲线，简称为 M 曲线。

5.2.2 可选性标准

评定原煤可选性的方法很多，如分选密度 ±0.1 含量法、中间煤含量法、全貌模型法、煤岩学方法、综合可选性指标法、碳氢比值法、轻重比值法、邻污法和利用干扰系数评定法等。但国内最广泛采用的可选性评价方法是分选密度 ±0.1 含量法（简称 δ ±0.1 含量法），见表 5-3。这种方法是用煤的“中间密度级”含量的多少来描述原煤的可选性特征的。中间密度级的含量愈大，它们在选后产物中的污染程度愈大，分选效果越差。δ ±0.1 含量法的中间密度级是随实际分选密度或理论分选密度变化的数量指标，根据中间密度级含量的大小，把原煤划分为易选、中等可选、较难选、难选和极难选五个等级。

表 5-3 煤炭可选性等级的划分指标（GB/T 16417—1996）

δ ±0.1 含量/%	可选性等级	δ ±0.1 含量/%	可选性等级
≤10.0	易 选	30.1～40.0	难 选
10.1～20.0	中等可选	>40.0	极难选
20.1～30.0	较难选		

还有少数煤矿沿用中间煤含量法来评价煤的可选性。它是以高、低两种分选密度之间的中间煤含量多少来评价煤的可选性等级，若中间煤含量低则该煤易选。高、低两种分选密度多用 1.40 和 1.80，中间煤含量以每 10% 为一个等级划分单位。将煤分为易选（中间煤含量小于 10%）、中等可选、难选和极难选（中间煤含量为 30%～40%）四个等级。

5.3 煤的铝甑低温干馏试验

为评定各种煤对炼油的适应性，以及在低温干馏工业生产中鉴定原料煤的性质并预测各种产品的产率，均需要进行煤的低温干馏试验。煤的低温干馏试验主要有铝甑法，有时也用上述格金法（煤的管式低温干馏试验方法，GB/T 1341）代用。

铝甑低温干馏试验法是费希尔于 1920 年提出的。中国国家标准（GB/T 480—2000）是参照该法，但在温度制度等方面做了一些修改。该试验方法是将 20g 空气干燥煤样放入铝甑中，在最初的 15～20min 内应使温度升到 260℃，之后按一定程序以 5℃/min 的速度将煤样加热到

510℃后并保持20min。干馏后测定所得焦油、热解水、半焦和煤气的收率，试验装置如图5-9所示。焦油产率的代号为Tar。一般采用空气干燥基准，即Tar_{ad}%。低温干馏用煤的Tar_{ad}一般不应小于7%。大于12%者称为高油煤；Tar_{ad}为7%～12%者是富油煤；Tar_{ad}小于或等于7%者为贫油煤。

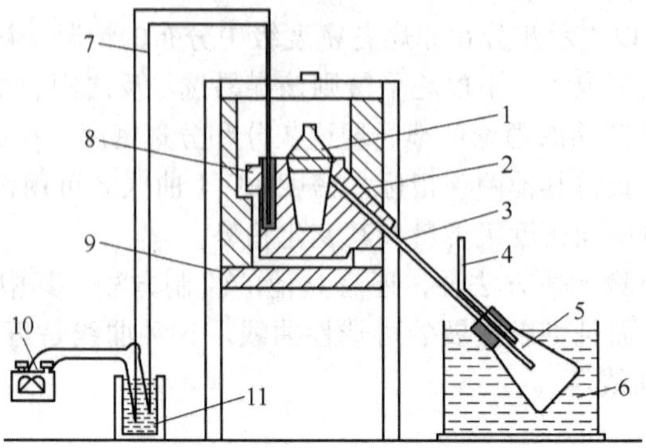

图5-9　铝甑干馏试验装置

1—铝甑盖；2—铝甑体；3—导出管；4—导气管；5—锥形瓶；6—冷却槽；7—热电偶；8—热电偶套管；9—加热装置；10—毫伏高温计；11—冷接点恒温器

煤的低温焦油产率与煤的成因类型有关。残殖煤与腐泥煤的Tar_{ad}都相当高，多数为富油煤。腐殖煤的焦油产率与煤化度和煤岩组成有关，褐煤和长焰煤的Tar_{ad}较高，当稳定组含量较高时，Tar_{ad}也较高。

5.4　煤炭气化燃烧的工艺性质

煤炭气化工艺是将固体的煤最大限度地加工成为气体燃料的过程。为了使气化过程顺利进行、气化反应完全，并满足不同气化工艺过程与气化炉对煤质的不同要求，通常需要测定煤的反应性、机械强度、热稳定性、结渣性、灰熔融性和灰黏度等指标，并把上述各指标一起作为气化用煤的质量指标。

煤的燃烧是煤利用的一种主要方法，燃烧对煤的质量要求最为宽松，一般来说，各种煤阶，不同类别、等级的煤都能用于燃烧，但为了提高热能利用效率，满足各种燃煤设备及环保的最低要求，就要充分了解煤的性质及其燃烧特点，保证完全燃烧，充分利用释放出的热能。

5.4.1　煤的反应性

煤的反应性又称煤的化学活性，指在一定温度条件下煤与不同气体介质（如二氧化碳、氧、水蒸气等）发生化学反应的能力。反应性强的煤在气化和燃烧过程中反应速度快、效率高。尤其对采用沸腾床和气流床等高效的新型气化技术，煤的反应性强弱直接影响到煤在气化炉中反应的快慢、完成程度、耗煤量、耗氧量及煤气中的有效成分等。高反应性的煤可以在生产能力基本稳定的情况下，使气化炉可以在较低温度下操作，从而避免灰分结渣和破坏煤的气化过程。在流化燃烧新技术中，煤的反应性强弱与其燃烧速度也有密切关系。因此，反应性是煤气化和燃烧的重要特性指标。

测定煤反应性的方法和表示方式很多，如反应速度法、活化能法、同温度下产物的最大质量浓度或浓度与时间作图法、着火温度或平均燃烧速度法、反应物分解率或还原率法、临界空气鼓风量法，以及挥发分热值表示法。目前中国多采用的方法是煤对二氧化碳的还原率来表示煤化学反应性（GB/T 220）。测定要点是：先将煤样干馏，除去挥分物（如试样为焦炭则不需要干馏处理）。然后将其筛分并选取一定粒度的焦渣装入反应管中加热。加热到一定温度后，以一定的流量通入二氧化碳与试样反应。测定反应后气体中二氧化碳的含量，以被还原成一氧化碳的二氧化碳量占通入的二氧化碳量的百分数，即二氧化碳还原率 $\alpha(\%)$，作为煤或焦炭对二氧化碳化学反应性的指标。

根据以下关系式绘制二氧化碳还原率与反应后气体中二氧化碳含量的关系曲线，根据测得的反应后气体中二氧化碳含量 V，从 α-V 曲线上查得相应的二氧化碳还原率。

$$\alpha = \frac{100(100 - a - V)}{(100 - a)(100 + V)} \times 100\% \tag{5-4}$$

式中　α——二氧化碳还原率,%；

a——钢瓶二氧化碳气体中杂质气体含量,%；

V——反应后气体中二氧化碳含量,%。

将 CO_2 的还原率（α,%）与相应的测定温度绘成曲线，如图 5-10 所示。图 5-10 中煤的反应性随反应温度的升高而加强，各种煤的反应性随煤化度的加深而减弱。因为碳和 CO_2 反应不仅在燃料的外表面进行，而且也在燃料内部微细孔隙的毛细管壁上进行，孔隙率愈高，反应的表面积愈大。不同煤化度煤及其干馏所得残炭或焦炭的气孔率、化学结构不同，因此其反应性不同。褐煤的反应性最强，但当温度较高（900℃以上）时，反应性增高减慢。无烟煤的反应性最弱，但在较高温度时，随温度升高其反应性显著增强。煤的灰分组成与数量对反应性也有明显的影响。碱金属和碱土金属对碳与 CO_2 的反应起着催化作用，使煤、焦的反应性提高并降低焦炭反应后强度。

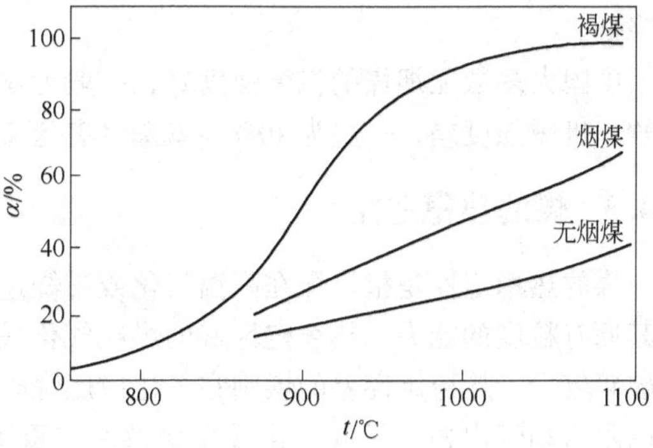

图 5-10　煤的反应性曲线

5.4.2　煤的机械强度

煤的机械强度指煤对外力作用时的抵抗能力，包括煤的抗碎强度、耐磨强度和抗压强度等物理性质。试验方法有落下试验法，转鼓试验法，耐压试验法等。应用比较广泛的是落下试验法。

落下试验法是根据煤块在运输、装卸和入炉过程中落下和互相撞击而破碎等特点拟定的，它基本上反映出块煤在上述过程中的抗破碎特性，因此，块煤用户和设计单位都需了解所用煤的这一指标，它对于指导生产和工艺设备的选择具有实际的参考价值。用煤单位可根据煤的抗碎强度确定用煤粒度，而设计部门可根据煤的抗碎强度选用煤种，确定加工设备及工艺流程。GB/T 15459—2006 中规定了采用 10 块落下试验法，其方法为用 10 块 60～100mm 的煤样，逐一从 2m 高自由落下到大于 15mm 厚的钢板上，落下后将大于 25mm 的煤再进行落下，重复落下三次，称出大于 25mm 煤样的质量，再计算其占落下前煤样的质量百分率作为量度落下强度。用落下试验鉴定煤的机械强度的分级标准如表 5-4 所示。

表 5-4 煤的机械强度分级标准

级别	煤的机械强度	大于25mm粒度所占比例/%	级别	煤的机械强度	大于25mm粒度所占比例/%
一级	高强度煤	>65	三级	低强度煤	>30~50
二级	中强度煤	>50~65	四级	特低强度煤	≤30

煤的落下强度计算式如下：

$$S_{25} = \frac{m_1}{m} \times 100\% \tag{5-5}$$

式中 S_{25}——煤的落下强度，%；

m_1——三次落下试验后粒度大于25mm的块煤质量，kg；

m——落下试验前块煤质量，kg。

多数情况下要求气化和燃烧用煤为均匀的块煤。机械强度低的煤投入气化炉时容易碎成小块和粉末，从而使料柱透气性变差影响气化炉的正常操作。

煤的机械强度与煤化度、煤岩组成、矿物质含量以及风化等因素有关。高煤化度煤和低煤化度煤的机械强度较大，而中等煤化度的肥煤、焦煤机械强度最小。宏观煤岩成分中丝炭的机械强度最小，镜煤次之，暗煤最坚韧。矿物质含量高的煤机械强度较大。煤经风化后机械强度将降低。

中国大多数无烟煤的机械强度好，一般为60%~92%。但也有一些煤成片状、粒状，煤质松软，机械强度差，一般为40%~20%，甚至20%以下。

5.4.3 煤的热稳定性

煤的热稳定性是指块煤在高温气化或燃烧过程中对热的稳定程度，即块煤在高温作用下保持其原有粒度的能力。热稳定性好的煤在气化或燃烧过程中能保持原来的粒度，而不碎成小块或破碎较少，热稳定性差的煤则在气化或燃烧时迅速爆裂成小块或煤粉。轻则炉内结渣，增加炉内阻力和带出物，降低气化或燃烧效率，重则破坏整个气化过程，甚至造成停炉事故。因此，块煤气化或燃烧要求煤有足够的热稳定性。

各种气化炉和工业锅炉对煤的粒度有不同的要求，因此测定煤热稳定性的方法也有所不同，但最常用的是6~13mm级块煤热稳定性的测定方法（GB/T 1573）。该法量取6~13mm粒度的煤样约500cm^3，称其质量并装入5个100mL的坩埚中。在(850±15)℃的马弗炉中加热30min后取出冷却、称重、筛分，所得大于6mm的残焦占各级残焦质量之和的百分数为热稳定性指标TS_{+6}。所得3~6mm及小于3mm的残焦质量的百分数为热稳定性的辅助指标：TS_{3-6}，TS_{-3}。若TS_{+6}指标数值越大，表明其热稳定性愈好。煤的热稳定性分级标准见表5-5。

表 5-5 煤的热稳定性分级标准（MT/T 560—1996）

序　号	级别名称	代　号	热稳定性范围 TS_{+6}/%	试验方法
1	低热稳定性煤	LTS	≤40	GB 1573
2	较低热稳定性煤	RLTS	>40~50	
3	中等热稳定性煤	MTS	>50~60	
4	较高热稳定性煤	RHTS	>60~70	
5	高热稳定性煤	HTS	>70	

煤的热稳定性计算式如下：

$$TS_{+6} = \frac{m_{+6}}{m} \times 100\% \tag{5-6}$$

$$TS_{3\sim6} = \frac{m_{3\sim6}}{m} \times 100\% \tag{5-7}$$

$$TS_{-3} = \frac{m_{-3}}{m} \times 100\% \tag{5-8}$$

式中　TS_{+6}——煤的热稳定性指标，%；
$TS_{3\sim6}$、TS_{-3}——煤热稳定性的辅助指标，%；
m——各级残焦质量之和，g；
m_{+6}——大于6mm残焦质量之和，g；
$m_{3\sim6}$——粒度为3~6mm残焦质量之和，g；
m_{-3}——小于3mm残焦质量，g。

对使用大块煤的气化用户，有时将热稳定性测定法中煤的块度加大为13~25mm。其测定原理与前述相似，但以大于13mm级残焦的质量百分数作为热稳定性指标。而小于1mm级残焦的质量百分数及热稳定性曲线作为辅助指标。

煤的热稳定性主要受水分和煤结构因素的影响。煤裂隙中存在的水分在高温下急剧蒸发；以及由于煤结构不均一，在高温下造成大的内外温差，都使煤粒发生热爆现象。用热稳定性差的煤来压制型块，在炭化时要注意加热速度，否则由于热爆裂会使型煤破碎而影响正常的炭化过程。在炼焦生产中，由于黏结性烟煤加热时经历热分解与熔融过程，一般不考虑热稳定性问题，所以只对褐煤、不黏结烟煤和无烟煤才进行测定。

中国大多数无烟煤的热稳定性较好，TS_{+6}均在65%以上。如山西晋城无烟煤的TS_{+6}高达94.4%~97.2%，阳泉无烟煤的TS_{+6}在85.1%~95.5%。但在高变质无烟煤中也有少数煤的热稳定性不好，如京西大安山煤等。无烟煤的热稳定性差是由于其结构致密，加热时内外温度差大，引起膨胀不均而破裂。热稳定性不好的无烟煤经预热处理后，大多数其热稳定性可显著改善。

5.4.4 煤的结渣性

煤的结渣性实际上是指煤中矿物质在高温燃烧或气化过程中，煤灰软化、熔融而结渣的性能。在气化过程中煤灰的结渣会影响正常操作，降低气化效率，结渣严重时将会导致停产。因此，必须选择不易结渣或只轻度结渣的煤炭作为气化原料。由于煤灰熔融性并不能完全反映煤在气化炉中的结渣情况，因而要用煤的结渣性来判断气化过程中煤灰结渣的难易程度。

煤的结渣性的测定方法（GB/T 1572）是将3~6mm粒度的煤样装入特制的气化装置中，用木炭引燃。以空气作为气化介质，在三种不同的鼓风强度下使试样气化（燃烧）。待试样燃尽熄火后停止鼓风，取出灰渣称量，经过筛分后测定其中大于6mm灰渣质量占灰渣总质量的百分数作为结渣性指标。不言而喻，这是一种规范性很强的测定法，因此，试验条件（包括仪器设备和工艺流程等）对测定结果有很大的影响。

结渣率按下式计算：

$$Clin = \frac{m_1}{m} \times 100\% \tag{5-9}$$

式中　$Clin$——结渣率,%；

m_1——粒度大于6mm渣块的质量，g；

m——总灰渣质量，g。

每一试样按0.1m/s、0.2m/s、0.3m/s三种鼓风强度进行试验。在结渣性强度区域图上（见图5-11），以鼓风强度为横坐标，以平均结渣率为纵坐标绘制结渣曲线，以区分出强结渣、中等结渣和弱结渣区。

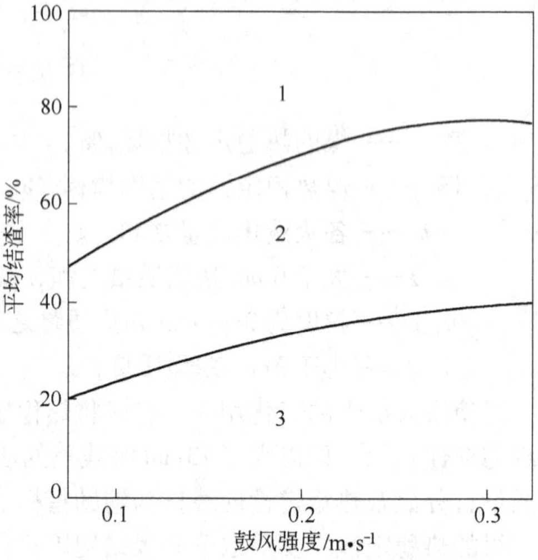

图5-11　结渣性强度区域图

1—强结渣区；2—中等结渣区；3—弱结渣区

影响结渣性指标的主要因素有煤的灰分产率和煤灰的熔融性。煤中灰分的多少对煤的结渣情形起着重要的作用，是个首要的影响因素。大量试验数据和实际调查结果都证实，煤的灰分高，且灰熔融特性温度又比较低，在气化过程中很容易产生熔渣，形成的熔渣又把邻近的煤块包围起来，集成更大的渣块，使结渣率增高。此外，煤灰周围的气氛对结渣性也有一定的影响，因为还原性气氛中测得的煤灰熔融性温度比氧化性气氛测得的要低，因而煤在还原性气氛中比在氧化性气氛中的结渣率高。煤中无机硫含量也影响结渣性，分析数据表明，煤中无机硫含量越高，煤灰熔融性温度越低，煤的结渣性相应也随之升高。煤的结渣性与煤中矿物质含量和组成有重要关系。矿物质高的煤较易结渣，矿物质中钙、铁等低熔点氧化物容易结渣，而SiO_2、Al_2O_3等高熔点氧化物含量高则不易结渣。

5.4.5　煤灰的熔融性和灰黏度

煤灰是煤中矿物质燃烧后生成的各种金属和非金属氧化物以及硫酸盐等复杂的混合物，它们没有一个固定的熔化温度，而只有一个较宽的熔化温度范围。并且这些煤灰成分在一定温度下能形成共熔体，这种共熔体在熔化状态时有熔解煤灰中其他高熔点物质的能力，并改变了熔体成分和熔化温度。但煤灰的这种熔融特性习惯上仍称为煤灰熔点。

煤灰的熔融性取决于煤灰的组成。煤灰成分十分复杂，主要有：SiO_2，Al_2O_3，Fe_2O_3，CaO，MgO和SO_3等，如表5-6所示。煤灰主要成分的含量波动很大，根据煤灰成分可以大致推测煤中矿物质的组成，初步判断灰熔点的高低。一般情况下煤灰中Al_2O_3和SiO_2含量的比例愈大，其熔化温度愈高；而Fe_2O_3、CaO和MgO等碱性成分的比例愈大，则熔化温度较低。煤灰熔点也可根据其组成用经验公式进行计算。

表5-6　煤灰主要成分的一般范围（质量分数）

煤灰成分	褐煤/%	烟煤及无烟煤/%	煤灰成分	褐煤/%	烟煤及无烟煤/%
SiO_2	10～60	15～80	MgO	0.1～3	0.1～5
Al_2O_3	5～35	8～50	TiO_2	0.2～4	0.1～6
Fe_2O_3	4～25	1～65	SO_3	0.6～35	<0.1～15
CaO	5～40	0.5～35	P_2O_5	0.04～2.5	0.01～5

煤灰熔融性是气化与燃烧用煤的一个重要工艺指标，对于固体排渣的气化炉或锅炉，结渣是生产中的一个严重问题。灰熔点低的煤容易结渣，将降低气化炉煤气的质量或给锅炉燃烧带来困难、影响正常操作，甚至造成停炉事故。因此，对这类气化炉与锅炉应使用灰熔点高的原料煤。但对液态排渣的气化炉或锅炉，则希望原料煤的灰熔点低，熔融灰渣的黏度小，流动性好并且对耐火材料或金属无腐蚀作用。

测定煤灰熔融性常用方法是角锥法（GB/T 219—2008）。测定方法是将煤灰与糊精混匀后在模中制成一定尺寸的三角锥体，将三角锥体放入灰熔点测定炉中在一定的气氛下、以一定的加热速度升温，观察灰锥在受热过程中的形态变化，确定它的四个特征熔融温度：变形温度 *DT*，软化温度 *ST*，半球温度 *HT* 和流动温度 *FT*，灰锥熔融特征如图 5-12 所示。当灰锥尖端或棱开始变圆或弯曲时的温度为变形温度 *DT*；当灰锥弯曲至锥尖触及托板或灰锥变成球形时的温度为软化温度 *ST*；当灰锥形变至近似半球形，即高约等于底长的一半时的温度为半球温度 *HT*；当灰锥熔化展开成高度在 1.5mm 以下的薄层时的温度为流动温度 *FT*。*DT* ~ *ST* 是煤灰的软化范围，*ST* ~ *FT* 是煤灰的熔化范围。工业上一般选软化温度 *ST* 作为衡量煤灰熔融性的主要指标。按照煤灰熔融温度的高低可将煤灰分为四种类型，如表 5-7 所示。灰熔点测试时的气氛对结果有影响，一般应模拟工业条件在弱还原性气氛中进行。

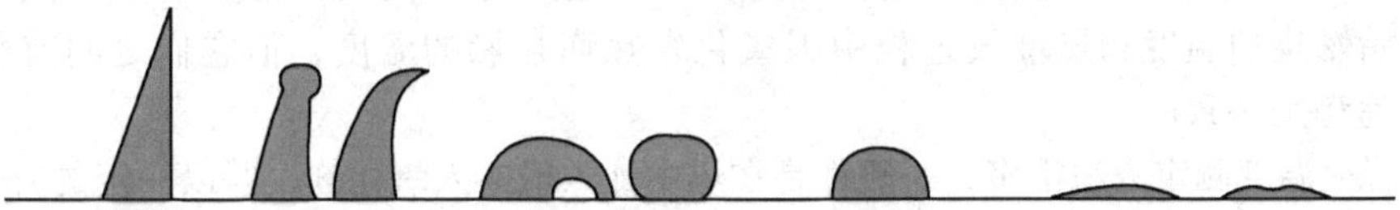

图 5-12 灰锥熔融特征示意图

表 5-7 煤灰软化温度分级（MT/T 853.1—2000）

序 号	级别名称	代 号	分级范围 *ST*/℃	试验方法
1	低软化温度灰	LST	≤1100	GB/T 219①
2	较低软化温度灰	RLST	>1100 ~ 1250	
3	中等软化温度灰	MST	>1250 ~ 1350	
4	较高软化温度灰	RHST	>1350 ~ 1500	
5	高软化温度灰	HST	>1500	

①煤灰熔融性测定时炉内气氛为弱还原性。

煤灰黏度是指煤灰在高温熔融状态下流动时的内摩擦系数。煤灰在高温下达到 *FT* 后即呈流体，整个流体可假设由多层组成。煤灰流动时两个相对移动的液层之间存在相互作用的内摩擦，其摩擦系数即为煤灰黏度 η。煤灰黏度可应用牛顿摩擦定律推算。可应用钢丝扭矩式黏度计测定煤灰的黏度。煤灰的动力黏度单位是帕斯卡·秒（Pa·s）或泊（P）；1P = 0.1Pa·s；泊（P）即面积为 $1cm^2$ 的两层液体相距 1cm，以 1cm/s 的速度相对移动所产生的内摩擦力为 10^{-5}N 时，该液体的黏度为 10^{-1}Pa·s。

煤灰黏度是气化用煤和动力用煤的重要指标。因为对液态排渣的气化炉和燃烧炉来说，了解煤灰流动性可选择合宜的原料和燃料煤、助熔剂和确定排渣温度，正确指导气化和燃烧的生产工艺和炉型设计。

用煤灰黏度 η 可以较好评定灰渣的流动性，灰黏度小流动性好可以正常液态排渣。灰渣黏度大其流动性则差，当煤灰黏度达到100Pa·s时，熔渣在重力作用下将停止流动。我国煤灰黏度一般在5～25Pa·s范围，在生产上对固定床的液态排渣气化炉，煤灰黏度应小于5Pa·s；粉煤气化炉的灰渣黏度应小于25Pa·s；对液态排渣锅炉为保证操作顺利，要求煤灰黏度为5～10Pa·s，最高不能超过25Pa·s；而对灰熔点高、灰黏度大的煤则适用于各种类型气化和燃烧用的固定床、沸腾床的固态排渣炉。

煤灰黏度的大小主要取决于煤中矿物组成及组成间的相互作用。一般来说，随灰渣成分中 SiO_2 和 Al_2O_3 含量的提高，灰渣黏度增大；而 Fe_2O_3、CaO、MgO 或 Na_2O 等增加，则煤灰黏度降低，生产中可采用加入助熔剂和配煤等方法改变灰黏度，以适应气化或燃烧的需要。

5.4.6 煤的着火温度

煤的着火温度是煤的燃烧特性之一。在生产、储存和运输过程中可根据测定煤的着火温度来采取预防措施，以避免煤炭自燃，减少环境污染和经济损失。煤释放出足够的挥发分与周围大气形成可燃混合物的最低燃烧温度叫做煤的着火温度。着火温度的测定是个规范性很强的试验，用不同的操作方法，不同仪器，特别是使用不同氧化剂会得出不同的着火温度。因此，试验室测的着火温度是相对的，并不能绝对反映在日常生活中和工业燃烧条件下煤开始燃烧的温度和煤堆放过程中因氧化发热而自燃的温度，但它们之间有相应的关系，总的趋势是一致的。

煤的着火温度测定方法很多，一般都是在煤中加入或通入氧化剂，并以一定的升温速度加热至煤发生爆燃或明显的温度升高，测出此时临界温度即为煤的着火温度。

目前，我国国家标准 GB/T 18511—2001 中规定了煤的原样和氧化样着火温度测定方法，人们可根据原样和氧化样着火温度的差异来判断煤的自燃倾向，差值越大，越易自燃。现行国家标准中规定了两种着火温度测定方法：一种是基于煤爆燃时空气体积膨胀现象的人工观测法；另一种是基于煤爆燃时温度骤然上升现象的自动测定法。二者的测定原理相同，都是将煤样与氧化剂（亚硝酸钠）按一定比例混合，放入着火温度测定装置或自动测定仪中，以一定的速度加热，到一定温度时，煤样突然燃烧。记录测量系统内空气体积突然膨胀或升温速度突然增加时的温度，作为煤的着火温度。

测定煤的着火温度有以下几方面的意义：

（1）着火温度与煤阶有一定的关系，一般煤阶高的着火温度也比较高，煤阶低的煤着火温度也低，所以着火温度可以作为判断煤炭变质程度的参考。

（2）根据煤的氧化程度与着火温度之间的关系，利用原煤样的着火温度和氧化煤样的着火温度的差值来推测煤的自燃倾向。一般的说，原煤煤样着火温度低，而氧化煤样着火温度降低数值大的煤容易自燃。

（3）根据煤的着火温度的变化来判断煤是否被氧化。煤受轻微氧化时，用元素分析或腐殖酸测定方法是难以做出判断的，而煤氧化后着火温度却有明显下降，所以着火温度可作为煤氧化的一种非常灵敏的指标。人们可以通过测定煤的着火温度来判定煤的氧化程度，即分别测定原煤样、氧化煤样和还原煤样的着火温度，然后按下式计算煤的氧化程度：

$$\text{氧化程度}(\%) = \frac{\text{还原煤样着火温度} - \text{原煤样着火温度}}{\text{还原煤样着火温度} - \text{氧化煤样着火温度}} \times 100\% \tag{5-10}$$

煤的着火温度与煤的挥发分、水分、灰分以及煤岩组成有关。一般说来，煤的着火温度随挥发分的增高而降低，如图 5-13 所示，但在相同挥发分产率下，褐煤的着火温度比烟煤低很多。

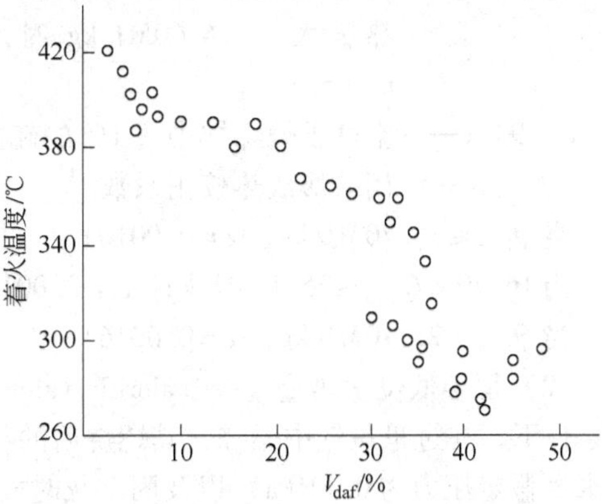

图 5-13　煤的挥发分和着火温度的关系

5.4.7　煤的发热量

煤的发热量是单位质量的煤完全燃烧时所放出的热量，以符号 Q 表示。发热量的国际单位是 J(焦耳)/g，中国过去使用 Cal(卡)/g，英国使用 Btu(英国热量单位)/Lb，它们之间的换算式是：1J/g = 0.239Cal/g = 0.43Btu/Lb。

煤的发热量是评价煤质和热工计算的重要指标。在煤的燃烧或转化过程中，常用煤的发热量来计算热平衡、耗煤量和热效率；用煤的发热量可估算锅炉燃烧时的理论空气量、烟气量、理论燃烧温度等，以此进行锅炉设计或燃烧设备的选型和燃烧方式的选择等；对动力用煤，其发热量是确定价格的主要依据。在国际和中国煤炭分类中，煤的发热量还是低煤化度煤的分类指标之一。

5.4.7.1　煤发热量的直接测定法

早在 1880 年法国贝特洛提出了用氧弹量热法来测定煤的发热量。此法经不断完善并沿用至今。中国在 1963 年制定了第一个煤发热量的测定方法的国家标准，经过多次修订完善后形成现行国家标准（GB/T 213—2008）。

A　氧弹量热法的测定原理

煤的发热量在氧弹热量计中进行测定。一定量的分析试样在氧弹热量计中，在充有过量氧气的氧弹内燃烧，热量计的热容量通过在相近条件下，燃烧一定量的基准量热物苯甲酸来确定，根据试样燃烧前后量热系统产生的温升，并对点火热等附加热进行校正后即可求得试样的弹筒发热量 $Q_{b,ad}$。

弹筒发热量（bomb calorific value）是指单位质量的试样在充有过量氧气的氧弹内燃烧，其燃烧后的物质成为氧气、氮气、二氧化碳、硝酸和硫酸、液态水以及固态灰时放出的热量。

B　煤的恒容高位发热量和低位发热量

由于弹筒发热量是在弹筒的恒定容积下测定的，所以它称为恒容发热量。

（1）恒容高位发热量（gross calorific value at constant volume）。它是指单位质量的试样在充有过量氧气的氧弹内燃烧，其燃烧后的物质组成为氧气、氮气、二氧化碳、二氧化硫、液态水以及固态灰时放出的热量。在弹筒内煤的燃烧是在高温高压下进行，所以试样和弹筒内空气中的氮生成氧化物并溶解在水中变为稀硝酸；若试样是在空气中燃烧，其中的氮则成为游离氮逸出。煤中的硫在空气中燃烧只生成 SO_2 逸出，而在弹筒内则生成稀硫酸。上述稀 HNO_3 及稀 H_2SO_4 的生成及溶解于弹筒内的水均为放热反应。从上述弹筒发热量中减去硝酸、硫酸的生成热和溶解热后即得到煤的恒容高位发热量，其代表符号为 $Q_{gr,v,ad}$，计算式如下：

$$Q_{gr,v,ad} = Q_{b,ad} - [94.1w_{ad}(S_b) + \alpha \cdot Q_{b,ad}] \tag{5-11}$$

式中　$Q_{gr,v,ad}$——空气干燥煤样的恒容高位发热量，J/g；

$Q_{b,ad}$——空气干燥煤样的弹筒发热量，J/g；

$w_{ad}(S_b)$——由弹筒洗液测得的硫含量，以质量分数表示,%；当全硫低于4.00%时，或发热量大于14.60MJ/kg时，可用全硫（按GB/T 214—2007测定）代替$w_{ad}(S_b)$；

94.1——空气干燥煤样中每1%的硫的校正值，J/g；

α——硝酸形成热校正系数。

当$Q_{b,ab} \leqslant 16.70$MJ/kg，$\alpha = 0.0010$；

当$16.70 < Q_{b,ab} \leqslant 25.10$MJ/kg，$\alpha = 0.0012$；

当$Q_{b,ab} > 25.10$MJ/kg，$\alpha = 0.0016$；

（2）恒容低位发热量（net calorific value at constant volume）。它是指单位质量的试样在恒容条件下，在过量氧气中燃烧，其燃烧后的物质组成为氧气、氮气、二氧化碳、二氧化硫、气态水（假定压力为0.1MPa）以及固态灰时放出的热量。由于煤在常规燃烧时水呈蒸汽状态随燃烧废气排出，因此需从高位发热量中减去煤燃烧后水的汽化热，得出恒容低位发热量$Q_{net,v,ar}$。工业上多采用收到基低位发热量，它可从高位发热量按下式进行换算：

$$Q_{net,v,ar} = [Q_{gr,v,ad} - 206w_{ad}(H)]\frac{100 - M_{t,ar}}{100 - M_{ad}} - 23M_{t,ar} \tag{5-12}$$

式中　$Q_{net,v,ar}$——煤的收到基恒容低位发热量，J/g；

$Q_{gr,v,ad}$——煤的空气干燥基恒容高位发热量，J/g；

$w_{ad}(H)$——煤的空气干燥基氢的质量分数,%；

$M_{t,ar}$——煤的收到基全水分的质量分数,%；

M_{ad}——煤的空气干燥基水分的质量分数,%；

206——对应于空气干燥煤样中每1%氢的气化热校正值（恒容），J/g；

23——对应于收到基煤中每1%水分的气化热校正值（恒容），J/g。

C　煤的恒压低位发热量

恒压低位发热量（net calorific value at constant pressure）是指单位质量的试样在恒压条件下，在过量氧气中燃烧，其燃烧后的物质组成为氧气、氮气、二氧化碳、二氧化硫、气态水（假定压力为0.1MPa）以及固态灰时放出的热量。

煤在实际燃烧中处于恒压状态而不是恒容状态，故工业计算中应该采用恒压低位发热量（通常采用收到基），可用高位发热量按下式换算：

$$Q_{net,p,ar} = \{Q_{gr,v,ad} - 212w_{ad}(H) - 0.80[w_{ad}(O) + w_{ad}(N)]\} \times \frac{100 - M_{t,ar}}{100 - M_{ad}} - 24.4M_{t,ar} \tag{5-13}$$

式中　$Q_{net,p,ar}$——煤的收到基恒压低位发热量，J/g；

$Q_{gr,v,ad}$——煤的空气干燥基恒容高位发热量，J/g；

$w_{ad}(H)$——煤的空气干燥基氢的质量分数,%；

$w_{ad}(O)$——煤的空气干燥基氧的质量分数,%；

$w_{ad}(N)$——煤的空气干燥基氮的质量分数,%；

$M_{t,ar}$——煤的收到基全水分的质量分数,%；

M_{ad}——煤的空气干燥基水分的质量分数,%。

212——对应于空气干燥煤样中每1%氢的气化热校正值（恒容），J/g；

0.80——对应于空气干燥煤样中每1%氧和氮的气化热校正值（恒容），J/g；

24.4——对应于收到基煤中每1%水分的气化热校正值（恒压），J/g。

5.4.7.2 发热量的计算法

煤的发热量除了用氧弹法直接测定外，还可以利用煤的工业分析或元素分析数据进行近似计算。国内外学者对此做过大量的研究工作，中国煤炭科学研究总院提出了计算煤发热量的各种经验公式，计算结果与实测值的误差较小，举例如下。

A 利用工业分析数据计算煤的发热量

（1）计算烟煤 $Q_{gr,v,ad}$ 的经验公式有：

$$Q_{net,v,ad} = [100K - (K+6) \times (M_{ad} + A_{ad}) - 3V_{ad} - 40M_{ad}] \times 4.1868 \tag{5-14}$$

式中，K 为常数，在72.5～85.5之间，可根据煤样的 V_{daf} 和焦渣特征查表得到。

此外，只有当 V_{daf} 小于35%和大于3%时才减去 $40M_{ad}$。

（2）计算无烟煤的 $Q_{gr,ad}$ 的经验公式有：

$$Q_{gr,ad} = K_0 - 80M_{ad} - 90A_{ad}$$

式中，K_0 可用 V_{daf} 值确定，见表5-8。

表5-8 用干燥无灰基挥发分确定 K_0 值

$V_{daf}/\%$	≤3	3～5.5	>5.5～8	>8
K_0	8200	8300	8400	8500

（3）计算褐煤 $Q_{net,v,ad}$ 的经验公式有：

$$Q_{net,v,ad} = [100K_1 - (K_1+6) \times (M_{ad} + A_{ad}) - V_{daf}] \times 4.1868$$

式中，K_1 为常数，范围是61～69，由煤中氧含量大小查表可得。

B 利用元素分析数据计算煤的发热量

利用煤的元素组成计算褐煤、烟煤和无烟煤的 $Q_{gr,v,daf}$ 半经验式有：

$$Q_{gr,v,daf} = [80(\text{或}78.1) \times w_{daf}(C) + 310(\text{或}300)w_{daf}(H) + 15w_{daf}(S) - 25w_{daf}(O) - 5(A_d - 10)]$$

对 $w_{daf}(C)$ 大于95%或 $w_{daf}(H)$ 小于1.5%的煤，公式中 $w_{daf}(C)$ 前的系数用78.1，其他煤均用80；对 $w_{daf}(C)$ 小于77%的煤，公式中 $w_{daf}(H)$ 前的系数采用300，其他煤均用310；对于 A_d 大于10%的煤才有公式中最后一项灰分的校正值，否则不必校正灰分。

5.4.7.3 煤的发热量与煤质的关系

煤的发热量与煤质关系密切，煤的成因类型、煤化程度、煤岩组成、煤中水分与灰分及煤的风化程度等因素对煤的发热量的大小均有影响。

氢含量高的腐泥煤和稳定组高的残殖煤其发热量均高于腐殖煤。例如江西乐平的树皮残殖煤的发热量 $Q_{b,daf}$ 高达37.93MJ/kg。

煤的发热量随煤化度的增加呈现规律性的变化，如表5-9所示。可见，从褐煤到焦煤发热量随煤化度加深而增加，到焦煤阶段出现最大值，其干燥无灰基恒容高位发热量达37.05MJ/kg。从焦煤到高变质无烟煤，随煤化度加深发热量又逐渐减少，但变化幅度较小。这种变化规律与煤的元素组成密切相关。因为从褐煤到焦煤阶段，碳含量不断增加，氧含量大幅度减少，而氢含量减少的幅度较小，故煤的发热量呈上升趋势；从焦煤到高变质无烟煤阶段，碳含量增加和氧含量降低的幅度变小，而氢含量明显下降。氢含量的发热量是碳含量发热量的3.7倍，这使总的结果导致煤的发热量随煤化度的加深而缓慢下降。

表 5-9　各种煤的发热量（$Q_{gr,v,daf}$）

煤　种	$Q_{gr,v,daf}$/MJ·kg^{-1}	煤　种	$Q_{gr,v,daf}$/MJ·kg^{-1}
褐　煤	25.12～30.56	焦　煤	35.17～37.05
长焰煤	30.14～33.49	瘦　煤	34.96～36.63
气　煤	32.24～35.59	贫　煤	34.75～36.43
肥　煤	34.33～36.84	无烟煤	32.24～36.22

同样，煤的发热量随其挥发分呈抛物线的变化趋势，如图 5-14 所示。可见，V_{daf}在 20%～30% 相当于焦煤阶段，其发热量最高；V_{daf}小于 20%，发热量随 V_{daf}的减小而略有下降；当 V_{daf}大于 30% 时，发热量随 V_{daf}的增加而显著下降。

在腐殖煤的煤岩组分中，稳定组的发热量最高，镜质组次之，丝质组最低。煤的发热量还随其矿物质、水分及风化程度的增加而下降。一般煤的灰分每增加 1% 其发热量约降低 370J/g；煤中水分增加 1%，其发热量也约降低 370J/g。

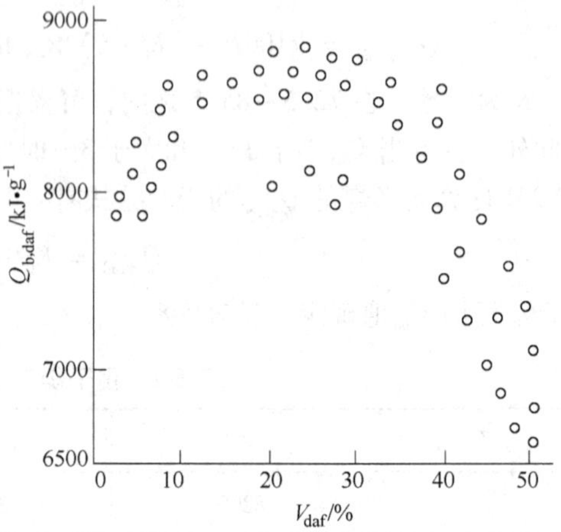

图 5-14　煤的发热量与挥发分之间的关系

复习思考题

5-1　煤的黏结性与结焦性概念有何异同？

5-2　实验室测定煤的黏结性有哪些方法，它们各表征了煤的哪方面的性质？

5-3　黏结指数如何表征炼焦煤的黏结性，其测定原理是什么？

5-4　黏结指数在罗加指数测定方法的基础上有哪些修改，这些修改有什么意义？

5-5　奥阿膨胀度表征了炼焦煤的哪些性质，各种典型炼焦煤的奥阿膨胀曲线有什么特点？

5-6　胶质层厚度表征了炼焦煤的哪些性质，各种代表性体积曲线类型说明了什么问题？

5-7　测定煤的结焦性有哪些方法，它们各表征了煤的哪方面的性质？

5-8　为了更好地表征炼焦煤的结焦性，试设计一种模拟高炉环境表征焦炭性质的测定方法。

5-9　为什么要选煤，通过选煤可以得到哪些产品和副产品？

5-10　可选性曲线是如何制作的，各曲线表示什么意义？

5-11　我国可选性标准是如何表示的？

5-12　影响煤气化的工艺性质有哪些，它们如何影响煤的气化？

5-13　煤的发热量有哪几种表示方法，它们之间有什么关系？

5-14　煤的发热量有哪几种经验计算公式，你认为它们是怎样得到的？

5-15　煤的发热量随煤化度如何变化？

6 煤的岩相组成、性质与应用

煤是一种有机生物岩，煤岩学是用研究岩石的方法来研究煤的学科。它是与煤地质学、古生物学、煤化学和煤工艺学等学科相关的一门边缘科学。它以显微镜为主要工具，兼用肉眼和其他技术手段，研究自然状态下煤的岩相组成、成因、结构、性质、煤化度及其加工利用特性。是研究和应用炼焦用煤的理论基础。

1924 年，德国煤岩学者波托涅（Potonie R.）在《普通煤岩学概论》中第一次使用煤岩学一词。1830 年，英国的赫顿（Hutton）发展了在显微镜下观察煤的薄片技术，发现煤中存在某些植物结构，提出了煤是由植物生成的这一论断，为煤岩学奠定了基础。1919 年，英国斯托普斯（Stopes M C.）提出了将宏观煤岩成分划分为四种类型：镜煤，亮煤，暗煤和丝炭，促使煤岩学获得了系统的发展。1925 年起，德国施塔赫（E. Stach）成功地用反光显微镜和油浸物镜研究块煤光片，1928 年他又发明了粉煤光片，解决了煤岩学研究的试样代表性问题，从而促进了应用煤岩学的发展。

1935 年，斯托普斯提出“显微组分”一词，代表煤在显微镜下能够辨认的煤的有机组分，使煤岩学的研究从定性描述走向定量统计。

1953 年，国际煤岩学委员会（ICCP）成立，它标志着煤岩学的发展进入一个新的国际化里程碑。1957 年和 1963 年，ICCP 分别出版了《国际煤岩学手册》第 1 版和第 2 版，使煤岩术语和研究方法趋向标准化。

荧光性的研究，保证了低煤化度煤的煤级准确测定。反射率测定方法和装置的逐渐完善，对煤岩学的发展起了重大作用，尤其是光电倍增管及各种型号的反射率自动测定装置的研制成功，加上电子计算机的应用，使 20 世纪 70 年代以来煤岩学得到更加迅速的发展和广泛的应用。

6.1 宏观煤岩组成

煤作为一种岩石，肉眼观察可区分出各种宏观煤岩组分和宏观煤岩类型。

6.1.1 宏观煤岩成分

宏观煤岩成分是根据颜色、光泽、断口、裂隙、硬度等性质的不同，肉眼可以区分的煤的基本组成单元。英国煤岩学家斯托普斯（1919 年）在条带状烟煤中区分出四种可见成分，即镜煤、亮煤、暗煤和丝炭，称为宏观煤岩成分，其中，镜煤、丝炭为简单煤岩成分，亮煤和暗煤为复杂煤岩成分，最小分层厚度一般为 3 ~ 5mm。复杂煤岩组分中可以包含厚度小于 3 ~ 5mm 的简单煤岩组分的薄条带或透镜体。在光泽强度上丝煤和暗煤是暗淡的，镜煤和亮煤则是光亮的。

（1）镜煤（vitrain）。煤中颜色最黑、光泽最亮的宏观煤岩成分。质地均匀，性脆，以具贝壳状断口和垂直于条带的内生裂隙为特征。在煤层中镜煤呈透镜状或条带状，厚度一般不超过 20mm，有时呈线理状夹杂在亮煤或暗煤中，但有明显的分界线。镜煤的内生裂隙发育，裂隙面呈眼球状，有时裂隙面上有方解石或黄铁矿薄膜。在成煤过程中，镜煤是由成煤植物的木质纤维组织经过凝胶化作用形成的均质镜质体或结构镜质体。随煤化度加深，镜煤的颜色由深变浅，光泽变强，内生裂隙增多。在中等变质阶段，镜煤具有强黏结性和膨胀性。

（2）亮煤（clarain）。光泽次于镜煤、具有微细层理、最常见的宏观煤岩成分。不少煤层以亮煤为主组成较厚的分层，甚至整个煤层全由亮煤组成。亮煤呈黑色，其光泽、脆性、密度、结构均匀性和内生裂隙发育程度等均逊于镜煤。断口有时呈贝壳状，表面隐约可见微细纹理。在显微镜下观察，亮煤是一种复杂、非均一、以镜质组组分为主，并含有不同数量的惰质组组分和壳质组组分的宏观煤岩成分。在中等变质阶段，亮煤具有较强黏结性和膨胀性。

（3）暗煤（durain）。光泽暗淡、坚硬、表面粗糙的宏观煤岩成分。暗煤呈灰黑色、内生裂隙不发育、密度大、坚硬且具有韧性。它的层理不清晰，呈粒状结构，断口粗糙。常以较厚的分层出现，甚至单独成层。在显微镜下可以观察到暗煤是一种复杂、非均一、镜质组组分较少，矿物质含量较高的宏观煤岩成分。暗煤由于组成不同，其性质差异很大。如富含惰质组的暗煤，略带丝绢光泽，挥发分低，黏结性弱；富含树皮的暗煤，略带油脂光泽，挥发分和氢含量较高，黏结性较好；含大量黏土矿物的暗煤密度大，灰分高。

（4）丝炭（fusain）。有丝绢光泽、纤维状结构、性脆的、单一的宏观煤岩成分。在成煤过程中，丝炭是由成煤植物的木质纤维组织经丝炭化作用而形成的。在煤层中丝炭呈扁平透镜体或不连续小夹层，沿煤的层面分布，厚度约为几毫米。丝炭外观像木炭，灰黑色，质地疏松多孔，性脆、易碎，故在煤粉中含量较多。有些丝炭的孔腔被矿物质填充，成为矿化丝炭。矿化丝炭质地坚硬、致密、密度大。在显微镜下观察，具有明显植物细胞结构的丝炭化组织——丝质体和半丝质体，有时还能看到年轮结构。丝炭含氢量低，含碳量高，没有黏结性。由于丝炭孔隙率高，易于吸氧而发生氧化和自燃。

6.1.2 宏观煤岩类型（macrs copic type）

宏观煤岩成分在煤层中的自然共生组合称为宏观煤岩类型。在宏观煤岩成分中，镜煤和丝炭一般仅以细小的透镜体或不连续的薄层出现，难以形成独立的分层；亮煤和暗煤虽然分层较厚，但常常又有互相过渡的现象，分界线不太明显。所以，在了解煤层的岩相组成和性质时，如以上述四种宏观煤岩成分为单位，则不便进行定量分析，也不易了解煤层的全貌。因此，常采用宏观煤岩类型代替宏观煤岩成分作为肉眼观察研究煤层的单位，共划分为光亮煤、半亮煤、半暗煤和暗淡煤四种基本类型。由于宏观类型是根据相对光泽划分的，而组分的光泽强度又是随煤化程度的增高而增强，因此，只有煤化程度相同的煤才能相互比较，划分宏观类型，并应先以相同煤化程度的镜煤为标准进行划分。煤的宏观类型通常以5cm为最小分层厚度。

各种宏观煤岩类型特点如下：

（1）光亮煤。煤层中总体相对光泽最强的类型，它含有大于80%的镜煤和亮煤，只含有少量的暗煤和丝炭。光亮煤成分较均一，通常条带状结构不明显，具有贝壳状断口。内生裂隙发育，较脆，易破碎。中变质阶段光亮煤的黏结性强，是最好的炼焦用煤。

（2）半亮煤。煤层中总体相对光泽较强的类型，其中镜煤和亮煤的含量大于50%～80%，其余为暗煤，也可能夹有丝炭。半亮煤的条带状结构明显，内生裂隙较发育，常具有棱角状或阶梯状断口。半亮煤是最常见的宏观煤岩类型。中变质程度的半亮煤黏结性较好。

（3）半暗煤。煤层中总体相对光泽较弱的类型，其中镜煤和亮煤含量仅为20%～50%，其余的为暗煤，也夹有丝炭。有时镜煤和亮煤含量虽大于50%，但因矿物质含量高而使煤相对光泽减弱，也成为半暗煤。半暗煤的内生裂隙不发育，断口参差不齐；硬度、韧度和密度较大。

（4）暗淡煤。煤层中总体相对光泽最弱的类型，其中镜煤和亮煤含量在20%以下，其余的多为暗煤，有时夹有少量其他煤岩组分，也有个别煤田存在以丝炭为主的暗淡煤。暗淡煤通常呈块状构造，层理不明显，煤质坚硬，韧性大，密度大，内生裂隙不发育。与其他宏观煤岩类型相比，暗淡煤的矿物质含量往往最高。

在煤层中，各种宏观煤岩类型的分层，往往多次交替出现。逐层进行观察、描述和记录，并分层取样，是研究煤层的基础工作。

6.2 煤的显微组分

煤的显微组分（maceral），是指煤在显微镜下能够区分和辨识的基本组成成分。按其成分和性质又可分为有机显微组分和无机显微组分。有机显微组分是指煤中由植物有机质转变而成的组分；无机显微组分是指煤中矿物质。煤的有机显微组分这一术语是英国斯托普斯于1935年首先提出的。

6.2.1 煤的有机显微组分

腐殖煤的有机显微组分可分为三类，即镜质组（凝胶化组分）、惰质组（丝炭化组分）和壳质组（稳定组）。各类显微组分按其镜下特征，可以进一步分为若干组分或亚组分。

6.2.1.1 镜质组

镜质组是煤中最主要的显微组分，我国多数煤田的镜质组含量约为60%～80%。镜质组是由成煤植物的木质纤维组织，在泥炭化阶段经腐殖化作用和凝胶化作用而形成的显微组分组。在低煤化烟煤中，镜质组的透光色为橙色-橙红色，油浸反射光下呈深灰色，无突起。随煤化程度增加，反射力增大，反射色变浅，可由深灰色变为白色；透光色变深，可由橙红色变为棕色，直至不透明；正交偏光下光学各向异性明显增强。

在油浸反射光下，镜质组中颜色稍浅、反射力稍强，略显突起的显微组分，在早期分类中曾命名为半镜质组，2001年起归并为镜质组。镜质组有时具弱荧光性。

根据细胞结构保存程度及形态、大小等特征，镜质组分为3个显微组分和若干个显微亚组分。

A 结构镜质体

显微镜下显示植物细胞结构的镜质组显微组分（指细胞壁部分）。根据细胞结构保存的完好程度，又分为两个亚组分。

（1）结构镜质体1。细胞结构保存完好的结构镜质体。细胞壁未膨胀或微膨胀，细胞腔清晰可见，细胞排列规则。细胞腔中空，或为矿物和其他显微组分充填。

（2）结构镜质体2。细胞壁强烈膨胀，细胞腔完全变形或几乎消失，但可见细胞结构残迹。细胞腔闭合后常呈线条状结构。由树叶形成的结构镜质体2，常具角质体镶边，有时显示团块状结构。

B 无结构镜质体

显微镜下不显示植物细胞结构的镜质组分。根据形态特征，无结构镜质体又分为4个亚组分。

（1）均质镜质体。在垂直层理切面中呈宽窄不等的条带状或透镜状，均一、纯净，常见垂直层理方向的裂纹。低煤级烟煤中有时可见不清晰隐结构，经氧化腐蚀，可见清晰的细胞结构。该组分为镜质组反射率测定的标准组分之一。

（2）基质镜质体。没有固定形态，胶结其他显微组分或共生矿物均匀基质镜质体显示均一结构，颜色均匀；不均匀基质镜质体为大小不一、形态各异、颜色略有深浅变化的团块状或斑点状集合体。与均质镜质体相比，反射率略低，透光色略浅。该组分亦为反射率测定标准组分之一。

（3）团块镜质体。多呈圆形、椭圆形、纺锤形或略带棱角状、轮廓清晰的均质块体。常充填细胞腔，其大小与细胞腔一致；也可单独出现，最大者可达300μm。油浸反射光下呈深灰色或浅灰色，透射光下为红色-红褐色。

（4）胶质镜质体。均一纯净，无确定形态，常充填在细胞腔、裂隙及真菌体和孢粉体的空腔中。镜下其他光性特征与均质镜质体相似。

C 碎屑镜质体

粒径小于10μm的镜质组碎屑，多呈粒状或不规则状，偶见棱角状。常被基质镜质体胶结，并且不易与基质镜质体区分。

6.2.1.2 惰质组

惰质组是煤中常见的一种显微组分，但在煤中的含量比镜质组少，我国多数煤田的丝质组含量约为10%~20%。惰质组是主要由成煤植物的木质纤维组织受丝炭化作用转化形成的显微组分组。少数惰质组分来源于真菌遗体，或是在热演化过程中次生的显微组分。油浸反射光下呈灰白色-亮白色或亮黄白色，反射力强，中高突起。透射光下呈棕黑色-黑色，微透明或不透明。一般不发荧光。惰质组在煤化作用过程中的光性变化不及镜质组明显。根据细胞结构和形态特征等惰质组分为以下若干组分。

（1）丝质体。油浸反光下为亮白色或亮黄白色，中-高突起，具细胞结构，呈条带状、透镜状或不规则状。常见细胞结构保存完好，甚至可见清晰的年轮及分节的管胞。细胞腔一般中空或被矿物、有机质充填。根据成因和反射色不同分为2个亚组分。

1）火焚丝质体。植物或泥炭在泥炭沼泽发生火灾时，受高温碳化热解作用转变形成的丝质体。火焚丝质体的细胞结构清晰，细胞壁薄，反射率和突起很高，油浸反光下为亮黄白色。

2）氧化丝质体。与火焚丝质体相比，细胞结构保存较差，反射率和突起稍低，油浸反光下为亮白色或白色。

（2）半丝质体。油浸反光下为灰白色，中突起，呈条带状、透镜状或不规则状。具细胞结构，有的呈现较清晰的、排列规则的木质细胞结构，有的细胞壁膨胀或仅显示细胞腔的残迹。

（3）真菌体。来源于真菌菌孢子、菌丝、菌核和密丝组织。油浸反射光下呈现灰白色、亮白色或亮黄白色，中-高突起，显示真菌的形态和结构特征。来源于真菌菌孢的真菌体，外形呈椭圆形、纺锤形，内部显示单细胞、双细胞或多细胞结构。形成于真菌菌核的真菌体，外形呈近圆形，内部显示蜂窝状或网状的多细胞结构。

（4）分泌体。由树脂、丹宁等分泌物经丝炭化作用形成，因而常被称为氧化树脂体，但它也可能起源于腐殖凝胶。油浸反射光下为灰白色、白色至亮黄白色，中高突起。形态多呈圆形、椭圆形或不规则形状，大小不一，轮廓清晰。一般致密、均匀。根据结构不同可分为无气孔、有气孔和具裂隙的三种。无气孔的多为较小的浑圆状，表面光滑，轮廓清晰。有气孔的往往具有大小相近的圆形小孔。第三种则呈现出方向大约一致或不一致的氧化裂纹。

（5）粗粒体。油浸反光下为灰白色、白色、淡黄白色，中-高突起，基本上不呈现细胞结构。有的完全均一，有的隐约可见残余的细胞结构。通常为不规则的浑圆状单体或不定型基质。一般大于30μm。

（6）微粒体。油浸反光下呈白灰色-灰白色至黄白色的细小圆形或似圆形的颗粒，粒径一般在1μm以下。常聚集成小条带，小透镜体或细分散在无结构镜质体中。也常充填于结构镜质体的胞腔内或呈不定型基质状出现。反射力明显高于镜质组，微突起或无突起。主要为煤化作用过程中的次生显微组分。

（7）碎屑惰质体。为惰质组的碎屑成分，粒径小于30μm，形态极不规则。

6.2.1.3　壳质组

壳质组主要来源于高等植物的繁殖器官、保护组织、分泌物和菌藻类，以及与这些物质相关的降解物。

从低煤级烟煤到中煤级烟煤，壳质组在透射光下呈柠檬黄色-黄色-橘黄色-红色，大多轮廓清楚。外形特征明显；在油浸反射光下呈灰黑色到深灰色，反射率比煤中其他显微组分都低，突起由中高突起降到微突起。随煤化程度增高，壳质组反射率等光学特征比共生的镜质组变化快，当镜质组反射率达1.4%左右时，壳质组的颜色和突起与镜质组趋于一致；当镜质组反射率大于2.1%以后，壳质组的反射率变得比镜质组还要高，常具强烈的光学各向异性。

壳质组具有明显的荧光性。从低煤级烟煤到中煤级烟煤，壳质组在蓝光激发下发绿黄色-亮黄色-橙黄色-褐色荧光，随煤化程度增高，荧光强度减弱，直至消失。

壳质组在煤中按其组分来源及形态特征可分为下列组分。

A　孢粉体

孢粉体是由成煤植物的繁殖器官大孢子、小孢子和花粉形成的，分为两个显微亚组分。由大孢子形成的孢粉体称为大孢子体。由于小孢子和花粉在煤垂直层理切片中非常相似，很难区分，故将小孢子和花粉形成的孢粉体统称为小孢子体。

a　大孢子体

大孢子体长轴一般大于100μm，最大可达5000～10000μm。在垂直层理的煤片中，常呈封闭的扁环状。常有大的褶曲，转折处呈钝圆形。大孢子体的内缘平滑，外缘一般平整光滑，有时可见瘤状、刺状等纹饰。

b　小孢子体

小孢子体长轴小于100μm。在垂直层理的煤片中，多呈扁环状、蠕虫状、细短的线条状或似三角形状。外缘一般平整光滑，有时可见刺状纹饰。常呈分散状单个个体出现，有时可见小孢子体堆或囊堆。

B　角质体

角质体来源于植物的叶和嫩枝、果实表皮的角质层。显微镜下角质体呈厚度不等的细长条带。外缘平滑，而内缘大多呈锯齿状，叶的角质体保存完好时，为上下两片锯齿相对，且末端褶曲处呈尖角状。一般顺层理分布，有时密集呈薄层状。角质体可以镶边的形式与镜质组伴生。根据厚度，可将角质体分为厚壁角质体和薄壁角质体两种。

C　树脂体

树脂体来源于植物的树脂以及树胶、脂肪和蜡质分泌物。树脂体主要呈细胞充填物出现，有时也呈分散状或层状出现。在垂直层理的煤片中，树脂体常呈圆形、卵形、纺锤形等，或呈小杆状。

在透射光下，树脂体多呈淡黄白色、柠檬黄色，也呈橙红色。油浸反射色深于孢粉体和角质体，多为深灰色，有时可见带红色色调的内反射现象。一般不显示突起。

D　木栓质体

木栓质体来源于植物的木栓组织的栓质化细胞壁。细胞腔有时中空，有时为团块状镜质体充填。常显示叠瓦状构造。栓质化细胞壁在油浸反射光下呈均一的深灰色，低突起到微突起，在低煤级烟煤中可发较弱的荧光。

E 树皮体

树皮体可能来源于植物茎和根的皮层组织，细胞壁和细胞腔的充填物皆栓质化。在油浸反射光下呈灰黑色至深灰色，低突起或微突起。树皮体有多种保存形态，常为多层状、有时为多层环状或单层状等。在纵切面上，由扁平长方形细胞叠瓦状排列而成，呈轮廓清晰的块体。水平切面上呈不规则的多边形。透射光下呈柠檬黄、金黄、橙红及红色。具有明显的亮绿黄色、亮黄色至黄褐色荧光，各层细胞的荧光强度不同，荧光色差异较大。

F 沥青质体

沥青质体是藻类、浮游生物、细菌等强烈降解的产物。油浸反射光下呈棕黑色或灰黑色。没有一定的形态和结构，分布在其他显微组分之间，也见有充填于细小裂隙中或呈微细条带状出现。微突起或无突起，反射率较低，荧光性弱，呈暗褐色。

G 渗出沥青体

渗出沥青体是各种壳质组分及富氢的镜质体，在煤化作用的沥青化阶段渗出的次生物质，呈楔形或沿一定方向延伸，充填于裂隙或孔隙中，并常与母体相连，其光性特征与母体基本一致或略有差别。透射光下呈金黄色或橙黄色；蓝光激发下荧光色变化较大，多为亮黄色或暗黄色，多与母体的荧光色相似。

H 荧光体

荧光体是由植物分泌的油脂等转化而成的具强荧光的壳质组分。在蓝光激发下发很强的亮黄色或亮绿色荧光。荧光体常呈单体或成群的粒状、油滴状及小透镜状，主要分布于叶肉组织间隙或细胞腔内。油浸反射光下为灰黑色或黑灰色，微突起，透射光下为柠檬黄色或黄色。

I 藻类体

藻类体是由低等植物藻类形成的显微组分，它是腐泥煤的主要组分。根据结构和形态特征分为两个亚组分。

a 结构藻类体

结构藻类体在普通反射光下为灰色，结构和形态清晰，低-中突起。油浸反射光下呈灰黑色或黑色，反射率很低。透射光下色调不均一，多呈柠檬黄色、橙黄色。蓝光激发下发强荧光，结构更加清晰，随煤化程度增高，荧光色由柠檬黄色变化为橙黄色至红褐色。

煤中常见的是由皮拉藻形成的结构藻类体，呈不规则的椭圆形和纺锤形等形状。在垂直层理切片中，表面呈斑点状、海绵状，边缘呈放射状、似菊花状的群体细胞结构特征。由轮奇藻形成的结构藻类体较少见，水平切面为中空的环带，边缘呈齿状，在垂直切面上中空部分压实后呈线性。

b 层状藻类体

层状藻类体细胞结构和形态保存不好，在垂直层理的切面中呈纹层状、短线条状。油浸反射光下呈黑色至暗灰色，反射率很低。蓝光激发下荧光色为黄色、橘黄色至褐色。

J 碎屑壳质体

碎屑壳质体是粒径小于3μm的碎屑状壳质体，常成群出现，在油浸反射光下呈深灰色，反射率低，在蓝光激发下发亮黄色荧光。

6.2.2 煤的无机显微组分

无机显微组分系指煤中的矿物质。它的来源包括：成煤植物体内的无机成分（矿物质），成煤过程中混入的矿物质，后者是煤中矿物质的主要来源。反射光下能辨认的煤中常见矿物主要有黏土类、硫化物类、碳酸盐类、氧化硅类及其他矿物类等五类。

6.2.2.1 黏土类矿物

黏土类矿物包括高岭土、水云母等，是煤中最主要的矿物，一般可占煤中矿物总量的70%左右。普通反射光下为暗灰色、土灰色，轮廓清晰，表面不光滑，呈颗粒状及团块状结构。中突起或微突起。油浸反射光下为灰黑色、黑色，低突起或微突起，表面不光滑，常呈微粒状、团块状、透镜状、薄层状和浸染状等不规则形态出现，常见其充填于结构镜质体、结构半丝质体及结构丝质体细胞腔中或分散在无结构的镜质体中。

6.2.2.2 硫化物类矿物

煤中常见的硫化物类矿物，主要是黄铁矿，其次是白铁矿等。黄铁矿在普通反射光下为黄白色，油浸反射光下为亮黄白色，突起很高，表面平整，有时不易磨光呈蜂窝状。常呈结核状、浸染状或毒粒状集合体产出，或充填于裂隙和细胞腔中。黄铁矿为均质，在正交偏光下全消光，而白铁矿具有强非均质性，偏光色为黄-绿-紫色，双反射显著。常呈放射状、同心圆状集合体。

6.2.2.3 碳酸盐类矿物

煤中常见的碳酸盐类矿物主要有方解石和菱铁矿。方解石在普通反射光下为灰色，低突起，油浸反射光下为灰棕色，表面平整光滑，强非均质性，偏光色为浅灰-暗灰色，内反射显乳白色-棕色，双反射显著。多呈脉状充填裂隙或胞腔中，常见双晶纹及菱形解理纹。菱铁矿的突起比方解石高，常呈结核状、球粒状集合体产出，有时呈脉状。其他特征与方解石相似。

6.2.2.4 氧化硅类矿物

氧化硅类矿物包括石英、玉髓、蛋白石等矿物，煤中氧化硅类矿物以石英为主。普通反射光下为深灰色，有时呈浅紫灰色，油浸反射光下为黑色。一般表面平整，由于磨损硬度大，突起很高，周围常有暗色环。呈棱角状、半棱角状碎屑为主。自生石英呈自形晶或半自形晶，也有充填细胞腔的，热液石英多呈脉状充填在显微组分的裂隙中。

6.2.2.5 其他矿物

煤中其他矿物有金红石、长石、石膏等。反射光下煤中常见矿物的鉴定标志如表6-1所示。

表6-1 反射光下煤中常见矿物的鉴定标志

矿物	普通反射光下			油浸反射光颜色	其他标志	主要状态
	颜色	突起	表面特性			
黏土类	暗灰色	不显突起	微粒状	黑色		微粒、透镜体、团体、薄层或充填于细胞腔
石英	深灰色	突起很高	平整	黑色		以棱角状为主，自生石英外形不规则，个别呈自晶形
黄铁矿	浅黄白色	突起很高	平整、有时为蜂窝状	亮黄白色		球粒，或具晶形，有时充填胞腔
方解石	乳灰色	微突起	光滑、平整	灰棕色	非均质性明显，常见解理	呈脉状充填裂隙中
菱矿石	深灰色	突起	平整	灰棕色	非均质性明显	圆形

6.2.3 煤岩显微组分的分类与命名

关于煤岩显微组分的分类，国内外曾提出许多分类方案，名词术语也不尽一致。归纳起来，方案可分为两种类型，一类侧重于成因研究，组分划分得较细，常用透光显微镜观察；另一类侧重于工艺性质及其应用的研究，组分划分得较为简明，常用反光显微镜观察。通常煤田地质部门倾向前一类方案，而煤炭使用部门则倾向后一类方案。

考虑到研究和应用两个方面，介绍三种分类方案。

6.2.3.1 中国烟煤显微组分的分类与命名

中国“烟煤显微组分分类”标准最早于1986年由煤炭科学研究总院西安分院提出，1995年进行了修订。该两个分类方案的共同特点是，考虑到中国煤（尤其是中生代煤）中镜质组与惰质组之间的过渡性组分含量较高，对煤的工艺性质具有明显影响，也反映出煤的成因特征，因此，从中国煤的特点出发，将过渡组分命名为半镜质组，并作为一个显微组分组单独划分出来。2001年，煤炭科学研究总院西安分院在重新修订标准时，考虑到国际标准中没有划分出过渡组分，致使我国的煤岩资料和学术论文，在国际交流中出现困难，在显微煤岩类型及煤分类上应用时也有诸多不便。另外，半镜质组镜下鉴定也比较困难，可操作性较差，造成显微组分定量误差较大。故此，2001年的修订放弃了划分出半镜质组的方案，等效采用了国际标准ISO 7404-1：1994“Methods for the petrographic analysis of bituminous coal and anthracite—Part 1：Vocabulary”中镜质组、惰质组和壳质组的三组分划分方案。

考虑了研究和使用两个方面，按组、组分及亚组分进行分类，如表6-2所示。此分类方案将烟煤有机显微组分划分为镜质组、惰质组及壳质组。以上各组又进一步划分成若干组分及亚组分。

表6-2 中国烟煤有机显微组分分类表

显微组分组（group maceral）	代号（symbol）	显微组分（maceral）	代号（symbol）	显微亚组分（submaceral）	代号（symbol）
镜质组（vitrinite）	V	结构镜质体（telinite）	T	结构镜质体1（telinite 1） 结构镜质体2（telinite 2）	T1 T2
		无结构镜质体（collinite）	C	均质镜质体（telocollinite） 基质镜质体（desmocollinite）	C1 C2 C3
		碎屑镜质体	Vd	—	—
惰质组（inertinite）	I	丝质体（fusinite）	F	火焚丝质体（pyrofusinite） 氧化丝质体（degradofusinite）	
		半丝质体（sernifusinite）	SF	—	—
		真菌体（funginite）	Fu	—	—
		分泌体（secretinite）	Se	—	—
		粗粒体（macrmite）	Ma	—	—
		微粒体（micrinite）	Mi		
		碎屑惰质体	Id	—	—

续表 6-2

显微组分组 (group maceral)	代号 (symbol)	显微组分 (maceral)	代号 (symbol)	显微亚组分 (submaceral)	代号 (symbol)
壳质组 (exinite)	E	孢粉体 (sporinite)	Sp	大孢子体 (macrosporinite) 小孢子体 (microsporinite)	Sp1 Sp2
		角质体 (cutinite)	Cu	—	—
		树脂体 (resinite)	Re		
		木栓质体 (suberinite)	Sub		
		树皮体 (barkinite)	Ba		
		沥青质体 (bituminite)	Bt		
		渗出沥青体 (exsudatinite)	Ex		
		荧光体 (fluorinite)	Fl		
		藻类体 (alginite)	Alg	结构藻类体 (telalginite) 层状藻类体 (lamalginite)	Alg1 Alg2
		碎屑壳质体	Ed	—	—

6.2.3.2 国际硬煤显微组分的分类与命名

国际硬煤（即烟煤）显微组分的分类方案是由国际煤岩学委员会提出的，该方案是侧重化学工艺性质的分类方案，如表 6-3 所示。在该分类方案中煤的有机显微组分分为三组，即镜质组、壳质组及惰性组。以下分组分组、亚组分及组分几种。其中组分及亚组分的划分也比较简单，而显微组分的种则是根据成煤植物所属的门类及所属器官而定名的。

表 6-3 国际硬煤的显微组分分类方案

显微组分组 (group maceral)	显微组分 (maceral)	显微亚组分① (submaceral)	显微组分的种① (maceral variety)
镜质组 (vitrinite)	结构镜质体 (telinite)	结构镜质体-1 (telinite 1) 结构镜质体-2 (telinite 2)	科达树结构镜质体 (cordaitotelinite) 真菌质结构镜质体 (fungotelinite) 木质结构镜质体 (xylotelinite) 鳞木结构镜质体 (lepidophytotelinite) 封印木结构镜质体 (sigillariotelinite)
	无结构镜质体 (collinite)	均质镜质体 (telocollinite) 胶质镜质体 (gelocollinite) 基质镜质体 (desmocollinite) 团块镜质体 (coprocollinite)	
	碎屑镜质体 (vitrodetrinite)		

续表 6-3

显微组分组 (group maceral)	显微组分 (maceral)	显微亚组分① (submaceral)	显微组分的种① (maceral variety)
壳质组 (exinite)	孢子体 (sporinite)		薄壁孢子体 (tenuisporinite)
			厚壁孢子体 (crassisporinite)
			小孢子体 (microsporinite)
			大孢子体 (macrosporinite)
	角质体 (cutinite)		
	树脂体 (resinite)		
	藻类体 (alginite)		皮拉藻类体 (pila-alginite)
			轮奇藻类体 (reinschia-alginite)
	碎屑稳定体 (liptodetrinite)		
惰性组 (inertinite)	微粒体 (micrinite)		
	粗粒体 (macrinite)		
	半丝质体 (semifusinite)		
	丝质体 (fusinite)	火焚丝质体 (pyrofusinite)	
		氧化丝质体 (degradofusinite)	
	菌类体 (selerotinite)	真菌菌类体 (fungosclerotinite)	
			薄壁菌类体 (plectenchyminite)
			团块菌类体 (corposcletotinite)
			假团块菌类体 (pseudoeorposclerotinite)
	碎屑惰质体 (inertodetrinite)		

①这两套术语还不够完善，需要时可加以补充。

6.2.3.3 我国冶金系统炼焦煤显微组分的分类与命名

我国冶金系统煤岩工作者从煤应用角度出发（主要是指用于炼焦生产），提出了“炼焦煤显微组分的分类与命名”方案，如表 6-4 所示。该方案以成因分类为基础，着重考虑了各煤岩显微组分的加热特性，即各显微组分在炼焦过程中的差异和相似性进行分类。此方案受到 2001 年前中国“烟煤显微组分分类”标准的影响，也将烟煤显微组分划分为镜质组、半镜质组、稳定组、丝质组及矿物五组，其中前四组为有机显微组分，最后一组为无机显微组分。组以下仅划分若干组分，而未划分亚组分。此外，该方案中还列出“工艺性质”一项，以反映各显微组分的加热特性。其中镜质组和稳定组（即壳质组）为活性组分，丝质组（即惰性组）和矿物组为惰性组分；半镜质组则按 1/3 活性，2/3 惰性计算。

表 6-4 冶金系统的炼焦煤显微组分的分类与命名

组	组 分	工艺性质（烟煤阶段）
镜质组	无结构镜质体 结构镜质体 其他凝胶化物质（包括反射率相当于同生镜质组的凝胶化物质）	活 性
半镜质组	无结构半镜质体 结构半镜质体 混合微粒体（指微粒体与镜煤基质均匀混合，难以分开测定的）	按 1/3 活性 2/3 惰性计算
稳定组	孢子体（花粉） 角质体 木栓体 树脂体 藻 类 其他（反射率相当于同生稳定组的碎片和基质）	活 性
丝质组	丝质体 菌类（巩膜） 微粒体 粗粒体 半丝质体 其他（包括反射率与丝质组相当的丝炭化物质）	惰 性
矿 物		惰 性

但是，由于中国“烟煤显微组分分类”标准已经更新，同时近年来中国国内优质炼焦煤日益短缺，从国外进口的炼焦煤逐渐增多，为了方便国际贸易与交流，我国冶金系统的炼焦煤显微组分的分类与命名也应该与中国“烟煤显微组分分类”标准以及国际硬煤的显微组分分类方案保持一致，即也有必要采用镜质组、惰质组和壳质组的三分划分方案。

为此，本书作者提出“冶金系统的炼焦煤显微组分的分类与命名建议方案”，如表 6-5 所示。建议方案取消半镜质组的分类，将丝质组改称惰质组；将无结构半镜质体和结构半镜质体改称为半丝质体，划归惰质组；将混合微粒体归并入惰质组中的微粒体。反映各显微组分的黏结活性的计算方法改为，镜质组和壳质组（即稳定组）为活性组分，惰性组（即丝质组）和矿物组为惰性组分。

表 6-5　冶金系统的炼焦煤显微组分的分类与命名建议方案

组	组　分	工艺性质（烟煤阶段）
镜质组	无结构镜质体 结构镜质体 其他凝胶化物质（包括反射率相当于同生镜质组的凝胶化物质）	活　性
稳定组	孢子体（花粉） 角质体 木栓体 树脂体 藻　类 其他（反射率相当于同生稳定组的碎片和基质）	活　性
惰质组	丝质体 半丝质体 菌类（巩膜） 微粒体 粗粒体 半丝质体 其他（包括反射率与丝质组相当的丝炭化物质）	惰　性
矿　物		惰　性

6.3　煤岩学研究方法

煤岩学研究方法是在不破坏煤的原生结构和表面性质的情况下，采用以物理方法为主直接对煤的各方面性质进行研究。这种方法具有制样简单、操作方便、观察测试结果直观、论据充分的优点。具体的研究有宏观研究与微观研究两类方法，宏观研究采用肉眼和放大镜研究煤层煤样的颜色、光泽、断口、层理、裂隙等宏观特征，通过确定煤的宏观煤岩成分与宏观煤岩类型，初步估计煤化度、煤的性质与用途。宏观研究多用于煤田地质研究，煤矿野外研究，简易但粗略。微观研究主要采用光学显微镜和荧光显微镜，研究煤岩薄片或光片中显微组分的颜色、形态、结构、突起等特征，测定煤岩显微组分的反射率和显微组分的组成，用于表征煤的煤化度，评价煤的可选性、黏结性等工艺性质。

6.3.1　煤岩显微组分的分离和富集

为了研究工作或某些特殊需要，希望得到纯度尽可能高的显微组分，为此需要进行显微组分的分离和富集工作。

6.3.1.1　分离方法

对煤岩显微组分的分离，国内外已做了大量工作。一般是先手选，粉碎解理，再筛选，最后用密度法精选，即可分离出纯度较高的煤岩显微组分。

煤岩显微组分只有充分的解理，将共生在煤颗粒中的不同显微组分分散开来，才能有效分离。机械研磨是解理的主要方法，由于煤中显微组分尺度很小，为了得到尽可能纯净的显微组分，必须将煤粉碎到极其微细的级别（10μm），但也不能太细，因为 2μm 以下已难以根据反射率的不同来鉴别显微组分，而且在次微米（不大于0.5μm）范围内的煤粒子会和分离介质强烈作用。流体能量粉磨机对加工这一粒径范围的颗粒非常有效。

20世纪80年代初，美国格雷（Gray R）等用等密度梯度离心技术DGC（Isopycnic Density Gradient Centrifugation）研究了美国宾夕法尼亚数种煤。得到的结论是，对于分离煤岩显微组分，DGC技术比手选和浮选更有效，更先进。

6.3.1.2 分离步骤

按煤的不同性质采用不同的分离步骤，主要包括初步分离（手选、筛选、氯化锌密度液分离）和精细分离（有机密度液自然沉降和离心分离）两个步骤。

A 初步分离

初步分离的主要目的在于使显微组分得到初步富集：

（1）手选。它主要根据煤岩成分的光泽以及其他物理特征的差别加以挑选。如壳质组多集中于暗淡煤中，致密而硬，密度较小。用肉眼鉴别手选，即可达到初步富集某一显微组分的目的。

（2）筛选。对于煤岩组成不均一的煤，可利用煤岩组分抗破碎性的不同，将煤样进行筛分。一般软丝炭最脆，集中在最小的粒级；镜煤抗破碎性弱，富集在较小的筛级中；暗煤的韧性较大，抗破碎性强，集中在粗粒级。也可取所需的筛级，再用氯化锌溶液进行初步分离，即可使某显微组分有较高的富集程度。

初步分离后，煤样尚需进一步细粉碎，然后在有机密度液中作精细分离。

B 精细分离

它是指煤样经过粉碎解理后，在有机密度液中自然沉降或离心分离。经此步骤后，一般即可获得所要求纯度的显微组分样品。

所用的有机密度液通常应具有黏度小、润湿能力强、分层快、易挥发、干燥后无残留物、对煤质的抽提作用小等特点。一般多采用苯和四氯化碳配成所需要的密度液进行分离。分离流程如图6-1所示。

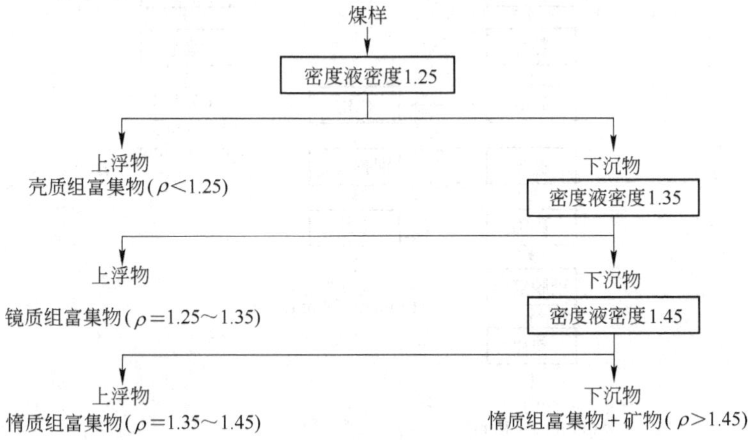

图6-1 煤岩显微组分密度分离法流程

6.3.2 煤岩分析样品制备方法

6.3.2.1 煤岩分析样品种类

微观研究采用的煤岩分析样品有粉煤光片、块煤光片、煤岩薄片和光薄片等。粉煤光片、块煤光片通常用于显微镜反射光观测，煤岩薄片和光薄片则通常用于显微镜透射光观测。

薄片观测是煤岩学早期至现在广泛采用的方法。它能通过不同颜色和清晰的结构反映煤岩特征，适用于低、中煤级煤。由于薄片制作技术性高和比较耗费时间，其厚薄往往影响鉴定质量，特别是这种方法至今还不能将高煤级烟煤及无烟煤磨制成符合要求的透明薄片。粉煤制成薄片更加困难，因而应用范围也受到一定限制。

光片是将块煤或成型的粉煤磨制成一定大小且抛光表面的块样，它制作工艺技术简便，并可补充薄片的不足，对高煤级烟煤及无烟煤仍可使用。光片应用广泛，常用于显微组分的观察、定量统计和镜质组反射率及其各向异性的测定。对于煤的现代微区分析、显微硬度的测定、侵蚀、染色方法，以及研究煤层形成和煤层对比等也大多采用块煤光片。因此，利用光片观测已成为当前煤岩研究使用最广泛的方法之一。

光薄片可分别在透射光和反射光、荧光下观察同一视域，对比识别不同光性的煤岩显微组分十分方便，也可用于探针分析、扫描电镜等的研究。反射率和显微硬度的测定、差异蚀刻，以及与化学试剂的反应都同样可在光薄片上进行，是一种值得推广的“多用片”。

6.3.2.2　煤岩分析片样制备

煤岩分析片样制片按照《煤岩分析样品制备方法》（GB/T 16773—2008）进行，其工艺流程如图6-2所示。

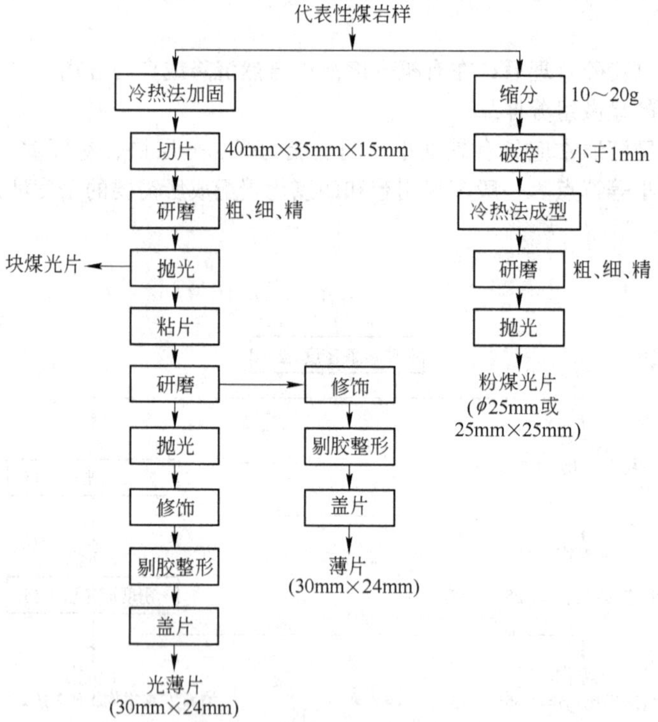

图6-2　制片工艺流程示意图

A　粉煤光片

将具有代表性的缩分样破碎到规定的1mm以下的粒度，并使小于0.1mm的煤样质量不超过10%（小于0.1mm的颗粒保留在煤样中），干燥后按一定的配比与黏结剂混合固结成型块，然后研磨与抛光。型块的研磨和抛光与块煤光片完全相同，只是抛光时间不宜过长，以组分清晰为准，否则会使热成型的虫胶等黏结剂熔化、形态发生变异。

粉煤光片固结成型，有热成型法和冷成型法两种。热成型法是按煤样、虫胶（粉碎至1mm以下）的体积比2∶1取样，混合均匀拨入底部粘有纸的内径为25mm磨具内，将模具加热（不超过100℃），不断搅拌直到虫胶全部熔化，迅速将模具放入镶嵌机内加压约3.5MPa，停留约30s完成成型。冷成型（冷胶）法是称取10g煤样和约7g不饱和聚酯树脂倒入25mm×25mm模具内，边倒边搅拌，使煤、胶混合均匀，搅拌至胶变稠到可以阻止煤粒下沉时，停止搅拌，静置约2h，为利于排出气泡，可用钢针垂直地扎动未固结煤砖，待气泡排出后放入不高于60℃的恒温箱内固结成煤砖。煤砖光片要求鉴定面积不小于600mm^2，且工作面上煤粒应占总面积的2/3以上。

粉煤光片成型后，需要进行研磨和抛光。研磨分细磨和精磨，抛光亦分细抛光和精抛光。细磨是顺次用320号金刚砂和W20白刚玉粉在磨片机上掺水研磨。研磨至煤砖表面平整，颗粒显露为止。精磨是在毛玻璃上，顺次用W10、W5、W3.5或W1的白刚玉粉与少许水的混合浆逐级研磨。每级研磨后的煤砖均需冲洗干净后方可进入下一道工序。细磨与精磨之间还需要加一道用超声波清洗煤砖。精磨后的煤砖在斜光下检查，要求煤砖光面无擦痕、有光泽感、无明暗之分，煤颗粒界线清晰。细抛光在牢固粘有抛光布的抛光盘上进行，抛光料为三氧化二铝粉浆。精抛光采用更细的抛光盘布。用酸性硅溶胶作抛光料。完成后的抛光面需用×20～×50的干物镜检查，抛光面应表面平整。无明显凸起、凹痕；煤颗粒表面显微组分界线清晰，无明显划道；表面清洁，无污点和磨料。

B 块煤光片

将块煤加固、切片、研磨、抛光，制成合格的光片。块煤加固可采用冷胶灌注法或煮胶法。冷胶灌注法是将块煤放在模具内，将配制好的不饱和聚酯树脂倒入模具内或煤块研磨面上，使其渗入裂缝直至黏结剂凝固。煮胶法使用的黏结剂为松香与石蜡的混合物，其混合比一般为10∶1到10∶2，以胶能充分渗入到煤样的裂缝中为准。用线绳或金属线沿垂直层理的方向捆牢煤样，浸没在胶锅中，在小于130℃的温度下加热至黏结剂中煤样不再产生气泡为止。块煤加固后，用切片机沿垂直层理的方向，一般将煤样切成长40mm、宽35mm、厚15mm的长方形煤块。研磨时首先进行粗磨，用180号或200号金刚砂研磨煤砖各面，使其成为平整的粗糙平面。随后进行的细磨、精磨和抛光要求与粉煤光片相同。

C 煤岩薄片

对中低煤化度的块煤，通过加固、切片、研磨、粘片、再研磨、修饰、盖片，制成合格的薄片。块煤加固方法与块煤光片相同。块煤加固后，用切片机沿垂直层理的方向，一般将煤样切成长45mm、宽25mm、厚15mm的长方形煤块。煤块上欲粘片的第一个面粗磨方法与块煤光片相同，细磨和精磨的方法与粉煤光片相同。若效果还差，可按粉煤光片的方法进行细抛光。粘片有冷粘和热粘两种方法，冷粘是将501胶或502胶均匀地滴在煤块第一个粘合面上，使之与载玻璃片的毛面粘合，来回轻推煤块以驱走气泡并使胶均匀分布在整个粘合面上。热粘是将加热载玻璃片及其上面的光学树脂胶，待其充分熔化并均匀分布在载玻璃上后，将煤块的第一个面与载玻璃粘合，来回轻推煤块以驱走气泡。在常温下冷却凝固。然后对第二个面，按照块煤光片的方法进行粗磨至煤样厚度约0.5mm，再按照粉煤光片的方法对第二个面进行细磨和精磨。细磨至厚度0.15～0.20mm，精磨后煤片全部基本透明，大致均匀、无划道、显微组分界线清晰，四角平整。薄片修饰是用软木棒或玻璃棒沾上W5、W3.5或W1白刚玉粉浆将薄片较厚的不均匀部位研磨薄，直至达到厚度均匀，透明良好。用小刀将载玻璃片上多余的胶剔除，并整形为尺寸不小于30mm×24mm的薄片。用煮好的光学树脂胶给煤片粘上盖玻片，常温冷凝即成煤岩薄片。

D 煤岩光薄片

对中低煤化度的块煤，通过加固、切片、研磨、抛光、粘片、第二个面的研磨和抛光等工序制成合格的光薄片。块煤的加固、切片、研磨、粘片、第二个面的研磨、修饰、剔胶、整形与煤岩薄片相同。不同之处是光薄片精磨后的两个面均需抛光。第二个面的抛光采用专用光薄片夹具进行。

6.3.3 煤岩显微组分的反射率

煤的反射率以单煤层煤样块煤光片或混配煤样粉煤光片为试样，以代表性显微煤岩组分镜质组为对象，采用显微光度计测定（参见 GB/T 6948）。

矿物对垂直入射光于磨光面上光线的反射能力，称为矿物的反射能力。它在显微镜下的直观表现是矿物磨光面的明亮程度。同一强度的入射光照射到矿物光片后，不同的矿物对入射光的反射能力是不同的。若用矿物反射光强度（I_r）与入射光强度（I_i）的百分比表示，则称为矿物的反射率（R）。可用下式表示：

$$R = \frac{I_r}{I_i} \times 100\% \tag{6-1}$$

反射率是不透明矿物最重要的特性，也是鉴定煤的煤化度的重要指标。目前，常用高灵敏度的光电倍增管光度计精确测定镜质组的反射率。

光电倍增管光度计是根据光电元件接受的反射光强度与其产生的光电流强度成正比的原理，测量已知反射率的标准片（“标样”）与欲测物反射光转变为电能的光电流强度，以计算欲测物反射率的方法。测定时，在显微镜一定强度的入射光下，先将“标样”置于单偏光下，测定其反射光电流强度 I_0，再测定未知物的反射光电流强度 I。若“标样”的反射率为 R_0，则未知物的反射率 R 的计算式为：

$$R = \frac{I}{I_0} R_0 \tag{6-2}$$

反射率既可在干物镜下测定（R^a），也可以在油浸物镜下测定（R°）。从长焰煤到无烟煤，R°增加十几倍，而 R^a 只增加 2 ~ 3 倍。另外，在与煤层层面成任意交角的切面上，最大反射率不变，而最小反射率则随交角不同而变化。所以在偏光下测定反射率时，在垂直层理的平面上，光学各向异性最明显。当入射光的偏振方向平行于层理时，可测得最大反射率。实际测定时缓慢转动装有光片的载物台 360°，记录下反射率的最大值，称为最大反射率，以 R_{max} 表示；当同一块光片最大反射率的测定点数达到测定准确度所要求的点数，对这些点所有测值进行统计平均所得的结果，称为平均最大反射率，记为 $\overline{R}^\circ_{max}$。当入射偏光垂直于层理时，可测得最小反射率，以 R_{min} 表示。当入射光与层面的夹角为 $0° < \alpha < 90°$ 时，测得的为中间反射率，以 R_m 表示。在非偏光下测定反射率时，不转动显微镜物台，在煤的任意切面上测得的反射率值，称为随机反射率，以 R_{ran} 表示。当同一块光片随机反射率的测定点数达到测定准确度所要求的点数，对这些点所有测值进行统计平均所得的结果，称为平均随机反射率，记为 $\overline{R}^\circ_{ran}$。

平均随机反射率与最大反射率和最小反射率的关系为：

$$\overline{R}^\circ_{ran} = \frac{2R^\circ_{max} + R^\circ_{min}}{3} \tag{6-3}$$

平均随机反射率与平均最大反射率的统计关系为：

当 $\overline{R}^{\circ}_{max} < 2.5\%$ 时：

$$\overline{R}^{\circ}_{max} = 1.0645\overline{R}^{\circ}_{ran} \tag{6-4}$$

当 $\overline{R}^{\circ}_{max}$ 为 2.5% ~ 6.5% 时：

$$\overline{R}^{\circ}_{max} = 1.2858\overline{R}^{\circ}_{ran} - 0.3963 \tag{6-5}$$

最大反射率和最小反射率之差称为双反射率，它反映了煤的各向异性程度，也随煤化度增高而增大。一般将在油浸物镜下测定的最大反射率 $\overline{R}^{\circ}_{max}$ 作为分析指标。

煤的各种显微组分的反射率不同，它们在煤化过程中的变化也不同，如图 6-3 所示。当煤化度较低时，各显微组分的反射率差别很大，其中惰质组最高，壳质组最低，镜质组居中；当镜质组含碳量约为 85% 时，镜质组的反射率开始出现最大值和最小值，其差值随煤化度增加而增大。原因是在高煤化度的煤分子中芳香稠环缩合度不断增大，排列越来越规则化，在平行和垂直于芳香层面两个方向的光学性质出现显著差别，这就是光学各向异性现象。当碳含量为 95% 时，各显微组分的反射率趋于一致。

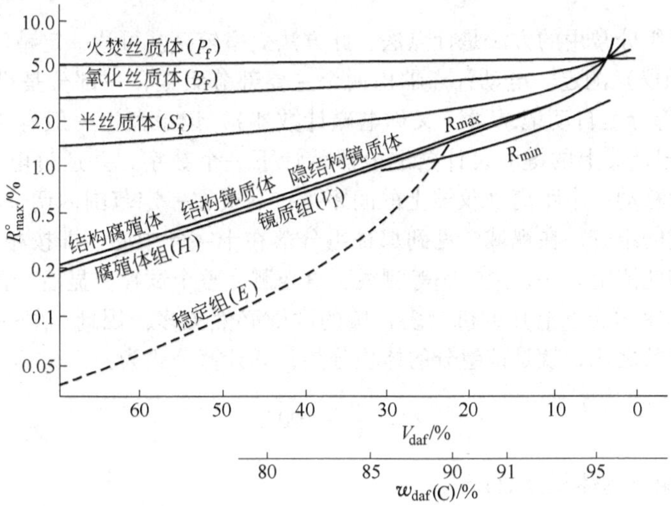

图 6-3 煤化过程中显微组分反射率的变化

表 6-6 和图 6-4 为我国若干烟煤不同显微组分的反射率随煤化度变化的情况。镜质组的反

表 6-6 我国若干烟煤中各种显微组分的反射率 $\overline{R}^{\circ}_{max}$

编 号	试样产地	V_{daf}/%	工业分类牌号	镜质组	惰质组	壳质组
1	大黄山矿一号井	42.74	气煤二号	0.777	1.498	0.420
2	五宫矿立井	40.75	气煤三号	0.791	1.961	0.581
3	白杨河矿	37.60	气煤三号	0.830	1.752	0.637
4	小龙口河西井	34.48	肥煤一号	0.980	2.127	0.674
5	盘江火烧铺矿	29.77	肥煤一号	1.125	2.603	—
6	一平浪坑八井	27.18	肥煤一号	1.241	2.534	—
7	圭山矿红旗	23.19	焦 煤	1.557	2.502	—
8	芦 岭	22.40	焦 煤	1.422	2.479	—
9	陕西澄合局家河矿	16.96	瘦煤二号	1.693	2.699	—

射率随挥发分降低有规律地提高。但在同一种煤中，反射率从低到高的次序始终为壳质组、镜质组、惰质组。因此，除了壳质组以外，不同煤化度的煤中，显微组分不同，而反射率相同的可能性实际上是存在的，如图 6-4 中虚线区域内所示。因此，反射率不能作为反映各显微组分工艺性质的唯一指标。

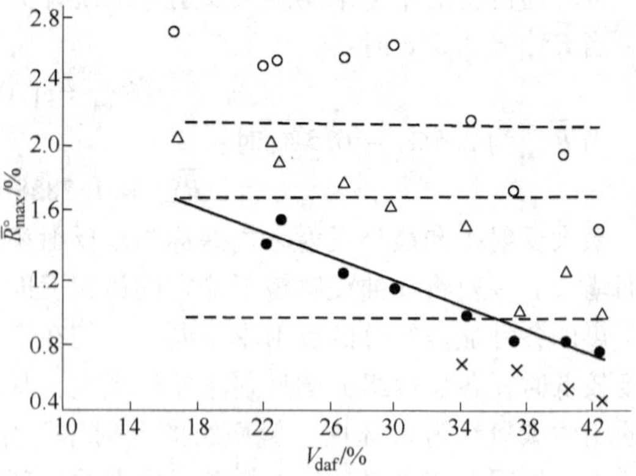

图 6-4　我国若干烟煤中各种显微组分的反射率
×— 壳质组；●— 镜质组；△— 半镜质组；○— 惰质组

6.3.4　煤岩组分的定量方法

显微镜下组分含量测定的方法很多，但其原理只有一个，即先测定各组分所占的面积百分比，此百分数与体积百分数成正比，如果已知各组分的密度，即可换算成质量百分数。

目前测定煤岩组分常用的方法是计点法，此方法效率较高。可达一定精度。使用电动计点器（又称电动求积仪）测定。电动计点器由两个主要部分组成，一部分是机械台（夹持薄片或光片用）；另一部分是自动记录器（又称电磁计数器），记录器上一般有 8 ~ 10 个键，最多有 14 个键。当按记录器上的键时，计数继电器就计下一个数字，并通过电子管传递的讯号，控制机械台使试片移动一个距离（仪器上的间距可按需要在一定范围内调节）。计数时，每一个键代表一种固定的组分，在视域中见到那种组分落在十字丝中心，即按相当于该组分的键，试片随之移动。如此测定第一、第二…等测线，直至测完整个试片。显然，含量高的组分，出现在视域中心（十字丝交点上）的机会多，按的次数必然愈多。因此，每一个键上按的次数与所有键上按的总数之比，就是该组分的体积分数，其计算公式为：

$$V = \frac{n}{N} \times 100\% \tag{6-6}$$

式中　V——欲测组分的体积分数；

n——欲测组分在各视域中的总点数；

N——试片中各组分点数的总和。

根据不同显微组分在显微镜下所具有的不同颜色和结构进行定量分析，一般用粉煤制成的光片。显微镜放大倍数为 400 ~ 500 倍。在一个光片上测量 400 ~ 500 个点，按四大组即镜质组、惰质组、壳质组和矿物组计数，再计算百分比。我国某些煤样的显微组分分析数据，如表 6-7 所示。通常镜质组和半镜质组之和占 80% 左右。

表 6-7　我国某些煤样的显微组分分析　（%）

煤　样	镜质组	半镜质组	丝质组 + 半丝质组	稳定组	矿物组
本　溪	85 ~ 86		11 ~ 12	0	2 ~ 4
鹤　岗	70 ~ 83	—	9 ~ 15	1 ~ 4	6 ~ 11
北　票	50 ~ 63	3 ~ 10	17 ~ 26	3 ~ 6	5 ~ 15
抚　顺	90 ~ 93		0 ~ 1	3 ~ 8	0 ~ 3
峰　峰	77 ~ 85	—	15 ~ 23	0 ~ 1	
贾　汪	65 ~ 81	1 ~ 10	7 ~ 20	4 ~ 9	0 ~ 6
淮　南	50 ~ 60	7 ~ 13	9 ~ 20	8 ~ 20	2 ~ 7

6.4 煤岩显微组分的性质

6.4.1 工业分析和元素分析

从煤岩学的观点看，煤中的有机质不是均一体，而是性质不同有机质的混合物。同一种煤中各种煤岩显微组分具有不同的化学组成，并且随变质程度、还原程度不同显示出有规律的变化。中国矿业大学韩德馨统计了我国若干煤田显微组分的工业分析和元素分析的结果，列于表6-8、表6-9和表6-10。表中芳香度f_a按下式计算。

$$f_a = \frac{(100 - V_{daf}) \times 1200}{1240 \times w_{daf}(C)}$$

表6-8 我国若干煤中镜质组的工业分析和元素分析数据

产 地	$R_{o,max}$/%	V_{daf}/%	$w_{daf}(C)$/%	$w_{daf}(H)$/%	$w_{daf}(O)$/%	原子比 H/C	芳香度f_a
云南昭通	0.25①	62.79	66.05	5.82	—	1.057	0.54
甘肃大滩	0.30	49.60	71.56	5.05	21.37	0.841	0.68
内蒙元宝山平庄	0.41	38.72	74.88	4.55	19.41	0.729	—
辽宁抚顺西露天	0.57	43.55	79.11	6.10	13.49	0.925	0.69
陕西神木雷家沟	0.60	38.20	80.14	5.11	13.97	0.765	0.75
辽宁抚顺老虎台	0.66	39.69	81.39	5.83	11.30	0.860	0.72
山西平朔	0.70	43.40	78.46	5.32	13.43	0.813	0.70
辽宁抚顺龙凤	0.73	39.26	82.44	5.66	8.81	0.824	0.71
江西乐平鸣山	0.74	39.30	82.89	5.52	8.16	0.799	0.71
山西大同云冈	0.76	39.70	83.10	5.47	10.12	0.790	0.70
山西蒲县东河	0.82	39.10	84.45	5.66	8.15	0.800	0.80
黑龙江鹤岗兴山	0.90	36.69	84.36	5.69	8.57	0.809	0.72
河北峰峰三矿	1.08	32.69	88.04	5.52	4.22	0.752	0.74
贵州盘县火铺	1.25	27.44	87.70	5.14	—	0.707	0.80
河南临汝朝川	1.31	25.56	88.26	5.09	5.24②	0.692	0.82
河北峰峰五矿	1.42	21.92	89.26	4.92	2.98	0.661	0.84
河北峰峰四矿	1.57	17.88	90.73	4.82	2.38	0.637	0.87
河南临汝庇山	1.88	15.72	90.63	4.19	3.80②	0.555	0.90
河南新密新登	2.32	13.05	90.50	4.16	3.78②	0.552	0.93
河南新密米村	2.51	10.39	91.70	4.01	2.62②	0.525	0.95
宁夏汝箕沟	3.49	6.73	95.84	3.56	0.15	0.443	0.95
河南焦作焦西	4.64	4.67	94.39	2.39	2.16②	0.304	0.98
河南济源克井	6.80	2.40	95.80	1.20	1.62②	0.150	0.99

①代表参考值。

②此值系[$w_{daf}(O) + w_{daf}(S)$]。

表 6-9 我国若干煤中惰质组的工业分析和元素分析数据

产 地	$R_{o,max}$/%	V_{daf}/%	w_{daf}(C)/%	w_{daf}(H)/%	w_{daf}(O)/%	原子比 H/C	芳香度 f_a
云南昭通	0.25①	45.04	80.15	4.44	—	0.665	0.78
陕西神木雷家沟	0.60	26.90	84.49	4.11	10.08	0.584	0.84
山西平朔	0.70	24.05	84.74	3.96	9.89	0.561	0.87
山西大同云冈	0.76	17.30	88.07	3.55	7.72	0.684	0.91
黑龙江鹤岗兴山	0.90	18.90	88.51	3.88	6.10	0.526	0.88

①代表参考值。

表 6-10 我国若干煤中壳质组的工业分析和元素分析数据

产 地	显微组分	$R_{o,max}$/%	V_{daf}/%	w_{daf}(C)/%	w_{daf}(H)/%	w_{daf}(O)/%	原子比 H/C	芳香度 f_a
辽宁抚顺西露天	树脂体	0.57②	99.01	80.73	10.10	8.90	1.501	0.01
山西浑源	藻类体	0.61	68.61	79.16	10.92	6.04	1.655	0.38
山东兖州兴隆庄	孢子体	0.64①	66.84	82.82	7.30	8.38	1.058	0.39
云南华坪白沙坪	角质体	0.72	83.48	70.62	9.34	—	1.592	0.22
山西河曲	角质体	0.74	72.77	78.34	6.36	—	0.974	0.34
江西乐平鸣山	树皮体	0.74	73.50	79.61	7.56	9.60	1.140	0.32
山西轩岗	角质体	0.80	63.39	75.29	6.17	—	0.963	0.47
山西轩岗	孢子体	0.80②	64.80	86.24	7.84	4.40	1.091	0.39
山西蒲县东河	藻类体	0.82②	54.38	86.40	8.08	4.02	1.122	0.51
江西乐平钟家山	树皮体	0.97	49.80	87.14	6.90	—	0.950	0.56
四川攀枝花大麦地	角质体	1.01	60.93	75.86	8.00	—	1.265	0.50
贵州盘县老屋基	树皮体	1.12	49.22	85.08	6.58	—	0.928	0.58
贵州盘县火铺	树皮体	1.25	41.76	85.22	6.24	—	0.879	0.66

①代表镜质组反射率为平均随机反射率 $R_{o,ran}$；富集显微组分为以小孢子体为主的壳质组。
②系指参考值。

由表 6-8 ~ 表 6-10 可知，煤化度相同或近似的各显微组分，V_{daf}、w_{daf}(C)、w_{daf}(H) 和 w_{daf}(C)/w_{daf}(H)有相当大的差别。镜质组的特点是碳含量中等，氧含量高，芳香族成分较高。随煤化度增加，镜质组的挥发分（V_{daf}）、氢含量[w_{daf}(H)]降低，而碳含量[w_{daf}(C)]、碳/氢比[w_{daf}(C)/w_{daf}(H)]增加。镜质组 w_{daf}(C) <87% 时，芳香度 f_a 变化不大；当 w_{daf}(C) >87% 时，f_a 随煤化度提高而增大。惰质组的特点是碳含量较高，氢含量很低，芳构化程度较高。壳质组的特点是有较高的氢含量和脂肪族成分较多，芳香度比同生的镜质组小得多。

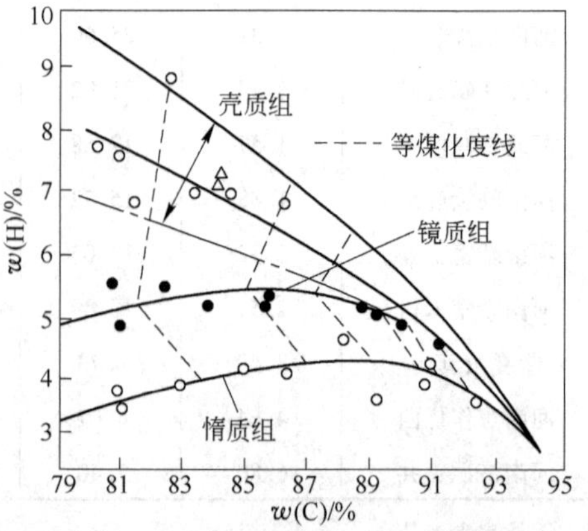

图 6-5 各显微组分的氢含量与煤化度的关系

图 6-5、图 6-6、图 6-7 分别描述了各显微组分的氢、氧含量和挥发分与煤化度的关系。图中煤化

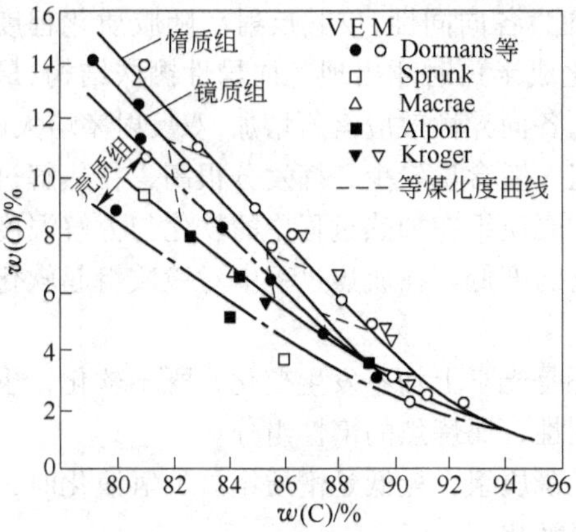

图6-6 各显微组分的氧含量与煤化度的关系

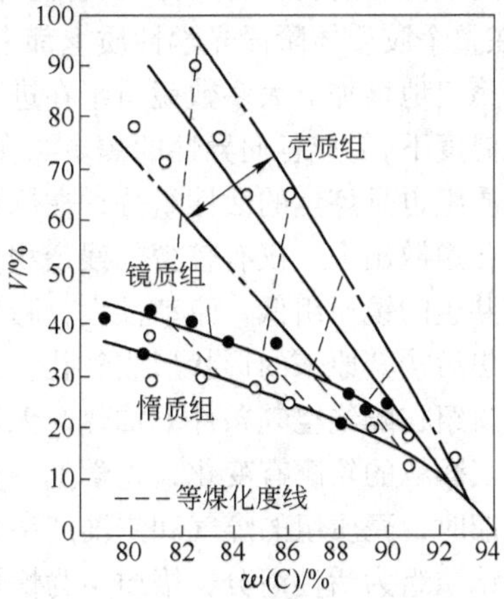

图6-7 各显微组分的挥发分与煤化度的关系

作用的轨迹以实线表示，而煤化度相同的各点则以虚线相连。

由图可知，当煤化度相同时，惰质组的碳含量最高，壳质组次之，镜质组稍低于壳质组；氢含量和挥发分则以壳质组最高，镜质组次之，惰质组最低；而氧含量则以镜质组最高，惰质组次之，壳质组最低。

随煤化度的增加，所有显微组分的挥发分都趋于减少，壳质组减少得最多，其次是镜质组，惰质组减少的幅度最小。最后趋于一致。

6.4.2 炼焦性质

处于一定变质阶段的镜质组具有良好的膨胀性和黏结性，是煤中最主要的活性组分，在炼焦过程中变化特征极为明显。开始加热时，镜质组先软化熔融形成各向同性的胶质体；随着胶质体数量增多，膨胀性和黏结性由低到高增强；再随着温度进一步升高，胶质体数量减少，逐渐固化为半焦，膨胀性和黏结性由高到低减弱，大致在肥煤处出现最大值，如表6-11所示。

表6-11 煤岩显微组分的黏结性和结焦性

煤种①	煤岩定量分析/%				V_{daf}/%	奥阿膨胀度		吉氏流动度/分度·分$^{-1}$	罗加指数
	V	E	I	M②		软化温度/℃	$a+b$③		
抚顺长焰煤	99.6	0.1	0	0.3	35.82	360	0	—	0.0
鹤岗气煤	98.0	1.3	0.2	0.5	36.69	376	8	211	73.1
贾汪高还原性煤	96.6	2.5	0.7	0.2	46.46	306	51	499×10^3	88.5
峰峰肥煤	96.7	0.3	2.8	0.2	32.69	335	137	390×10^3	89.5
峰峰焦煤	97.0	0.0	3.0	0.0	21.91	401	40	4180	78.1
峰峰瘦煤	97.9	0.0	1.8	2.1	17.88	434	4	8	—
抚顺树脂体	0	99.9	—	—	99.01	221	63	454×10^3	13.4
乐平树皮	1.0	99.0	0.0	0.0	49.86	391	159	542×10^3	83.0

①前六种煤样均为镜质组富集样；

②矿物质；

③a—收缩度，b—膨胀度。

在光学性质的变化特征方面，各向异性的镜质组在炭化初期就转变为各向同性的胶质体；随后，它在整个胶质体阶段光学性质上都未发生变化，均为各向同性，仅其反射率随胶质化程度的发展而稳定地增加。大多数镜质组在进一步加热固化成半焦时才出现各向异性镶嵌结构，最后在固化温度下，形成各向异性的焦炭。在固化过程中，各向异性效应有所增加，双反射率增大。

壳质组也是炼焦的活性组分，在炼焦煤中壳质组一般含量较少，挥发分很高，在热解过程中大部分逸散出去，仅有较少的残余物质形成焦炭。壳质组在加热过程中的软化与分解温度都比与其共生的镜质组低，流动性大，膨胀性小，固化温度低。在成焦过程中对镜质组起软化作用，成焦后按其原来的形状形成气孔。

惰质组在隔绝空气条件下加热时无论在形态上还是光学上均不发生变化，既不软化，也不黏结，仅颗粒的轮廓有变化，光学上一直保持各向同性，属炼焦的惰性组分。

干馏时，壳质组的煤气和焦油产率最高，其次是镜质组，最低是惰质组。加氢液化时，壳质组和镜质组为活性组分，惰质组为惰性组分，很难液化。

6.5 煤岩学的应用和发展

6.5.1 煤岩学在煤田地质方面的应用

煤岩学在煤田地质方面的应用早已被人们所重视，现已广泛应用于研究煤的成因，确定煤的煤化度以及油气勘探等方面。

6.5.1.1 研究煤的成因

通过煤岩学的研究，特别是在显微镜下对煤薄片的研究，可以确定成煤物质来自于高等植物或低等植物。根据煤中保存的植物遗体（如叶表皮组织、木质部、孢子、花粉）以及煤层的钙质、白云质、硅质“煤核”中保存的植物遗体的解剖结构，可以确定成煤植物的种属。

根据反映煤层形成条件的成因标志，如成煤原始物质的有机和无机显微组成、结构、煤岩类型和煤层围岩的沉积相研究，可以确定煤层形成时的古地理环境、古气候条件和古构造条件等，并可编制煤层形成曲线。

研究煤的成因，确定其煤相，有助于掌握煤层厚度和结构的变化规律，阐明其原因；有助于进行煤层对比。再配合工艺试验，可指导煤的合理利用。

6.5.1.2 确定煤的煤化度

由于煤中镜质组反射率随煤化度增高而呈现规律性的变化，因此可用它来判断煤的煤化度。研究表明，镜质组反射率用于判断中、高煤化度的烟煤效果最佳；用于判断无烟煤效果良好；用于判断不黏煤和褐煤效果差。研究结果还表明，煤中镜质组反射率与通常作为煤的分类指标的挥发分有很好的相关性。

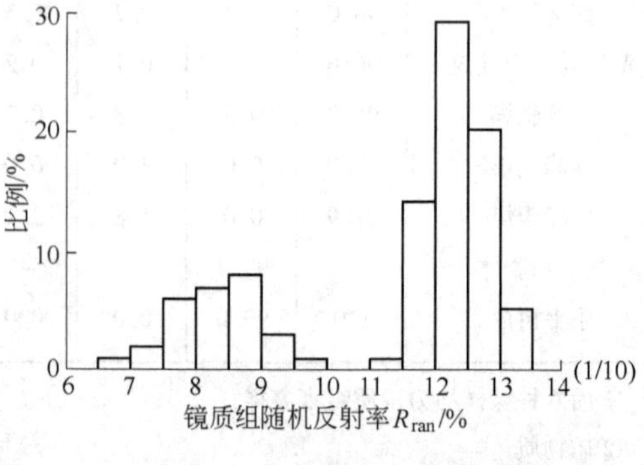

图6-8 某洗煤厂进厂煤镜质组随机反射率直方图

由于镜质组反射率能够准确地反映煤的变质程度，而且不具有加和性，国内焦化厂已经广泛用作分析混煤程度的有效方法。例如，某焦化厂收到一种洗精煤，其名义煤种为焦煤，化验测定其 V_{daf}26.11%，G 85.0，Y 17.0，也应为25号焦煤。但是其镜质组随机反射率分布直方图（见图6-8）表明该煤实际上是一种具有1个凹口的复杂混煤，是由两种变质程度不同的煤混合而成。其中，R_{ran}为0.83%的1/3焦煤，混合比例约30%；R_{ran}为1.32%的焦煤，混合比例约70%。这一结果与洗精煤所处矿区的煤质条件，在炼焦配煤中实际所起作用相吻合。

6.5.1.3 勘探石油和天然气

许多学者对沉积岩中分散有机质的反射率进行了系统研究，发现油气形成阶段与镜质组的反射率之间存在良好的对应关系。通过测定分散有机质的反射率来预测油藏和气藏既快，又相当精确。各国采用此方法寻找油气，均取得一定效果。如德国发现，当镜质组反射率为0.3%~1.0%时，可以出现具有工业开采价值的石油。最经济的油田反射率小于0.7%，而反射率达到1.0%~2.0%时，只能出现具有工业开采价值的天然气。我国在镜质组反射率为0.3%~0.7%时，常发现有石油；反射率为0.7%~1.0%时，不常有石油；反射率为1.0%~1.3%时，很少有石油；反射率在1.3%~2.0%时为石油消失区，而常发现有天然气；反射率在2.0%以上时，天然气也消失了。

6.5.2 煤岩学在选煤中的应用

现行评定煤的可选性方法，由于没有考虑到煤的成因因素，如煤岩组成、矿化特征等，使这些方法只能评定已开采煤的可选性，而不能预测煤的可选性。此外，煤岩组成和煤中矿物质的性质及数量对选择选煤方法和效果有显著的影响。至于对加工一些特殊要求的产品，如加氢用煤、特低灰分煤等，则选煤效果和原煤的关系就更加密切了。若选用了不适当的煤，即使采用最好的洗选方法，也难以达到预期效果。当然，选煤必须考虑经济效果。因此，需要研究并建立从煤岩学观点来评定和预测煤的可选性。

影响煤可选性的主要因素是煤中次生矿物质的分布状态与赋存形态，包括矿物质的数量、成分、颗粒大小及其分散情况等。矿物质颗粒愈大或分布聚集呈层状、透镜体状，成为较大的结核状，则经破碎后，矿物质与煤中有机质就易于分离，煤的可选性就好。反之，如果煤中次生矿物质呈细粒状、星散状，而且均匀分布于煤的有机质中，或填充于有机质的细胞腔中，则即使将煤破碎到很细的粒度，矿物质与煤也难以分离，煤的可选性就差。因此，煤的可选性优劣，实质上并不在于矿物质总含量的多少，而在于分布状态，以后者的状态分散分布于煤粒中的矿物质，用一般的洗选方法都难以选出，这部分矿物是影响煤可选性的关键，故可称为有效矿物。

用煤岩学评价煤的可选性有几种方法，但基本原理相同，都是用显微镜对煤粉光片中煤岩组分和各种矿物质进行定量统计。然后对所得数据进行处理，获得可选性曲线和矿物质分布状态，对煤的可选性作出评价。这为选择合理的破碎粒度、选煤工艺和流程，为提高精煤收率，降低灰分、硫分提供重要信息。

特别要指出的是，当煤样量相当少时，如勘探所得的煤芯煤样；当要求对选煤作详细研究时；当要求对脱硫的难易程度作出判断时，用煤岩学方法能起到任何方法所不能替代的良好效果。

6.5.3 煤岩学在煤质评价和煤分类中的应用

6.5.3.1 煤质评价

煤岩学中各种常用方法可用来鉴定煤质，与化学分析结合起来能较全面而精确地评定煤质。焦化厂对各供煤基地的煤质作煤岩-化学综合研究，对煤的合理利用是十分有利的。因此，煤岩分析同化学分析一样，已成为评定煤质的重要分析手段。岩相组成已成为煤质评价的基本数据之一，对炼焦和其他热加工以及煤加氢液化尤为重要。

A 煤的煤化度

反映煤的煤化度的指标很多。常用的指标有煤的挥发分（V_{daf}）、碳含量［$w_{daf}(C)$］、发热量（$Q_{gr,v,daf}$）、镜质组最大平均反射率（$\overline{R}^{\circ}_{max}$）、显微硬度（$H_v$）等。前三个指标属化学分析指标，后两个指标属煤岩分析指标。挥发分、碳含量及发热量等指标广泛应用，但它们同时受煤化度和岩相组成两个因素影响，所以仅用这些指标反映煤的煤化度有一定局限性。镜质组反射率是较为理想的指标，它排除岩相组成差异带来的影响，采用它可以较准确地判定煤的煤化度。

煤的反射率随煤化度的变化规律反映了煤分子结构的变化。随煤化度增高煤分子的缩聚程度增大，平面碳网的排列也趋于规律化，在光学特征上则表现为反射率增高。但是不同显微组分的反射率是不同的，虽然均随煤化度增高而增大，但其变化幅度不同。为了判定煤的煤化度，只能选取一种有代表性的组分。惰质组是煤中反射率较高的组分，但在整个煤化过程中进入褐煤阶段后变化幅度不大；壳质组是反射率较低的组分，在低、中变质阶段变化幅度较大，但到中高变质阶段已难于辨认（在高变质煤中已很少见）。因此，这两类组分不适于作为煤化度的判定指标；镜质组反射率介于二者之间，在煤化过程的变质阶段变化幅度较大，且规律性明显。此外，镜质组是煤中最主要的成分，显微镜下镜相均匀，便于测定。因此，常选用镜质组反射率作为判定煤的变质程度指标。在实际测定时，均选其最大反射率。又因煤中镜质组最大反射率不是单一数值，如图6-9所示，为此采用镜质组最大反射率平均值$\overline{R}^{\circ}_{max}$作为判定煤的变质程度指标。

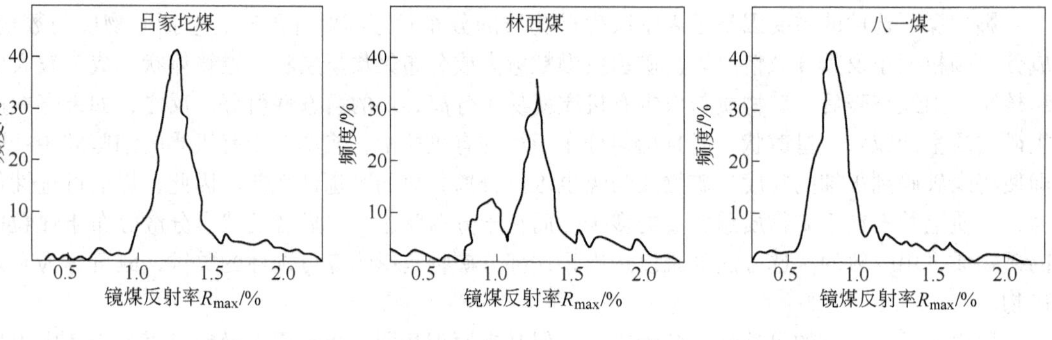

图6-9 开滦吕家坨、林西煤和枣庄八一煤的镜煤反射率分布图

B 煤岩组成

煤的岩相组成是影响煤性质的主要原因之一。例如鹤岗煤田的研究表明，如表6-12所示，兴山矿上、下部煤层的煤性质间表现出一定的差异，处于下部煤层煤的挥发分比上部高。按一般概念，从变质程度考虑应该是上部煤层的V_{daf}大于下部的。但对其镜煤的分析结果，说明上下部煤层在变质程度上无显著差别。而对煤层的岩相组成分析却发现，下部煤层镜煤含量较上部高，而暗煤、丝炭、半丝炭较上部少。分析表明，岩相组成的不同是造成上下部煤层在化学和工艺性质差别的主要原因。由于煤岩组成中含有较多某种显微组分而使平均煤样的煤质显得特别，这种情况有时也会出现。例如，抚顺煤田由于树脂体含量较高，使煤的挥发分和氢含量较高，黏结性较好；又如芦岭煤中镜质组的黏结性高于官桥煤的镜质组，而平均煤样的黏结性却是官桥煤超过芦岭煤，这也是由于芦岭煤中惰质组含量高而降低其黏结性之故。如果不做煤岩学鉴定，而单是采用化学分析，显然是无法得出上述正确结论的。

表 6-12 鹤岗煤田平均煤层煤样分析结果

矿，坑，区	原煤平均煤层样的岩相定量分析/%							原煤工业分析/%		
	镜 煤	亮 煤	暗 煤	半丝炭	丝 炭	煤页岩	矿物质	M_{ad}	A_d	V_{daf}
兴山,二坑,一层	54.7	14.5	8.3	8.2	7.4	5.2	1.7	2.46	17.00	36.66
兴山,二坑,二层	55.0	18.8	4.2	5.7	4.4	7.1	4.8	2.09	19.81	36.14
兴山,五坑,三层	55.5	24.7	3.2	5.3	3.5	4.7	3.1	1.91	18.58	35.22
兴山,三坑,四层	54.3	23.0	4.7	5.3	3.2	6.7	2.8	2.15	23.05	37.13
兴山,三坑,五层	70.0	15.8	0.4	0.3	1.8	9.8	1.4	1.96	18.09	39.85
兴山,四坑,六层	62.1	18.0	2.0	0.7	1.5	12.0	3.7	1.45	25.71	40.10

6.5.3.2 煤分类

在现有的煤炭工业分类中，分类的主要参数是煤化度（挥发分、碳含量及发热量等），辅助参数是煤的工艺性能（自由膨胀序数、罗加指数、奥阿膨胀度、葛金焦型、胶质层厚度、黏结指数等）。采用这两个参数为分类指标的煤分类，往往满足不了应用的要求，因为在现行的煤分类中，不论是国际煤分类，还是中国煤分类都存在一些问题，主要有：

（1）大多数没有考虑煤岩组成。

（2）分类指标不够理想。国内外反映煤化度的指标一般采用无水无灰基挥发分。但是同一煤中的镜质组、惰质组和壳质组其挥发分不相同，对于中低煤化度煤，它们的差别尤其悬殊。当煤中壳质组含量高时，其表观煤化度将会比实际低；惰质组含量高时，其表观煤化度将比实际高。可见选用挥发分作为分类指标，不能对煤尤其是岩相组成复杂的煤进行准确分类。

（3）对于不同煤田相同牌号煤，往往不能直接互换。实践证明，这两个分类指标不能确切地反映煤的工艺性质。因为不同煤岩成分，其工艺性质有很大差别。对炼焦工作者来说，这种互换性是很重要的，最好在煤分类中就能确定它们的互换性。但现行分类，相同牌号的煤不经炼焦试验就不能确定它们是否有互换性，这给实际应用带来了困难和麻烦。

所以，不断有人提出新的分类指标和新的分类方法。目前的主要趋势是以煤的成因因素为基础，即所谓的工业-成因分类。主张这种分类方法的基本观点是煤的性质主要决定于成煤前期的生物化学作用和后期的物理化学、化学作用。前者的条件，对相同成煤原始物料来说，决定其煤岩组成；后者的条件，决定其煤化度。如果能获得准确反映这两个性质的指标，煤的性质应该基本上能确定下来。目前工业-成因分类中所采用的这两个指标是惰性组分（或活性组分）总和和镜质组反射率。

20 世纪 70 年代以来，一些国家和国际组织致力于研究以镜质组反射率和煤岩成分等煤岩指标为主，结合其他工艺指标进行煤分类。从 1970 年开始，澳大利亚、美国、加拿大、印度等国学者都分别提出了以煤岩学参数为分类指标的煤炭分类方案。1982 年苏联煤的成因-工业统一分类国家标准中，就以煤的镜质组反射率和煤的岩相组分作为分类指标。1988 年，欧洲经济委员会向联合国提出“国际中煤化度煤和高煤化度煤编码系统”中，就包括了镜质组随机反射率，镜质组反射率分布特征图和显微组分等参数。1997 年颁布的“中国煤炭编码系统”和 1998 年颁布的“中国煤层煤分类”采用了镜质组随机反射率作为煤阶参数，后者还以无矿物质基镜质组含量表征了煤岩显微组分的组成。

6.5.4　煤岩学在炼焦配煤与预测焦炭质量方面的应用

用煤岩学方法对煤进行加工，指导炼焦配煤及预测焦炭质量，达到合理利用煤炭资源，并得到高质量低成本的焦炭。这是20世纪70年代煤岩学在焦化工业中应用的重要研究成果。

6.5.4.1　选择性粉碎

由于镜煤、亮煤、软丝炭性脆易碎，在一般的粉碎流程中往往过度粉碎，使小于0.5mm的煤粉过多，煤中活性成分的比表面积增大，降低了煤的堆密度和黏结性；而暗煤、矿化丝炭、矸石等性硬难碎，以致粉碎后粒度过大（大于3～5mm），在贮存和装炉过程容易产生偏析，在结焦过程形成裂纹中心，降低了焦炭强度。可见煤料的粉碎既要降低煤料粒度上限（消除大颗粒），又要将过细的煤粒减少到最低限度（防止过细粉碎），需采用煤岩选择性粉碎才可实现。

煤岩选择性粉碎的原理是利用岩相组成在硬度上的差异，使难粉碎的惰性组分（特别是暗煤）粉碎得较细，而又能防止镜煤和亮煤过细粉碎。同时，采用适当的粉碎、筛分流程，可使煤中各岩相组分分别富集，达到岩相配煤目的。选择性粉碎索瓦克法于20世纪50年代，最先在法国洛林地区的蒂永维尔焦化厂采用。该方法为避免煤料中粒度较小易粉碎的活性组分和软丝炭的过细粉碎，先经电热筛将它们筛出，作为制备好的煤料；难粉碎而粒度较大的惰性组分和煤块，由筛上进入粉碎机粉碎，然后进行再筛分，筛上物再循环粉碎。筛下物在混合器中混合。这样可将煤的各种岩相组分粉碎到大致相同的粒度，避免过细粉碎，控制合理的粉碎上限。选择粉碎流程，如图6-10所示。采用此法后，比一般粉碎流程所得的煤料堆密度大，这可由图6-11看出。因此，当地洛林煤的用量由20%增加到65%，同时焦炭质量也得到改善。索瓦克法因电热筛生产能力小，筛分效率低，动力消耗多，投资大而未能推广。苏联采用风力分离法。日本采用立式圆筒筛代替电热筛，筛分效率高，更具竞争力。

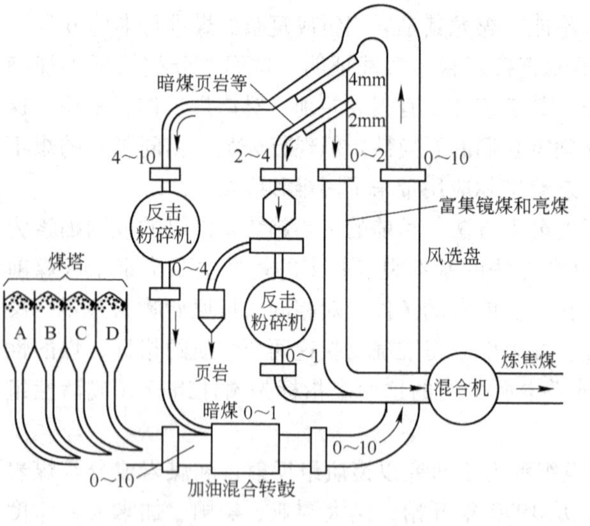

图6-10　选择破碎（E. M. Burstlein）流程

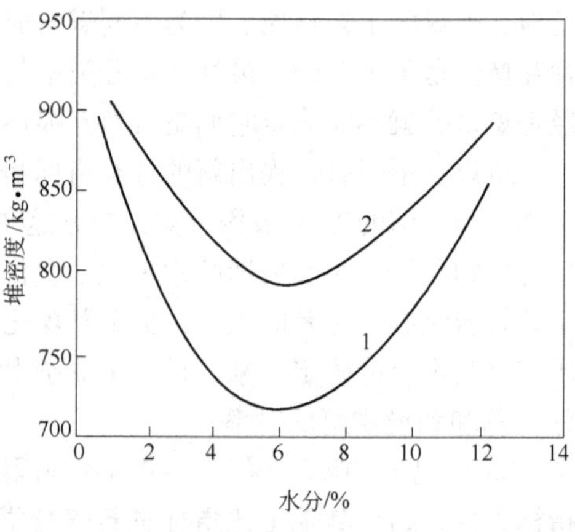

图6-11　不同破碎流程煤的散密度

1—一般破碎；2—选择破碎

6.5.4.2　商品煤混煤鉴定

现代焦炉基本上全部采用配煤炼焦，煤岩配煤理论要求参加配煤的各种煤都是单种煤，这样才能保证煤质稳定。但由于各地资源条件不同，使得大多数焦化厂使用的所谓单种煤往往是不同程度的混煤。

混煤进厂对焦化厂非常不利。首先，它使得依据常规分析手段，如工业分析、黏结指数测定等得出的煤质数据不能准确表征其本来性质，有时甚至造成分类错误。其次，混煤不能按其工业牌号在配煤中起到正常的、预期的作用。混煤进厂还会使配煤操作得出错误的结果，甚至导致某种煤实际上的缺失。

常规的煤质分析检测方法测定的都是综合煤样的平均性质，不能有效地识别混煤情况。煤岩学方法中的测定镜质组反射率为检测混煤提供了一个有效的手段。国家标准（GB/T 15591）规定了商品煤反射率分布图的判别方法。

以反射率 0.05% 为半阶，分别统计随机反射率各间隔的测点数并计算出频率 f。以频率为纵坐标，随机反射率为横坐标绘制出反射率分布图，如图 6-12 所示。混煤与否的判别按表 6-13 进行。

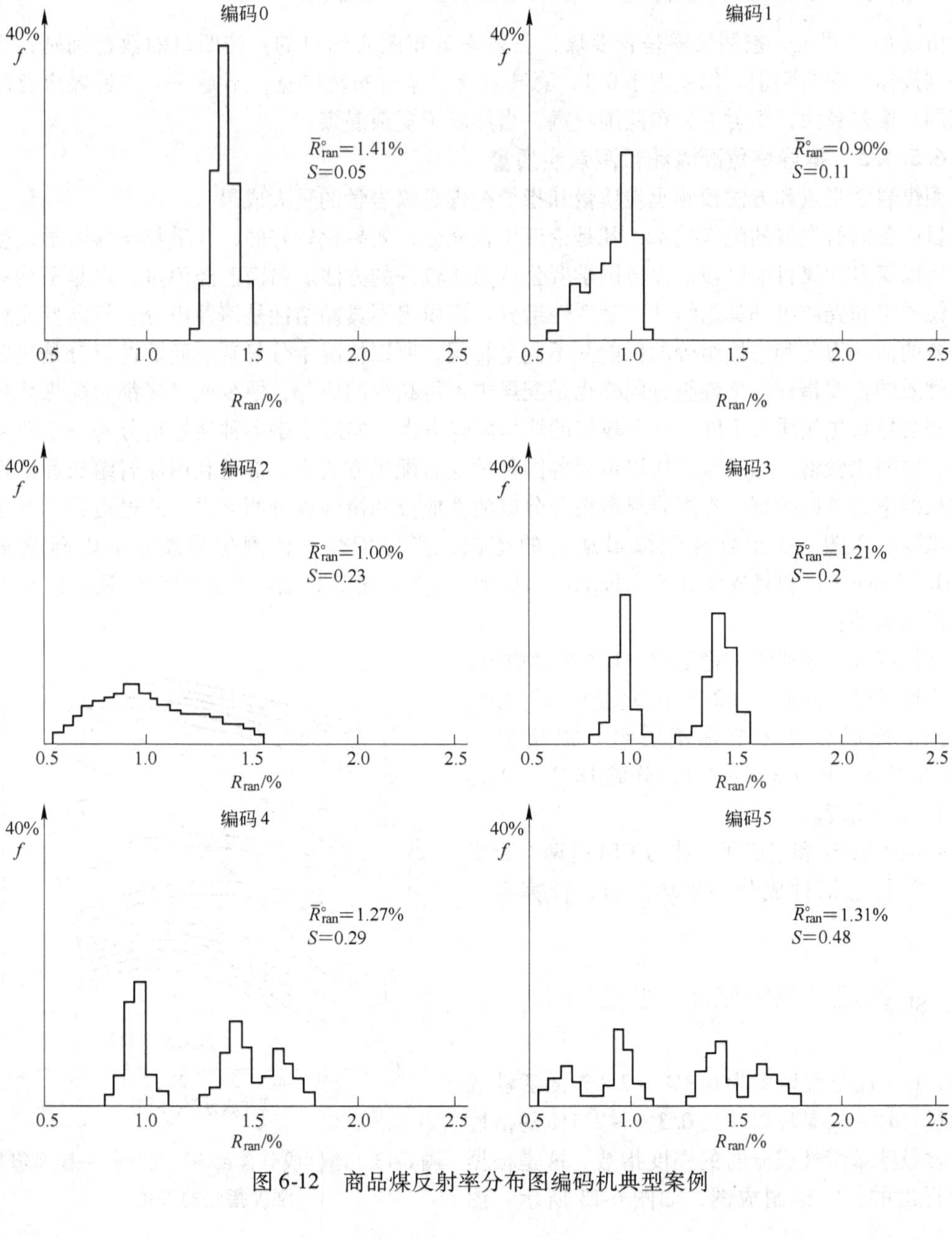

图 6-12 商品煤反射率分布图编码机典型案例

表 6-13　商品煤反射率分布图编码系统

编　码	标准偏差 S	凹口数	类　型
0	≤0.1	无凹口	单一煤层煤
1	>0.1～0.2	无凹口	简单混合煤
2	>0.2	无凹口	复杂混合煤
3		1 个凹口	具有 1 个凹口的混合煤
4		2 个凹口	具有 2 个凹口的混合煤
5		2 个以上凹口	具有 2 个以上凹口的混合煤

注：具有编码特征 1 的反射率分布图也可由贫煤、无烟煤的单一煤层煤得出。

由表 6-13 可见，被测煤样是否混煤，反射率分布图有凹口的，按凹口的数量判别；无凹口的则按标准偏差判别。偏差大于 0.1，意味着反射率分布范围宽，不是一个单种煤应有的分布范围；偏差越大，反射率分布范围越宽，当然属于复杂混煤。

6.5.4.3　指导炼焦配煤和预测焦炭质量

用煤岩学观点和方法预测焦炭质量和指导配煤是煤岩学的重大成果。

目前各国所发展的配煤技术，凡是论证比较充分，效果比较好的，几乎都与煤岩学发生联系。所以煤岩配煤目前已被世界各国学者公认为比较好的方法。前面已经说过，煤是不均一物质，镜质组和壳质组都具黏结性，是活性组分。惰质组不具黏结性是惰性组分。不同变质程度煤所含的活性组分和惰性组分的性能又不完全相同，所以情况十分复杂。而活性组分是决定炼焦煤性质的首要指标。惰性组分同样也是配煤中不可缺少的成分，缺少或过多都对配煤炼焦不利，都会导致焦炭质量下降。一个较好的炼焦配煤方案，实际上是各种活性组分和一定质量惰性组分之间比较恰当的组合。所以世界各国各种煤岩配煤方法中，都是利用煤岩组成和活性成分的反射率为基础数据。把煤岩显微组分分成活性成分和惰性成分两大类。通过适当的方法计算、试验、作图，找出炼焦配煤最适合的范围，指导配煤，预测焦炭质量。以阿莫索夫（H. H. Ammocon）和夏皮罗（N. Schapiro）法为例，作一简要介绍。该法把煤岩显微组分按下式分成两大类：

活性成分 = 镜质组 + 稳定组 + 1/3 半镜质组；

惰性成分 = 丝质组 + 2/3 半镜质组 + 矿物组。

把活性成分（主要是镜质组）以反射率 0.1% 为间隔，从 0.3%～2.1% 分成 18 类，以此标志煤的煤化度。

强度指数 SI 和组成平衡指数 CBI 是两个配煤指标。SI 标志活性成分的平均质量，计算方法如下：

$$SI = \frac{a_3x_3 + a_4x_4 + a_5x_5 + \cdots + a_{21}x_{21}}{\sum x_i}$$

式中，$x_3 \sim x_{21}$ 是反射率为 0.3%～2.1% 的活性成分含量；$a_3 \sim a_{21}$ 是反射率为 0.3%～2.1% 的活性成分含最佳量惰性成分时的强度指数。这是根据试验得出的，并绘制成图，如图 6-13 所示。图

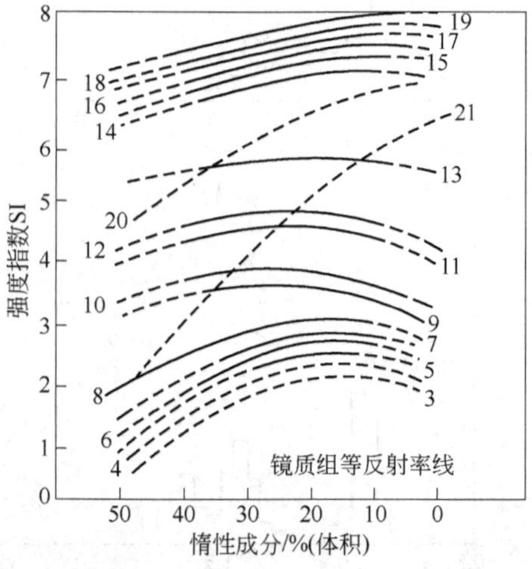

图 6-13　惰性成分含量不同时，每一镜质组与强度指数的关系

6-13中虚线为推测值，实线为实测值。使用时，只要根据反射率值查出与其相对应的最大强度指数值即为 a_1，按公式计算出 SI 值。

组成平衡指数 CBI 是标志配煤中惰性成分含量合适与否的一个指标，计算方法如下：

$$CBI = \frac{100 - \Sigma x_i}{\frac{x_3}{b_3} + \frac{x_4}{b_4} + \frac{x_5}{b_5} + \cdots + \frac{x_{21}}{b_{21}}}$$

式中，x_i 为单种煤或配合煤中不同反射率的活性成分含量，$100 - \Sigma x_i$ 为实际含惰性成分量；$b_3 \sim b_{21}$是反射率为0.3% ~2.1%活性成分与惰性成分配合的最佳比值，这是实测出来的数值，见图6-14。公式中的分母为惰性成分的理想含量。因此 CBI = 1 时，配煤中惰性成分含量最合适；CBI > 1 时，配煤中惰性成分太高；CBI < 1 时，配煤中惰性成分含量太低。

以上述两个公式计算所得的指标 SI 和 CBI 分别为纵坐标、横坐标，可作出一组等强度曲线，如图6-15所示。

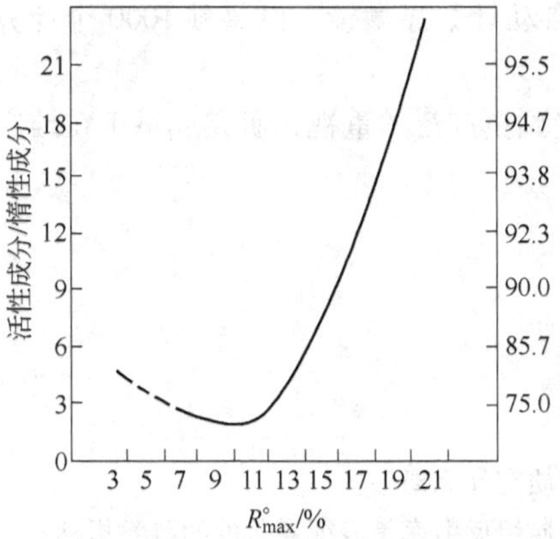

图6-14 反射率不同的活性成分与惰性成分的最佳比

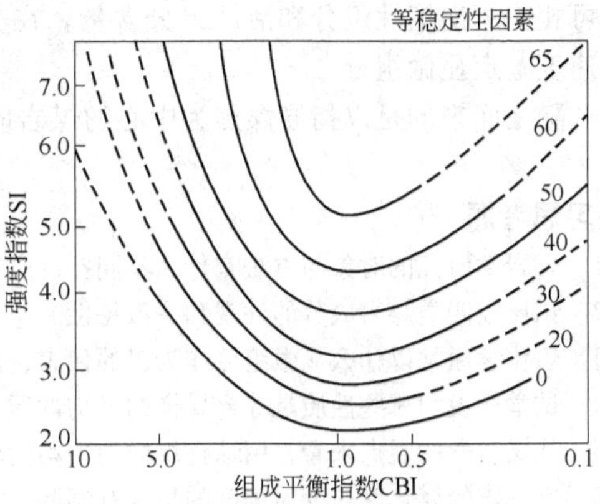

图6-15 预测焦炭强度图

应用这些图时，只要测定煤岩组成和反射率分布图，就可计算出 SI 和 CBI。在图上找到符合这两个指标数值的点，即可推测出煤的焦炭强度，以此来指导配煤。实测和计算的相关系数，阿莫索夫为0.827，夏皮罗为0.93。

各厂在采用煤岩配煤方法预测焦炭质量时，必须经过试验，自制等强度曲线，决不能任意套用。

6.5.4.4 氧化程度的判定

煤被氧化后，在显微镜下可看到镜质组有细小的龟裂。如进一步氧化，则可以看到龟裂周围的氧化膜。苏联曾用树脂将粉煤制成光片，采用数点法测定风化部分的比例，从而确定数量，作为判断煤氧化程度的指标，并定为苏联国家标准（ГОСТ 8930—70）。但用此法鉴定煤的氧化不灵敏，只能是定性的，故一直未能被接受做定量方法。

6.5.5 煤岩学的发展

煤岩学是煤科学的一个分支，作为煤质及煤炭加工研究的领域已日益显示出它的重要性。目前，在中国、美国、日本等国许多大钢铁公司试验室都装备有完善的煤岩分析与测定设备，用于指导炼焦生产日常操作。预计煤岩学的应用研究今后还将不断扩大和深化。

由于测量仪器和计算机技术的改进，煤岩学研究手段朝着方法标准化，信息数字化和操作自动化的方向发展。在方法标准化方面国际标准化组织在五个方面听取了国际煤岩学委员会的意见，即：

（1）煤岩的术语命名方法；

（2）煤岩制片方法；

（3）煤岩定量检定方法；

（4）显微煤岩定量方法；

（5）反射率测定方法。

信息数字化的表现是通过数字表示煤岩测定结果。由于大量使用光片，各种不同组分在很大程度上都以灰度级别来表示。为提高测试工效，反射率测定趋向自动化。如美国宾州大学自动测反射率显微镜光度计，配以计算机，每分钟可测 5000 点；日本钢铁公司对自动测反射率的显微镜做了改进，12min 可测 1 万多个点的反射率值，并可同时绘出反射率分布图。计算机还可相应算出惰性组分和活性组分含量。在美国还有自动计数显微镜，以每秒 1000 个计算点的速度鉴定显微组分。

随之而来的是以指导煤焦为中心的煤岩应用研究受到更广泛的重视，研究成果正在推广。

复习思考题

6-1 煤岩学研究的对象与方法有什么不同?

6-2 试比较四类煤岩成分的外观和一般特性。

6-3 煤化学通常以什么显微组分作为煤的代表，试述其理由。

6-4 试举例说明哪些性质是综合煤样的平均性质。

6-5 从煤岩学的观点来看，用综合煤样的平均性质来表征煤质有什么局限?

6-6 判别煤的煤化度或变质程度的指标有哪些，为什么说镜质组反射率是表征煤化度的科学指标?

6-7 我国冶金系统如何对煤的显微组分进行分类，其活性组分与惰性组分如何计算?

6-8 试比较各种显微组分的化学组成及其随煤化度的变化。

6-9 试比较各种显微组分的干馏性质及其随煤化度的变化。

6-10 对于同一煤化度的煤，各种有机显微组分 V_{daf} 的相对大小是怎样的?

6-11 对于同一煤化度的煤，各种有机显微组分 f_a 的相对大小是怎样的?

6-12 惰质组不具有黏结性，是否在炼焦配煤中的比例煤中越少越好，为什么?

6-13 试比较各种显微组分的反射率及其随煤化度的变化。

6-14 煤岩学应用于炼焦配煤的基本思想是什么?

6-15 试举一例说明煤岩学的应用。

7 煤分类、煤质评价与中国的煤炭资源

煤炭分类是煤化学的一个主要研究内容。人们从不同的研究目的出发，对煤炭进行过不同的分类。主要的有如下三种：

（1）按成煤的原始物质和堆积环境，将煤分为腐殖煤、腐泥煤和残殖煤，称为煤的成因分类，这种分类法在地质上用得较多。

（2）按煤的元素组成、各种基本性质和现代工业用途，对全部煤炭进行系统的分类称为科学分类，并以此作为学科的总结，以 1924 年英国煤化学家赛勒（C. A. Seyler）提出的分类法比较著名。

（3）将煤的成因与工业利用结合起来，以煤的变质程度和工艺性质为依据的分类称为技术分类，因其最具工业实用意义，故也称实用分类或工业分类。

1998 年，《中国煤层煤的分类标准》（GB/T 17607—1998）颁布，标志着中国煤炭分类形成了由技术分类、商业编码和煤层煤分类三个国家标准组成的完整体系。

本章主要介绍中国和国际煤炭的技术分类和中国煤层煤的科学/成因分类方案，其中技术分类是以应用-商业为目的。

煤质评价是煤炭和相关各工业部门非常重要的问题，本章简单介绍煤质评价的阶段、任务和评价的内容与方法等，并介绍中国煤炭资源的分布和煤质特点。

7.1 煤分类的意义和分类指标

煤分类在科学研究和实用技术方面都有重大的意义。由于煤的复杂性和对煤质的认识有待深化，目前国内外使用的煤分类方案都不是完整、科学的系统分类。然而，对各种目的的局部分类方案及分类指标的研究与应用，都为煤的科学分类和煤化学学科的完善奠定了基础。

煤的技术分类对于煤炭的勘探、生产、分配、合理利用和国际学术交流与贸易等都有重要的作用。

由于煤的成因、产地、种类、组成和性质等的多样性，以及分类的角度与目的的不同，因此煤分类的指标繁多，归纳起来可有如下四类。

（1）煤化度指标。主要有镜质组反射率 $\overline{R}_{ran}$（或 $\overline{R}_{max}$），%；V_{daf}，%；$w_{daf}(C)$，%；$w_{daf}(H)$，%；发热量 Q，kJ/kg；煤层煤水分，%；最高内在水分含量 MHC，%；透光率 P_M，%；显微硬度 H_v，kg/mm²；X 射线衍射等。其主要指标及适用范围如表 7-1 所示。表 7-1 中带箭头的实线表示适用的范围，虚线表示勉强适用的范围。

（2）煤岩显微组分指标。采取镜质组分含量或采用惰性组分含量和稳定组分含量。

（3）黏结性、结焦性指标。采用较多的有罗加指数，黏结指数，奥阿膨胀度，自由膨胀序数，胶质层最大厚度，格金焦型和吉氏流动度等。

（4）其他煤质指标。有镜质组反射率分布图特性；灰分；硫分；氧化程度及可选性等。

鉴于煤分类指标应能反映煤的生成、组成、结构以及重要的工艺性质等特点，而当前要准

确地确立各自的独立参数以及这些独立参数之间的定量关系尚有困难。因此，目前煤分类的指标选择趋向于多指标的编码系统，以便从不同角度反映煤炭之间的特点与差别。此外，编码系统也便于计算机的统计与储存。

表 7-1 表征煤化度的主要指标

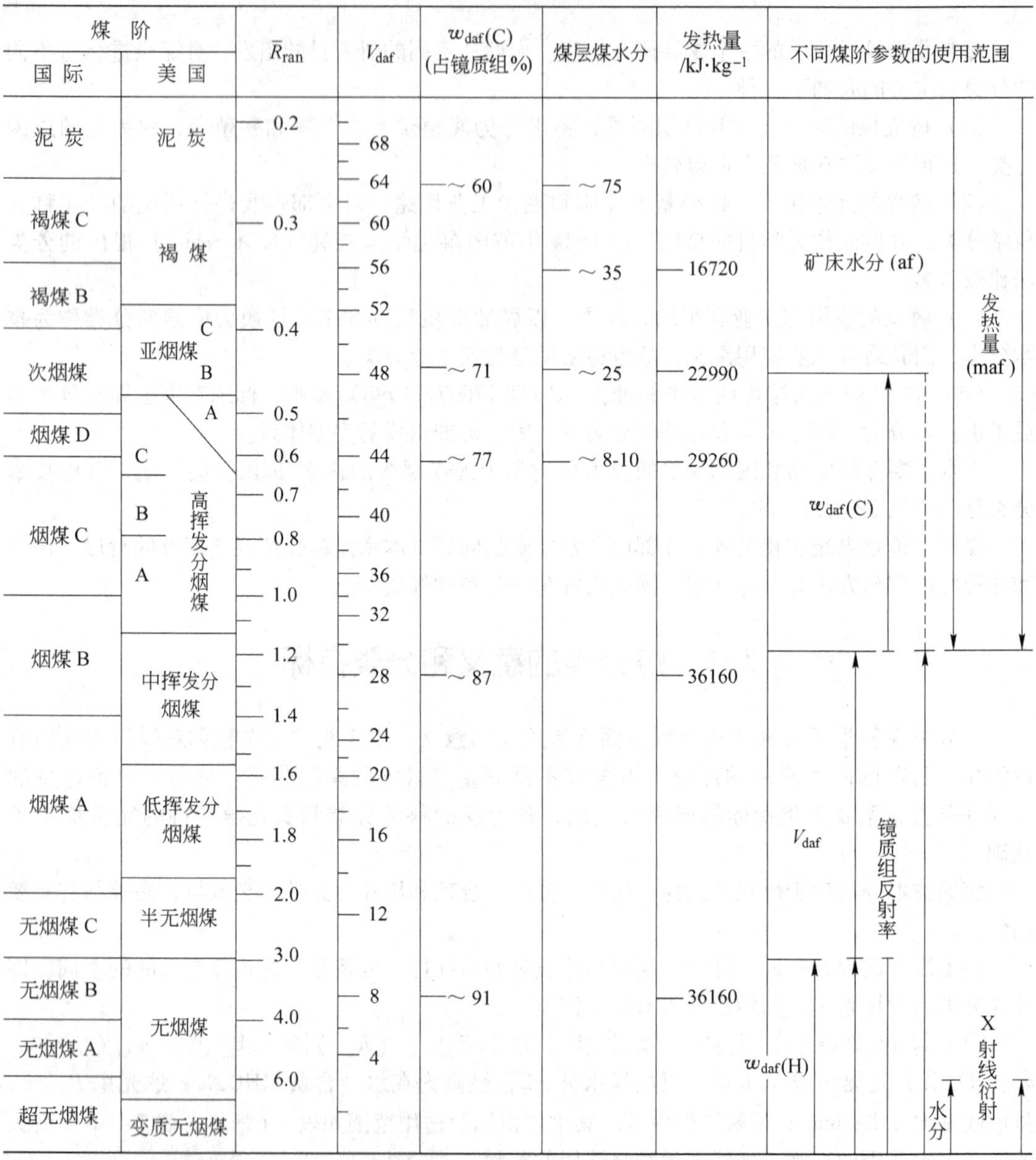

注：不同煤阶指标的适用范围一栏中的实线表示适用范围，虚线表示勉强适用的范围。

7.2 中国煤炭的技术分类方案

7.2.1 历史沿革

20 世纪 50 年代以后，中国煤产量和消耗量迅速增加，为了合理利用煤炭资源，1952 ~

1953 年提出东北区和华北区两个炼焦煤分类方案。1956 年又制定了统一的中国煤（以炼焦煤为主）分类方案，以大致代表煤的变质程度的挥发分 V_{daf}（%）和表征煤的黏性的胶质层最大厚度 Y(mm)两个参数为分类指标，将中国煤分为 10 大类 24 小类。该方案于 1958 年经国家技术委员会向全国推荐试行，起了统一中国煤分类的作用。这一分类方案在 20 多年的使用过程中起到过一些积极作用，但存在问题较多。

1974 年开始，以原煤炭工业部、冶金工业部下属四个起草单位组织了煤田、地质、焦化厂、院、所、校共 40 多个单位共同研究。历时 10 多年的试验、研究、统计和讨论，基本上取得一致的意见，1986 年以国家标准《中国煤炭分类》（GB 5751—1986）予以颁布实施。

该煤炭分类方案主要采用表征煤化度的干燥无灰基挥发分 V_{daf}(%)将煤划分为无烟煤、烟煤和褐煤共 3 个大类，然后再采用干燥无灰基氢含量 H_{daf}(%)将无烟煤分为 3 个亚类；采用黏结指数 G、胶质层最大厚度 Y(mm)和奥阿膨胀度 b(%)将烟煤分为 24 个亚类；采用恒湿无灰基高位发热量 $Q_{gr,maf}$将褐煤分为两个亚类。

1986 年颁布的中国煤炭分类方案克服了 1958 年颁布的旧方案中存在的一系列缺点，无疑是科技的一个进步。经过多年来各系统的试用，证明新标准基本适合中国煤炭资源状况的要求，可以指导煤炭的勘探、开发、生产和利用。然而，也发现该煤分类方案仍存在不少问题，归纳起来有如下几方面：

（1）对煤样的要求没有明确的规定。事实上，灰分对 G 的影响十分敏感，而确定煤种时浮选的标准不一，同一煤种有时可能跨三个牌号，造成供需双方争议大，并且用浮煤分类的煤，实际上精煤的质量较差。

（2）对 1/3 焦煤、焦煤和瘦煤所定的 G 下限值偏低，由此造成：1/3 焦煤质量波动大，部分 1/3 焦煤质量低下，影响其正确使用；焦煤、瘦煤界限划不清，部分瘦煤划为焦煤而实际是不起焦煤作用的低质量焦煤，并造成了受经济利益驱动的人为混煤，使瘦煤人为地“提质”，造成瘦煤资源的浪费。

（3）分类方案中有些煤的分类指标只需一个而不必两个或三个分类指标。例如：无烟煤只用 H_{daf}指标就可以，不必再用 V_{daf}；烟煤中 $G>85$ 即可定为肥煤，而不必测 Y 或 b 等。

2009 年，我国又颁布了第三个煤炭分类标准《中国煤炭分类》（GB/T 5751—2009）。该标准是对 GB 5751—1986 的修订，在基本沿用 GB 5751—1986 的分类指标和分类体系的同时，主要进行了如下修改：

（1）标准的属性由强制性改为推荐性。

（2）与《国际煤分类》ISO 11760：2005 保持一致，增加了对术语“煤”及其定义的描述：主要由植物遗体经煤化作用转化而成的富含碳的固体可燃有机沉积岩，含有一定量的矿物质，相应的灰分产率小于或等于 50%（干基质量分数）。

（3）增加了关于标准分类体系的性质和用途的说明：标准规定的中国煤炭分类体系是一种应用型的技术分类体系，可以用于说明煤炭的类别，指导煤炭的利用，根据一些重要的煤质指标进行不同煤的煤质比较，指导选取适宜的煤炭分析测试方法等。

（4）增加了对煤炭分类用煤样要求的规定：判定煤炭类别时要求所选煤样为单种煤，煤样可以是勘查煤样、煤层煤样、生产煤样或商品煤样，分类用煤样的干燥基灰分产率应小于或等于 10%。

7.2.2　煤类划分代号与编码

GB/T 5751—2009 中，先根据干燥无灰基挥发分等指标，将煤炭分为无烟煤、烟煤和褐煤；再根据干燥无灰基挥发分及黏结指数等指标，将烟煤划分为贫煤、贫瘦煤、瘦煤、焦煤、肥煤、1/3焦煤、气肥煤、气煤、1/2中黏煤、弱黏煤、不黏煤及长焰煤。各类煤的名称可用下列汉语拼音字母为代号表示：

WY——无烟煤；YM——烟煤；HM——褐煤。

PM——贫煤；PS——贫瘦煤；SM——瘦煤；JM——焦煤；FM——肥煤；1/3JM——1/3焦煤；QF——气肥煤；QM——气煤；1/2ZN——1/2中黏煤；RN——弱黏煤；BN——不黏煤；CY——长焰煤。

各类煤用两位阿拉伯数码表示。十位数系按煤的挥发分分组，无烟煤为0（$V_{daf} \leqslant 10.0\%$），烟煤为1～4（即$V_{daf} > 10.0\% \sim 20.0\%$，$V_{daf} > 20.0\% \sim 28.0\%$，$V_{daf} > 28.0\% \sim 37.0\%$和$V_{daf} > 37.0\%$），褐煤为5（$V_{daf} > 37.0\%$）。个位数，无烟煤类为1～3，表示煤化程度；烟煤类为1～6，表示黏结性；褐煤类为1～2，表示煤化程度。

7.2.3 中国煤炭技术分类体系

GB/T 5751—2009包括五个表：无烟煤、烟煤及褐煤的分类表，无烟煤亚类的划分，烟煤的分类，褐煤亚类的划分和中国煤炭分类简表。并有一个附图：中国煤炭分类图，该图表明各煤种的相互关系及它们在中国煤炭分类图中的位置。如表7-2、表7-3、表7-4、表7-5所示。

表7-2 无烟煤、烟煤及褐煤的分类表

类别	代号	编码	分类指标	
			V_{daf}/%	P_M/%
无烟煤	WY	01，02，03	≤10.0	
烟煤	YM	11，12，13，14，15，16	>10.0～20.0	—
		21，22，23，24，25，26	>20.0～28.0	
		31，32，33，34，35，36	>28.0～37.0	
		41，42，43，44，45，46	>37.0	
褐煤	HM	51，52	>37.0	≤50

由表7-2可见，无烟煤、烟煤和褐煤的主要区分指标是表征煤化度的干燥无灰基挥发分V_{daf}。当$V_{daf} > 37.0\%$，$G \leqslant 5$，再用透光率P_M来区分烟煤和褐煤（在地质勘察中，$V_{daf} > 37.0\%$，在不压饼的条件下测定的焦渣特征为1～2号的煤，再用P_M来区分烟煤和褐煤）。

凡$V_{daf} > 37.0\%$，$P_M > 50\%$者为烟煤；$30\% < P_M \leqslant 50\%$的煤，如果恒湿无灰基高位发热量$Q_{gr,maf} > 24$MJ/kg，划分为长焰煤，否则为褐煤。恒湿无灰基高位发热量$Q_{gr,maf}$的计算方法见下式：

$$Q_{gr,maf} = Q_{gr,ad} \times \frac{100(100 - MHC)}{100(100 - M_{ad}) - A_{ad}(100 - MHC)} \tag{7-1}$$

式中 $Q_{gr,maf}$——煤样的恒湿无灰基高位发热量，J/g；

$Q_{gr,ad}$——一般分析试验煤样的恒容高位发热量，J/g；

M_{ad}——一般分析试验煤样水分的质量分数，%；

MHC——煤样最高内在水分的质量分数，%。

表 7-3 无烟煤亚类的划分

亚 类	代 号	编 码	分类指标	
			$V_{daf}/\%$	$H_{daf}/\%$
无烟煤一号	WY1	01	≤3.5	≤2.0
无烟煤二号	WY2	02	>3.5~6.5	>2.0~3.0
无烟煤三号	WY3	03	>6.5~10.0	>3.0

由表 7-3 无烟煤的分类表可见，无烟煤小类的划分是采用 V_{daf}和 H_{daf}作为指标，将无烟煤分为三个亚类。在已确定无烟煤亚类的生产矿、厂的日常工作中，可以只按 V_{daf}分类；在地质勘察工作中，为新区确定亚类或生产矿、厂和其他单位需要重新核定亚类时，应同时测定 V_{daf}和 H_{daf}，按上表分亚类。如两种结果有矛盾，以按 H_{daf}划亚类的结果为准。

表 7-4 烟煤的分类

类 别	代 号	编 码	分类指标			
			$V_{daf}/\%$	G	Y/mm	$b/\%$
贫 煤	PM	11	>10.0~20.0	≤5		
贫瘦煤	PS	12	>10.0~20.0	>5~20		
瘦 煤	SM	13	>10.0~20.0	>20~50		
		14	>10.0~20.0	>50~65		
焦 煤	JM	15	>10.0~20.0	>65	≤25.0	≤150
		24	>20.0~28.0	>50~65		
		25	>20.0~28.0	>65	≤25.0	≤150
肥 煤	FM	16	>10.0~20.0	(>85)	>25.0	>150
		26	>20.0~28.0	(>85)	>25.0	>150
		36	>28.0~37.0	(>85)	>25.0	>220
1/3 焦煤	1/3JM	35	>28.0~37.0	>65	≤25.0	≤220
气肥煤	QF	46	>37.0	(>85)	>25.0	>220
气 煤	QM	34	>28.0~37.0	>50~65	≤25.0	≤220
		43	>37.0	>35~50		
		44	>37.0	>50~65		
		45	>37.0	>65		
1/2 中黏煤	1/2ZN	23	>20.0~28.0	>30~50		
		33	>28.0~37.0	>30~50		
弱黏煤	RN	22	>20.0~28.0	>5~30		
		32	>28.0~37.0	>5~30		
不黏煤	BN	21	>20.0~28.0	≤5		
		31	>28.0~37.0	≤5		
长焰煤	CY	41	>37.0	≤5		
		42	>37.0	>5~35		

表 7-5　褐煤亚类的划分

类　别	代　号	编　码	分类指标	
			P_M/%	$Q_{gr,maf}$/MJ·kg^{-1}
褐煤一号	HM1	51	≤30	—
褐煤二号	HM2	52	>30～50	≤24

由表 7-4 可见，烟煤类别的划分采用两个参数，一个是表征煤化度的 V_{daf}，另一个是黏结性参数。根据黏结性的不同，选用 G、Y 或 b 作为指标，将烟煤分为 12 大类 24 小类。

当烟煤黏结指数测值 $G \leqslant 85$ 时，用干燥无灰基挥发分 V_{daf} 和黏结指数 G 来划分煤类。当黏结指数测值 $G>85$ 时，则用干燥无灰基挥发分 V_{daf} 和胶质层最大厚度 Y，或用干燥无灰基挥发分 V_{daf} 和奥阿膨胀度 b 来划分煤类。在 $G>85$ 的情况下，当 $Y>25.00$mm 时，根据 V_{daf} 的大小可划分为肥煤或气肥煤；当 $Y \leqslant 25.00$mm 时，则根据 V_{daf} 的大小可划分为焦煤、1/3 焦煤或气煤。

当 $G>85$ 时，用 Y 和 b 并列作为分类指标。当 $V_{daf} \leqslant 28.0\%$ 时，$b>150\%$ 的为肥煤；当 $V_{daf}>28.0\%$ 时，$b>220\%$ 的为肥煤或气肥煤。如按 b 值和 Y 值划分的类别有矛盾时，以 Y 值划分的类别为准。

由表 7-5 可见，褐煤的煤化度参数采用透光率 P_M，并采用恒湿无灰基高位发热量 Q 作为辅助指标，将褐煤分为两小类。凡 $V_{daf}>37.0\%$，$P_M>30\%$～50% 的煤，如恒湿无灰基高位发热量 $Q_{gr,maf}>24$MJ/kg，则划分为长焰煤。

中国煤炭分类图，如图 7-1 所示。

应用中国煤炭分类图时，应注意：

(1) 分类用煤样的干燥基灰分产率应小于或等于 10%，干燥基灰分产率大于 10% 的煤样应采用重液方法进行减灰后再分类；对易泥化的低煤化程度褐煤，可采用灰分尽可能低的原煤。

(2) $G=85$ 为指标转换线。当 $G>85$ 时，用 Y 值和 b 值并列作为分类指标，以划分肥煤或气肥煤与其他煤类的指标。$Y>25.00$mm 者，划分为肥煤或气肥煤；当 $V_{daf} \leqslant 28.0\%$ 时，$b>150\%$ 的为肥煤；当 $V_{daf}>28.0\%$ 时，$b>220\%$ 的为肥煤或气肥煤。如按 b 值和 Y 值划分的类别有矛盾时，以 Y 值划分的类别为准。

(3) 无烟煤划分亚类按 V_{daf} 和 H_{daf} 划分结果有矛盾时，以 H_{daf} 划分的亚类为准。

(4) 当 $V_{daf}>37.0\%$ 时，$P_M>50\%$ 者为烟煤，$P_M \leqslant 30\%$ 者为褐煤；$P_M>30\%$～50% 时，以 $Q_{gr,maf}$ 值 >24MJ/kg 者为长焰煤，否则为褐煤。

由于 GB/T 5751—2009 增加了对煤炭分类用煤样要求的规定，弥补了原标准对分类用煤样要求不严格的缺陷。但仍然存在如下不足：

(1) 可能限于经济与技术水平发展不平衡的原因，新标准未能采用镜质组反射率作为煤化度参数。

(2) 对 1/3 焦煤、焦煤和瘦煤所定的 G 下限值偏低，由此造成：1/3 焦煤质量波动大，部分 1/3 焦煤质量低下，影响其正确使用；焦煤、瘦煤界限划不清，部分瘦煤划为焦煤而实际是不起焦煤作用的低质量焦煤，并造成了受经济利益驱动的人为混煤，使瘦煤人为地“提质”，造成瘦煤资源的浪费。建议提高上述三种煤的 G 下限值。

(3) 分类方案中有些煤的分类指标只需一个而不必两个或三个分类指标。例如：无烟煤只用 H_{daf} 指标就可以，不必再用 V_{daf}；烟煤中 $G>85$ 即可定为肥煤，而不必测 Y 或 b 等。

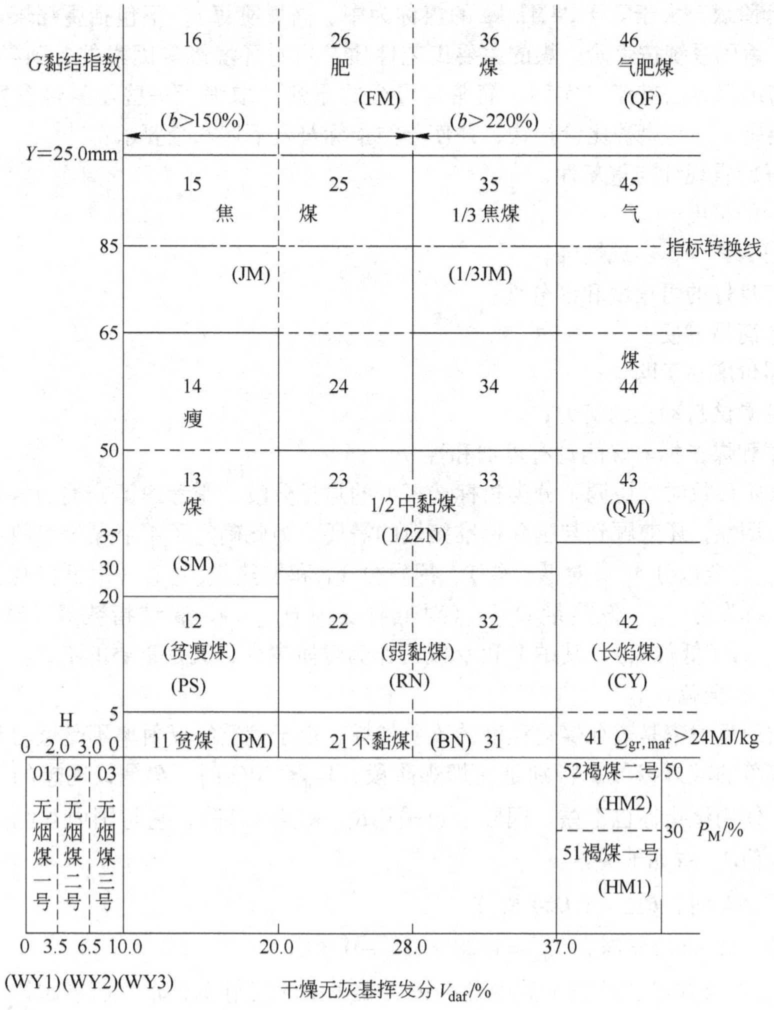

图 7-1 中国煤炭分类图

7.3 中国煤炭分类的商业编码系统

随着国内和国际煤炭贸易量和信息交流的增加，使用中国煤炭的技术分类方案显得问题与困难较多。为了便于煤炭生产、商贸和应用单位准确无误地交流煤炭质量信息，促进经济发展，并便于和新的国际煤炭分类接轨。煤科总院北京煤化工研究分院经多年研究，于 1997 年提出了一个新的中国煤炭分类编码系统。该编码系统 1997 年以推荐性国家标准 GB/T 16772—1997 予以公布实施，并与煤分类方案（GB/T 5751）并行。

中国煤炭分类编码系统等效采用了 ISO 2950—1974 国际褐煤分类与 AS 2096—1987 澳大利亚煤炭编码系统，并参照采用 1988 年联合国欧洲经济委员会（ECE）提出的“中、高煤阶煤国际编码系统”以及 1992 年 ECE 提出的煤层煤分类的主要技术内容，并结合我国国情制定的。它是中国煤炭分类（GB/T 5751）和 1998 年制定的“中国煤层煤分类”（GB/T 17607—1998）国家标准的补充。

中国煤炭分类编码系统适用于各煤阶的腐殖煤（以煤的恒湿无灰基高位发热量小于 24MJ/

kg 的煤定为低阶煤，大于等于 24MJ/kg 的煤称为中、高煤阶煤），不包括腐泥煤、泥炭、碳质页岩和石墨。编码系统按煤阶、煤的主要工艺性质及煤对环境影响因素的各项参数进行编码。遴选的参数与编码方法贯穿“实用、简明与可行的原则”取消了一些学科性参数与分类辅助指标，不分类别，不与煤种比价挂钩，并使分类指标符合下述八个要求：

（1）良好的重现性与重复性；

（2）适当的精度；

（3）主观因素少，客观性强；

（4）具有良好的可信度和区分性；

（5）操作简易方便；

（6）仪器价廉易于购置；

（7）具有测试自动化的潜力；

（8）对于配煤指标最好能具有可加和性。

在确定煤阶参数时，协调了分类指标选择上的意见分歧，既考虑了分类的科学性，又注重实际用煤的实用性，还兼顾到与国际标准接轨的需要。为此确定了 4 个煤阶参数：镜质组平均随机反射率$\overline{R}_{ran}$、全水分 M_t（对低价煤）、挥发分 V_{daf}和发热量 $Q_{gr,daf}$（对低阶煤为 $Q_{gr,m,af}$）。4 个工艺指标：挥发分 V_{daf}、发热量 $Q_{gr,daf}$（对低价煤为 $Q_{gr,m,af}$）、黏结指数 G（对中、高价煤）和焦油产率 $T_{ar,daf}$（低价煤）。其中 V 和 Q 既可作为煤阶参数，又是重要的工艺参数；两个环境因素是灰分 A_d 和全硫 $S_{t,d}$。

煤的镜质组反射率是表征煤化程度的重要指标，由于镜质组反射率不受煤岩显微组分的影响，是量度煤阶的较好参数。特别是在烟煤阶段，$V_{daf} \leqslant 30\%$ 时，R 是最理想的煤阶参数。对高挥发分煤，使用该指标也不差。国际上也采用$\overline{R}_{ran}$来表示煤阶，它与国内常测定与使用的最大反射率平均值$\overline{R}_{max}$有如下关系：

当$\overline{R}_{max} < 2.5\%$ 时，$\overline{R}_{max} = 1.064\ \overline{R}_{ran}$；

当$\overline{R}_{max} = 2.5\% \sim 6.5\%$ 时，$\overline{R}_{max} = 1.2858\ \overline{R}_{ran} - 0.3936$。

考虑到$\overline{R}_{ran}$本身并没有反映出其中各种镜质煤类型的反射率分布，而镜质体本身就有富氢镜质体与正常镜质体的差异。尽管$\overline{R}_{ran}$相同，如果类型、分布不同，煤质差异却很大。加之中国煤岩相不均一，惰性组分高且高挥发分煤很多，随着煤岩不均一性的增加，镜质组比例相对减少，由$\overline{R}_r$ 所表征的煤阶的代表性随之降低。并且镜质体本身也是复杂不均一的，由此使煤质的差异加大。因此，该编码系统采用$\overline{R}_{ran}$和 V_{daf}两个指标，互为补充。

煤的发热量是表征高挥发分煤的煤阶指标，也是评价动力煤及其销售计价的重要指标和依据。对于低煤阶煤，参照 ISO 2952—1974，改用全水分和焦油产率来表征其煤阶与工艺指标，这是因为这两个指标与低价煤的经济价值和实用意义关系更为密切。

为了使煤炭生产、销售与用户根据各种煤炭利用工艺的技术要求，能明确无误地交流煤炭质量信息，保证各煤阶煤分类编码系统能适用于不同成因、成煤时代以及既适用于单一煤层，又适用于多煤层混煤或洗煤，同时考虑了灰分与硫分对环境的不良影响和现实环境的要求，依次用下列参数进行编码：

（1）镜质组平均随机反射率：$\overline{R}_{ran}$，%，两位数。

（2）干燥无灰基高位发热量：$Q_{gr,daf}$，MJ/kg，两位数；对于低煤阶煤采用恒湿无灰基高位发热量：$Q_{gr,m,af}$，MJ/kg，两位数。

（3）干燥无灰基挥发分：V_{daf}，%，两位数。

（4）黏结指数：G_{RI}，简记 G，两位数（对中、高价煤）。

（5）全水分：M_t,%，一位数（对低阶煤）。

（6）焦油产率：$T_{ar,daf}$,%，一位数（对低煤阶煤）。

（7）干燥基灰分：A_d,%，两位数。

（8）干燥基全硫：$w_d(S_t)$,%，两位数。

对于各煤阶煤的编码规定及顺序如下：

（1）第一位及第二位数码表示0.1%范围的镜质组平均随机反射率下限值乘以10后取整。

（2）第三位及第四位数码表示1MJ/kg范围干燥无灰基高位发热量下限值，取整；对低煤阶煤，采用恒湿无灰基高位发热量 $Q_{gr,maf}$，两位数，表示1MJ/kg范围内下限值，取整。

（3）第五位及第六位数码表示干燥无灰基挥发分以1%范围的下限值，取整。

（4）第七位及第八位数码表示黏结指数；用 G 值除10的下限值取整，如从0到小于10，记作00；10以上到小于20记作01；20以上到小于30，记作02；90以上到小于100，记作09；100以上记作10。

（5）对于低煤阶煤，第七位表示全水分，从0到小于20（质量分数）时，记作1；20%以上除以10的 M_t 的下限值，取整。

（6）对于低煤阶煤，第八位表示焦油产率 $T_{ar,daf}$,%，一位数；当 $T_{ar,daf}$ 小于10%时，记作1，大于10%到小于15%，记作2，大于15%到小于20%，记作3，即以5%为间隔，依此类推。

（7）第九位及第十位数码表示1%范围取整后干燥基灰分的下限值。

（8）第十一位及第十二位数码表示0.1%范围干燥基全硫含量乘以10后下限值取整。

分类指标顺序按煤阶、工艺性质参数和环境因素指标编排。对于中高煤阶煤其顺序是RQVGAS。对于低煤阶煤，其顺序按RQVMTAS。在确定编码位数与指标间隔时，如前述已考虑到指标的测值范围与工艺实践对测值间隔的要求，并无需对位码进行解码与破译（但焦油产率的码需解码）。表中各参数必须按规定顺序排列，如其中某参数没有测值，就在编码的相应位置注以“×”或“××”。中国煤炭分类编码系统总表，如表7-6所示。

表7-6 中国煤炭分类编码总表

镜质组反射率/%	编　码	02	03	04	19		50	
		0.2~0.29	0.3~0.39	0.4~0.49	1.9~1.99		≥5.0	
高位发热量（中高煤阶煤）/MJ·kg^{-1}	编　码	21	22	23	35		39	
		<22	22~<23	23~<24	35~<36		≥39	
高位发热量（低煤阶煤）/MJ·kg^{-1}	编　码	11	12	13	22	23		
		11~<12	12~<13	13~<14	22~<23	23~<24		
挥发分/%	编　码	01	02	03	09		49	50
		1~<2	2~<3	3~<4	9~<10		49~<50	50~<51
黏结指数（中高煤阶煤）（G 值）	编　码	00	01	02		09	10	
		0~9	10~19	20~29		90~99	≥100	
全水分（低煤阶煤）/%	编　码	1	2	3	4	5	6	
		<20	20~<30	30~<40	40~<50	50~<60	60~<70	
焦油产率（低煤阶煤）/%	编　码	1	2	3	4	5		
		<10	10~<15	15~<20	20~<25	≥25		
灰分/%	编　码	0	01	02		29	30	
		0~<1	1~<2	2~<3		29~<30	30~<31	
硫分/%	编　码	00	01	02		31	32	
		0~<0.1	0.1~<0.2	0.2~<0.3		3.1~<3.2	3.2~<3.3	

表7-6的分类编码示例如下：

（1）山东黄县煤（低煤阶煤）：

	编 码
$R_{ran}=0.53\%$	05
$Q_{gr,m,af}=22.3MJ/kg$	22
$V_{daf}=47.51\%$	47
$M_t=24.58\%$	2
$T_{ar,daf}=11.80\%$	2
$A_d=9.32\%$	09
$S_{t,d}=0.64\%$	06

黄县煤的编码为：05，22，47，2，2，09，06。

（2）河北峰峰二矿焦煤：

	编 码
$R_{ran}=1.24\%$	12
$Q_{gr,daf}=36.0MJ/kg$	36
$V_{daf}=24.46\%$	24
$G=88$	08
$A_d=14.49\%$	14
$w_d(S_t)=0.59\%$	05

峰峰二矿煤编码为：12，36，24，08，14，05。

（3）京西门头沟无烟煤：

	编 码
$R_{ran}=9.93\%$	50
$Q_{gr,daf}=33.1MJ/kg$	33
$V_{daf}=3.47\%$	03
G 未测	××
$A_d=5.55\%$	05
$w_d(S_t)=0.25\%$	02

门头沟煤的编码为：50，33，03，××，05，02。

7.4 中国煤层煤的科学成因分类

为了便于与国际上煤炭资源、储量统计与质量评价系统接轨，有利于国际交流煤炭资源、储量信息及统一统计口径。煤科总院北京煤化工研究分院于1998年提出中国煤层煤的分类方案，该标准与“中国煤炭分类”（技术分类方案），“中国煤炭编码系统”（商业分类）共同构成中国煤炭技术/商业分类与科学/成因分类的完整体系，互为补充，同时执行。

《中国煤层煤的分类标准》（GB/T 17607—1998）是非等效地采用联合国欧洲经济委员会（UN—ECE）“煤层煤分类”（1995）的主要技术内容，结合我国现实国情而制定的。该标准以煤层煤为对象，适用于各煤阶的腐殖煤，并按煤阶、煤的显微组分组成及品位的有关参数进行分类与命名。在参数的遴选和命名表述贯彻了“科学、简明和可行”的原则，是考虑煤质、成因因素的分类系统，它便于在国际与国内对腐殖煤资源的质量与储量交流信息和进行评价。

中国煤层煤分类如图7-2所示。由图7-2可见，煤层煤的煤阶划分是用恒湿无灰基高位发

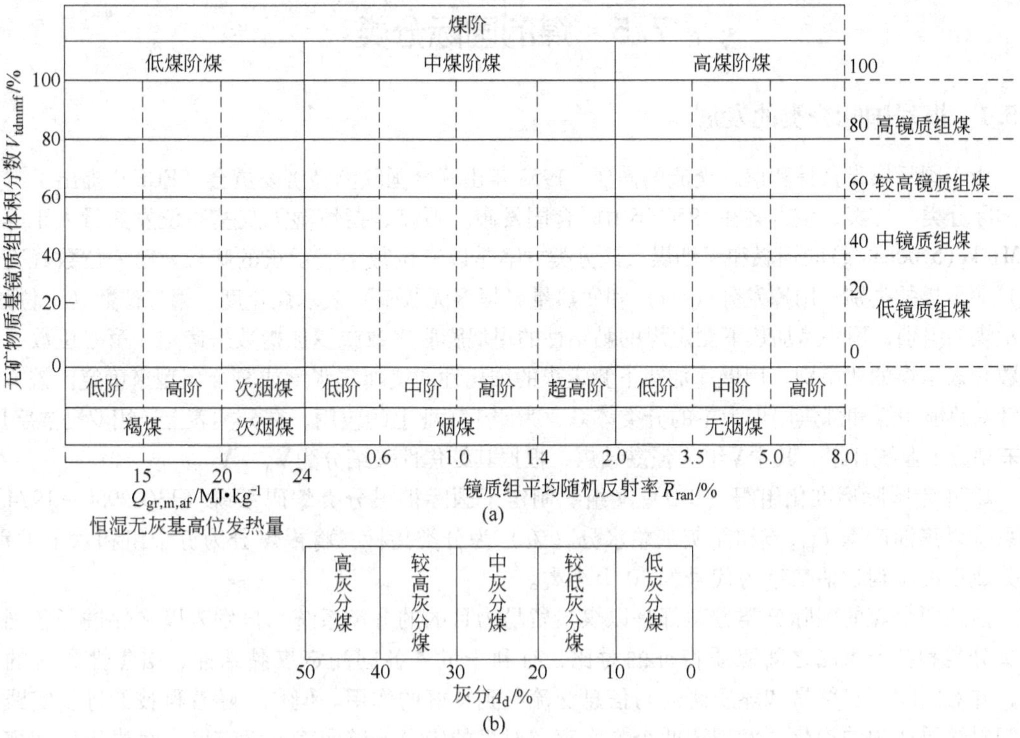

图 7-2 中国煤层煤分类

（a）按煤阶和煤的显微组分组成的分类；（b）按煤的灰分分类

热量 $Q_{gr,m,af}$，MJ/kg 作为划分低煤阶煤的指标，将低煤阶煤分为低阶褐煤、高阶褐煤和次烟煤三小类；再以镜质组平均随机反射率$\overline{R}_{ran}$,% 作为区分中煤阶烟煤和高煤阶无烟煤的指标，将烟煤分为低阶、中阶、高阶和超高阶四小类；将无烟煤分为低阶、中阶和高阶三小类。

以无矿物质基镜质组含量，V_{tdmmf}（Vol）,% 表示煤岩显微组分组成；将 $V_{tdmmf}<40\%$ 的煤称为低镜质组煤；将 $V_{tdmmf}\geqslant40\%$ 到 $<60\%$ 的煤称为中镜质组煤；将 $V_{tdmmf}\geqslant60\%$ 到 $<80\%$ 的煤称为较高镜质组煤；将 $V_{tdmmf}\geqslant80\%$ 的煤称为高镜质组煤。

以干燥基灰分表征煤的品位：$A_d<10\%$ 称为低灰分煤；A_d 从 $\geqslant10\%$ 到 $<20\%$ 的煤称为较低灰分煤；A_d 从 $\geqslant20\%$ 到 $<30\%$ 的煤称为中灰分煤；A_d 从 $\geqslant30\%$ 到 $<40\%$ 的煤称为较高灰分煤；A_d 从 $\geqslant40\%$ 到 $\leqslant50\%$ 的煤称为高灰分煤。

煤类名称的冠名顺序以品位、显微组分组成、煤阶依次排列。命名的示例如表 7-7 所示。

表 7-7 命名示例图

A_d/%	V_{tdmmf}（Vol）/%	$\overline{R}_{ran}$/%	$Q_{gr,m,af}$/MJ · kg^{-1}	命名表述
16.71	82	0.30	16.8	较低灰分、高镜质组、高阶褐煤
8.50	65	0.58	23.8	低灰分、较高镜质组、次烟煤
22.00	50	0.70		中灰分、中镜质组、中阶烟煤
10.01	60	1.04		较低灰分、较高镜质组、高阶烟煤
3.00	95	2.70		低灰分、高镜质组、低阶无烟煤

7.5　煤的国际分类

7.5.1　煤炭国际分类的发展

由于国际煤炭贸易和信息交流的需要，1955 年由联合国欧洲经济委员会（ECE）提出了“硬煤国际分类”方案，该方案在 1956 年由联合国发布。硬煤是指恒湿无灰基高位发热量大于等于 24MJ/kg(5700cal/g)的烟煤和无烟煤。该分类方案是以三位数字表示煤的牌号。第一位数（百位数）表示煤的类别，用挥发分（daf）和发热量（恒湿无灰基）表示煤化度。第二位数（十位数）表示煤的组别，用快速加热下测定煤的黏结性的坩埚膨胀序数或罗加指数来确定。第三位数（个位数）表示煤的亚组别，用慢速加热下测定煤的结焦性的奥阿膨胀度或葛金焦型来确定。该方案是针对热能用煤和炼焦用煤为主的分类体系，为便于工业上的应用，在分类表上还用罗马数字Ⅰ～Ⅶ来划分工业统计组，其中Ⅴ组为强黏结煤，根据其结焦性又细分为V_A～V_D。

1974 年国际标准化组织（ISO）又组织制定了国际褐煤分类编码系统（ISO 2950—1974），该系统以焦油产率 T_{daf},% 和无灰基总水分（%）为分类指标，将褐煤分为五个组和六个类别，划分成以两位阿拉伯数字为代号的 30 个小类。

前述两个煤的国际分类方案都是以煤炭贸易为目的的分类系统，自发表以来促进了各国的煤炭分类和各产煤国之间煤质特征的对比，有利于世界各国测定煤黏结性、结焦性方法的统一，并对国际煤炭贸易和煤质研究与信息交流起到良好的作用。但是，随着科技的进步实践中人们对煤质认识的深化，发现这两个方案存在对煤的定义不够明确，没有考虑煤岩指标和煤利用的环境因素等多方面问题而显得落后。

煤炭是世界上的主要能源，在发电、钢铁冶金等方面广泛应用。但是用煤过程中的热效率和环境存在严重的问题。正是从上述的背景出发，1993 年国际标准化组织（ISO）煤炭委员会（TC27）成立了第 18 工作组，专门从事国际煤分类的制定工作。参加制定工作的国家有澳大利亚、加拿大、中国、捷克、法国、德国、日本、荷兰、波兰、葡萄牙、南非、瑞典、英国和美国共 14 个国家。目的是提出一个简明的分类系统，便于煤炭的重要性质、参数在国际可以相互比较，同时正确无误地评估世界各地区的煤炭资源。2005 年，ISO 11760：2005 颁布，成为现行国际煤分类标准。

7.5.2　现行国际煤分类标准

ISO 11760：2005 首先对分类涉及的主要术语进行了定义，这些术语包括：煤、镜质组、惰质组、稳定组、褐煤、次烟煤、烟煤、无烟煤、硬煤和煤层煤水分。其中，关于“煤”的定义：“主要由植物遗体转化而成的碳质沉积岩，含有一定量的矿物质，相应的灰分产率小于或等于 50%（干基质量分数）”被中国煤炭分类 GB/T 5751—2009 采用。但需要注意的是目前我国用于煤炭储量计算时所统计的煤炭灰分上限为 40%。

考虑到煤的物理和化学性质实质上决定于地质成熟度（煤阶），岩相组成和矿物质的数量（以及矿物质的种类和赋存方式）。因此，为了简单起见，国际煤分类根据以下性质进行煤分类：以镜质组反射率（平均随机反射率）$\overline{R}_r$ 表征煤阶；以镜质组含量（无矿物质基体积分数）表征煤岩组成；以灰分产率（某基准下的百分数）表征煤中无机矿物的含量。

7.5.2.1　煤阶

将煤分为低煤阶煤、中煤阶煤和高煤阶煤等三个一级煤类，每个一级煤类再细分为 3～4

个亚类，如表 7-8 所示。

表 7-8　主要煤类别的一级煤类和亚类的煤阶分类

一级煤类	定　义	亚　类	特　征
低煤阶（褐煤和次烟煤）	煤层煤水分小于等于 75% 及 $\overline{R}_r<0.5\%$	低煤阶煤 C（褐煤 C）	$\overline{R}_r<0.4\%$ 和煤层煤水分大于 35% 和小于 75%，无灰基
		低煤阶煤 B（褐煤 B）	$\overline{R}_r<0.4\%$ 和煤层煤水分小于等于 35%，无灰基
		低煤阶煤 A（次烟煤）	$0.4\%\leqslant\overline{R}_r<0.5\%$
中煤阶（烟煤）	$0.5\%\leqslant\overline{R}_r<2.0\%$	中煤阶煤 D（烟煤 D）	$0.5\%\leqslant\overline{R}_r<0.6\%$
		中煤阶煤 C（烟煤 C）	$0.6\%\leqslant\overline{R}_r<1.0\%$
		中煤阶煤 B（烟煤 B）	$1.0\%\leqslant\overline{R}_r<1.4\%$
		中煤阶煤 A（烟煤 A）	$1.4\%\leqslant\overline{R}_r<2.0\%$
高煤阶（无烟煤）	$2.0\%\leqslant\overline{R}_r<6.0\%$（或 $\overline{R}_{v,max}<8.0\%$）	高煤阶煤 C（无烟煤 C）	$2.0\%\leqslant\overline{R}_r<3.0\%$
		高煤阶煤 B（无烟煤 C）	$3.0\%\leqslant\overline{R}_r<4.0\%$
		高煤阶煤 A（无烟煤 A）	$4.0\%\leqslant\overline{R}_r<6.0\%$（或 $\overline{R}_{v,max}<8.0\%$）

由表 7-8 可见，中、高煤阶煤全部采用镜质组反射率作为分类指标，但在低煤阶煤阶段，还引入煤层煤水分作为辅助指标，区分煤和泥炭，以及褐煤内的小类。煤层煤水分大于 75% 时属于泥炭而不归属为煤，不属于国际煤分类的范畴。

此外，在表 7-8 中，以煤中镜质组随机平均反射率小于 6.0% 或镜质组最大平均反射率小于 8.0% 作为无烟煤的上限，超过了这一界值的煤，意味着将不属于“煤”的范畴。但中国现实的情况是有大量高变质的无烟煤，它们的镜质组最大平均反射率都大于 8.0%，都在国内工矿企业实际使用。说明按常规的变质序列制定的国际煤分类与中国无烟煤的生成情况不同。由于中国的高煤阶煤多数叠加热变质作用而形成，煤化作用的进展，主要取决于受热相对速率和有效受热时间的长短，导致出现物理性质滞后于化学性质的不平衡现象，反映在随机反射率上不能受 0.6% 的约束。经过中方代表中国煤炭科学院北京化工分院陈鹏的努力，在国际煤分类的文本表 1 中，用加注的方式增加一个中国式特例：在中国，由于煤受接触变质影响，其镜质组平均最大反射率可能高达 10.5%，仍属无烟煤。

7.5.2.2　煤岩组成

以镜质组含量表征的岩相，或显微组分组成，将煤划分为如表 7-9 所示四类。

表 7-9　煤岩组成分类

镜质组体积含量/%，无矿物质基	镜质组类别	镜质组体积含量/%，无矿物质基	镜质组类别
<40	低镜质组煤	≥60 和 <80	较高镜质组煤
≥40 和 <60	中镜质组煤	≥80	高镜质组煤

需要注意的是，显微镜可识别的煤炭，是一个由镜质组、惰质组和稳定组显微组分组构成的三组分系统；但镜质组含量可以用来作为简化代表岩相组成，这是因为在大多数情况下，煤主要是由镜质组和惰质组组成的。然而，重要的是要认识到，单独进行镜质组含量测定不足以表征煤岩组成。一些反射率较低的惰质组成分可能在焦化时具有反应性。此外，稳定组高度丰富（大于 10%）导致挥发分产率高于按镜质组反射率预期的值。因此，当稳定组异常时，应该谨慎用镜质组含量表征煤分类中的煤岩组成。

7.5.2.3 灰分产率

国际煤分类以灰分产率表征的煤的无机成分，将煤划分为五类，如表7-10所示。

表7-10 灰分产率分类

灰分产率	灰分类别	灰分产率	灰分类别
$A_d<5$	极低灰煤	$A_d \geqslant 20 \sim <30$	较高灰煤
$A_d \geqslant 5 \sim <10$	低灰煤	$A_d \geqslant 30 \sim <50$	高灰煤
$A_d \geqslant 10 \sim <20$	中灰煤		

7.6 煤质评价

煤质评价是指通过有关煤质试验后，正确地评定煤炭的质量及其在工业上利用的价值。通过煤质评价可以了解煤的成分与性质，为矿井建设、煤炭开采和加工利用提供科学依据。煤质评价也是许多工业部门和研究机构经常性的研究工作。

7.6.1 煤质评价的阶段与任务

煤田地质部门从煤田普查、勘探、开采到煤炭的加工利用进程出发，根据每一阶段的不同任务将煤质评价分为煤质初步评价、详细评价和最终评价三个阶段。

7.6.1.1 煤质初步评价阶段

此阶段相当于煤田普查时期对煤质的研究和初步评价。主要研究煤的成因类型，煤岩组成和煤的各项物理、化学性质。如测定煤的工业分析、元素组成、发热量、灰成分与灰熔点、各项黏结性、结焦性指标及煤的抗碎强度和密度等物理性质。通过测得各指标的综合分析与研究，了解可采煤层的煤质特性，初步决定煤的种类及其加工利用方向。

7.6.1.2 煤质详细评价阶段

此阶段相当于煤田勘探时期对煤质的研究与评价。在上阶段煤质分析的基础上进一步测定煤的各种工艺性质，例如：可选性及沉矸质量、热稳定性、反应性、可磨性、低温干馏试验和试验焦炉测定煤的结焦性等。以便全面了解勘探区内可采煤层的煤质特性、变化规律、煤的变质因素和煤类分布规律，对可采煤层作出加工利用评价和确定沉矸与煤灰渣的综合利用方向。

7.6.1.3 煤质最终评价阶段

此阶段相当于煤田开采和加工利用阶段对煤质的研究和评价。由于加工利用方向与加工利用流程已经确定，因此煤质研究工作内容集中于根据开采和加工利用的需要，定期或随机取样进行某些煤质指标的测定、检查并控制煤的质量。

7.6.2 煤质评价的内容

煤质评价的内容可归纳为地质、工艺技术和经济与环保三个方面。

7.6.2.1 地质方面的评价

煤田地质工作者在煤田普查和勘探时期，通过对煤层煤样的分析研究阐明煤质的变化规律，并了解成煤原始物质、聚积环境、煤化作用、风化及氧化等地质因素对煤田的影响及其变化规律。

7.6.2.2 工艺技术方面的评价

评价内容包括两个方面：首先根据测试所得的煤的工艺性质，结合各种工业部门对煤质的要求，确定煤的加工利用方向；在已知煤质及加工利用方式的条件下，进一步研究采用何种工艺措施以改善煤的性质，达到最好的利用效果，并提高煤炭的使用价值。这些工艺措施可考虑诸如：煤的洗选、配合、干燥、预热和成型等，或改变加工的炉型、方式或操作条件等。

7.6.2.3 经济与环保方面的评价

从经济观点研究如何最合理利用煤炭资源，最大限度地提高产品的附加值、以获得最好的经济效益。这方面包括煤炭开采、产销、运输方面的评价，也包括综合加工利用，如煤中稀有元素的提取、灰渣的利用等。环保方面着重研究如何确保在煤炭开采与加工利用过程中符合国家对环保方面的要求，尽最大可能减少环境污染。如因开采导致地面下沉，应采用限量开采、防止下沉等措施；如劣质煤燃烧引起大气污染，必须采用相应严格的防治措施。

7.6.3 煤质评价的方法

由于煤炭本身是非常复杂的，除了煤化度、煤岩组成、还原程度等对煤质影响显著外，地质、生成条件、矿物质的数量与性质、硫、磷以及稀有元素的赋存等对煤质及其加工利用也有很大关系。因此，煤质的检验方法很多：如各种化学方法，各种物理和物理化学方法，煤岩方法和各种工艺性质方法等。要全面深入地评价煤质，需要进行大量的分析化验工作，掌握煤质各方面的数据，结合地质情况及煤质变化规律，并要了解各种工业利用部门对煤质的不同要求，最终才能做出正确的煤质评价。但是，要全面检测煤样需要花费很大的人力与物力，在实际上和经济上也是难以做到的。所以评价煤质的方法有一个从实际出发，因地制宜、因煤制宜的问题，存在相对来说投入较少而收效较好的评价系统，这也是一个值得研究的系统工程的问题。

一般来说，可以先从简单的工业分析、全硫含量的测定开始，再加上黏结指数 G_{RI} 等少数黏结性指标的测定，大体上确定其煤种大类。如果是无烟煤，且灰、硫含量不甚高，则可作为气化原料或燃料考虑，进一步测定其机械强度、热稳定性、反应性、结渣性、灰熔点、灰黏度、灰成分和发热量等气化工艺性质指标。对灰、硫较高的原煤还要测定其可选性、精煤回收率及洗选脱硫率等。如果是低灰优质无烟煤，可考虑作为活性炭、电极糊等炭素材料使用，再做相应的分析工作，以最终做出正确的煤质评价。

对烟煤的煤质评价可考虑是否能用作炼焦煤。若相应牌号为气煤~瘦煤范围，再进一步测定煤的可选性，确定精煤灰分与收率，测定单种煤的结焦性及与其他煤的相容性等项指标。若为灰、硫及煤化度较高的瘦、贫煤，可考虑作为动力用煤，再测定相应的热值等指标。如果是低变质程度的烟煤可测定其焦油产率等相应指标，以确定是否适用于低温干馏、液化或气化原料。如果考虑作为水煤浆原料，则应测定其表面性质、煤岩显微成分、最高内在水分和 O/C 原子比等指标，以进一步确定其制浆性的好坏，最终给予被评价烟煤一个最合适的工业用途。

对于褐煤的煤质评价可测定其低温干馏焦油产率、腐殖酸含量、苯抽出物及煤中稀有元素的含量等指标。如褐煤的苯（或苯-醇）抽出物或腐殖酸含量高，可考虑用作提取褐煤蜡（蒙旦蜡）或制取腐殖酸的原料。当褐煤中稀有元素含量达到具有工业提取价值时，可考虑从煤灰中提取相应的稀有金属。此外，褐煤还可考虑作为低温干馏、液化、气化和型焦等原料，为此可分别检测相应的指标，最终对煤质及用途加以正确的评价。

对于正常生产的各工业部门，煤质的评价一般已经标准化，具有明确的针对性。主要的用煤工业部门和设备用煤技术条件见表 7-11。

表 7-11 主要用煤工业部门和设备用煤技术条件表

用煤部门/设备	适用标准	评价指标
炼焦	GB/T 397	灰分、全硫、磷含量、黏结指数、全水分
常压固定床气化	GB/T 9143	粒度、块煤限下率、灰分、煤灰熔融性软化温度、水分、全硫、黏结指数、热稳定性、落下强度
水煤气两段炉气化	GB/T 17610	粒度、块煤限下率、灰分、煤灰熔融性软化温度、热稳定性、抗碎强度、固定碳、挥发分、黏结指数、全硫
直接液化	GB/T 23810	全水分、灰分、挥发分、氢碳原子比、惰质组含量、哈氏可磨性指数、镜质组反射率
合成氨	GB/T 7561	粒度、含矸率、全水分、挥发分、灰分、固定碳、全硫、煤灰熔融性软化温度、热稳定性、抗碎强度
高炉喷吹	GB/T 18512	粒度、灰分、全硫、哈氏可磨性指数、磷分、钾和钠总量、发热量、全水分
发电煤粉锅炉	GB/T 7562	挥发分、发热量、灰分、全水分、全硫、煤灰熔融性软化温度、哈氏可磨性指数
链条炉排锅炉	GB/T 18342	粒度、块煤限下率、全水分、挥发分、灰分、发热量、全硫、煤灰熔融性软化温度、焦渣特征
蒸汽机车	GB/T 4063	粒度、块煤限下率、挥发分、灰分、煤灰熔融性软化温度、全硫、发热量
水泥回转窑	GB/T 7563	粒度、灰分、挥发分、发热量、全硫
水泥立窑	JC/T 912	粒度、灰分、挥发分、发热量、全硫

例如：对炼焦用煤而言，为了进行矿山调查或开辟新的用煤基地，则主要了解及测定煤的灰分、全硫、磷含量、黏结指数、全水分，以评价单种煤的焦炭质量及其相容性等。但是，如果遇到煤质指标较好而实际黏结性、结焦性相距甚远的“异常煤”，则还应从煤岩成分或煤的还原程度等方面进行煤质分析，找出其“异常”的真正原因，从而对该煤种做出恰如其分的正确评价。

7.7 中国的煤炭资源与煤质特点

中国煤炭资源丰富，煤种齐全，是世界上最大的煤炭生产国和消费国。为了满足国家能源发展远景规划与综合国力评估的需要，中国先后组织了三次煤田预测。煤田预测是一项运用地质理论结合有关地质资料，推断新煤田和扩大已知煤田或矿区远景的工作。煤田预测的主要内容包括煤田或含煤区的位置和范围、地质构造特征、含煤岩系特征、煤层和含煤性、煤炭储量和煤质等。我国第一次全国煤田预测在 20 世纪 50 年代末至 60 年代初完成，第二次全国煤田预测在 20 世纪 70 年代中期完成。第三次煤田预测最新资料已于 20 世纪 90 年代末期完成。

根据第三次全国煤田预测资料，我国垂深 2000m 以浅的煤炭资源总量为 55697. 49 亿吨，其中探明保有资源量 10176. 45 亿吨，预测资源量 45521. 04 亿吨。根据我国国土资源部公布数据，截至 2007 年底，我国煤炭查明资源储量 11804. 45 亿吨。《BP 世界能源统计 2009》表明，到 2008 年底为止中国煤炭的探明（可采）储量，无烟煤和烟煤 622 亿吨，次烟煤和褐煤 523 亿吨，合计为 1145 亿吨，占全球煤炭探明（可采）储量 13. 9%，居美国（28. 9%）和俄罗斯（19. 0%）之后的世界第三位。中国 2008 年煤炭产量已达到 27. 16 亿吨，2010 年将超过 30 亿吨，2030 年可能突破 50 亿吨。

本节着重介绍我国煤炭资源的特点以及炼焦煤资源及其可选性。

7.7.1 中国的煤炭资源及其分布特点

中国煤炭资源虽然丰富，但在地区分布和煤种分布两个方面存在明显的不平衡。

7.7.1.1 中国的煤炭资源地域分布

根据第三次全国煤田预测资料，在南北方向，我国煤炭资源主要分布于昆仑-秦岭-大别山以北地区。大致以昆仑-秦岭-大别山一线以北的我国北方省区煤炭资源量之和为51842.82亿吨，占全国煤炭资源总量的93.08%；其余各省煤炭资源量之和为3854.67亿吨，仅占全国煤炭资源总量的6.98%。在昆仑-秦岭-大别山以北地区探明保有资源量占全国探明保有资源量的90%以上；而这一线以南探明保有资源量不足全国探明保有资源量的10%。显然，我国煤炭资源在地域分布上存在北多南少的特点。

在东西方向，我国煤炭资源主要分布于大兴安岭-太行山-雪峰山以西地区。大致这一线以西的内蒙古、山西、四川、贵州等11个省区，煤炭资源量为51145.71亿吨，占全国煤炭资源总量的91.83%。这一线以西地区，探明保有资源量占全国探明保有资源量的89%；而这一线以东地区，探明保有资源量仅占全国探明保有资源量的11%。显然，我国煤炭资源在地域分布上又存在西多东少的特点。

我国煤炭资源地域分布上的北多南少、西多东少的特点，决定了我国的西煤东运、北煤南运的基本生产格局。

7.7.1.2 中国的煤炭资源地区分布

中国煤炭资源按行政区的分布如表7-12和表7-13所示。

表7-12 中国各行政区煤炭资源分布（截止2001年底）

行政区	华 北	东 北	华 东	中 南	西 南	西 北	全国合计
储量/亿吨	1089.95	75.05	125.97	79.78	242.58	277.89	1891.22
占全国比例/%	57.63	3.97	6.66	4.22	12.83	14.69	100.00
基础储量/亿吨	1875.62	165.22	255.62	158.36	367.88	518.18	3340.88
占全国比例/%	56.14	4.95	7.65	4.74	11.01	15.51	100.00
资源量/亿吨	3194.66	161.16	310.54	153.38	492.62	2548.26	6860.62
占全国比例/%	46.57	2.35	4.53	2.23	7.18	37.14	100.00
查明资源储量/亿吨	5070.28	326.38	566.16	311.74	860.50	3066.44	10201.50
占全国比例/%	49.70	3.20	5.55	3.06	8.43	30.06	100.00

注：数据来源为国土资源部，截止2001年底全国矿产储量简表。

表7-13 中国煤炭资源基础储量的省区分布（截止2005年底）

地 区	省份（比重/%）	基础储量/亿吨	比重/%
华 北	北京(0.17)、天津(0.09)、河北(2.16)、山西(31.71)、内蒙古(22.78)、山东(3.25)	2001.2	60.2
东 北	辽宁（1.64）、吉林（0.49）、黑龙江（2.32）	148.2	4.4
华 东	上海（0）、江苏（0.66）、浙江（0.02）	22.6	0.7
华 中	安徽（4.37）、江西（0.23）、河南（3.82）、湖南（0.61）、湖北（0.10）	304.0	9.1
华 南	广东（0.06）、广西（0.26）、福建（0.13）、海南（0.03）	15.6	0.5
西 南	重庆（0.55）、四川（1.48）、贵州（4.48）、云南（2.23）、西藏（0.004）	290.5	8.7
西 北	陕西（8.54）、甘肃（1.48）、青海（0.60）、宁夏（2.06）、新疆（3.68）	544.3	16.4
全国总计		3326.4	100

注：数据来源中国统计年鉴（2006）。

按照《固体矿产资源/储量分类》（GB/T 17766—1999）的定义，表7-12中的“储量”是指基础储量中的经济可采部分。在预可行性研究、可行性研究或编制年度采掘计划当时，经过了对经济、开采、选冶、环境、法律、市场、社会和政府等诸因素的研究及相应修改，结果表明在当时是经济可采或已经开采的部分。用扣除了设计、采矿损失的可实际开采数量表述，依据地质可靠程度和可行性评价阶段不同，又可分为可采储量和预可采储量。

“基础储量”是查明矿产资源的一部分。它能满足现行采矿和生产所需的指标要求（包括品位、质量、厚度、开采技术条件等），是经详查、勘探所获控制的、探明的并通过可行性研究、预可行性研究认为属于经济的、边际经济的部分，用未扣除设计、采矿损失的数量表述。

“资源量”是指查明矿产资源的一部分和潜在矿产资源。包括经可行性研究或预可行性研究证实为次边际经济的矿产资源以及经过勘察而未进行可行性研究或预可行性研究的内蕴经济的矿产资源，以及经过预查后预测的矿产资源。

“查明资源储量”为“基础储量”与“资源量”之和。

从各大区的储量和资源量看，以华北区为最多，该区的“储量”占全国的57.63%，基础储量（包括储量）占全国的56.14%，“查明资源储量”也几乎占全国的50%；西北区和西南区可用于生产和建井的储量分别居第二、第三位，各占全国的14.69%和12.83%；华东区占全国的6.66%；中南和东北区的储量最少，均占全国的4%左右。资源量亦以华北最多，占全国的46.57%；其次为西北区，占37.14%；其他各区的资源量均不足全国的8%。除华北区外，西北区的查明资源储量居全国第二位，达30.06%；其他各区之和仅约为全国的20%，其中中南区仅占3.06%，东北区仅占3.20%。从区域分布来看，我国的煤炭资源主要分布于华北与西北二区，其煤炭资源总和约占全国的80%。

从各省区分布看，除上海以外其他各省区均有分布，但分布极不均衡。煤炭资源量最多的新疆维吾尔自治区煤炭资源量多达19193.53亿吨，而煤炭资源量最少的浙江省仅为0.50亿吨。我国煤炭资源量大于10000亿吨的省区有新疆、内蒙古两个自治区，其煤炭资源量之和为33650.09亿吨，占全国煤炭资源量的60.42%；探明保有资源量之和为3362.35亿吨，占全国探明保有资源量的33.04%。我国煤炭资源量大于1000亿吨以上的省区是新疆、内蒙古、山西、陕西、河南、宁夏、甘肃、贵州等8个省区，煤炭资源量之和50750.83亿吨，占全国煤炭资源总量的91.12%；这8个省区探明保有资源量之和为8566.24亿吨，占全国探明保有资源量的84.18%。我国煤炭资源量在500亿吨以上的有12个省区，这12个省区是1000亿吨的8个省区加安徽、云南、河北、山东四省，其煤炭资源量之和为53773.78亿吨，占全国煤炭资源总量的96.55%；这12个省区探明保有资源量之和为9533.22亿吨，占探明保有资源量的93.68%。煤炭资源量小于500亿吨的17个省区煤炭资源量之和仅为1929.71亿吨，仅占全国煤炭资源量的3.45%；探明保有资源量仅为643.23亿吨，仅占全国探明保有资源量的6.32%。

7.7.1.3 中国的煤炭资源煤种分布

在我国，褐煤资源量3194.38亿吨，占我国煤炭资源总量的5.74%；褐煤探明保有资源量1291.32亿吨，占全国探明保有资源量的12.69%；主要分布于内蒙古东部、黑龙江东部和云南东部。

低变质烟煤（长焰煤、不黏煤、弱黏煤）资源量28535.85亿吨，占全国煤炭资源总量的51.23%；低变质烟煤探明保有资源量4320.75亿吨，占全国探明保有资源量的42.46%；

主要分布于我国新疆、陕西、内蒙古、宁夏等省区，甘肃、辽宁、河北、黑龙江、河南等省低变质烟煤资源也比较丰富。成煤时代以早、中侏罗世为主，其次是早白垩世、石炭二叠纪。

中变质烟煤（气煤、肥煤、焦煤和瘦煤）资源量为15993.22亿吨，占全国煤炭资源总量的28.71%；中变质烟煤探明保有资源量2807.69亿吨，占全国探明保有资源量的27.59%；我国中变质烟煤主要分布于华北石炭二叠纪和华南二叠纪含煤地层中。在中变质烟煤中，气煤资源量为10709.69亿吨，占全国煤炭资源总量的19.23%；气煤探明保有资源量1317.31亿吨，占全国探明保有资源量的12.94%；焦煤资源量2640.21亿吨，占全国煤炭资源总量的4.74%，焦煤探明保有资源量682.92亿吨，占全国探明保有资源量的6.71%。

高变质煤资源量为7967.73亿吨，占我国煤炭资源总量的14.31%；高变质煤探明保有资源量1756.43亿吨，占全国探明保有资源量的17.26%；高变质煤主要分布于山西、贵州和四川南部。

7.7.2 中国的煤炭资源煤质特点

7.7.2.1 我国煤的灰分、硫分和发热量的基本状况

按照第三次全国煤田预测，我国探明保有资源量10176.45亿吨，生产在建井已占用1916.04亿吨，尚未利用资源量8260.41亿吨，其中特低灰（灰分小于5%）、低灰（灰分小于10%）的煤1786.76亿吨，占尚未利用资源量的21.63%；低中灰（灰分大于10%~20%）的煤3626.67亿吨，占尚未利用资源量的43.90%；中灰（灰分大于20%~30%）的煤2698.85亿吨，占尚未利用资源量的32.67%。根据前述可知，我国特低灰-低中灰（灰分在20%以下）的煤占尚未利用资源量的65.53%；按地区而言，在内蒙古、陕西、新疆和山西四省区集中了这一类煤资源量的52.70%。按聚煤期而言，侏罗纪煤的99.12%、白垩纪煤的65.32%、二叠纪煤的46.91%、石炭二叠纪煤的34.08%属特低灰-低中灰（灰分小于20%）煤；第三纪煤的84.85%、白垩纪煤的33.51%、二叠纪煤的45.04%；石炭二叠纪煤的63.86%属中灰（灰分20%~30%）煤。

硫对煤炭的利用和环境保护都是十分有害的物质，因此煤的硫分是煤质评价的一项十分重要指标。在我国，特低硫和低硫煤为4160.01亿吨，占尚未利用资源量的50.37%；低中硫、中硫煤2823.30亿吨，占尚未利用资源量的34.18%；硫分大于2.00%的煤占15.45%。就地域而言，内蒙古、陕西、新疆三省区特低硫、低硫煤3225.77亿吨，占全国的39.05%；山西、陕西、内蒙古三省区低中硫、中硫煤2243.77亿吨，占全国的27.16%。就聚煤期而言，白垩纪特低硫、低硫煤占白垩纪煤的63.70%；侏罗纪特低硫、低硫煤占侏罗纪煤的77.64%；二叠纪特低硫、低硫煤仅占二叠纪煤的6.91%；石炭二叠纪特低硫、低硫煤仅占石炭二叠纪煤的23.91%；石炭二叠纪硫分小于2.00%的煤占石炭二叠纪煤的75.96%，硫分最高的二叠纪煤中，硫分大于2.00%的煤占二叠纪煤的63.89%。

根据统计，全国尚未利用储量中煤的发热量 $Q_{gr,ad} > 20MJ/kg$ 的中高热值煤占91.80%，低热值煤很少，主要是分布于云南和内蒙古东部的褐煤。

7.7.2.2 我国煤类的煤质特征

褐煤的最大特点是水分含量高，灰分含量高，发热量低。根据176个井田或勘探区统计资料，褐煤全水分高达20%~50%，灰分一般为20%~30%，收到基低位发热量一般为11.71~16.73MJ/kg。

在我国，低变质烟煤不仅资源量丰富，而且这类煤灰分低，硫分低，发热量高，可选性好，煤质优良。各主要矿区原煤灰分均在15%以内，硫分小于1%。其中不黏煤的平均灰分为10.85%，平均硫分为0.75；弱黏煤平均灰分为10.11%，平均硫分为0.87%。根据71个矿区统计资料，长焰煤收到基低位发热量为16.73～20.91MJ/kg；弱黏煤、不黏煤收到基低位发热量为20.91～25.09MJ/kg。低变质烟煤化学反应性优良。

我国中变质烟煤原煤灰分一般在20%以上，基本无特低灰煤和低灰煤；硫分也较高，已发现保有资源量的20%以上的硫分高于2%，而低硫高灰者，其可选性也较差。我国华北是中变质煤的主要分布地区，其中山西组煤的灰分、硫分相对较低，可选性较好，是我国炼焦用煤的主要煤源。而太原组煤属中硫、中高硫居多，脱硫困难，但结焦性比山西组煤好。

在高变质煤中，贫煤的灰分和硫分都较高，如山西西山贫煤灰分15%～30%，硫分1%～3%；贵州六枝贫煤灰分17%～36%，硫分高达3%～6%，贫煤属中高热值煤，其$Q_{net.ar}$一般可达23.00～27.18MJ/kg。我国无烟煤的特点是低中灰、中灰，低硫-中硫，$Q_{net.ar}$一般高达22.70～2.70MJ/kg，煤灰熔融温度高，煤机械强度高，热稳定性中等-高热稳定性，化学反应性较差。

综上所述，我国煤炭资源的煤类齐全，包括了从褐煤到无烟煤各种不同煤化阶段的煤，但是其数量和分布极不均衡。褐煤和低变质烟煤资源量占全国煤炭资源总量的50%以上，动力燃料煤资源丰富。而中变质煤，即传统意义的“炼焦用煤”数量较少，特别是焦煤资源更显不足。就煤质而言，我国低变质烟煤煤质优良，是优良的燃料、动力用煤，有的煤还是生产水煤浆和水煤气的优质原料。中变质烟煤主要用于炼焦，在我国，因灰分、硫分、可选性的原因，炼焦用煤资源不多，优质炼焦用煤更显缺乏。高变质煤煤质的主要不足是硫分高。

7.7.3 中国的炼焦煤资源及其可选性

7.7.3.1 炼焦煤资源地域分布

我国炼焦煤资源相对丰富，但分布很不平衡。在中国的炼焦煤储量或资源量中，以华北区占绝对多数，炼焦煤储量（即经济可采储量）为379.59亿吨，见表7-14，占全国炼焦煤储量的57.37%。炼焦煤储量居第2位的为华东区（114亿吨），占全国炼焦煤储量的17.24%，居第3位的为西南区（69.22亿吨），东北、西北和中南三区的炼焦煤储量依次减少。南方各省、自治区，如浙江、福建、广东、广西、湖北等，炼焦煤资源都相当贫乏。

表7-14 中国各行政区炼焦煤资源分布（截止2001年底）

行政区	华 北	东 北	华 东	中 南	西 南	西 北	合 计
储量/亿吨	379.59	37.08	114.00	27.08	69.22	34.69	661.66
占全国比例/%	57.37	5.60	17.24	4.09	10.46	5.24	100.00
基础储量/亿吨	703.52	86.51	233.88	50.95	110.15	78.44	1263.45
占全国比例/%	55.68	6.85	18.51	4.03	8.72	6.21	100.00
资源量/亿吨	996.22	36.48	215.91	49.30	63.87	139.77	1501.55
占全国比例/%	66.35	2.43	14.38	3.28	4.25	9.31	100.00
查明资源储量/亿吨	1699.73	122.99	449.77	100.28	174.03	218.20	2765.00
占全国比例/%	61.47	4.45	16.27	3.63	6.29	7.89	100.00

注：数据来源为国土资源部，截止2001年底全国矿产储量简表。

7.7.3.2 炼焦煤资源煤种分布

中国炼焦煤品种齐全，但分布也不均匀。气煤和1/3焦煤在炼焦煤种查明资源储量中占较大比例，达到45%以上；焦煤与肥煤是炼焦的主力煤种，占比例较小，其中焦煤仅占约24%，肥煤和气肥煤合计仅占约13%，如表7-15所示。在中国炼焦煤种中，焦煤和肥煤是稀缺资源。

表7-15 中国炼焦煤源煤种分布 （%）

煤 种	占煤炭查明资源储量	占炼焦煤查明资源储量
瘦煤、贫瘦煤	4.17	15.89
焦 煤	6.20	23.61
肥煤、气肥煤	3.36	12.81
气煤、1/3焦煤	12.00	45.73
未分类	0.51	1.96
合 计	26.24	100.00

7.7.3.3 中国炼焦煤的煤质特点

我国炼焦煤的可选性差。从表7-16可见，难洗与极难洗煤约占62%。我国目前主要矿区生产的洗精煤其灰分以气煤为最低，焦煤的灰分为最高。全国洗精煤的平均灰分约为10.5%（国外精煤灰分平均为6%～8%）。我国入洗原煤的灰分一般为20%～30%；少数达30%～40%。

表7-16 中国炼焦煤的可选性

煤 种	占入洗量/%	不同可选性煤占入洗量比例/%	
		难、极难洗煤	易洗、中等易洗煤
气 煤	43	40	60
肥 煤	18	61	39
焦 煤	30	84	16
瘦 煤	9	92	8
合 计	100	62	38

2003年，我国曾经对83家主要炼焦煤洗煤厂出厂精煤进行了分类统计调查，如表7-17所示，焦煤、肥煤精煤分别占27.3%、13.8%，气煤、1/3焦煤精煤占50.9%，瘦煤精煤约占8.0%。

表7-17 2003年重点炼焦煤洗煤厂精煤按煤种分布及平均灰分、硫分

煤 种	产量占炼焦精煤/%	平均灰分 A_d/%	平均硫分 $w_d(S_t)$/%
瘦煤、贫瘦煤	8.0	9.82	0.43
焦 煤	27.3	9.84	0.65
肥煤、气肥煤	13.8	9.99	0.92
气煤、1/3焦煤	50.9	9.50	0.60

我国含硫高的炼焦煤约占炼焦煤总量的20%。在炼焦煤的储量中，肥、焦、瘦煤的硫分较高，其中高硫煤［$w_d(S_t) \geqslant 2\%$］分别占本煤种的48.0%，29.6%和56.4%。即储量中有一半的肥煤和瘦煤是高硫煤，约有1/3的焦煤是高硫煤。而高硫气煤的储量不足4%。

洗选后炼焦精煤的平均灰分基本控制在10%以内。不同精煤灰分差别不大，肥煤精煤、瘦煤精煤以及94%以上的焦煤精煤灰分大于9%；26%的气煤精煤、34%的1/3焦煤精煤灰分小于9%，还有少部分小于8%。平均硫分随煤种差别较大，气肥煤精煤硫分最高，平均超过1.50%，其次为肥煤精煤，为0.92%；焦煤、1/3焦煤、气煤精煤在0.60%左右，瘦煤精煤最低，为0.43%。不同煤种精煤的硫分分布较宽，肥煤精煤的88%分布在0.60%～1.10%；54%的焦煤精煤硫分小于0.60%；气煤精煤硫分小于0.60%占到75%，小于0.40%占约15%；1/3焦煤精煤硫分小于0.60%占到63%，小于0.40%占约26%；瘦煤精煤硫分分布于0.30%～0.60%。仅从表面上看，我国炼焦精煤煤种分布和灰分、硫分分布似乎可以满足生产1级、2级冶金焦的质量需求。但这里存在一个对优质炼焦煤的过度开采问题，不一定能说明发展的可持续性。

由于优质炼焦煤资源集中于几个矿区，加之低灰、低硫、强黏结性的焦煤、肥煤不足，近年来出现炼焦精煤大量进口，如2009年1～9月进口炼焦精煤2592万吨，预计全年进口将超过3000万吨。

复习思考题

7-1　为何要进行煤的分类，煤的分类指标有哪几类？

7-2　中国煤分类（GB/T 5751—2009）采用哪些分类指标，分类符号与编码表示什么意思？

7-3　《中国煤分类》(GB/T 5751—2009)将烟煤分为几个大类，几个小类，它们是如何划分的？

7-4　国际煤分类（ISO 11760：2005）采用哪些分类指标，如何进行煤分类？

7-5　如何进行煤质评价？

7-6　中国煤炭资源及其分布有什么特点？

7-7　中国炼焦煤的煤种分布有什么特点？

7-8　在我国炼焦煤储量中，气煤有多少，你认为在配煤炼焦工艺中，采取哪些措施有利于多用气煤？

7-9　怎样的煤属于高硫煤，高硫煤在利用中存在什么问题？

7-10　从保护环境与产品质量的角度，谈谈如何合理利用高硫煤？

8 煤的化学结构概念及其研究方法

煤的化学结构是指在煤的有机分子中，原子相互联结的次序和方式。又称煤的分子结构，简称煤结构。煤的化学结构是煤化学的重要研究内容和核心问题之一。长期以来，人们采用了各种各样的方法进行了坚持不懈的研究，这些方法归纳起来可以分为三类：

（1）物理研究方法，如X射线衍射、红外光谱、核磁共振波谱以及利用物理常数进行统计结构解析等。

（2）物理化学研究方法，如溶剂抽提和吸附性能等。

（3）化学研究方法，如氧化、加氢、卤化、解聚、热解、烷基化和官能团分析等。

煤不同于一般的高分子有机化合物或聚合物，它具有特别的复杂性、多样性和不均一性。即使在同一小块煤中，也不存在一个统一的化学结构。因此，迄今为止尚无法分离出或鉴定出构成煤的全部化合物。对煤化学结构的研究，还只限于定性地认识其整体的统计平均结构，定量地研究确定一系列“结构参数”，如煤的芳香度，以此来表征其平均结构特征。为了形象地描述煤的化学结构，许多学者提出了各种煤的分子模型，但距完全揭示煤的真实有机化学结构还有相当大的距离。

在煤的显微组成中，镜质组的含量一般占优势，其结构和性质在煤化过程中变化比较均匀。所以，煤结构的研究一般多以镜质组为研究对象。

煤的物理研究方法，不仅对煤分子结构的破坏最小，而且通常还用作其他研究方法的检测或辅助手段。由于仪器装备水平和分析技术的进步，近期在煤结构研究方面取得的进展，主要是依靠物理研究方法取得的。

8.1 用X射线衍射法研究煤和碳的结构

8.1.1 X射线衍射图谱分析

用X射线衍射分析法研究物质的晶体结构时，衍射方向与晶胞的形状和大小有关，衍射强度则与原子在晶胞中的排列方式有关。因此，它能很好地分析石墨等晶体。煤并不是晶体，但X射线衍射分析亦能提示出煤中碳原子排列的有序性。

图8-1为煤和石墨的X射线衍射谱。

由图8-1可见，石墨的衍射谱共有9个明显的衍射峰，表明它是晶体排列的结构。不同煤化度煤的X射线衍射谱的衍射峰，不如石墨分得精细，衍射强度也不及石墨。但仍可看出部分衍射峰，表明煤中确实存在一部分有序碳。煤中碳原子排列的有序性随煤化度而变化。煤化度低的泥炭、褐煤无明显的衍射峰；随着煤化度加深，到烟煤阶段有两个对应于石墨的主要衍射峰（002）和（100）；到无烟煤阶段，除有（002）和（100）两个峰外，还显示有对应于石墨的（004）和（110）峰，呈现明显的三维有序结构。煤中这部分三维有序的结构称为微晶，它是由若干芳香环层片以不同的平行程度堆砌而成。

在煤的X射线衍射谱图中，（100）和（110）峰归因于芳香环的缩合程度，即芳香环碳网层片的大小；（002）和（004）峰归因于芳香环碳网层片在空间排列的定向程度，即层片堆砌

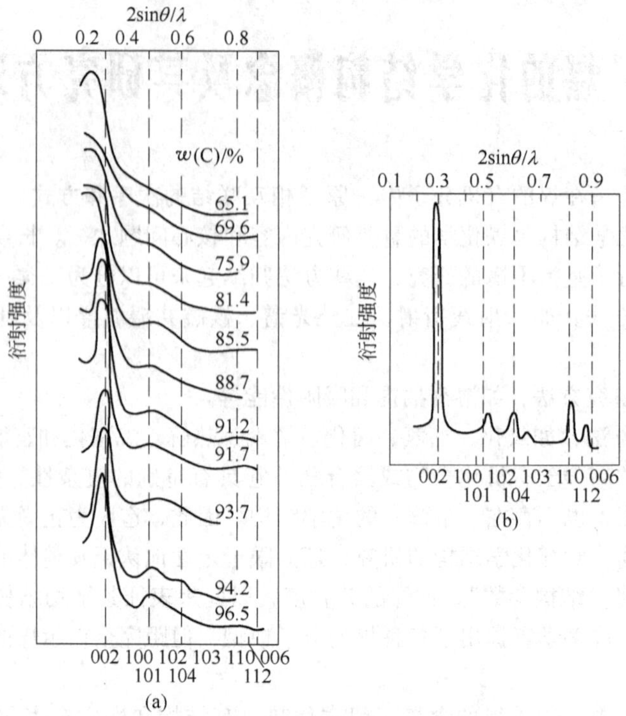

图 8-1 煤和石墨的 X 射线衍射谱

（a）煤；（b）石墨

高度。采用 X 射线衍射的实验结果，根据布拉格方程式，可以推算出微晶的结构参数：芳香环层片的直径 L_a、芳香环层片的堆砌高度 L_d 和芳香环层片间的距离 d_{hkl}。

$$L_a = \frac{K_1\lambda}{\beta_{(100)}\cos\theta_{(100)}} \tag{8-1}$$

$$L_c = \frac{K_2\lambda}{\beta_{(002)}\cos\theta_{(002)}} \tag{8-2}$$

$$d_{hkl} = \frac{\lambda}{2\sin\theta_{(hkl)}} \tag{8-3}$$

式中 λ——X 射线的波长，μm；

hkl——晶面指数；

θ_{hkl}——hkl 峰对应的布拉格角，(°)；

β_{hkl}——hkl 纯衍射峰宽度，rad，$\beta = \frac{衍射峰面积}{峰高}$；

K_1，K_2——微晶形状因子，$K_1 = 1.84$，$K_2 = 0.94$。

8.1.2 X 射线衍射研究导出的煤结构信息

英国的赫希（P. B. Hirsch）于 1958 年测定了镜煤的微晶结构参数随煤化度的变化，如图

8-2、图 8-3 所示。我国也对各种煤样进行了 X 射线衍射研究，如表 8-1 所示。

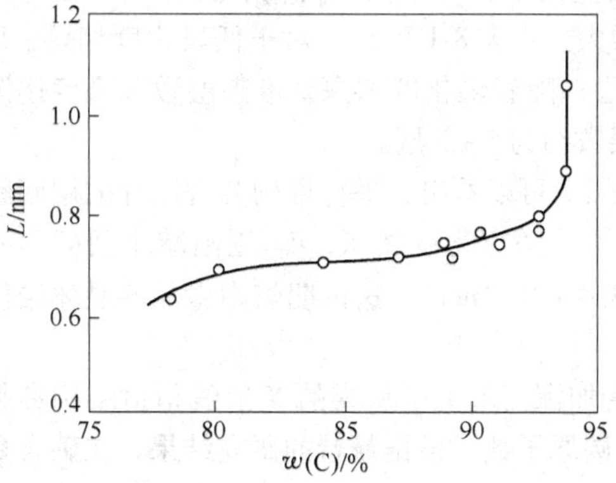

图 8-2　平均芳香环层片直径随碳含量的变化

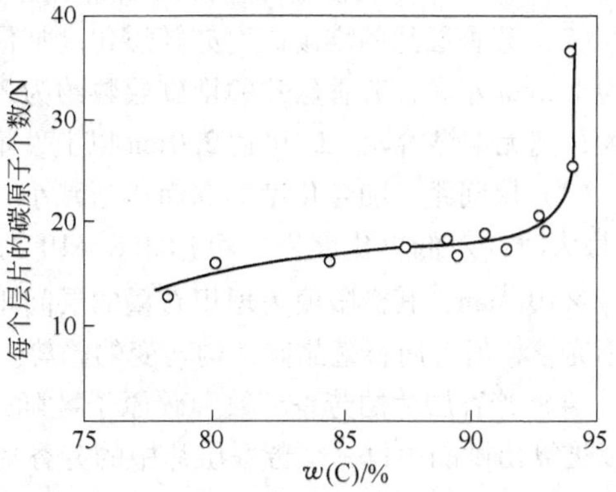

图 8-3　芳香环层片平均碳原子个数随碳含量的变化

表 8-1　部分中国煤样的 X 射线衍射研究结果

样品编号	煤种牌号	样品种类	d/nm		L_c/nm	L_a/nm	w_{daf}(C)/%	w_{daf}(H)/%	挥发分 V_{daf}/%
			(002)	(100)					
74-1	超无烟煤	煤层煤样	3.3634×10^{-1}	2.0561×10^{-1}	185.65×10^{-1}	57.68×10^{-1}	98.80	0.17	2.37
71-883	早古生代无烟煤	煤层煤样	3.4957×10^{-1}	2.0767×10^{-1}	20.58×10^{-1}	56.47×10^{-1}	95.56	0.77	3.87
标-21	无烟煤	煤层煤样	3.4984×10^{-1}	2.0997×10^{-1}	21.68×10^{-1}	29.13×10^{-1}	89.65	3.52	11.90
		镜煤样	3.5119×10^{-1}	2.1175×10^{-1}	22.64×10^{-1}	36.36×10^{-1}	91.55	3.80	8.74
		丝炭样	3.5617×10^{-1}	2.0858×10^{-1}	16.97×10^{-1}	38.36×10^{-1}	91.81	3.02	
标-8	贫　煤	煤层煤样	3.5147×10^{-1}	2.1270×10^{-1}	20.90×10^{-1}	28.13×10^{-1}	89.06	3.80	12.50
		镜煤样	3.5201×10^{-1}	2.1184×10^{-1}	21.11×10^{-1}	33.56×10^{-1}	91.07	4.23	12.65
		丝炭样	3.6332×10^{-1}	2.0987×10^{-1}	14.43×10^{-1}	34.13×10^{-1}	91.18	2.85	
标-11	瘦　煤	煤层煤样	3.5201×10^{-1}	2.1649×10^{-1}	19.68×10^{-1}	25.58×10^{-1}	85.59	4.19	17.01
		镜煤样	3.5561×10^{-1}	2.1679×10^{-1}	20.99×10^{-1}	25.96×10^{-1}	90.31	4.70	17.98
		丝炭样	3.6508×10^{-1}	2.1250×10^{-1}	14.22×10^{-1}	25.73×10^{-1}	90.00	3.58	
标-27	焦　煤	煤层煤样	3.5505×10^{-1}	2.1769×10^{-1}	16.12×10^{-1}	24.14×10^{-1}	86.59	4.41	20.69
		镜煤样	3.5673×10^{-1}	2.1880×10^{-1}	18.85×10^{-1}	25.39×10^{-1}	87.86	4.71	22.94
		丝炭样	3.6597×10^{-1}	2.1270×10^{-1}	14.07×10^{-1}	25.65×10^{-1}	92.48	2.82	
标-26	肥　煤	煤层煤样	3.6508×10^{-1}	2.1910×10^{-1}	15.06×10^{-1}	20.67×10^{-1}	88.44	4.94	28.92
		镜煤样	3.6508×10^{-1}	2.2054×10^{-1}	16.33×10^{-1}	21.69×10^{-1}	86.18	5.18	33.20
		丝炭样	3.6686×10^{-1}	2.1356×10^{-1}	13.69×10^{-1}	22.94×10^{-1}	89.03	3.51	
标-24	气　煤	煤层煤样	3.6806×10^{-1}		13.29×10^{-1}		84.96	5.00	32.31
		镜煤样	3.8338×10^{-1}		10.17×10^{-1}		85.73	5.36	37.08
		丝炭样	3.7447×10^{-1}		11.95×10^{-1}		86.02	3.95	

根据以上研究结果，可以得出如下规律：

（1）芳香层片的平均直径 L_a 随煤化度加深而增大。由图 8-3 可见，煤的碳含量从 80% 增加到 91.5% 时，L_a 缓慢增加；到无烟煤以后（碳含量大于 91.5%），L_a 急剧增大。

（2）芳香层片的堆砌高度亦随煤化度加深而增大。由表 8-1 可见，对于低煤化度烟煤，L_c 仅为 1.2nm 左右，芳香层片的堆砌层数约为 3～4 层；随着煤化度加深，堆砌层数和高度逐渐增大，到无烟煤阶段，L_c 可达 2.0nm 以上，堆砌层数约为 5～7 层。

（3）层间距 d 随煤化度加深而逐渐减小。由表 8-1 可以看出，平行堆砌芳香层片的层间距 d_{002} 最大时（对低煤化度煤）可达 3.8×10^{-1}nm 以上；随煤化度加深，d_{002} 逐渐减小到 $(3.4\sim3.5)\times10^{-1}$nm，其极限值为理想石墨的层间距（$3.354\times10^{-1}$nm）。这说明煤中微晶的晶体结构很不完善，但有向石墨晶体结构转变的趋势。

（4）芳香层片的芳香环数和碳原子数随煤化度加深而增大。从煤的 X 射线衍射结构参数可以推算出微晶中每一个芳香层片中的芳香环数和碳原子数。根据赫希的研究结果，在碳含量为 78% 的煤中，微晶内每层平均环数为 2，每层的碳原子数为 14，如图 8-3 所示；碳含量为 90% 的煤，每层环数为 4，碳原子数为 18。随煤化度继续加深，环数急剧增加，到无烟煤时达到 12 个环。

（5）各种煤岩成分的微晶尺寸随煤化度有类似的变化规律。但对碳含量相近的不同宏观煤岩成分而言，丝炭与镜煤相比，层片的直径较大，但层间距 d_{002} 也较大，层片堆砌高度却较小。

8.2 红外光谱在煤结构研究中的应用

8.2.1 红外光谱图解析

在红外区域出现的分子振动光谱，其吸收峰的位置和强度取决于分子中各基团的振动形式和相邻基团的影响。因此，只要掌握了各种基团的振动频率，即吸收峰的位置，以及吸收峰位置移动的规律，即位移规律，就可以进行光谱解析，从而确定试样中存在哪些化合物或官能团。在一定条件下，还可对这些化合物或官能团的含量进行定量分析。

常见的化学基团在 $4000\sim650\text{cm}^{-1}$（$2.5\sim15.4\mu\text{m}$）的中红外区有特征基团频率，因此是最感兴趣的区域。在实际应用时，为便于对光谱进行解析，常将这个波数范围粗分为四个区域：

（1）X—H 伸缩振动区，$4000\sim2500\text{cm}^{-1}$。X 可以是 O、N、C 和 S 原子。主要包括 O—H、N—H、C—H 和 S—H 键的伸缩振动。

（2）三键和累积双键区，$2500\sim1900\text{cm}^{-1}$。主要包括炔键—C≡C—、腈键—C≡N—、丙二烯基—C═C═C—、烯酮基—C═C═O、异氰酸酯基—N═C═O 等的非对称伸缩振动。

（3）双键伸缩振动区，$1900\sim1200\text{cm}^{-1}$。主要包括 C═C、C═O、C═N、—$NO_2$ 等的伸缩振动，芳环的骨架振动等。

（4）X—Y 伸缩振动及 X—H 变形振动区，$<1650\text{cm}^{-1}$。这个区域的光谱比较复杂，主要包括 C—H、N—H 的变形振动，C—O、C—X（卤素）等伸缩振动，以及 C—C 单键骨架振动等。在这个区域中从 $1350\sim650\text{cm}^{-1}$ 的区域又称指纹区。由于各种单键的伸缩振动之间以及和 C—H 键变形振动之间发生互相耦合的结果，使这个区域里的吸收带变得特别复杂，并且对结构上的微小变化非常敏感。在指纹区，由于图谱复杂，有些谱峰无法确定是否为基团频率，但有助于表征整个分子的特征，因此对检定化合物很有价值。

应该指出，并不是所有的谱峰都能与化学结构联系起来，特别是指纹区更是如此。红外光谱的解析在许多情况下往往需要从经验出发，这是因为化学键的振动频率与周围的化学环境有相当敏感的依赖关系。

8.2.2 煤的红外吸收光谱研究

对煤和煤衍生物（腐殖酸、氢化产物、溶剂抽提物等）的红外光谱已进行了大量的研究，证实各种官能团和结构都有其特征的吸收峰，详见表8-2。

表8-2 煤的红外光谱各吸收峰的归宿

波数/cm^{-1}	波长/μm	归宿(对应的基团)
>5000	<2.0	振动峰的倍频或组频(弱)
3300	3.0	氢键缔合的—OH(或—NH),酚类
3030	3.30	芳环CH
2950(肩)	3.38	$—CH_3$
2920	3.42	环烷烃或脂肪烃 CH_3
2860	3.50	
2780~2350	3.6~4.25	羧基
1900	5.25	芳香烃,主要是1,2-二取代和1,2,4-三取代 羰基>C═O
1780	5.6	
1700	5.9	
1610	6.2	>C═O…HO—为氢键缔合的羰基;具有—O—取代的芳烃C═C
1590~1470	6.3~6.8	大部分的芳烃
1460	6.85	$—CH_2$ 和 $—CH_3$,或无机碳酸盐
1375	7.27	$—CH_3$
1330~1110	7.5~9.0	酚、醇、醚、酯的C—O
1040~910	9.6~11.0	灰分,如高岭土
860	11.6	1,2,4-;1,2,4,5-,(1,2,3,4,5)取代芳烃CH
833(弱)	12.0(弱)	1,4-取代芳烃CH
815	12.3	1,2,4-(1,2,3,4-)取代芳烃CH
750	13.3	1,2-取代芳烃
700	14.3(弱)	单取代芳或1,3-取代芳烃CH,灰分

图8-4为不同煤化度（以碳含量 $w(C)/\%$ 表示）煤的红外光谱图，图8-4中1~7峰分别是煤中各基团在谱线上的对应峰。

分析图8-4可以得出如下定性结论：

（1）在3450cm^{-1}附近有羟基吸收峰。煤中羟基一般都是氢键化的，故谱峰的位置由3300cm^{-1}移到3450cm^{-1}。随着煤化度加深，该吸收峰减弱，表明羟基减少。

（2）在2920cm^{-1}、1450cm^{-1}和1380cm^{-1}处呈现脂肪烃和环烷烃基团上氢的吸收峰。随着煤化度加深，开始时这些峰稍有增强，但从中等煤化度（含量81.5%）以后又急剧减弱。

（3）在3030cm^{-1}处为芳香烃中氢的吸收峰，在870cm^{-1}、820cm^{-1}和750cm^{-1}处为芳香环中氢的吸收峰。这些峰的强度反映了芳香核缩聚程度。对于低煤化度煤，在3030cm^{-1}处吸收峰很弱，随着煤化度加深，该吸收峰明显增强。

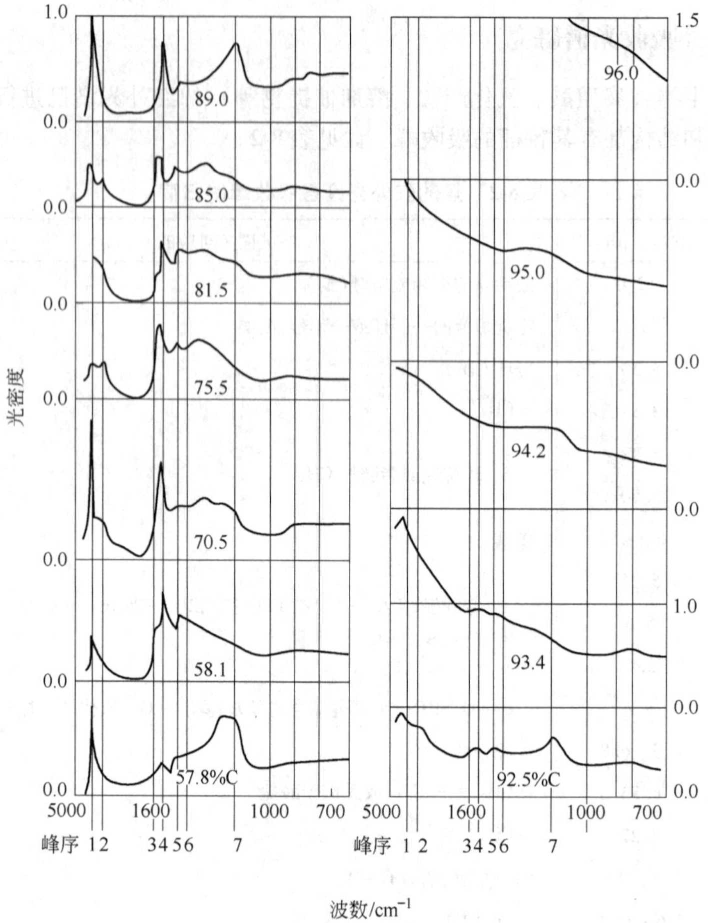

图 8-4　不同煤化度煤的红外光谱图

峰 1—OH，NH；峰 2—CH（脂肪的）；峰 3—C ═O；
峰 4—C ═C—C ═C（芳香的），峰 5—CH_2，CH_3；
峰 6—CH_3；峰 7—C—O—C，C—O

（4）在 1600cm^{-1}处有一个很强的吸收峰。对于这吸收峰的解释是多种多样的。有人认为，可能归因于氢键化的羰基与芳香环 C ═C 双键吸收相重叠的结果；也有人认为，与煤在压片时所用的 KBr 中的水有关。此吸收峰随煤化度加深而逐渐减弱。

（5）在 1000 ~ 1300cm^{-1}处呈现醚吸收峰。红外光谱还确证煤中不含有脂肪族的烯键 C ═C 和炔键 C≡C，而在烟煤中（碳含量 > 80%）只有很少或不含有羧基和甲氧基官能团。

多曼斯（H. N. M. Dormans）等人还曾研究了从暗煤中分离的三种显微煤岩组（成）分（壳质组、镜质组和微粒体）的红外光谱，发现壳质组与镜质组相比，所含饱和 C—H 键较多，芳香族 C—C 键和 C—H 键较少．其原因很可能是因为壳质组含有较多的非芳香族物质。微粒体则比镜质组较少含有脂肪族 C—H 键和芳香族 C—H 键，但所含芳香族 C—C 键却较多，这在很大程度上应归因于微粒体中的芳香核具有较大的尺寸。

8.3 核磁共振波谱在煤结构研究中的应用

8.3.1 NMR 波谱的解析

一般说来，从一张核磁共振波谱（NMR）图上可以获得三方面的信息，即化学位移、耦合裂分和积分线。了解这些信息的意义，就获得了解析谱图的钥匙。

8.3.1.1 化学位移

物质中同一种原子核产生共振吸收的频率会因该原子核周围的化学环境不同而有所差异，由此引起的共振频率偏移称为化学位移 δ。

这里所说的化学环境是指原子核自身的核外电子云密度所受到相邻基团电负性等因素的影响。每个原子核都被不断运动着的电子云所包围。当原子核处于磁场中时，在外加磁场的作用下，电子的运动产生感应磁场，其方向与外加磁场相反。因此核外电子云起到了对抗磁场的屏蔽作用，使原子核实际受到的磁场作用减小。为了使原子核发生共振，必须增加外磁场的强度以抵消电子云的屏蔽作用。核外电子对核的屏蔽作用以屏蔽常数 σ 表示：

$$H = H_0(1 - s) \tag{8-4}$$

式中 H——核的实受磁场强度。

化学环境不同时，化学位移亦不同，但位移量是一个相对值，找不到核外无电子云的裸原子核来进行比较。为了方便起见，必须找一个人为的标准。一般采用四甲基硅烷($(CH_3)_4Si$)(TMS)作为参比内标，人为规定其化学位移 δ 为零。这主要是因为 TMS 中的 12 个氢核处于完全相同的化学环境中，共振条件相等，因此在谱图中出现一个尖峰。

在 NMR 波谱中，通常以化学位移为横坐标。因为氢核的 δ 值数量级为百万分之一，故其单位取为 10^{-6}。化学位移 δ 的数学表示为

$$d = \frac{H_R - H_S}{H_S} \times 10^6 \tag{8-5}$$

式中 H_R——试样的磁场强度；

H_S——内标的磁场强度。

由于化学位移与原子核所处化学环境密切相关，因此就有可能将化学位移的大小，即谱峰在横坐标上的位置与有机分子的结构关联起来。图 8-5 是 $CHCl_2CH_2Cl$ 的 ^1H NMR 谱。由于 —$CHCl_2$ 和—CH_2Cl 基团中氢原子核的化学环境不同，它们的共振吸收峰就出现在图谱中不同的位置。

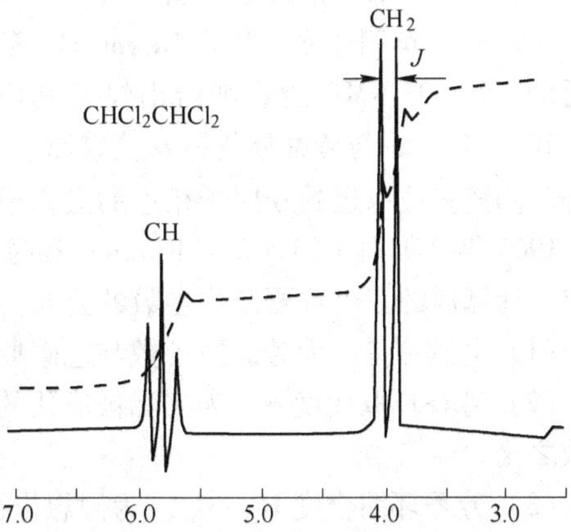

图 8-5 $CHCl_2CH_2Cl$ 的 ^1H NMR 谱

8.3.1.2 自旋裂分

从 $CHCl_2CH_2Cl$ 的 ^1H NMR 谱中可以看到，$\delta = 3.9 \sim 4.1$ 处的一 CH_2 是个两重峰，在 $\delta = 5.7 \sim 5.9$ 处是个三重峰。这种峰的裂分是由于质子之间自旋耦合所引起的，称为自旋裂分。

以 $CHCl_2CH_2Cl$ 为例，其结构式为

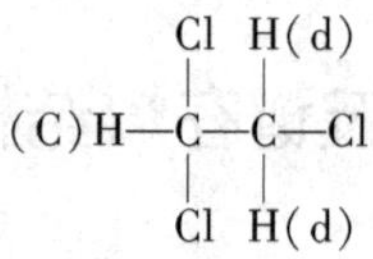

显然，在其结构中存在两组质子：H_d 和 H_C。在进行核磁共振分析时，H_d 除了受外磁场作用外，还受到相邻碳原子上 H_C 的影响。由于质子在不断旋转，自旋的质子产生一个小磁矩。对于 H_d 来说，在相邻的碳原子上有一个 H_C，也就是在 H_d 的近旁存在一个小磁场，使 H_d 受到的磁场强度发生改变。由于质子的自旋有两种取向，平行外磁场方向或逆平行于外磁场方向。平行时使 H_d 受到的磁场力增强，于是 H_d 的共振信号将出现在比原来稍低的磁场强度处；逆平行时使 H_d 受到的磁场力减弱，于是 H_d 的共振信号将出现在比原来稍高的磁场强度处。因此，由于 H_C 的影响，H_d 的共振信号将一分为二，形成两重峰。

同理，H_d 也影响 H_C 的共振。两个 H_d 的自旋可能有三种不同的组合：（1）两者平行且与外磁场方向一致；（2）两者平行但与外磁场方向相反；（3）两者相反。情况（1）使 H_C 受到的磁场力增强，故 H_C 的共振信号出现在比原来稍低的磁场强度处；情况（2）与情况（1）正好相反；情况（3）对 H_C 的共振不产生影响，共振峰仍在原处出现。由于 H_d 的影响，H_C 的共振峰一分为三，形成三重峰。此外，由于情况（3）出现的几率二倍于（1）或（2），于是中间峰的强度也将二倍于（1）或（2），其强度比为 1∶2∶1 。

一般说来，裂分数可以应用（$n+1$）规律，n 表示相邻碳原子上存在的质子数。即当 $n=1$ 时，出现两重峰；$n=2$ 时，出现三重峰；$n=3$ 时，出现四重峰等等。裂分后各组多重峰的强度比例数为 $(a+b)^n$ 展开后各项的系数。即两重峰 1∶1 ；三重峰 1∶2∶1 ；四重峰 1∶3∶3∶1 等。

裂分后各个多重峰的间隔称为耦合常数 J，其值与取代基团，分子结构有关，与外磁场强度无关。由于自旋裂分现象的存在，使 NMR 波谱对于有机物的结构具有独特的鉴别能力。

8.3.1.3　积分线

由图 8-5 可以看到由左到右呈阶梯形的曲线（图中虚线），此曲线称为积分线。它是将各组共振峰的面积加以积分而得。积分线的高度代表了积分值的大小。由于图谱上共振峰的面积与质子的数目成正比，因此只要将峰面积加以比较，就能确定各组质子的数目。

8.3.2　煤的 NMR 谱研究

8.3.2.1　^{1}H NMR 谱研究

1955 年，英国纽曼（P. C. Newman）等人首先将 ^{1}H NMR 用于煤的研究，此后迅速得到了广泛的应用。^{1}H NMR 能详细给出煤及其衍生物中氢分布的信息：芳香氢的化学位移 δ 处于 $(6\sim10)\times10^{-6}$；与芳香环侧链 α 位碳原子相连的氢原子 H_α 的化学位移 δ 为 $(2\sim4)\times10^{-6}$；与芳香环侧链 β 位以远的碳原子相连的氢原子 H_0 的化学位移 δ 为 $(0.2\sim2)\times10^{-6}$。

1960 年，英国布朗（J. K. Brown）和拉德纳（W. R. Ladner）利用氢分布和元素分析数据，提出了计算煤的三个重要结构参数的公式。这些公式已得到广泛应用。这三个结构参数为：

（1）芳碳率 f_a。为芳碳原子数与总碳原子数之比。

（2）芳香环取代度 σ。为实际被取代的芳香碳原子数与芳香环边缘上可被取代的芳香碳原子数之比。

（3）芳香环缩合度 H_{aru}/C_{ar}。为假想未被取代的芳香环的 H/C 原子比，它代表了缩合芳香族的大小。

这三个结构参数可分别按下式计算：

$$f_a = \frac{(C/H - H_\alpha^*/X - H_0^*/Y)}{C/H} \quad (8\text{-}6)$$

$$\sigma = \frac{H_\alpha^*/X + O/H}{H_\alpha^*/X + O/H + H_{ar}^*} \quad (8\text{-}7)$$

$$H_{aru}/C_{ar} = \frac{H_\alpha^*/X + H_{ar}^* + O/H}{C/H - H_\alpha^*/X - H_0^*/Y} \quad (8\text{-}8)$$

式中，$H_{ar}^* = H_{ar}/H$；$H_\alpha^* = H_\alpha^*/H$；$H_0^* = H_0/H$；C、H 和 O 分别为碳、氢和氧的原子数；X 和 Y 分别为 α 位和 β 位以远位上氢与碳的原子比，一般都假定为 2。

^{1}H NMR 谱需要在溶液状态下测定，所以都用煤的抽提物。图 8-6 是一种低煤化度烟煤吡啶抽出物的^{1}H NMR 谱图。

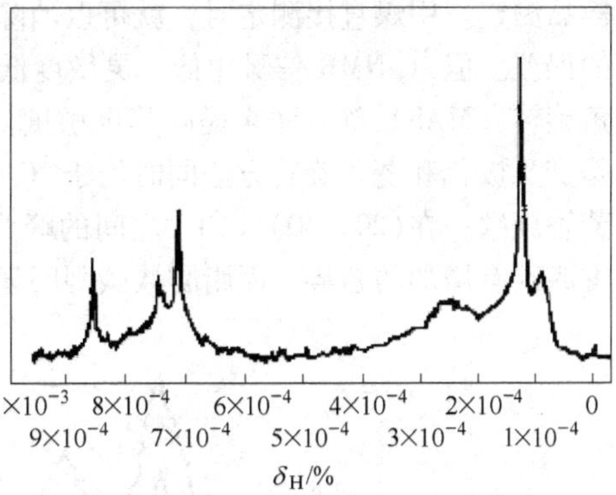

图 8-6 低煤化度烟煤吡啶抽出物的^{1}H NMR 谱

由图 8-6 可见，在低煤化度烟煤中，与芳香环侧链 β 位以远的碳原子相连的氢 H_0 的吸收峰强度远大于芳香氢。说明低煤化度烟煤的侧链较多较长，芳香环的缩合度还不够高。

表 8-3 给出了不同煤化度煤的吡啶抽出物的氢分布和平均结构单元的结构参数。

表 8-3 煤的吡啶抽提物的氢分布和结构参数

煤 $w_{daf}(C)$ /%	抽提产率/%	氢分布			结构参数		
		H_{ar}^*	H_α^*	H_0^*	f_a	σ	H_{aru}/C_{ar}
61.5	13.8	0.07	0.12	0.75	0.41	0.74	0.93
70.3	16.6	0.18	0.20	0.56	0.61	0.55	0.69
75.5	15.8	0.21	0.20	0.53	0.62	0.52	0.72
76.3	6.7	0.20	0.30	0.44	0.64	0.59	0.76
76.7	16.7	0.10	0.21	0.64	0.53	0.67	0.60
80.7		0.27	0.22	0.45	0.70	0.45	0.65
82.6	21.4	0.35	0.26	0.36	0.73	0.37	0.68
84.0	18.5	0.30	0.25	0.43	0.69	0.41	0.67
85.1	20.9	0.27	0.29	0.39	0.72	0.47	0.59
86.1	19.3	0.32	0.28	0.37	0.73	0.37	0.57
90.0	2.8	0.55	0.31	0.13	0.85	0.27	0.63
90.4	2.5	0.50	0.30	0.19	0.83	0.26	0.57

由表 8-3 可见，随着煤化度增加，煤的氢分布呈现有规律的变化：芳香氢和与芳香环侧链 α 位碳原子相连的氢逐步增加，而 β 位以远的氢逐渐减少。说明煤的结构随煤化度规律性地变化。煤化度增加，芳香结构增大，芳香环上的侧链缩短。结构参数的变化也表现了同样的规律。

8.3.2.2 ^{13}C NMR 谱研究

^{13}C NMR 谱可以用来直接取得煤的碳骨架的信息。^{13}C NMR 可以用液体样品，也可以用固

体样品测定。用煤直接测定时，就可以消除由于溶剂抽提的溶剂作用，以及不能完全提取而带来的误差。但^{13}C NMR 信噪比低，灵敏度低，必须采用傅里叶变换（FT）、交叉极化（CP）和魔角旋转（MAS）等方法来提高其灵敏度。图 8-7 为不同煤化度煤的 CP/MAS ^{13}C NMR 谱图，这是交叉极化和魔角旋转方法同时用于^{13}C NMR 时所得谱图。图 8-7 中，在 140×10^{-6}附近的峰为芳香族碳；在$(20\sim40)\times10^{-6}$之间的峰为脂肪族碳。因此，图 8-7 表明，随着煤化度提高，芳香族碳有增加的趋势，而脂肪族碳则明显减少。

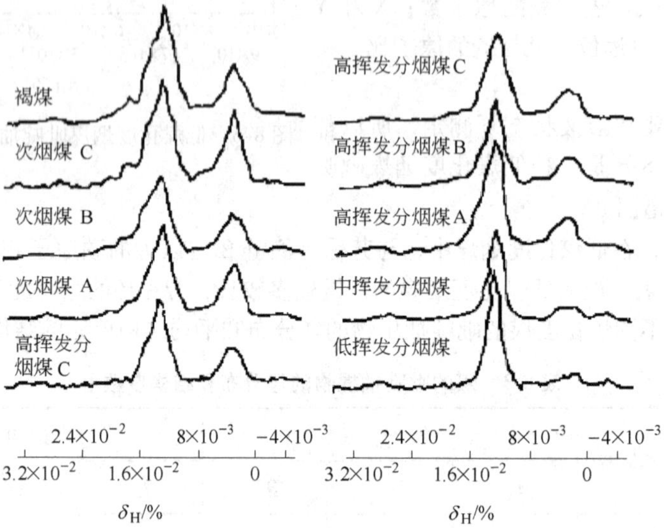

图 8-7 不同煤化度煤的 CP/MAS ^{13}C NMR 谱图

8.4 用统计结构解析法研究煤的结构

根据物质的性质与物质结构的内在联系，采取数学统计方法，求取描述物质结构特征，即所谓结构参数的方法叫做统计结构解析法（statistical constitution analysis）。荷兰煤化学家克勒维伦（D. W. Krevelen）首先将此法引入煤的结构研究，并创立了煤化学结构的统计解析法。目前，煤化学结构的统计解析法已发展成为与化学方法、物理方法等并列的研究煤结构的重要方法之一。

8.4.1 统计结构解析法的原理

煤的统计结构解析法是应用结构解析法的原理，根据煤的性质与结构的内在联系，在不使煤质发生破坏的前提下。通过统计计算，求取平均结构单元的结构参数，来定量地描述煤的结构特征的方法。

分子是由原子组成的，在分子的许多性质中，有的分子性质本身就是其组成原子的性质的汇合和继续，即加和性质，可以相对分子质量为代表；有的则是因为原子间键合方式的不同而产生原来原子所没有的新性质，即结构性质，可以反应性为代表。显然，加和性质主要反映了分子的原子组成，而结构性质则主要反映了分子的结构。而大量的物质性质则是物质的加和性质与结构性质的综合表现。这些性质如表 8-4 所示。

表 8-4 分子的加和性质与结构性质

加和性质 ↑ ↓ 结构性质	相对分子质量 折射率，摩尔体积 生成热，燃烧热 振动光谱 核磁共振谱 电子光谱（色） 反应性

煤的统计结构解析法研究，主要就是利用煤的加和性质来计算煤的结构参数，并根据煤的结构性质对计算结果进行校正。

对于煤的性质与结构的关系，克勒维伦采用了摩尔加和性函数来表示：

$$MF = \mathrm{C}\cdot\varphi_{\mathrm{C}} + \mathrm{H}\cdot\varphi_{\mathrm{H}} + \mathrm{O}\cdot\varphi_{\mathrm{O}} + \cdots + \Sigma X_i\varphi_{X_i} \tag{8-9}$$

式中 MF——摩尔加和性函数；

M——相对分子质量；

C，H，O——C、H、O 原子的个数；

X_i——每个平均结构单元中，第 i 种结构因素（如 C═O 基）的个数；

φ_{C}，φ_{H}，φ_{O}，φ_{X_i}——原子和结构因素分别对加和性函数的贡献。

函数 MF 的重要性在于它可以推导出平均结构单元的结构参数，甚至在不知道煤的相对分子质量的情况下，也能这样做。

例如，可以将煤的真密度 d 作为加和性函数来计算芳碳率 f_{a}。

用碳原子个数 C 除以式（8-9），有：

$$\frac{M}{\mathrm{C}}F = \varphi_{\mathrm{C}} + \frac{\mathrm{H}}{\mathrm{C}}\varphi_{\mathrm{H}} + \frac{\mathrm{O}}{\mathrm{C}}\varphi_{\mathrm{O}} + L + \frac{\Sigma X_i}{\mathrm{C}}\varphi_{X_i} \tag{8-10}$$

引入煤的含碳量 $w_{\mathrm{daf}}(\mathrm{C})(\%)$，得：

$$w_{\mathrm{daf}}(\mathrm{C}) = \frac{12\mathrm{C}}{M}\times 100$$

移项得：

$$\frac{M}{\mathrm{C}} = \frac{1200}{w_{\mathrm{daf}}(\mathrm{C})} = M_{\mathrm{C}} \tag{8-11}$$

式中，M_{C} 指每一个碳原子对应的相对分子质量，称为单碳相对分子质量，它是一个非常有用的分子参数。记芳碳原子数为 $\mathrm{C_a}$，并令 $X = \mathrm{C_a}$，则$\frac{X}{\mathrm{C}}$成为一个重要的结构参数——芳碳率 f_{a}。

$$f_{\mathrm{a}} = \frac{\mathrm{C_a}}{\mathrm{C}} \tag{8-12}$$

此时，若用式（8-10）求 f_{a}，尚需确定在式（8-10）中 F 具体代表哪一个加和性函数。为此，必须考察芳香碳原子和饱和碳原子之间的差别。从有机化学可知，芳香族碳原子与饱和烃碳原子相比较，C—C 键较短，键能较大。而 C—C 键较短意味着单碳原子的体积较小。这种差别意味着可以用真密度 d 作为适宜的加和性函数。这是因为对液体和无定形固体而言，摩尔体积 V_{M} 是加和性质，且

$$V_{\mathrm{M}} = \frac{M}{d} \tag{8-13}$$

这样就找到了可以用来求取结构参数，例如芳碳率的加和性函数。具体方法详见 8.4.3 节。

8.4.2 煤的结构参数

由于煤结构的复杂性和不均一性，还难以确切了解煤的分子结构，因此常常采用所谓的“结构参数”来综合性地描述煤的基本结构单元的平均结构特征。煤的主要结构参数定义如下：

（1）芳碳率 $f_a = \frac{C_a}{C}$，基本结构单元中属于芳香族结构的碳原子数与总的碳原子数之比。

（2）芳氢率 $f_{H_a} = \frac{H_a}{H}$，基本结构单元中属于芳香族结构的氢原子数与总的氢原子数之比。

（3）芳环率 $f_{R_a} = \frac{R_a}{R}$，基本结构单元中芳香环数与总环数之比。

（4）环缩合度指数 $2\left(\frac{R-1}{C}\right)$，基本结构单元中的环形成缩合环的程度；$R$ 表示基本结构单元中的缩合环数，C 表示基本结构单元中碳原子的个数。

（5）环指数 $2\frac{R'}{C}$，基本结构单元中平均每个碳原子所占环数，即单碳环数。

（6）芳环紧密度 $4\left(\frac{R_1+\frac{1}{2}}{C}\right)-1$，表明一定数量的芳香族碳原子能形成尽可能多的芳香环的能力。

（7）芳族大小 C_{au}，芳香核的大小，即基本结构单元中的芳香族碳原子数。

（8）聚合强度 b，煤的大分子中每一个平均结构单元的桥键数。

（9）聚合度 p，每一个煤大分子中结构单元的平均个数。

这些主要的结构参数分别描述了煤结构的芳香度、环缩合度和分子大小，其分类、符号与极值如表 8-5 所示。

表 8-5 煤的主要结构参数

参数类型	结构参数	符号	极值
芳香度	芳碳率	$f_a = C_a/C$	0-非芳烃 1-净芳烃
	芳氢率	$f_{H_a} = H_a/H$	
	芳环率	$f_{R_a} = \frac{R_a}{R}$	
环缩合度	环缩合度指数	$2\left(\frac{R-1}{C}\right)$	0-苯，1-石墨
	结构单元的环指数(单碳环数)	$2\frac{R'}{C}$	0-脂肪烃，1-石墨
	芳环的紧密度	$4\left(\frac{R_1+\frac{1}{2}}{C}\right)-1$	0-Cata 型稠环芳烃 >-0-Peri 型稠环芳烃
分子大小	芳族（cluster）的大小	C_{au}（结构单元中芳碳数）	
	对应于每一平均结构单元的桥键数（聚合强度）	b	0-单体 <1-链型聚合物 >1-网络型聚合物
	聚合度（每一分子中结构单元的平均数）	p	—

1980 年，日本真田雄三等人依据核磁共振等仪器分析方法，对书中 8.3.2 节关于结构参数的三个式（8-6）、式（8-7）和式（8-8）加以整理，定义了更多结构参数：芳环上取代脂肪侧链的取代指数，每个结构单元的芳香氢、芳香碳、脂肪碳、环烷碳和总碳原子数、每个结构单元的总环数、芳香环数和杂环数，以及每个结构单元的相对分子质量等。

煤的主要结构参数之间的关系，可推导，对于饱和脂肪烃，C、H 原子数之间的关系可写成：

$$H = 2C + 2 \tag{8-14}$$

式中，C、H 分别表示每个结构单元中的碳、氢原子数。每含一个环，则氢原子数减少两个；而每有一个饱和碳原子被一个芳碳原子所取代，则氢原子减少一个。若每一个结构单元中含有 R 个环，C_a 个芳碳原子，则式（8-14）变为：

$$H = 2C + 2 - 2R - C_a \tag{8-15}$$

上式适合于不含双键（烯烃）和三键（炔烃）的所有烃类物质。

用总碳原子数 C 除以式（8-15），并代入 $f_a = \frac{C_a}{C}$，经整理后可得：

$$2\left(\frac{R-1}{C}\right) = 2 - f_a - \frac{H}{C} \tag{8-16}$$

式（8-16）表达了环缩合度指数与芳碳率之间的相互关系。

对具有聚合物特性的煤来说，若每一平均结构单元中含有 b 个桥键，则应减少 $2b$ 个氢原子。如用式（8-15）描述煤的平均结构单元，则应有：

$$H = 2C + 2 - 2R - C_a - 2b \tag{8-17}$$

每一平均结构单元中的桥键数 b、每个大分子中结构单元的平均个数 p 和每一结构单元因桥键连接而形成的附加环数 r 三者之间存在如下关系：

$$b = \frac{p-1}{p} + r \tag{8-18}$$

为了阐明上式的意义，以结构单元数 $p=5$ 为例，说明当结构单元之间桥键连接方式不同时，则有不同的 b 值和 r 值。图 8-8 表示了由五个结构单元构成的聚合物分子中结构单元的几种结合方式。图 8-8 中圆圈表示结构单元，直线和圆弧表示桥键。

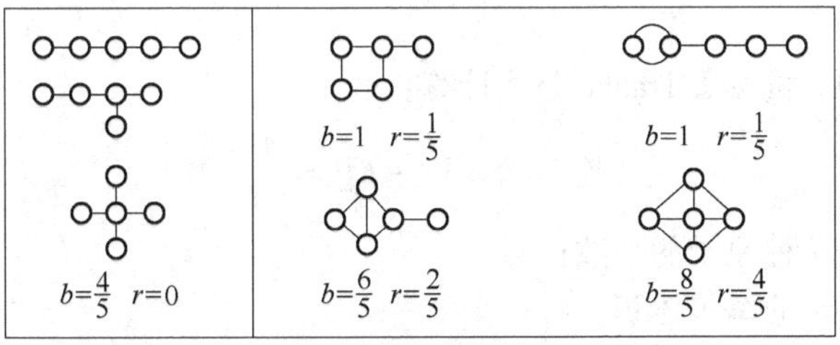

图 8-8　五个结构单元聚合物的几种结合方式

由图 8-8 可知，对于链状或支链状结合方式，因不形成附加环，$r=0$；五个结构单元之间由四个桥键连接，则每个结构单元占有的桥键数 $b=\frac{4}{5}$。$b<1$ 是这些聚合物的特征。对于形成附加环的结合方式，$r>0$；无论附加环是单环还是多环，将有 $b \geqslant 1$。这是交联型或网络型聚合物的特征。

将式（8-18）代入式（8-17），整理后有

$$2\left(\frac{R+r+\frac{1}{p}}{\mathrm{C}}\right)=2-f_{\mathrm{a}}-\frac{\mathrm{H}}{\mathrm{C}} \tag{8-19}$$

式中，$R+r$ 是每一结构单元占有的总环数 R'，即令 $R+r=R'$，则式（8-19）可写成：

$$2\left(\frac{R'-\frac{1}{p}}{\mathrm{C}}\right)=2-f_{\mathrm{a}}-\frac{\mathrm{H}}{\mathrm{C}} \tag{8-20}$$

如果将整个聚合物分子看作一个结构单元，那么 $\frac{1}{p}=1$，则方程式（8-20）与方程式（8-16）具有相同的形式。

对聚合物而言，通常结构单元的数目很大，$\frac{1}{p}$ 可忽略不计，则式（8-20）可写成：

$$2\frac{R'}{\mathrm{C}}=2-f_{\mathrm{a}}-\frac{\mathrm{H}}{\mathrm{C}} \tag{8-21}$$

式（8-21）表达了单碳环数与芳碳率之间的相关关系。

8.4.3 煤化学结构的统计解析法研究

为了确定煤的结构参数，人们从多方面进行了研究与探索，积累了大量的文献资料。主要的确定方法有利用煤性质的加和性，如密度、折射率和燃烧热等的经典统计结构分析法；利用煤的 X 射线衍射、红外光谱和核磁共振波谱等物理（仪器）分析法和利用若干化学反应，如氟化、加氢和氧化等的化学分析法。传统的统计结构解析法虽不能得到煤的真实结构，但能在不破坏煤结构的基础上，得到煤结构的数学模型，因此仍具有很大的实用价值。

常用于统计结构解析法的煤的性质有真密度、挥发分含量、燃烧热和折射率等，相应的方法则称为密度法、挥发分法、燃烧热法和折射率法等。在此介绍密度法和挥发分法。

8.4.3.1 密度法

由 8.4.1 节式（8-13）可知，煤的真密度可作为加和性函数 F，用来计算煤的结构参数。密度法可分为计算法和图解法。

A 计算法

液体的摩尔体积 V_{M} 可按 J. Traube 公式计算：

$$V_{\mathrm{M}}=\Sigma n_i V_i-K_{\mathrm{M}}=\frac{M_{\mathrm{r}}}{d} \tag{8-22}$$

式中 n_i——分子中第 i 种原子的个数；

V_i——第 i 种原子的摩尔体积；

M_{r}——相对分子质量；

d——真密度，$\mathrm{g/cm^3}$；

K_{M}——分子中双键、三键及环结构对分子摩尔体积的校正值。

由于烟煤的镜质组可视为过冷液体。另外从煤的红外光谱得知，煤中不存在脂肪族双键及三键，故 K_{M} 仅决定于环结构。

设平均结构单元有 R 个环，则

$$K_M = V_R \cdot R \qquad (8\text{-}23)$$

式中，V_R 为环的体积校正值，可由经验公式给出

$$V_R = 9.1 - 3.65\frac{H}{C} \qquad (8\text{-}24)$$

将式（8-23）、式（8-24）以及煤中各原子的摩尔体积代入式（8-22），并用碳原子数 C 除之，整理后得

$$\frac{V_M}{C} = \frac{M_r}{d} \cdot \frac{1}{C} = 9.9 + 3.1\frac{H}{C} + 3.8\frac{O}{C} + 1.5\frac{N}{C} + 14\frac{S}{C} - \frac{R}{C}\left(9.1 - 3.65\frac{H}{C}\right) \qquad (8\text{-}25)$$

再将单碳相对分子质量 $M_C = \frac{M}{C} = \frac{1200}{w_{daf}(C)}$代入上式，并注意到煤中 N、S 原子数相对于 C 而言可忽略不计，即可令$\frac{N}{C}=0$，$\frac{S}{C}=0$，则上式变为：

$$\frac{1200}{w_{daf}(C)} \cdot \frac{1}{d} = 9.9 + 3.1\frac{H}{C} + 3.8\frac{O}{C} - \frac{R}{C}\left(9.1 - 3.65\frac{H}{C}\right) \qquad (8\text{-}26)$$

从式（8-26）可知，只要通过元素分析求出原子比，通过密度测定（液氦法）求出真密度 d，就可求得环数 R。将 R 的数值代入式（8-16），即可算出结构参数：环缩合度指数$2\left(\frac{R-1}{C}\right)$和芳碳率$f_a$。计算法虽然比较简便，但因使用了一些经验公式，并进行了适当简化，故存在一定的误差。

B　*图解法*

图解法是对计算法的改进。其原理是煤的原子比$\frac{O}{C}$、$\frac{N}{C}$、$\frac{S}{C}$等对芳碳率 f_a 的影响很小，因此 f_a 主要决定于$\frac{M_C}{d}$，即$\frac{1200}{w_{daf}(C) \cdot d}$和$\frac{H}{C}$原子比。克勒维伦等人采用煤沥青馏分以及烷基萘、烷基蒽、烷基菲、二菲基和三菲基苯作为模型物，测定其密度，并算出 M_C、$\frac{H}{C}$和f_a，然后作出对应于$\frac{H}{C}$原子比和$\frac{M_C}{d}$的等 f_a 线，如图 8-9 所示。

若已知 $\frac{M_C}{d}$ 和$\frac{H}{C}$，由图 8-9 即可查出 f_a 的值，并进而算出环缩合度指数 $2\left(\frac{R-1}{C}\right)$。克勒维伦认为，图解法比计算法更准确。

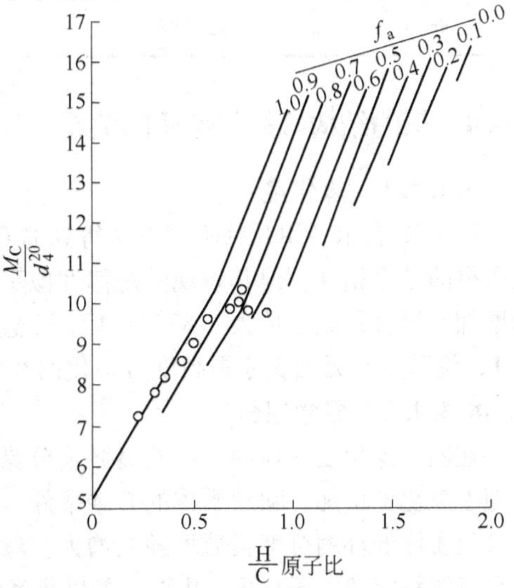

图 8-9　求 f_a 的图

8.4.3.2　挥发分法

H. I. Riley 曾将许多芳烃进行热解，他假设全部稠环芳烃都转变成了残炭，并据此计算出挥发分，结果发现挥发分的计算值与实测值非常接近。根据这一事实，克勒维伦认为煤的热解也与此相似，即煤的挥发分是由芳烃以外的物质转变而来的，并提出煤的挥发分计算公式：

$$V_{daf} = 100 \cdot \frac{M - 12.4C_a}{M} \tag{8-27}$$

式中，C_a 的系数本应取 12，但考虑到残炭中还有芳碳以外的物质，根据经验取 12.4。若将上式右边的分子、分母同除 C，则上式可写为：

$$V_{daf} = 100 \cdot \frac{M - 12.4f_a}{M_C} \tag{8-28}$$

代入 $M_C = \frac{1200}{w_{daf}(C)}$，这样通过 $w_{daf}(C)$ 和 V_{daf}，即可求出芳碳率 f_a：

$$f_a = \frac{(100 - V_{daf}) \times 1200}{1240w_{daf}(C)} \tag{8-29}$$

克勒维伦将由式（8-29）求出的 f_a 与图表法求出的结果相比较，如表 8-6 所示，发现挥发分法求出的 f_a 值较低，这是由于部分芳香族碳热解析出造成的。

表 8-6　挥发分法与图解法 f_a 值的比较

$w_{daf}(O)/\%$	M_C	$V_{daf}/\%$	由挥发分法求出的 f_a	由密度图解法求出的 f_a
81.5	14.74	39	0.72	0.83
85.0	14.13	35	0.74	0.84
89.0	13.50	27	0.79	0.89
91.2	13.16	20	0.84	0.93
92.5	12.99	13.5	0.91	0.95
93.4	12.87	8.5	0.95	0.97
94.2	12.75	6	0.97	1.00
95.0	12.65	5	0.97	1.00
96.0	12.52	4	0.97	1.00

8.4.4　煤的结构参数与煤质的关系

8.4.4.1　煤化度

图 8-10 表示了用几种不同方法得到的 f_a 与煤化度的关系。由图 8-10 可见，统计结构解析法所得的结果稍高，但其表现的规律性似乎与实际更吻合。迄今为止的研究表明，f_a 随煤化度的增加而增大；碳含量大于 87% 以后，f_a 急剧增加；碳含量大于 95% 以后，f_a 已接近于 1 或等于 1，说明只有无烟煤才是高度芳构化的。

8.4.4.2　显微组分

在同一煤化度的煤中，不同显微组分具有不同的结构参数，如图 8-11 所示。由图 8-11 可见随着煤化度增加，除丝质体的芳碳率外，镜质组、稳定组、微粒体的芳碳率和环缩合度指数以及丝质体的环缩合度指数均随之增大。丝质体的芳碳率和环缩合度指数最大，而且芳碳率呈水平直线稳定于 $f_a \approx 0.98$，几乎不受煤化度影响。稳定组的这两个结构参数最小，并随煤化度的变化最剧烈。当煤化度足够高时，各种显微组分之间的差别趋于消失。

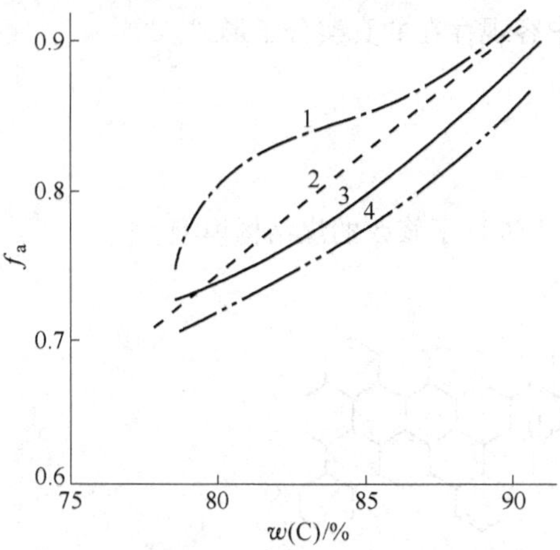

图 8-10 芳香度与煤化度关系

1—图解统计法;2—宽线 NMR;3—IR;4—^{13}C NMR

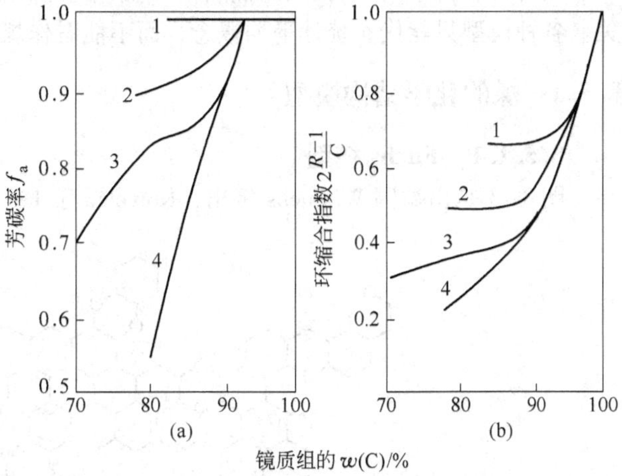

图 8-11 不同显微组分的结构参数随煤化度的变化

（a）芳碳优选法的变化；（b）环缩合指数的变化

1—丝质体；2—微粒体；3—镜质组；4—稳定组

8.4.4.3 还原程度

还原程度较高的煤，氢含量较大，因此可用$\frac{H}{C}$原子比表征还原程度。随着煤的还原程度增加，即$\frac{H}{C}$原子比增大，煤的芳碳率呈逐渐减小趋势，如图 8-12 所示。

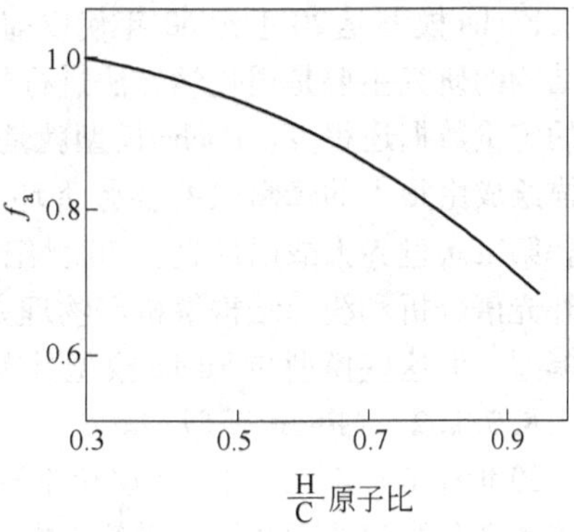

图 8-12 芳碳率与$\frac{H}{C}$原子比的关系

8.4.5 煤结构研究的新进展

近年来随着煤炭综合利用的深入进行，一度较为沉寂的煤结构研究再次引起人们的重视。几乎近期才发展起来的物理仪器分析新技术都已用于煤结构的研究。重要的研究方法及其所提供的信息有：

（1）计算机断层扫描（T）、核磁共振成像：孔结构。

（2）电子透射/扫描显微镜（TEM/SEM）、扫描隧道显微镜（STM）、原子力显微镜（AFM）：表面形貌与结构。

（3）质谱（MS）：碳原子数分布、碳氢化合物类型、相对分子质量。

（4）X 射线光电子能谱（XPS）、X 射线吸收近边谱（XANES）：有机 S 和有机 N。

此外，用 X 射线衍射径向分布函数法解析煤结构也是近年来的一大特色。

8.5 煤的结构模型

煤的结构模型是根据煤的各种结构参数进行推断和假想而建立的，用以表示煤平均化学结构的分子图示。建立煤的结构模型是研究煤的化学结构的重要方法。

从 20 世纪初开始研究煤结构以来，人们提出的煤分子结构模型已有十几个。这些模型反映了当时对煤化学结构的认识观点和研究水平。煤结构模型的建立与煤结构的研究方法密切相关。各种模型只能代表统计平均概念，而不能看作煤中客观存在的真实分子形式。

8.5.1　煤的化学结构模型

8.5.1.1　Fuchs 模型

图 8-13 是由德国 W. Fuchs 提出，Krevelen 于 1957 年进行了修改的煤结构模型。

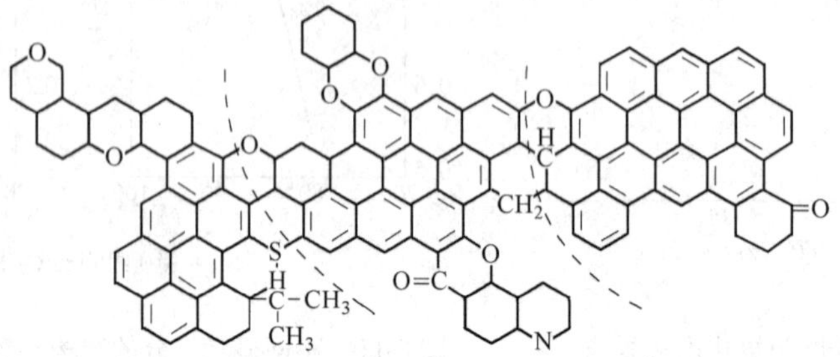

$C_{136}H_{96}O_9NS$　H/C=0.72

图 8-13　Fuchs 模型（经 Krevelen 修改）

Fuchs 模型是 20 世纪 60 年代以前煤的化学结构模型的代表。第二次世界大战以前，煤化学结构的研究主要是用化学方法进行的，得出的是一些定性的概念，可用于建立煤化学结构模型的定量数据还很少。Fuchs 模型就是基于这种研究水平而提出的。由图 8-13 可见，该模型将煤描绘成由很大的蜂窝状缩合芳香环和在其边缘上任意分布着以含氧官能团为主的基团所组成。第二次世界大战以后直至 20 世纪 60 年代以前，煤结构的研究开始广泛采用 X 射线衍射、红外光谱分析和统计结构解析等物理方法，研究水平有了一定提高，提出了许多经典性的煤结构模型。但这些模型与 Fuchs 模型具有一个共同特点，即结构单元中芳香缩合环都很大。

8.5.1.2　Given 模型

20 世纪 60 年代以来，在煤化学研究中采用了各种新型的现代化仪器，如傅里叶变换红外光谱和高分辨率核磁共振波谱等，提出了更为准确、详细的煤结构信息。根据这些信息建立的众多新的结构模型在很多方面显示出一致性。

英国 P. H. Given 的煤结构模型（见图 8-14）表示出低煤化度烟煤是由环数不多的缩合芳香

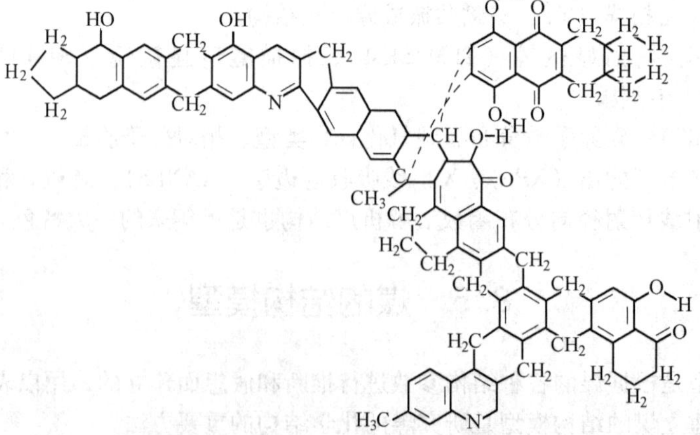

图 8-14　Given 模型[w(C)为 82%]

环，主要是萘环构成的。在这些环之间以氢化芳香环相互联结，构成无序的三维空间大分子（折叠的）。氮原子以杂环形式存在，亦有酚羟基和醌基。但此模型中没有含硫的结构，也没有醚键和两个碳原子以上的直链桥键。

8.5.1.3 Wiser 模型

美国 W. H. Wiser 提出的煤化学结构模型（见图 8-15）被认为是比较全面、合理的模型。该模型也是对低煤化度烟煤的描绘，它展示了煤结构的大部分现代概念。

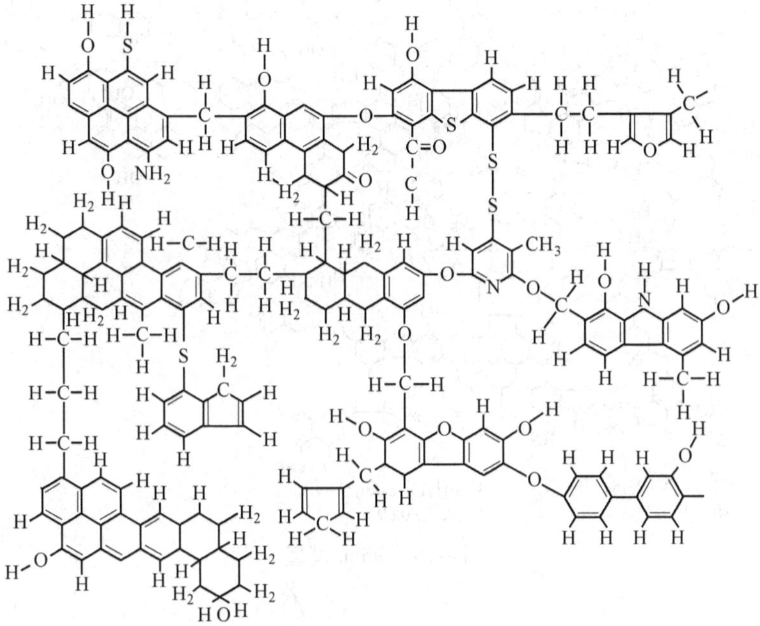

图 8-15 Wiser 模型[w(C)为 82% ~83%]

由图 8-15 可见，该模型芳香环数分布范围较宽，包含了 1 ~ 5 个环的芳香结构；氧、硫和氮部分以杂环形式存在。芳香环之间以 C_1 ~ C_3 的脂肪桥键、醚键和硫醚键等弱键联结。芳香环边缘上有羟基和羰基，由于是低煤化度烟煤，也含有羧基。结构中还有硫醇和噻吩等基团。此模型可以解析煤的一些化学反应和性质，如热分解反应和液化性质等。

8.5.1.4 Shinn 模型

它是 J. H. Shinn 根据煤在一段、二段液化过程的产物分布提出的，所以又称为煤的反应结构模型。这个模型比较有特色，如图 8-16 所示。

由图 8-16 可见，该模型认为煤大分子结构的分子式可写为 $C_{661}H_{561}N_4O_{74}S_6$，相对分子质量高达 10023。这个煤的大分子可以分离出 11 种不同的结构单元或分子片段，它们的相对分子质量介于 286 ~ 1250 之间。但可能是受到液化过程溶剂作用影响的原因，该模型仍然没有表示出煤中存在的低分子化合物。

8.5.1.5 Faulon 模型

此模型是 1993 年 Faulon 等采用煤大分子辅助设计的方法，在 Sun Sparc IPC 工作站和 Silicon Graphics 4D/320GTXB 工作站上，用 PCMODEL 和 SIGNATURE 软件对 Hatcher 等数据进行处理，提出的能量最低的煤大分子结构模型，如图 8-17 所示。

Faulon 等人提出的 CASE（计算机辅助结构解析）的具体步骤为：

（1）由元素分析和 ^{13}C NMR 的定量数据求出各官能团中 C、H、O 原子的数目。

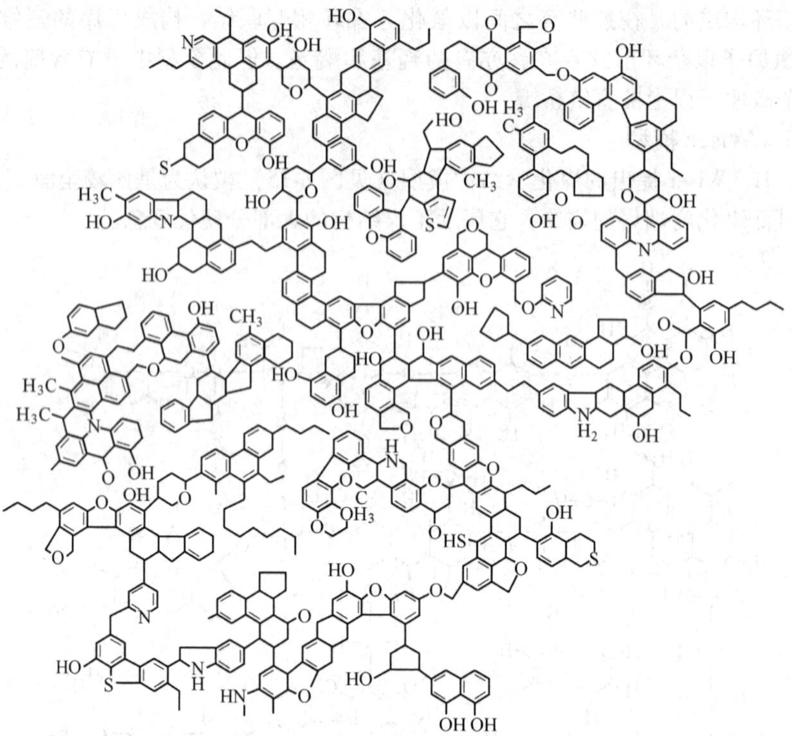

$C_{661}H_{36}N_4O_{74}S_6$　　$C_{100}H_{84.9}N_{0.6}O_{11.2}S_{0.9}$

MG=10023　　$C_{Ar}/C_{tot}=0.69$

图 8-16　Shinn 模型

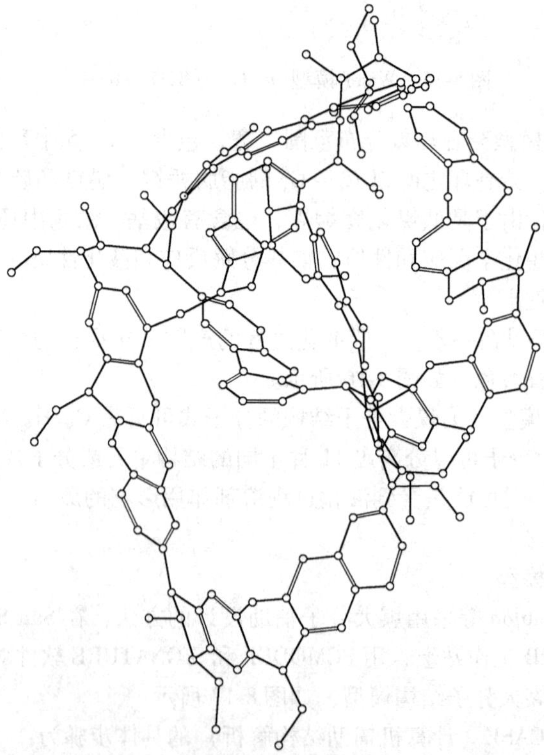

图 8-17　Faulon 模型

（2）分子水平上的定性数据由 Py/GC/MS 提供，可以确定大分子的碎片，每个碎片的结构由质谱确定，进而计算出每个碎片和碎片间键的特征；碎片和碎片间键的数量通过求解线性的特征方程来确定：

碎片特征 + 碎片间键的特征 = 大分子的特征

（3）用 SIGNATURE 软件中的异构体发生器随机构造三维立体模型,计算出可能的模型总数。

（4）运用样本设计中随机抽样法，建立模型的子集（样本）。

（5）分子式和分子量直接从 SIGNATURE 软件构造出的模型中算出，并计算出交联密度。

（6）结构的势能和非键能（范德华力、静电力和氢键力）等能量特征用 BIOGRAF 软件中的 DREIDING 力场算出，用共轭梯度法和最速下降算法进行极小化。

（7）采用 Carlson 的方法计算真密度、闭孔率和微孔率等物理特征。

这是一种集分子力学、量子力学、分子动力学、分子图形学和计算机科学为一体的具有探索性的结构模型。

8.5.1.6　煤嵌布结构模型

2008 年，中国矿业大学秦志宏等通过对不同变质程度的两种煤所进行的 CS_2/NMP 混合溶剂萃取，发现该过程并不是单纯的可溶物的溶解，其间有一部分萃取物依靠浮力作用悬浮在溶剂中，在离心分离条件下并不能沉降到萃取残渣中，因此所得的 CS_2/NMP 混合溶剂对某些煤的高萃取率并不是全部由分子意义上的溶解所得。通过向 CS_2/NMP 混合溶剂萃取液中添加反萃取剂的反萃取过程,可以将两种类型的悬浮物高度富集形成固体形态的精煤和黏结组分。根据此实验研究,提出了煤的嵌布结构理论模型及其概念,认为煤是以大分子组分、中型分子组分(包括中Ⅰ型和中Ⅱ型)、较小分子组分和小分子组分共同组成的混合物,这五种族组分之间主要以镶嵌的分布方式相连接,可以通过 CS_2/NMP 混合溶剂为主的萃取反萃取使其彼此分离。

煤的嵌布结构模型的概念，其主要描述是：

（1）煤是以大分子组分、中型分子组分（又可分为中Ⅰ型和中Ⅱ型）、较小分子组分和小分子组分之五种族组分共同组成的混合物，这五种族组分之间主要以镶嵌的分布方式相连接，可以通过 CS_2/NMP 混合溶剂为主的萃取反萃取法使它们彼此自然分离。

（2）煤混合物以大分子组分为基质，它是一种凝胶化的族组分，以共价键和非共价键一起共同构成空间网络结构。各个大分子物质彼此之间主要通过侧链和官能团进行空间缠绕。大分子物质的核心是较致密的结构单元，构成了大分子空间网络的中心，而大分子物质的边沿则是较松软的缠绕地带；大分子组分通常不可以被溶剂溶解。

（3）中型分子组分有两部分，即中Ⅰ型分子组分和中Ⅱ型分子组分，它们主要以细粒镶嵌的方式分布在上述基质中；中型分子组分比大分子组分有较多的侧链和官能团，而结构单元较少，一般难以被溶解，但可以在适当的溶剂中悬浮而分离出来；其中中Ⅰ型分子又比中Ⅱ型分子有更多的侧链和官能团，这是两者的主要差别所在。

（4）较小分子组分，它是可以被混合溶剂溶解的部分，反萃取时主要进入反萃取液中；它们也是凝胶化的，因为自身有较多的非共价键成键点，而易于结合到同样有较多成键点的大分子的边沿缠绕地带，起着大分子间的桥梁作用；同时，这些较小分子还起着类似于黏结剂的作用，即将中Ⅰ型和中Ⅱ型分子粘连于大分子基质之上，大分子的边沿缠绕地带是中型分子的嵌入区（IS 区），而较小分子作为大、中分子间的桥联同样分布于这一区域。

（5）小分子组分，即能够被大多数有机溶剂溶解的煤中的小分子化合物，主要以三种形态即游离态（游离于煤表面和大孔表面）、微孔嵌入态（吸附于煤的微孔之中）和网络嵌入态（囿于三维大分子网络结构之中）三种形态存在于上述各种类型的族组分之中，这部分小分子化合物在品种数量上可能很多，但质量分数并不高。

这是我国学者最新较系统地提出的煤化学结构理论模型，应用该模型可以对萃取过程及现象进行合理解释。

8.5.2 煤的物理结构模型

煤的化学结构模型仅能表达煤分子的化学组成与结构，但未能涉及煤的物理结构和分子间的联系。因此，研究者提出了若干煤的物理结构模型。其中，以 Hirsch 模型和两相模型最具代表性。

8.5.2.1 Hirsch 模型

P. B. Hirsch(1954 年)根据 X 射线衍射研究结果提出的物理模型将不同煤化度的煤划归三种物理结构，如图 8-18 所示。

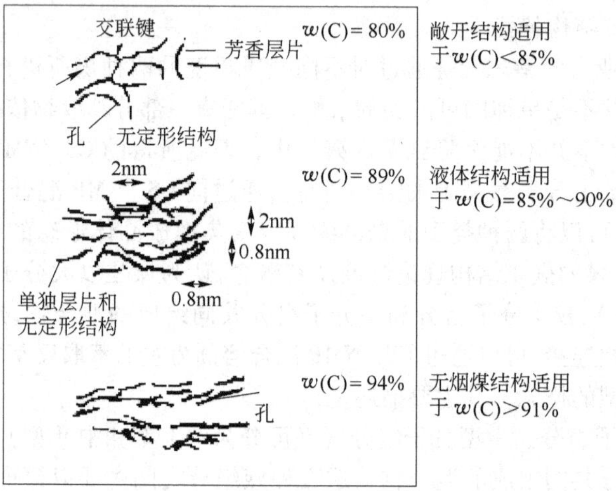

图 8-18 Hirsch 模型

(1) 敞开式结构。属于低煤化度烟煤，其特征是芳香层片较小，而不规则的“无定形结构”比例较大。芳香层片间由交联键联系，并或多或少在所有方向任意取向，形成多孔的立体结构。

(2) 液体结构。属于中等煤化度烟煤，其特征是芳香层片在一定程度上定向，并形成包含两个或两个以上层片的微晶。层片间交联键数目大为减少，故活动性大。这种煤的孔隙率小，机械强度低，热解时易形成胶质体。

(3) 无烟煤结构。属于无烟煤，其特征是芳香层片增大，定向程度增大。由于缩聚反应的结果形成大量微孔，故孔隙率高于前两种结构。

Hirsch 模型比较直观地反映了煤的物理结构特征，解释了不少现象。不过“芳香层片”的含义不够确切，也没有反映出煤分子构成的不确定性。

8.5.2.2 两相模型

两相模型又称为主-客（host-guest）模型，它是由 Given 等人根据 NMR 氢谱发现煤中质子的弛豫时间有快慢两种类型而提出的（1986 年），如图 8-19 所示。图中，大分子网络为固定相，小分子则为流动相。这一模型事实上已指出了煤中的分子既有共价键结合（交联），也有物理缔合（分子间力）。

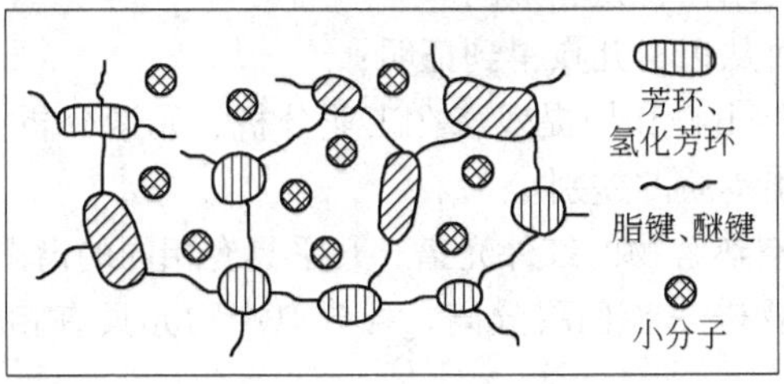

图 8-19 两相模型

8.5.2.3 单相模型

单相模型，也叫缔合模型。此模型是由 Nishioka 首先提出来的（1992 年），在溶剂萃取实验的基础上，他认为存在连续分子量分布的煤分子，煤中芳香族间的连接是静电型和其他类型的联结力，不存在共价键，煤的芳香族由于这些力堆积成更大的联合体，然后形成多孔的有机物质，他提出的物理联结煤结构模型见图 8-20。

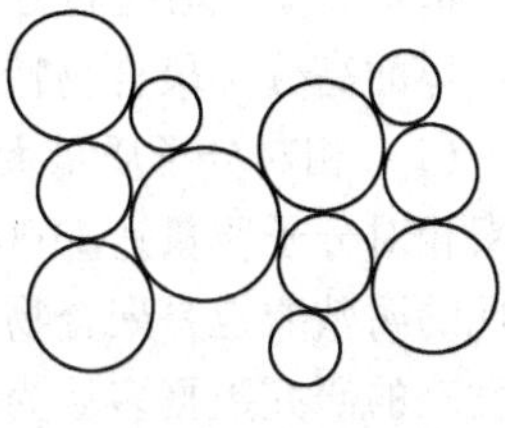

图 8-20 缔合模型

8.5.3 煤结构的综合模型

总结煤结构模型的发展过程有两个主要特点：一是煤大分子结构的稠环芳香部分的苯环数由多至少，再由少至多变化；二是结构模型朝综合变化方向发展。

煤结构的综合模型同时考虑了煤的分子结构及其空间构造，也可理解为煤的化学结构模型与物理结构模型的组合。

（1）Oberlin 模型（1989 年）。它是 Oberlin 用高分辨透射电镜（TEM）研究煤结构后提出的。其特点是稠环个数较多，最大有 8 个苯环，近似于 Fuchs 模型与 Hirsch 模型的组合。但它过于强调了 Co 卟啉的存在。

（2）球（Sphere）模型（1990 年）。它是 Grigoriew 等人用 X 射线衍射径向分布函数法研究煤的结构后提出的。其最大特点是首次提出煤中具有 20 个苯环的稠环芳香结构。这一模型可以解释煤的电子谱与颜色。

8.6 煤的化学结构特征

关于煤的化学结构曾有过多种假说，如低分子结构说、胶体化学结构说和高分子结构说等。而近代观点则认为煤具有高分子聚合物特征。煤的化学结构是高度交联的非晶质大分子空间网络。每个大分子由许多结构相似而又不完全相同的基本结构单元聚合而成。

8.6.1 煤的化学结构特性

长期以来，多种方法对煤结构的研究表明，煤的化学结构具有相似性和高分子聚合物特性。

8.6.1.1 煤化学结构的相似性

煤化学结构的相似性是指相同煤化度煤的同一显微组分并不是一个纯物质，而是由许多结构相似的煤分子组成的混合物；每一个煤分子的基本结构单元彼此也不完全相同，但同一个煤分子中各个基本结构单元的结构也是相似的。

煤化学结构的相似性可从以下几点得到证明：

（1）溶剂抽提的煤、抽出物和抽提残渣在工业分析、元素分析、红外光谱和 X 射线衍射等方面的性质，并未显示出本质的差别。

（2）原料煤与其高真空热解物的红外光谱，几乎具有相同的谱图。

（3）将煤的溶剂抽出物进一步色层分离，各分离产物亦具有相似的红外、紫外光谱和相似的质谱离子碎片。

正是由于煤的化学结构具有相似性，研究煤的平均结构单元才有意义。

8.6.1.2　煤的高分子聚合物特性

煤的高分子聚合物特性表现如下：

（1）相对分子质量大。煤的成因研究和溶剂抽提表明，成煤物料本身就是聚合物，如木质素相对分子质量达 11000，纤维素相对分子质量更高达 150000；在成煤过程中作为中间产物出现的腐殖酸也是聚合物，相对分子质量从几千到几万；煤的相对分子质量大小尚无定论，但已发表的研究数据多认为煤的相对分子质量在数千范围。

（2）具有缩合结构。煤的氧化可得到苯羧酸，而苯羧酸只能由烷基苯或稠环化合物转变生成，这说明煤具有缩合芳香族结构。此外，煤的基本结构单元之间由次甲基或醚键联结为链状结构；煤的结构中存在酚羟基，也证明了煤具有缩合结构。

（3）可发生降解反应。对煤进行连续氢化，将使煤的相对分子质量变小，而且各级加氢产物具有相似的红外光谱。

（4）可发生解聚反应。原料煤及其初次热解产物、高真空热分解馏出物都具有极为相似的红外光谱，说明后两者都是煤的热解聚产物。

8.6.2　煤的基本结构单元

煤具有聚合物特性，但与一般聚合物不同，煤解聚后得到的不是具有相同相对分子质量和单一化学结构的单体，而是不同相对分子质量，不同化学结构的一系列相似化合物的混合物。因此，构成煤聚合物的基本结构单位不称“单体”，而称“基本结构单元”。煤聚合物的大分子可大致看作由与基本结构单元有关的三个层次部分组成，即基本结构单元的核、核外围的官能团和烷基侧链以及基本结构单元之间的联结桥键。

8.6.2.1　基本结构单元的核

煤的元素组成和许多其他性质显示，煤的基本结构单元具有芳香性。我们还不清楚基本结构单元的确切结构，但可以通过结构参数去推测和估计基本结构单元的核结构以及芳香环的缩合程度。最重要的结构参数是芳香度（包括芳碳率和芳氢率）和缩合环数。

不同煤化度煤的芳碳率 f_{ar}^{C}、芳氢率 f_{ar}^{H} 和其他有关结构参数列于表 8-7。

由表 8-7 可见，f_{ar}^{C}、f_{ar}^{H} 随煤化度的增加而增大，但在煤中 $w(C)$ 达 90% 以前增大并不显著。f_{ar}^{C} 波动于 0.7～0.8，f_{ar}^{H} 波动于 0.3～0.4，说明只有无烟煤是高度芳构化的。NMR 和 FTIR 两种方法的测定结果除个别数据偏差较大外，大部分是彼此一致的。对烟煤而言，f_{ar}^{C} 不到 0.8，f_{ar}^{H} 大致为 0.33 左右。从 H_{ar}/C_{ar} 可知，约有 2/3 的芳碳原子处于缩合环位置，其上无氢原子。H_{al}/C_{al} 平均值为 2 左右，这是存在脂环的证据之一。其他方法测得芳碳率的结果也与此大致相似如表 8-8 所示。

表 8-7 不同煤化度煤的 f_{ar}^{C}、f_{ar}^{H} 和其他有关结构参数

煤中 w(C)/%	f_{ar}^{C}		f_{ar}^{H}		H_{ar}/C_{ar}	H_{al}/C_{al}②	R_{min}(平均)
	NMR	FTIR①	NMR	FTIR			
75.0	0.69	0.72	0.29	0.31	0.33	1.48	2
76.6	0.75	0.75	0.34	0.33	0.36	1.78	2
77.0	0.71	0.65	0.33	0.24	0.34	1.89	2
77.9	0.38	0.49	0.16	0.14	0.42	1.32	1
79.4	0.77	0.77	0.31	0.31	0.31	1.91	3
81.0	0.70	0.69	0.31	0.34	0.34	1.45	2
81.3	0.77	0.74	0.30	0.36	0.35	2.11	3
82.0	0.78	0.73	0.36	0.32	0.34	2.14	3
82.0	0.74	0.76	0.33	0.31	0.33	1.74	3
82.7	0.79	0.73	0.32	0.29	0.31	2.34	3
82.9	0.75	0.79	0.39	0.39	0.38	1.59	3
83.4	0.78	0.69	0.33	0.29	0.32	2.31	3
83.5	0.77	0.69	0.34	0.29	0.36	2.42	3
8.38	0.54	0.56	0.18	0.16	0.31	1.69	1
85.1	0.77	0.80	0.43	0.45	0.36	1.38	3
86.5	0.76	0.78	0.33	0.42	0.36	1.75	3
90.3	0.86	0.84	0.53	0.50	0.35	1.91	6
93.0	0.95	—	0.68	—	0.23	2.06	30

①傅里叶变换红外光谱。

②脂肪氢、碳原子比。

表 8-8 各种不同方法测得的 f_a

方法	煤中 w(C)/%			
	80	85	90	95
X 射线	0.55～0.95			
密度/g·cm^{-3}（德莱登）	0.75	0.74	0.78	0.99
燃烧热（德莱登）	0.82	0.81	0.85	1.00
密度/g·cm^{-3}（克勒维伦）	0.72	0.75	0.79	0.96
红外光谱	不大于 0.72	不大于 0.82	不大于 0.96	
核磁共振（万德哈特）	0.79[w(C)72.5%]	0.77 [w(C)82.5%]		>0.98[w(C)92.8%]
核磁共振（怀特赫尔斯特）	次烟煤和高挥发分烟煤 0.61～0.66，无烟煤 1.00			
$KMnO_4$ 氧化（彭恩）	0.42	不小于 0.39～0.46		
次氯酸钠氧化（马跃）	约 0.40			
氟化（休斯敦）	0.69[w(C)77.6%]			

用各种不同方法求得的基本结构单元的缩合环数如表 8-9 所示。

表 8-9 煤结构单元的缩合环数

研究方法	煤中 w(C)/%				发表年份
	80	85	90	95	
1. X 射线衍射(希尔施)	4~5	4~5	≥7	30	1954
2. X 射线衍射(纳尔逊)	≤4	≤4	≤4	—	—
3. 折射率(克勒维伦)	6	9	16	31	50 年代
4. NMR 和 FTIR(盖斯坦)	2	3	6	>30	1982
5. 磁化优选法(本田)	2	3	5	—	—
6. 氧解(丁格利)	2	2	3~5	>40	1973
7. 水解(大内公耳)	2~3 [w(C)80%~85%]	—	4.0 [w(C)87.4%]	—	1979
8. 氢解(坂部)	—	1~5(平均 3)	—	—	—

由表 8-9 可见，NMR 和 FTIR 测得的结果与磁化优选法、化学方法比较一致，能够说明问题。在 20 世纪 50 年代以前，一般认为烟煤的缩合环数不小于 10。20 世纪 60 年代，以 Krevelen 为代表的观点认为，从褐煤到低挥发分烟煤，其基本结构单元约包含 20 个碳原子，即 4~5 个环。70 年代以后，发现煤中 w(C)在 70%~83% 之间时，平均环数为 2；w(C)在 83%~90% 时，平均环数增至 3~5 个；w(C)为 95% 时，环数激增至 40 以上。基本结构单元的核主要由不同缩合程度的芳香环构成，也含有少量的氢化芳香环和氮、硫杂环。低煤化度煤基本结构单元的核以苯环、萘环和菲环为主；中等煤化度烟煤基本结构单元的核则以菲环、蒽环和芘环为主；在无烟煤阶段，基本结构单元核的芳香环数急剧增加，逐渐走向石墨结构。

8.6.2.2 基本结构单元的官能团和烷基侧链

煤的基本结构单元的外围部分主要是含氧（有少量含硫、含氮）官能团和烷基侧链。它们随煤化度增加而逐渐减少。不同煤种烷基侧链的平均长度如表 8-10 所示。

表 8-10 不同煤种烷基侧链的平均长度

煤中 w(C)/%	65.1	74.2	80.4	84.3	90.4
烷基侧链平均碳原子数	5.0	2.3	2.2	1.8	1.1

由表 8-10 可见，烷基侧链长度随煤化度增加开始很快缩短，然后渐趋稳定。低煤化度褐煤的烷基侧链长达五个碳原子，高煤化度褐煤和低煤化度烟煤的烷基侧链碳原子数平均为 2 左右，至无烟煤则减少到 1，即主要含甲基。此外，烷基碳占总碳的比例也随煤化度增加而减少，煤中 w(C)为 70% 时，烷基碳占总碳的 8% 左右；w(C)为 80% 时约占 6%；w(C)为 90% 时，只有 3.5% 左右。

8.6.2.3 桥键

桥键是联结基本结构单元的化学键，确定桥键的类型和数量对了解煤的化学结构和性质至关重要。由于这些键处于煤分子中的薄弱环节，易受热作用和化学作用而裂解，而且裂解过程与产物易与某些官能团或烷基侧链交织在一起。所以问题相当复杂，至今尚未得到可靠的定量数据。但定性的研究结果表明，桥键一般有以下四类：

（1）次甲基键。$—CH_2—$，$—CH_2—CH_2—$，$—CH_2—CH_2—CH_2—$等。

（2）醚键和硫醚键。—O—，—S—，—S—S—等。

（3）次甲基醚键和次甲基硫醚键。—CH_2—O—，—CH_2—S—等。

（4）芳香碳-碳键。C_{ar}—C_{ar}。

这些桥键在煤中并不是平均分布的，在褐煤和低煤化度烟煤中，主要存在前一种桥键，尤以长的次甲基键和次甲基醚键为多；中等煤化度烟煤中桥键数目最少，主要键型为—CH_2—和—O—；至无烟煤阶段桥键又有所增多，键型则以 C_{ar}—C_{ar} 为主。

8.6.3 煤的相对分子质量及低分子化合物

8.6.3.1 煤的相对分子质量

载入文献的有关煤相对分子质量的数据小至几百，大至上百万，相差之大几乎难以想象。其原因有理论上的，也有实践上的。理论上讲，何谓真正的煤分子，目前在概念上还相当模糊。有的将煤降解产物的分子看作煤分子；有的引用高分子化学的概念，将由交联键相连的高分子链看作煤分子。在实践上，目前还没有直接测定煤相对分子质量的方法，也没有找到能使煤分子间的交联键选择性地进行定量分解的方法。此外，由于煤的分子大小本身并不均一，所以不同方法得到的所谓相对分子质量波动范围很大。因此，有关煤分子及相对分子质量问题还有待进一步研究。

煤分子间存在交联是可以肯定的，这从煤具有相当大的机械强度、耐热性和抗溶剂性可以证明。交联不但可以发生在分子之间，也可发生在分子内部。交联发生后，分子自身的空间构型和分子与分子之间的相对位置在一定程度上被固定。不同煤化度的煤，交联情况有所区别。中等煤化度烟煤分子间的交联程度最低，所以它有最好的熔融性，在重质芳香溶剂中具有最高的溶解度，并具有最小的机械强度。交联键有两类：

（1）化学键。主要是—C—C—键和—O—键，它们与前述桥键的化学本性基本相同，但其稳定性低于桥键。

（2）非化学键。包括范德华力和氢键力。对低煤化度煤来讲以氢键力为主，而高煤化度煤则以范德华力为主。

目前不少人认为烟煤分子的结构单元数目在 200 ~ 400 之间，相对分子质量在数千范围。例如，有研究者提出烟煤平均相对分子质量在 4500 左右，而有人则认为约为 2500。这些说法都有一定的实验基础，但也都有待进一步核实。首先应确定煤分子的定义，查明煤的物质结构层次。将煤的基本结构单元、分子和团簇（cluster）这三级结构层次区分开来。

8.6.3.2 煤中的低分子化合物

在煤尚未发生化学反应的条件下，可得到相对分子质量在 500 左右或 500 以下的溶剂抽提物。这些化合物可溶于溶剂，加热可熔化，部分可挥发。显然，它们与煤的总体性质或煤主体结构的性质完全不同。通常称它们为煤中的低分子化合物。

低分子化合物来源于成煤植物成分（如树脂、树蜡、萜烯和甾醇等）以及成煤过程中形成的低分子聚合物。低分子化合物主要可分为两大类：含氧化合物和烃类。含氧化合物有长链脂肪酸、醇和酮。烃类主要是正构烷烃，分布范围广至 C_1 ~ C_{30} 甚至还有发现 C_{70} 的报道，此外还有少量环烷烃及多环芳烃等。也有文献报道，煤的大分子结构模型中，低分子化合物还有多环含硫芳烃、含氮芳烃以及同时含硫、氮的芳烃等存在。

低分子化合物大体上是均匀嵌布在煤的整体结构中的。有人认为是被吸持在煤的孔隙中，也有人认为是形成固体的“溶液”。结合力有氢键力、范德华力、电子给予-接受结合力等。上述几种力叠加起来比较可观，再加上孔隙结构的空间阻碍，故部分低分子化合物很难抽提，甚至在不发生化学变化的条件下根本不能完全抽提出来。

煤中低分子化合物问题近期才得到重视，煤中低分子化合物到底有多少，目前还没有确切的答案。但一般认为其含量随煤化度加深而减少。有人认为褐煤和高挥发分烟煤中的低分子化合物约占煤有机质的10% ~23%。煤中低分子化合物虽然数量不多，但它的存在对煤的性质，如黏结性能、液化性能等影响很大。

8.6.4　各种显微组分的化学结构

由于镜质组是煤中的代表性有机显微组分，所以本章前述内容除特别指明外，讨论的都是镜质组的化学结构。下面对稳定组和丝质组的化学结构作一简单比较。

稳定组的主要结构特征是H/C原子比较高，芳香度低，氧含量低。X射线衍射时表征芳香结构的衍射峰不明显，而表征非芳香结构的位于002带左侧的γ带却十分显著，表明稳定组包括更多的脂肪和脂环结构。在煤化过程中，稳定组的结构和性质逐渐向镜质组靠拢。至煤中w(C)接近90%时，两者的差别基本消失，如表8-11所示。

表8-11　不同显微组分的组成和结构比较

煤中w(C)/%	显微组分①	元素组成/%					H/C	f_{ar}^{C}②
		w(C)	w(H)	w(O)	w(N)	w(S)		
81.5	V	81.5	5.15	11.7	1.25	0.4	0.753	0.83
	E	82.2	7.4	8.5	1.3	0.6	1.073	0.61
	M	83.6	3.95	10.5	1.35	0.6	0.563	0.91
85.0	V	85.0	5.4	8.0	1.2	0.4	0.757	0.85
	E	85.7	6.5	5.8	1.4	0.6	0.905	0.73
	M	87.2	4.15	6.7	1.35	0.6	0.566	0.92
87.0	V	87.0	5.35	5.9	1.25	0.5	0.732	0.86
	E	87.7	5.85	4.4	1.45	0.6	0.793	0.83
	M	89.1	4.2	4.7	1.4	0.6	0.561	0.93
89.0	V	89.0	5.1	4.0	1.3	0.6	0.683	0.88
	E	89.6	5.2	3.3	1.3	0.6	0.691	0.87
	M	90.8	4.1	3.2	1.3	0.6	0.537	0.94
90.0	V	90.0	4.94	3.2	1.35	0.5	0.655	0.90
	E	90.4	4.5	2.8	1.3	0.6	0.646	0.90
	M	91.5	3.65	2.6	1.35	0.6	0.514	0.95

① V—镜质组、E—稳定组、M—丝质组中的微粒体。

② f_{ar}^{C}数据系用经典法求得，故偏高，供相互比较用。

丝质组包括丝质体、微粒体和粗粒体等显微煤岩成分。它们在成煤初期就发生了较深刻的变化，故在煤化过程中的变化反而不明显。如表8-11所示，微粒体的碳含量高，氧含量低，芳香度高。X射线衍射表明，与同一煤样中的镜质组和稳定组相比，丝质组表征芳香层片大小和平行定向程度的衍射峰最强。所以，无论煤化度高低，丝质组在化学结构和性质上都接近或甚至超过无烟煤。

8.6.5 煤化学结构的近代概念

归纳到目前为止的研究成果，近代较多数人所接受的煤化学结构概念可以表述为：

（1）煤结构的主体是三维空间高度交联的非晶质的高分子聚合物，煤的每个大分子由许多结构相似而又不完全相同的基本结构单元聚合而成。

（2）基本结构单元的核心部分主要是缩合芳香环，也有少量氯化芳香环、脂环和杂环。基本结构单元的外围连接有烷基侧链和各种官能团。烷基侧链主要有—CH_2—，—CH_2—CH_2—等。官能团以含氧官能团为主，包括酚羟基、羧基、甲氧基和羰基等，此外还有少量含硫官能团和含氮官能团。基本结构单元之间通过桥键联结为煤分子。桥键的形式有不同长度的次甲基键、醚键、次甲基醚键和芳香碳-碳键等。

（3）煤分子通过交联及分子间缠绕在空间以一定方式定型，形成不同的立体结构。交联键有化学键，如同上述桥键，还有非化学键，如氢键力、范德华力和电子给予-接受力等。煤分子到底有多大，至今尚无定论，有不少人认为基本结构单元数大致在 200 ~ 400 范围，相对分子质量在数千范围。

（4）在煤的高分子聚合物结构中还较均匀地分散嵌布着少量低分子化合物，其相对分子质量在 500 左右及 500 以下。它们的存在对煤的性质，尤其对低分子化合物含量较多的低煤化度煤的性质有不可忽视的影响。

（5）镜质组是煤主体的代表性显微煤岩组分，煤的化学结构实质上主要是指镜质组的结构。稳定组脂肪和脂环结构成分较多，芳香度低，氢含量高。在煤化过程中，其结构和性质逐渐趋同于镜质组，至 $w(C)$ 达 90% 时，两者的差别基本消失。丝质组碳含量高，氢含量低，芳香度高。随煤化度变化的幅度很小，在各种煤化度的煤中，丝质组的化学结构和性质都接近或超过无烟煤。

（6）低煤化度煤的芳香环缩合度较小，但桥键、侧链和官能团较多，低分子化合物较多，其结构无方向性，孔隙率和比表面积较大。随煤化度加深，芳香环缩合程度逐渐增大，桥键、侧链和官能团逐渐减少。分子内部的排列逐渐有序化，分子之间平行定向程度增加，呈现各向异性。煤的许多性质在中变质烟煤（肥煤和焦煤）处呈现转折点，显示煤的结构由量变引起质变的趋势。至无烟煤阶段，分子排列逐渐趋向芳香环高度缩合的石墨结构。

复习思考题

8-1 什么是煤的化学结构？

8-2 煤的化学结构研究方法分为哪几种类型？

8-3 X 射线是研究晶体的常用仪器，为什么可以用它来研究煤？

8-4 X 射线的衍射峰、晶体参数与煤的结构性质有什么对应关系？

8-5 红外光谱主要研究煤结构的哪方面问题？

8-6 ^{1}H NMR 与 ^{13}C NMR 分别研究煤的什么问题？

8-7 从煤的仪器分析，已经得出了哪些有关煤结构的信息？

8-8 煤有哪些结构参数，主要结构参数之间有什么关系？

8-9 什么是统计结构解析法，如何通过结构解析法来计算煤的结构参数？

8-10 已知某煤 $w_{daf}(C) = 88.5\%$，$V_{ad} = 28.30\%$，$M_{ad} = 1.25\%$，$A_{ad} = 9.36\%$，求 f_a、$2\left[\frac{R-1}{w(C)}\right]$。

8-11 煤的结构参数与煤质有什么关系？

8-12 为什么说煤化学结构具有相似性特征？
8-13 为什么说煤化学结构具有高分子聚合物特征？
8-14 什么是煤中的低分子化合物，它有什么特点和性质？
8-15 煤有哪些代表性的化学结构模型？
8-16 煤有哪些代表性的物理结构模型？
8-17 稳定组有哪些主要结构特征？
8-18 惰质组有哪些主要结构特征？
8-19 煤的化学结构如何随煤化度变化？
8-20 简洁归纳煤化学结构的基本概念。

9 煤的热解与黏结成焦

煤的热解是指煤在隔绝空气或惰性气氛条件下持续加热至较高温度时，所发生的一系列物理变化和化学反应的复杂过程。黏结和成焦则是煤在一定条件下热解的结果。由于命名尚未统一，除“热解”（pyrolysis）这一名称外，还常采用“热分解”（thermal decomposition）和“干馏”（carbonization）等术语。

煤的热加工是当前煤炭加工中最重要的工艺，大规模的炼焦工业是煤炭热加工的典型例子。研究煤的热解与煤的热加工技术关系极为密切，取得的研究成果对煤的热加工有直接的指导作用。例如，对于炼焦工业可指导正确选择原料煤，探索扩大炼焦用煤基地的途径，确定最佳工艺条件和提高产品质量。此外，还可以对新的热加工技术的开发，如高温快速热解、加氢热解和等离子热解等起指导作用。

煤的热解与煤的组成和结构关系密切，可通过热解研究阐明煤的分子结构。此外，煤的热解是一种人工炭化过程，与天然成煤过程有些相似，故对热解的深入了解有助于对煤化过程的研究。

9.1 煤的热解过程

9.1.1 黏结性烟煤受热时发生的变化

煤在隔绝空气条件下加热时，煤的有机质随温度升高发生一系列变化，形成气态（干馏煤气）、液态（焦油）和固态（半焦或焦炭）产物。典型黏结性烟煤受热时发生的变化过程如图9-1所示。

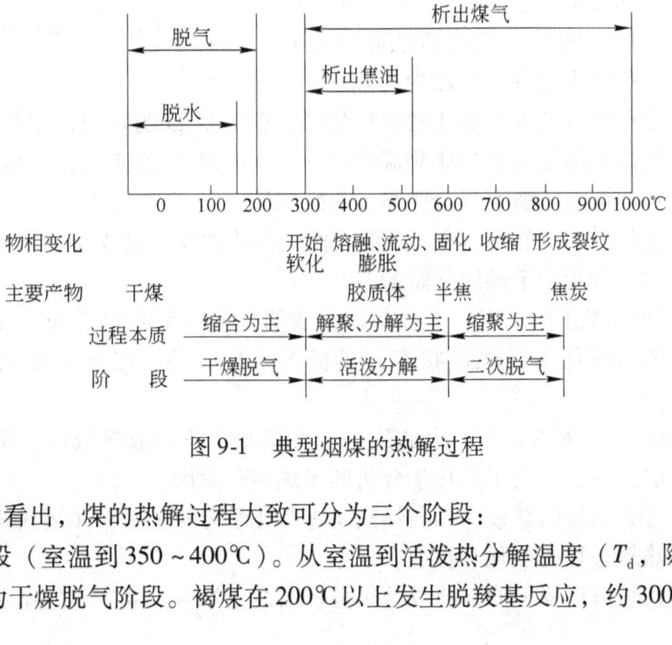

图9-1 典型烟煤的热解过程

从图9-1可以看出，煤的热解过程大致可分为三个阶段：

（1）第一阶段（室温到350～400℃）。从室温到活泼热分解温度（T_d，除无烟煤外一般为350～400℃）称为干燥脱气阶段。褐煤在200℃以上发生脱羧基反应，约300℃开始热解反应。

烟煤和无烟煤的原始分子结构仅发生有限的热作用（主要是缩合作用）。120℃前主要脱水，约200℃完成脱气（CH_4、CO_2 和 N_2）。

（2）第二阶段（T_d400～550℃）。这一阶段的特征是活泼分解，以解聚和分解反应为主。生成和排出大量挥发物（煤气和焦油），约450℃排出的焦油量最大，在450～550℃气体析出量最多。烟煤约350℃开始软化，随后是熔融、黏结，到550℃时结成半焦。烟煤（尤其是中等变质程度烟煤）在这一阶段经历了软化、熔融、流动和膨胀直到再固化，出现一系列特殊现象，并形成气、液、固三相共存的胶质体。液相中有液晶（中间相）存在。胶质体的数量和质量决定了煤的黏结性和结焦性。固体产物半焦与原煤相比，芳香层片的平均尺寸和真密度等变化不大，这表明半焦生成过程中缩聚反应并不太明显。

（3）第三阶段（550～1000℃）。又称二次脱气阶段。在这一阶段，半焦变成焦炭，以缩聚反应为主。析出的焦油量极少，挥发分主要是煤气。煤气成分主要是 H_2，少量 CH_4 和 C 的氧化物。焦炭的挥发分小于2%，芳香核增大，排列的有序性提高，结构致密、坚硬并有银灰色金属光泽。从半焦到焦炭，一方面析出大量煤气，另一方面焦炭本身的密度增加，体积收缩，导致生成许多裂纹，形成碎块。焦炭的块度和强度与收缩情况有直接关系。

煤的热解和热加工一般包括以上三个阶段。如果最终温度提高到2000℃以上则为石墨化阶段，用于生产石墨炭素制品。

以上三个阶段从煤的差热分析可以得到证实。

9.1.2 煤的差热分析

差热分析（DTA）的基本原理，是将试样和参比物与试样热特性相近，在试验温度范围内，不发生相变化和化学变化的热惰性物质，多用 α-Al_2O_3 在相同的条件下加热（或冷却），在程序控制温度下，记录被测试样和参比物的温度差与温度（或时间）的关系曲线，称为差热分析曲线（DTA 曲线）。如图9-2所示，该曲线反映了煤在热解过程中发生的吸热和放热效应，吸热为低谷，放热为高峰。

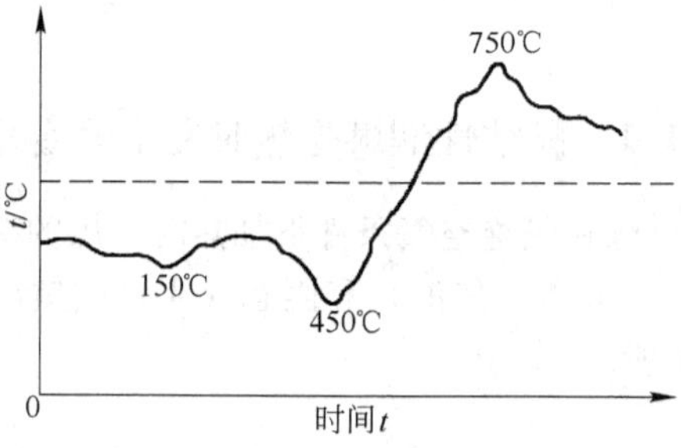

图9-2 焦煤差热分析曲线

吸热峰——被测试样温度低于参比物温度的峰，温度差 Δt 为负值，差热曲线为低谷。

放热峰——被测试样温度高于参比物温度的峰，温度差 Δt 为正值，差热曲线为高峰。

在煤的差热分析图谱上一般有三个明显的热效应区：

（1）在150℃左右，有一个吸热峰，表明此段是吸热效应。是煤析出水分和脱除吸附气体的过程。相当于热化学分析的干燥脱气阶段。

（2）在360～550℃范围内，有一个吸热峰，表明此阶段为吸热效应。在这一阶段煤发生解聚、分解生成气体和煤焦油（蒸汽状态）等低分子化合物。相当于热化学分析的胶质体阶段。

（3）在750～850℃范围内，有一个放热峰，表明此阶段为放热效应。是煤热解残留物互相缩聚，生成半焦的过程。相当于热化学分析的半焦熟化阶段。

煤差热曲线上三个明显的热效应峰与煤热解过程化学分析的三个主要阶段是一致的。差热分析方法证实了煤热解过程的热化学反应。

各种不同煤，其热解过程不同，所以差热分析曲线上峰的位置、峰的高低也有区别。

9.2 煤在热解过程的化学反应

煤热解过程中的化学反应是非常复杂的。包括煤中有机质的裂解，裂解产物中轻质部分的挥发，裂解残留物的缩聚，挥发产物在逸出过程中的分解及化合，缩聚产物的进一步分解，再缩聚等过程。总的讲包括裂解和缩聚两大类反应。从煤的分子结构看，可认为，热解过程是基本结构单元周围的侧链和官能团等，对热不稳定成分不断裂解，形成低分子化合物并挥发出去。基本结构单元的缩合芳香核部分对热稳定，互相缩聚形成固体产品（半焦或焦炭）。

为说明煤的裂解，首先介绍有机化合物的热裂解一般规律。

9.2.1 有机化合物的热裂解

有机化合物对热的稳定性，决定于组成分子中各原子结合键的形成及键能的大小，键能大的，难断裂，即热稳定性高；反之，键能小的，易分解，其热稳定性差。有机化合物中各种结合键的键能，如表9-1所示。可见芳香碳碳键能量最高，脂肪碳碳键能量最低，芳环上侧链碳-碳键的能量随芳环数增加而逐渐降低。

表9-1 有机化合物化学键键能 （kJ/mol）

化学键	键能	化学键	键能
$C_{芳}$—$C_{芳}$	2057	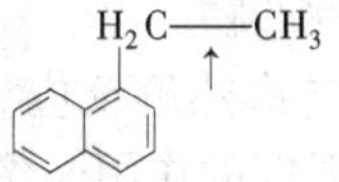	284
$C_{芳}$—H	425	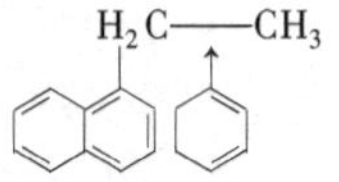	251
$C_{脂}$—H	392		
$C_{芳}$—$C_{脂}$	332	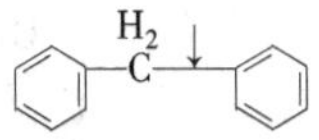	339
$C_{脂}$—O	314	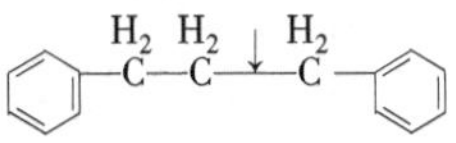	284
$C_{脂}$—$C_{脂}$	297		
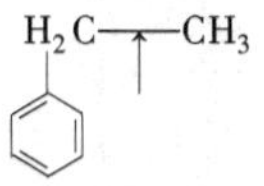	301		

烃类热稳定性的一般规律是：

（1）缩合芳烃＞芳香烃＞环烷烃＞烯烃＞炔烃＞烷烃。

（2）芳环上侧链越长，侧链越不稳定；芳环数越多，侧链也越不稳定。

（3）缩合多环芳烃的环数越多，其热稳定性越大。

煤的热分解过程也遵循上述规律。

9.2.2 煤热解过程的主要化学反应

由于煤的分子结构极其复杂，矿物质又对热解有催化作用，所以，迄今为止，对煤的热解化学反应尚未彻底弄清。但对煤的热解进程可以通过煤在不同分解阶段的元素组成、化学特征和物理性质的变化加以说明。煤热解的化学反应可分以下几种。

（1）煤热解中的裂解反应。根据煤的结构特点，其裂解反应大致有下面四类：

1）桥键断裂生成自由基。联系煤的结构单元的桥键主要是：$—CH_2—$、$—CH_2—CH_2—$、$—CH_2—O—$、—O—、—S—、—S—S—等，它们是煤结构中最薄弱的环节，受热很容易裂解生成自由基“碎片”。电子自旋共振测量表明：自由基的浓度随加热温度升高，在400℃前缓慢增加，当温度超过分解温度后自由基即突然增加，在近500℃时达到最大值，550℃后急剧下降。

2）脂肪侧链裂解。煤中的脂肪侧链受热易裂解，生成气态烃，如 CH_4、C_2H_6 和 C_2H_4 等。

3）含氧官能团裂解。煤中含氧官能团的热稳定性顺序为：—OH > $\rangle C=O$ > —COOH > $—OCH_3$。羟基不易脱除，到700～800℃以上，有大量氢存在时，可生成 H_2O。羰基可在400℃左右裂解，生成CO。羧基热稳定性低，在200℃即能分解，生成 CO_2 和 H_2O。另外，含氧杂环在500℃以上也可能断开，放出CO。

4）煤中低分子化合物的裂解。煤中以脂肪结构为主的低分子化合物受热后熔化，同时不断裂解，生成较多的挥发性产物。

（2）一次热解产物的二次热解反应。上述热解产物通常称为一次分解产物，其挥发性成分在析出过程中受到更高温度的作用（像在焦炉中那样），就会产生二次热解反应，主要的二次热解反应有：

1）裂解反应

$$C_2H_6 \longrightarrow C_2H_4 + H_2$$

$$C_2H_4 \longrightarrow CH_4 + C$$

$$CH_4 \longrightarrow C + 2H_2$$

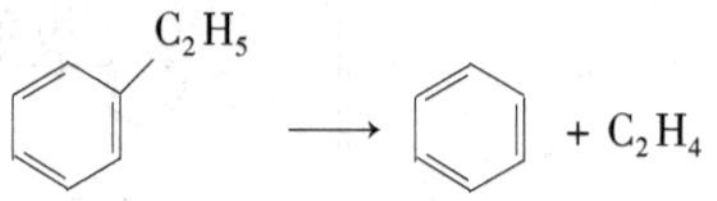

2）脱氢反应

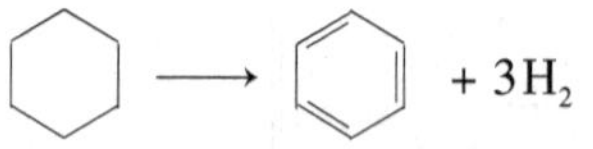

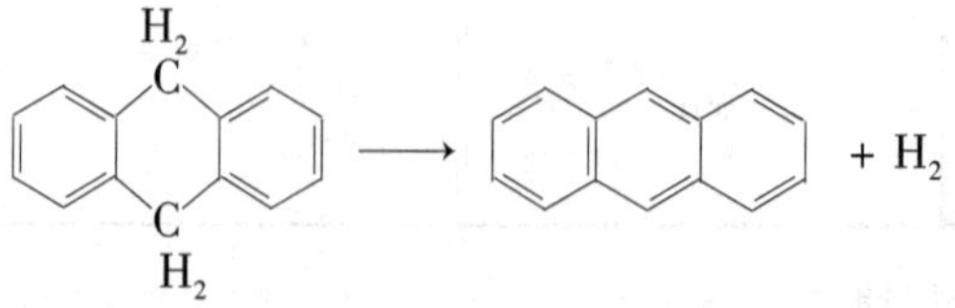

3）加氢反应

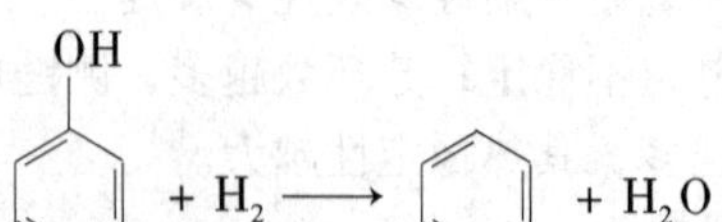

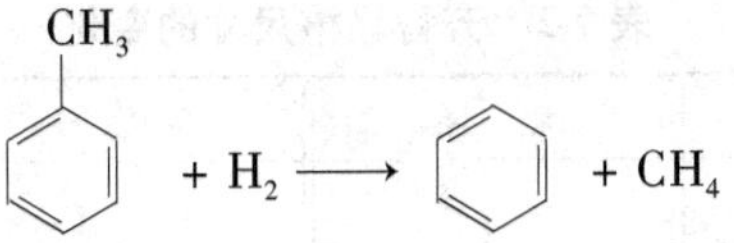

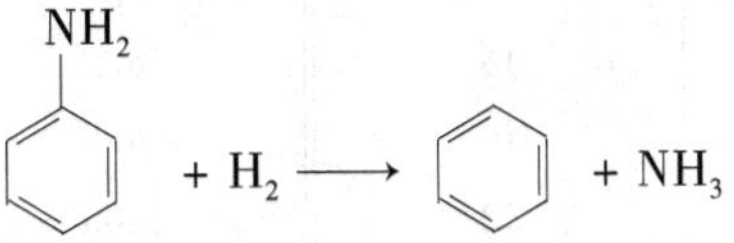

4）缩合反应

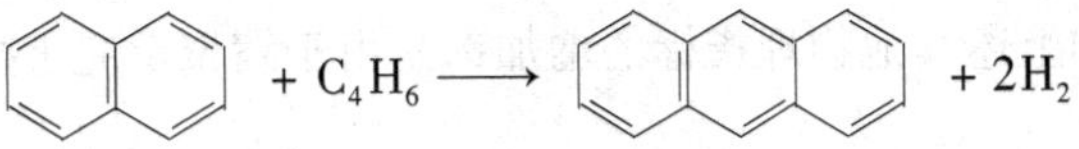

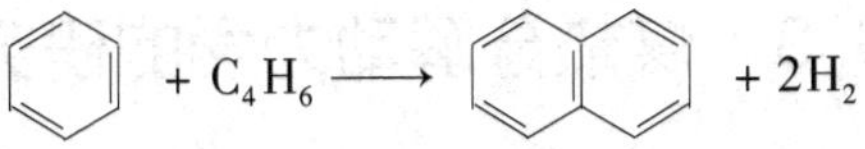

5）桥键分解

$$-CH_2- + H_2O \longrightarrow CO + 2H_2$$

$$-CH_2- + -O- \longrightarrow CO + H_2$$

（3）煤热解中的缩聚反应。煤热解的前期以裂解反应为主，后期则以缩聚反应为主。缩聚反应对煤的黏结、成焦和固态产品质量影响很大。

1）胶质体固化过程的缩聚反应。主要是热解生成的自由基之间的结合，液相产物分子间的缩聚，液相与固相之间的缩聚和固相内部的缩聚等。这些反应基本在550～600℃前完成，结果生成半焦。

2）从半焦到焦炭的缩聚反应。反应特点是芳香结构脱氢缩聚，芳香层面增大。苯、萘、联苯和乙烯等也可能参加反应。如：

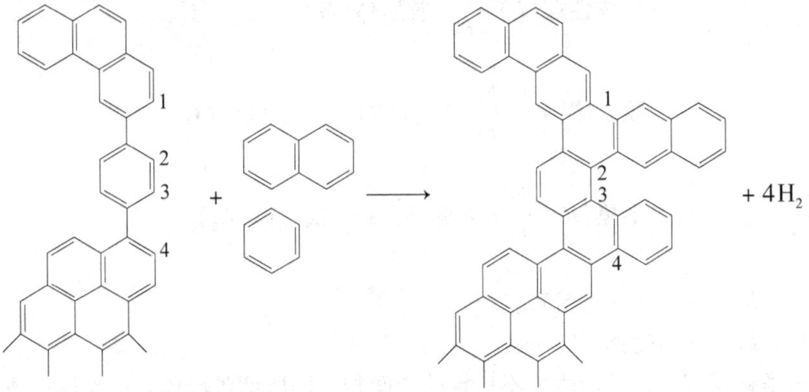

多环芳烃之间的缩合如：

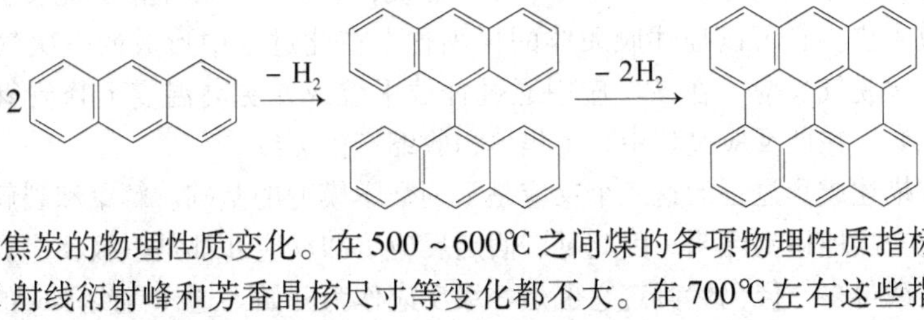

3）半焦和焦炭的物理性质变化。在500～600℃之间煤的各项物理性质指标如密度、反射率、电导率、X射线衍射峰和芳香晶核尺寸等变化都不大。在700℃左右这些指标产生明显跳跃，以后随温度升高继续增加。表9-2列出了芳香晶核尺寸 L_a 的变化。

表 9-2 芳香晶核尺寸的变化 (L_a/nm^{-1})

温度/℃	气 煤	焦 煤	温度/℃	气 煤	焦 煤
室 温	17	16	600	26	24
300	17	16	700	—	30
400	21	19	800	38	35
500	24	22	1100	46	37

芳香晶核尺寸 L_a 和上述其他物理指标的增加都是由于缩聚反应进行的结果。

9.3 煤热分解动力学的研究

煤热解动力学的研究任务是研究煤在热解过程中的反应种类、反应历程、反应产物、反应速度、反应控制因素以及反应动力学常数（反应速度常数和反应活化能等）。这些方面的研究对于煤化学、炭化、气化和燃烧都很重要，因此受到广泛重视。

煤的热解动力学研究主要包括两方面的内容：胶质体反应动力学和脱挥发分动力学。

9.3.1 胶质体反应动力学

荷兰克勒维伦（Van Krevelen）等人对煤的可塑性行为提出了著名的“胶质体（metaplast）理论”。该理论对大量的实验结果进行了定量描述。该理论首先假设焦炭的形成是由三个依次相连的反应表示。

Ⅰ $$\text{结焦性煤}(P) \xrightarrow[E_1]{K_1} \text{胶质体}(M)$$

Ⅱ $$\text{胶质体}(M) \xrightarrow[E_2]{K_2} \text{半焦}(R) + \text{一次气体}(G_1)$$

Ⅲ $$\text{半焦}(R) \xrightarrow[E_3]{K_3} \text{焦炭}(S) + \text{二次气体}(G_2)$$

式中 K_1，K_2，K_3——反应速度常数；

E_1，E_2，E_3——活化能，kJ/mol。

反应Ⅰ是解聚反应，该反应生成不稳定的中间相，即所谓胶质体。胶质体造成了煤的可塑行为。反应Ⅱ为裂解缩聚反应，在该过程中焦油蒸发，非芳香基团脱落。此反应伴随着再固化过程，最后形成半焦。它可以描述胶质体的再固化。在此过程中形成的一次气体造成煤的膨胀。反应Ⅲ是二次脱气反应，在该反应中通过释放甲烷或在更高温度下释放氢使半焦密度增加，最后形成焦炭。在此反应过程中，半焦体积收缩产生裂纹。

以简化形式描述成焦过程的这三个反应是下列数学模型的基础。解聚和裂解反应都是一级反应，这曾不止一次地得到证明，因此可以假定反应Ⅰ和反应Ⅱ都是一级反应。虽然反应Ⅲ与Ⅰ、Ⅱ相比要复杂得多，但仍然假定它也是一级反应作为开始。这样焦炭形成的动力学可用以下三个方程式描述：

$$-\frac{\mathrm{d}P}{\mathrm{d}t} = K_1 P \tag{9-1}$$

$$\frac{\mathrm{d}M}{\mathrm{d}t} = K_1 P - K_2 M \tag{9-2}$$

$$\frac{\mathrm{d}G}{\mathrm{d}t} = \frac{\mathrm{d}G_1}{\mathrm{d}t} + \frac{\mathrm{d}G_2}{\mathrm{d}t} = K_2 M + K_3 R \tag{9-3}$$

式中，t 表示时间；P、M、G 和 R 分别表示反应物 P、中间相 M、反应产物 G 和 R 的质量。直至反应Ⅱ超过最大气体析出点之前，反应Ⅲ的影响可以忽略不计。

若只考虑在较低温度下的热解，则可假定在温度 $T_{\mathrm{m \cdot d}}$（在该温度下脱气速率达到最大值）以下进行。这时下式成立，即

$$\left(\frac{\mathrm{d}G_2}{\mathrm{d}t}\right)_{T < T_{\mathrm{m \cdot d}}} \approx 0 \tag{9-4}$$

或
$$(K_3)_{T < T_{\mathrm{m \cdot d}}} \approx 0 \tag{9-5}$$

于是，式（9-3）可写为

$$\frac{\mathrm{d}G}{\mathrm{d}t} \approx \frac{\mathrm{d}G_1}{\mathrm{d}t} = K_2 M \tag{9-6}$$

研究表明，对炼焦煤而言，反应速度常数 K_1 和 K_2 几乎相等，故下列关系式成立：

$$K_1 \approx K_2 \approx K \tag{9-7}$$

如果温度保持恒定，则式（9-1）的解为

$$P = P_0 \mathrm{e}^{-Kt} \tag{9-8}$$

由式（9-2）和式（9-8）可以得到

$$\frac{\mathrm{d}M}{\mathrm{d}t} + MK = KP_0 \mathrm{e}^{-Kt} \tag{9-9}$$

假定时间 $t=0$ 时，$M=0$，则该微分方程的解为

$$M = P_0 K \mathrm{e}^{-Kt} \tag{9-10}$$

在气体析出量达到最大值以前的气体量 G 可用下式计算

$$G \approx G_1 = P_0 - P - M \tag{9-11}$$

因此，G 值可用下式近似地计算

$$G \approx P_0 [1 - (Kt + 1)\mathrm{e}^{-Kt}] \tag{9-12}$$

在恒定的加热速度下，如果温度可用函数 $T = V_t + t_0$ 表示，则微分方程式不能用简单的解析法求解。

如将线性温度-时间函数用新函数

$$\mathrm{e}^{-\frac{2T_i}{T}} = bt \tag{9-13}$$

代替，则可求出近似解。这一温度-时间函数在 $T = T_i$ 处有一个拐点。任意选择一个 T_i 值，就可以确定常数 b。

此函数对于问题求解的优点是在 $0.8 \leqslant T/T_i \leqslant 1.3$ 的温度范围内，可将此函数近似地看作线性关系。此外，如果用一个修正的反应速度 $\overline{K}$ 代替 K，$\overline{K}$ 用下式表示

$$\overline{K} = \frac{K}{E/(2RT_i) + 1} \tag{9-14}$$

则式（9-8）、式（9-10）和式（9-12）均可按它们原来的形式使用。在恒定加热速度下，产品 P、M 和 G 的质量变化可用下列公式计算

$$P = P_0 e^{-\overline{K}t} \tag{9-15}$$

$$M = P_0 \overline{K}t e^{-\overline{K}t} \tag{9-16}$$

$$G \approx P_0[1 - (\overline{K}t + 1)e^{-\overline{K}t}] \tag{9-17}$$

实验表明，该动力学理论与结焦性煤在加热时用实验方法观察到的一些现象相当吻合。

式（9-14）中的反应活化能 E 可用阿累尼乌斯公式表示

$$K = K_0 e^{-E/RT} \tag{9-18}$$

以 $\lg K$ 为纵坐标，$1/T$ 为横坐标，将实验数据用图表示，则上式为一直线，由截距 b 求出活化能 E。因为

$$\ln K = -\frac{E}{RT} + \ln K_0 = -\frac{E}{RT} + b$$

$$\lg K = -\frac{E}{2.3RT} + b$$

所求煤热解平均活化能为 209 ~ 251kJ/mol。

煤开始热解阶段活化能低，E 值小，而 K 值大，随着温度的升高，热解加深，则 E 值增大，K 值减小。表明煤的热解过程具有选择性，首先断裂的是活化能较低的键，而活化能高的键后断裂，所以反应Ⅰ、Ⅱ、Ⅲ三个依次相连的反应，其反应速度 $K_1 > K_2 >> K_3$。

煤的热分解活化能随煤化度的加深而增高。一般气煤活化能为 148kJ/mol，而焦煤的活化能为 224kJ/mol。

9.3.2 脱挥发分动力学

用热失重法研究脱挥发分速度也是煤热解动力学的重要方面。为开发煤液化和气化新技术，在不同升温速度、外压和气氛下，测定脱挥发分速度和产品组成，取得了很大进展。

热重量法研究中所用仪器是热天平，它的主体是由天平和加热炉组合成的，在一定的加热速度下能够连续测定被加热物质质量变化的仪器。煤受热分解，挥发物析出，离开反应系统。煤样热解质量损失，可用热天平测定。利用反应失重可以进行煤热解脱挥发分动力学研究。一般以两种不同的方法进行，即等温研究和非等温研究。

9.3.2.1 等温研究

此法是尽量快地将煤加热至预定温度 T，保持恒温，测量失重，求出 $-dW/dt$，直至 $-dW/dt = 0$（可根据足够的数据，可靠地外推至该点）。此法用以表征煤热解行为的一个参数是：温度 T 下的失重速率（$-dW/dt$）随时间的变化，最后降为零；另一个参数是温度 T 下的最终失重（$-\Delta W_e$），一般要数小时后才能测得此值。不同温度下的失重曲线和总失重，如图 9-3 所示。

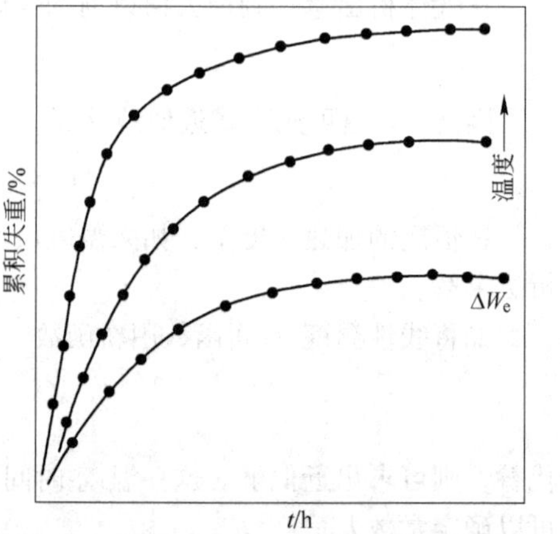

图 9-3 三个不同温度下的等温失重曲线
ΔW_e 表示达到平衡后的总失重

由图9-3可见，在开始时累积失重与时间呈直线关系，经过一段转折，逐渐达到平衡。平衡值（ΔW_e）大小与煤种和加热温度有关。达到平衡的时间一般在20～25h以上。

有人将煤热解的这一特征解释为在任何温度（足够高的）下的等温分解都伴随有一系列比较缓慢的（有一部分是相互重叠的）反应，他们根据ΔW-t曲线的形状推论这些反应总合起来是服从一级反应动力学的，即

$$K = \frac{1}{t}\ln\frac{a}{a-x} \tag{9-19}$$

式中 K——分解反应序列的速度常数；

a——挥发物的最终产率（$= -\Delta W_e$）；

x——至时间t为止析出的累积失重（$= -\Delta W_t$）。

上述观点是假设挥发物一旦形成就马上析出，因而失重速率与分解速率相等，即恒温下的挥发物析出是反应控制的。

有人提出恒温下挥发物析出是由扩散过程控制的，其理由是：

（1）约350～450℃之间任何温度下的失重速率比在其他温度下明显地缓慢。

（2）挥发物析出的初始速率永远比一级动力学定律推算的数值大很多。

（3）由阿累尼乌斯图计算的表观活化能很小。原因是反应刚开始时，煤粒实际上处于温度急剧上升的过程，由于快速热解使煤的微孔系统内产生了暂时的压力梯度，过程由扩散速度控制而不是反应速度控制。由此可见热解速度（反应速度）和脱挥发分速度（反应与扩散的总速度）是两个不完全相等的概念。

等温脱挥发分过程究竟是扩散控制还是由挥发物的生成控制尚无定论。但有大量数据表明，由于环境的不同，两种过程都有可能是主要的析出机理，也就是说，从整体来看，脱挥发分主要是由扩散控制的，但在恒温下分解速度可能控制脱挥发分的最初阶段。

9.3.2.2 非等温研究

因为在等温条件下不能满意地进行热解动力学研究，故通常多采用非等温研究的方法，非等温研究的主要优点是：

（1）可以避免将试样在一瞬间升到规定温度T所发生的问题。

（2）在原则上它可以从一条失重速率曲线算出所有动力学参数，大大方便和简化了测定方法。

此法也要假定分解速率等同于挥发物析出速率。对于任一反应或反应序列，气体析出速率与浓度的关系为：

$$\frac{dx}{dt} = Ae^{-E/RT}(1-x)^n \tag{9-20}$$

式中 x——煤热解转化率，%；

t——反应时间，min；

n——反应级数；

E——活化能，kJ/mol；

T——绝对温度，K；

R——气体常数，kJ/(mol·K)；

A——指前因子，min^{-1}。

许多学者都把这个热解过程当作一级反应处理，即反应级数$n=1$。有的学者认为用单一

的一级反应来描述煤热解过程不合适，Pitt 提出煤热解脱挥发分是一系列的平行一级反应；有的描写成是 n 级反应，如 Wiser 发现 $n=2$ 时可以得到拟合良好的结果；而 Skylar 发现，$n=2\sim 8$ 时才能拟合不同煤的非等温过程热解脱挥发物的数据。Anthony 于 1975 年进一步发展了这一方法。

煤的热失重或脱挥发分速度因煤种、升温速度、压力和气氛等条件而异，还没有统一的动力学方程。Coast-Redfern 方法比较简明，介绍如下。

对于非等温过程，温度 T 与时间 t 有线性关系：

$$T = T_0 + \phi t$$

式中，ϕ 为升温速率，代入式（9-20）并整理可得：

$$\frac{dx}{dT} = \frac{A}{\phi}\exp[-E/RT](1-x)^n \tag{9-21}$$

Coast-Redfern 求得近似解如下：

上式积分，当 $n=1$ 时

$$\ln\left[-\frac{\ln(1-x)}{T^2}\right] = \ln\left[\frac{AR}{\phi E}\left(1-\frac{2RT}{E}\right)\right] - \frac{E}{RT} \tag{9-22}$$

当 $n \neq 1$ 时

$$\ln\left[\frac{1-(1-x)^{1-n}}{T^2(1-n)}\right] = \ln\left[\frac{AR}{\phi E}\left(1-\frac{2RT}{E}\right)\right] - \frac{E}{RT} \tag{9-23}$$

由于 E 值很大，故 $2RT/E$ 项可近似于取零。如果反应级数取得正确，用式（9-22）或式（9-23）左端项对温度倒数 $\frac{1}{T}$ 作图，当为直线，由此直线的斜率和截距可以分别求得活化能 E 和指前因子 A。式(9-20)～式(9-23)中的 x 是转化率，用热失重法实验测定煤热解转化率时，可按下式计算：

$$x = \frac{W_0 - W}{W_0 - W_f} = \frac{\Delta W}{\Delta W_f} \tag{9-24}$$

式中 W_0——试样原始质量，g；

W——试样在某一时刻的质量，g；

W_f——试样热解到规定终点时残余质量，g；

ΔW——试样在某一时刻的失重，g；

ΔW_f——试样在规定热解终点的失重，g。

用上述方法如何具体计算煤热解动力学参数及如何揭示烟煤热解规律，作一简要介绍。

A 动力学参数的计算

在热天平上可以测定煤热解失重，即脱挥发分数量。图 9-4 是依兰长焰煤热解失重曲线（TG）。图 9-5 为依兰煤失重速率曲线（DTG）。图 9-6 为不同变质程度煤的失重速率曲线，由该图可见失重速率曲线的峰温 t_p，随变质程度增高而增高，峰高随变质程度增高而降低。主要热解过程的结束温度按下式从原始记录曲线上求出；

$$t_f = 2t_p - t_0$$

如图 9-5 所示，由于初始失重温度 t_0 极易受实验条件的影响。为了比较试样的热稳定性，

定义转化率 x 达 5% 的点 A 与达 50% 的点 B 的 A、B 连线与温度坐标的交点 C 所对应的温度，为初始热解温度 t_0。根据图 9-7 依兰长焰煤转化率曲线和初始热解温度求解图，得到 $t_0 = 363℃$。

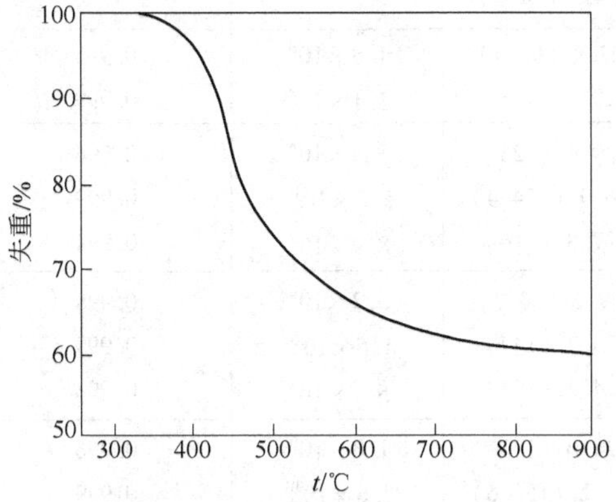

图 9-4 依兰长焰煤 TG 曲线（干基）

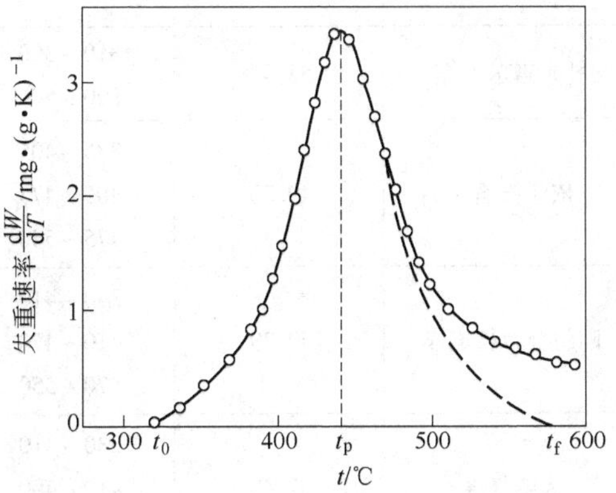

图 9-5 依兰长焰煤 DTG 曲线

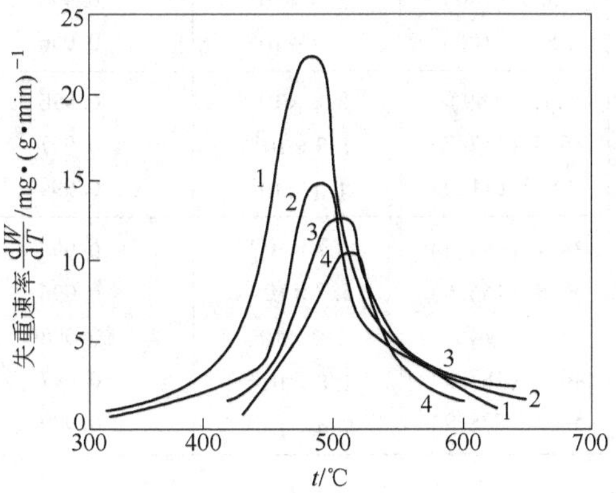

图 9-6 部分煤的 DTG 曲线

1—陶庄气肥煤；2—王风瘦肥煤；3—西曲焦煤；4—张大庄焦煤

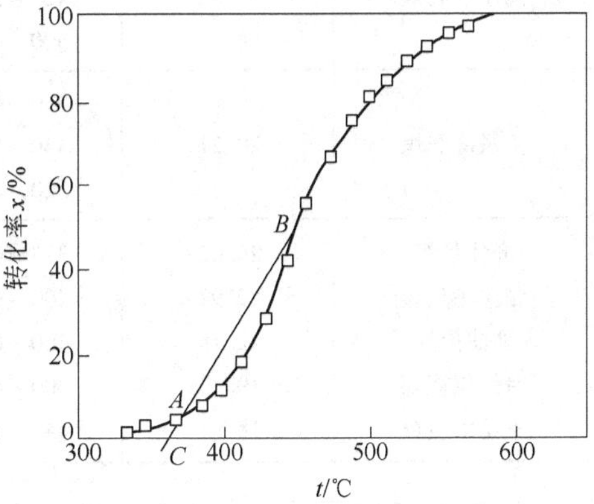

图 9-7 依兰长焰煤转化率曲线

转化率 x 值按式（9-24）求得。

将热重实验得到的 x，T 值代入 Coast-Redfern 方程式（9-22）或式（9-23）。如果反应级数 n 值取值正确，利用式（9-22）或式（9-23）和实验数据作图，可以求解反应活化能 E 值和指前因子 A 值，如表 9-3 所示。

B 烟煤热解规律

（1）活化能与煤化度关系。表 9-3 列出了几种煤的动力学参数，是按二级反应求得的。由表中数据可以看出，随着煤化度的增高，活化能的数值增加。但由于样品是原煤样，煤岩显微成分不同，使其规律性不甚明显。

中科院太原煤化所和大连理工大学都用不同变质程度煤的镜质组进行了热分析，得到活化能与挥发分 V_{daf} 之间的线性关系，如图 9-8 所示。失重数据是按一级反应式（9-22）处理得到的活化能 E 值，E 值是比较低的，但其规律性还是比较明显的。

表 9-3 各种煤热解动力学参数

煤 样	挥发分 V_{daf}/%	温度/℃	活化能 E/kcal·mol^{-1} (kJ·mol^{-1})	指前因子 A/min^{-1}	相关系数 $-r$
扎来诺尔褐煤	53.43	310~390	22.8 (95.4)	1.8×10^{6}	0.995
		390~500	29.4 (123)	3.1×10^{8}	0.999
依兰长焰煤	49.70	335~405	29.4 (123)	1.8×10^{8}	0.996
		405~475	36.9 (154.4)	5.5×10^{10}	0.999
		475~540	27.8 (116)	8.9×10^{7}	0.994
阿坦合力长焰煤	49.39	340~410	19.2 (80.3)	5.2×10^{4}	0.998
		410~470	35.2 (147)	1.5×10^{10}	0.999
		470~550	24.2 (101)	5.1×10^{6}	0.998
大屯气煤	37.48	330~410	24.0 (100)	1.8×10^{6}	0.996
		410~490	37.2 (155.6)	3.6×10^{10}	0.999
		490~560	22.6 (95.6)	1.6×10^{6}	0.998
陶庄气肥煤	33.82	320~425	18.7 (78)	2.1×10^{4}	0.997
		425~500	35.0 (146)	5.5×10^{9}	0.996
		500~620	25.4 (106)	7.4×10^{6}	0.996
王风瘦肥煤	28.21	330~440	11.8 (49)	3.8×10^{2}	0.996
		440~520	36.5 (152.7)	1.7×10^{10}	0.997
		520~630	28.2 (118)	1.1×10^{7}	0.994
介休焦煤	26.07	375~600	38.1 (159.4)	2.7×10^{10}	0.996
张大庄焦煤	22.92	400~610	39.8 (166.5)	5.7×10^{10}	0.996
西曲焦煤	22.75	400~600	35.4 (148)	2.9×10^{7}	0.998
台头焦瘦煤	19.73	400~610	44.9 (187.9)	1.8×10^{12}	0.997
青龙山瘦煤	18.91	445~565	54.7 (228.9)	7.4×10^{14}	0.999

从表 9-3 数据可见，低煤化度煤（从褐煤至肥煤）的热解反应是分段进行的，而高煤化度煤（从焦煤至瘦煤）的热解反应是按一段进行的。这与煤的分子结构有关，煤分子中芳核部分热稳定性好，而侧链和活泼基团部分热稳定性差。受热首先断裂下来的是热稳定性差的部分，然后才是较强的化学键的断裂。低煤化度煤分子中活泼基团较多，受热容易分解。因此，它的分解温度较低，在反应的最初阶段活化能也较小。随着热解温度的升高，所断裂的化学键的强度增强，数量有所变化，所以动力学参数也有所变化。焦煤和瘦煤分子中活泼基团较少，热稳定性也好些，开始分解温度较高，在热解的不同阶段断裂的化学键的强度差别不大。因此，各个热解阶段的活化能没有明显的差别，可以用一级反应

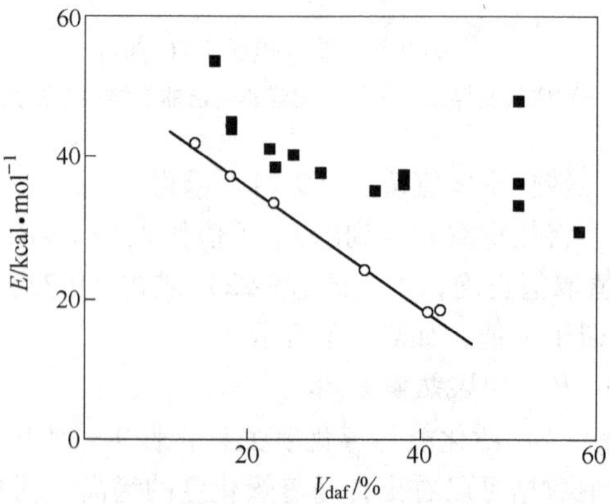

图 9-8 活化能与煤挥发分关系

$E = 220.5 - 3.54V_{daf}$/kJ·mol^{-1}

○—太原煤化所数据；■—大工数据

(1cal = 4.184J)

来描述焦煤和瘦煤的热解过程，图9-8中E与V_{daf}的关系表明，低煤化度煤的活化能较小，高煤化度煤的活化能较大。图9-8中活化能E值是取对应失重速率峰温区间的数值。

（2）活化能与指前因子关系。根据不同烟煤煤种实验得到的动力学参数，对活化能E与指前因子A进行关联，有线性关系，如图9-9所示。

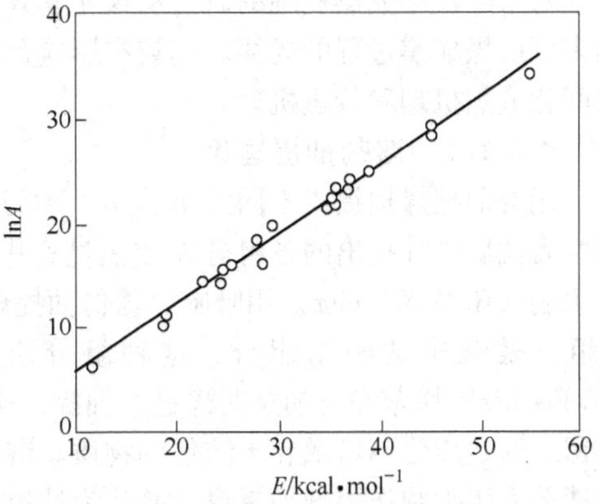

图9-9 煤热解活化能与指前因子的关系
（1cal＝4.184J）

（3）特征温度与煤化度的关系。由图9-5和图9-6可以看出，煤热解初始温度t_0，峰温t_p，主要热解结束温度t_f，对不同煤化度的煤，其值是不同的，如表9-4所示。

由表中数据可见，随煤化度增加其热解特征温度也在增高。用表9-4数据进行t_p与V_{daf}回归分析，得到下述关联式：

$$t_p = 5.47 - 2.1V_{daf}$$
$$r = -0.991$$

因此，t_p值是煤化度的一个特性指标。

表9-4 各种煤热解特征温度

煤样名称	热解初始温度 t_0/℃	热解峰温 t_p/℃	主要热解结束温度 t_f/℃	挥发分 V_{daf}/%
扎来诺尔褐煤	335	433	550	53.43
依兰长焰煤	363	442	570	49.70
阿坦合力长焰煤	359	449	605	49.39
大屯气煤	370	467	615	37.48
陶庄气肥煤	366	478	620	33.82
王风瘦肥煤	369	485	630	28.21
介休焦煤	404	495	605	26.07
张大庄焦煤	421	507	610	22.92
西曲焦煤	427	496	600	22.75
台头焦瘦煤	442	505	610	19.73
青龙山瘦煤	451	506	590	18.96

9.4 煤的黏结与成焦机理

煤的黏结与成焦机理是炼焦工艺的重要理论基础。它始终是煤化学工作者倍加重视并倾注了大量心血的研究领域之一。迄今为止，人们曾对煤的黏结与成焦机理提出过多种理论，从不同角度对此问题进行了说明，但仍有许多不够完善之处，有待今后进行更深入的研究。

9.4.1 黏结与成焦机理概述

对于煤黏结成焦机理的研究从煤化学开创时期起，各国学者就进行了研究，试图从各个方面来阐明煤成焦过程的规律。比较有影响的有溶剂抽提理论、物理黏结理论、塑性成焦机理、中间相成焦机理和传氢机理。

9.4.1.1 溶剂抽提理论

用溶剂把煤抽提成不同的组分是一种历史久、应用广的研究煤的方法。进入20世纪，很多学者就煤中抽提出的各组分在成焦过程中的作用加以研究，进而阐明成焦规律。1911年英国惠勒（R. V. Wheeler）用吡啶、氯仿抽提煤，把煤抽提后的产物分为α、β、γ组分。他认为γ组分是煤中的黏结组分，这种组分决定了煤的软化熔融程度。1916年德国费雪尔（F. Fiseher）用苯和石油醚对煤进行抽提，认为炼焦煤中抽提出来的沥青质为黏结物质，而抽提留下的残渣为不熔融和不结焦的物质。溶剂抽提理论到20世纪60年代又被重新讨论。日本城博等人用吡啶作溶剂抽提煤，并认为抽提出来的低分子组分属于黏结组分，而残留的物质则属于纤维质组分。黏结组分的数量表示煤的黏结能力的强弱，纤维质组分的强度则影响焦炭基质（或称焦炭气孔壁）的强度。黏结组分和纤维组分的相互作用，对胶质体的流动性和焦炭的质量有重要的影响。

9.4.1.2 物理黏结理论

物理黏结论者认为黏结性煤中存在着黏结成分或称沥青质，当加热时这些成分熔化。煤的黏结是一种胶结过程，其黏结能力的强弱取决于黏结成分的量及其对煤中不熔的固体残留物的浸润能力，并与液相的表面张力和固相的表面性质有关。物理黏结的研究开始于20世纪。前苏联萨波日尼柯夫（Л. M. Сапожнков）认为黏结是软化了的煤粒与分布在其间的胶质体相互作用而结合的过程。析出的气体使胶质体和软化了的煤粒膨胀而挤紧，因而有助于黏结。20世纪60～70年代，苏联格列亚兹诺夫（H. C. Грязнов）等人采用偏光显微镜和放射线摄像技术研究煤粒在加热过程中的变化时发现，受热分解后的煤粒沿着其接触表面产生界面结合。这种界面结合发生在煤粒的可熔部分与不熔固体之间。煤粒热解后生成液相，它们的相互渗透只限于煤粒表面。因为格列亚兹诺夫等人计算出，当煤停留在胶质状态的时间内，流动性最大的肥煤胶质体中液相的平均移动距离（扩散距离）只有1.9×10^{-4}cm（1.9μm），这与热解后煤粒的大小相比是很小的。这又进一步表明，煤粒间的黏结过程，只发生在煤粒表面的分子层中。

9.4.1.3 塑性成焦机理

该理论认为黏结性煤经加热后，发生解聚反应而生成偏塑性体（又称胶质体）。在此阶段出现塑性状态，发生黏结作用。当温度继续升高时，偏塑性体经裂解缩聚反应转变为半焦。半焦经进一步缩聚、产生收缩，形成裂纹，而转化为焦炭。由煤生成焦炭的核心是塑性状态的形成。

9.4.1.4 中间相成焦机理

1961年澳大利亚泰勒（G. H. Taylor）首先在火成岩侵入的煤层中发现了中间相小球体后，不少学者用相变来解释煤或沥青转化为焦炭的规律。中间相成焦机理认为在炭化时，随着加热温度升高，煤或沥青首先生成光学各向同性的胶质体，然后在其中出现液晶（又称中间相）。这种液晶在基体中经过核晶化、长大、融并、固化的过程，生成光学各向异性的焦炭。

9.4.1.5 传氢理论

传氢是指流动氢的传递。从20世纪50年代开始，传氢机理首先在煤的液化中加以研究，其基本点在于选择供氢溶剂。流动氢使热解中生成的自由基稳定，就能得到尽可能多的相对小分子质量液态产品。1980 年英国马什（H. Marsh）和美国尼夫尔（R. C. Neavel）认为煤在炼焦过程中，塑性的发展是一个供氢液化过程，而传氢媒介物是由煤本身提供的。任何因素若能改变传氢媒介物的量和质，都会改变被加热煤的塑性。如在煤和黏结剂共炭化时，黏结剂就能起到传氢媒介物的作用，改善煤的塑性。

9.4.2 胶质体理论

当煤粒隔绝空气加热至一定温度时，煤粒开始软化，在表面上出现含有气泡的液膜如图 9-10（a）所示。温度进一步升高至 500～550℃时，液体膜外层开始固化生成半焦，中间仍为胶质体，内部为未变化的煤，如图 9-10（b）所示。这种状态只能维持很短时间。因为外层半焦外壳上很快就出现裂纹，胶质体在气体压力下从内部通过裂纹流出，如图 9-10（c）所示。这一过程一直持续到煤粒内部完全转变成半焦为止。

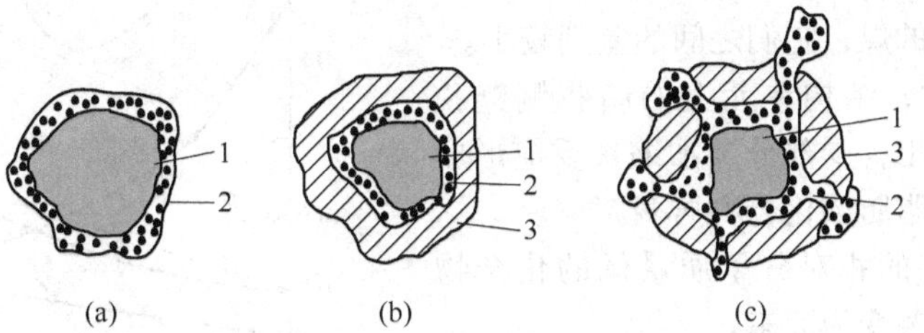

图 9-10 单颗煤粒在胶质体阶段的转化示意图
（a）软化开始阶段；（b）开始形成半焦阶段；（c）煤粒强烈软化和半焦破裂阶段
1—煤；2—胶质体；3—半焦

黏结性煤加热到一定温度时，每个煤粒都有液相形成，许多煤粒的液体膜汇合在一起，形成黏稠状的气、液、固三相共存的混合物，此三相混合物称为胶质体。煤的此种状态即为胶质状态。能否形成胶质体，胶质体的数量和性质对煤的黏结和成焦至关重要，是煤的塑性成焦机理的核心。

9.4.2.1 胶质体液相的来源

胶质体中的液相是形成胶质体的基础。胶质体液相的来源是多方面的。苏联学者阿罗诺夫等根据煤的大分子结构学说，认为是由于煤大分子结构上的侧链和官能团受热裂解生成液体产物。他们假设在 550℃前热分解放出的挥发分主要是大分子结构上脱落下来的侧链和官能团，提出了两个指标：$\Sigma(C+H+O)$（即总挥发分）和$\frac{\Sigma(C+H+O)}{\Sigma(O)}$。这两个指标数值都大，说明总挥发分高和碳氢化合物比例大，能形成大量热稳定性好的液体产物，中等变质程度烟煤就是这样。如 $\Sigma(C+H+O)$ 大，但 $\Sigma(C+H)/\Sigma(O)$ 小，说明侧链和官能团多，同时氧含量高，生成较多的气态产物和较少的液体产物，故黏结性差。低变质程度烟煤的情况属于这一种。另外 $\Sigma(C+H+O)$ 低，$\Sigma(C+H)/\Sigma(O)$ 高，说明侧链和官能团数量少，热解时液体产物更少，高变质程度烟煤就是如此。另一些学者则认为胶质体液体产物主要是由于煤中固有的沥青熔化而成的。如罗加指出，塑性现象取决于煤中沥青和腐殖质两部分的数量和性质。这里说的沥青是指熔化前不挥发的沥青。加热速度越快，塑性现象越明显的原因是沥青的熔化速度大大超过分解速度。

根据煤的分子结构、热解和液化机理研究的新进展，可见上面两种观点虽有合理的一面，但显然都是不全面的。阿罗诺夫的大分子结构学说总的讲过分笼统。他所说的“侧链”是一个不太确切的概念，指的是芳香核外聚合程度逐渐降低的分子成分。另外用550℃前的挥发分高低作为衡量黏结性指标不太合理，因为对黏结性起作用的主要是液态产物中的不挥发或不易挥发成分。第二种观点过分强调煤中原有的少量沥青的作用，忽视了热解中新生成的液体产物。实际上，液体产物的来源是多方面的，可能有：

(1) 煤热解时结构单元之间结合比较薄弱的桥键断裂形成自由基碎片。其中一部分相对分子质量不太大，含氢较多，使自由基稳定化，形成液体产物。其中以芳香族化合物居多。有人对胶质体进行离心分离，分出液相和固相产物，其元素分析结果，如图 9-11 所示。由图 9-11 可见，H/C 比的大小顺序是液相产物 > 原煤 > 固相产物。中等变质程度的煤，它们之间的差别较小。

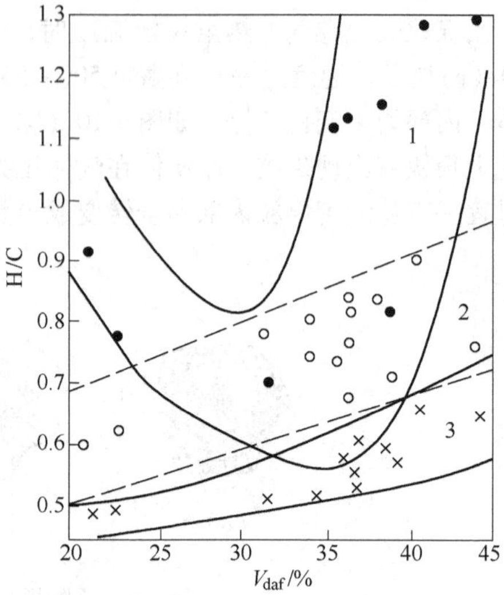

图 9-11 煤热解的液相与固相产物的 H/C 比

1—液相产物；2—原煤；3—固相产物

(2) 在热解时，结构单元上的脂肪侧链脱落，大部分挥发逸出，少部分参加缩聚反应形成液体产物。其中以脂肪族化合物居多。

(3) 煤中原有的相对分子质量低的化合物——沥青，受热熔融变为液态。

(4) 残留的固体部分在液体产物中部分溶解和胶溶。

胶质体随热解反应进行数量不断增加。黏度不断降低，直至出现最大流动度。当加热温度进一步提高时，胶质体的分解速度大于生成速度，因而不断转化为固体产物和煤气，直至胶质体全部固化转为半焦。

9.4.2.2 胶质体的性质

在热解过程中，胶质体的液相分解、缩聚和固化而生成半焦，如图 9-10 所示。形成半焦的质量好坏，取决于胶质体的性质。

目前还没有一个能全面反映胶质体性质的指标。就胶质体的主要性质而言，有热稳定性、流动性、透气性和膨胀性。

A 热稳定性

可用煤的软固化温度区间来表示，它是煤黏结性的重要指标。煤开始固化温度（$t_{固}$）与开始软化温度（$t_{软}$）之间的范围为胶质体温度区间（Δt），即 $\Delta t = t_{固} - t_{软}$。它表示煤粒处于胶质状态所经历的时间，也反映了胶质体热稳定性的好坏。如果温度区间大，表示胶质体停留时间长，其热稳定性好。煤粒间有充分的时间接触和相互作用，有利于煤粒间的黏结。反之，如果温度区间小，表示胶质体停留时间短，很快分解，其热稳定性差，煤粒间的黏结性也差。

B 流动性

以煤的流动度或黏度来衡量。煤在胶质状态下的流动性，对黏结影响较大。如果胶质体的流动性差，表明胶质体液相数量少，不利于将煤粒之间或与惰性组分之间的空隙填满。所形成的焦炭就熔融差，界面结合不好，耐磨性差，因此煤的黏结性差。反之则有利于煤的黏结。

C 透气性

用挥发物穿透胶质体析出时，所受到的阻力来表示。透气性对煤的黏结影响很大。若透气性差，则膨胀压力大，有利于变形煤粒之间的黏结。若胶质体透气性好，气体可顺利通过胶质体，或胶质体液相量少，液相不能充满颗粒之间，气体容易析出，则膨胀压力小，不利于变形煤粒之间的黏结。

D 膨胀性

气体由胶质体中析出时产生的体积膨胀，可用煤的膨胀度来表征。若体积膨胀不受限制，则产生自由膨胀，如测定挥发分时坩埚焦的膨胀就是这样。若体积膨胀受到限制，就会产生一定的压力，称为膨胀压力。如煤在炭化室内干馏时，就会对炉墙产生一定的压力。一般膨胀性大的煤，黏结性好，反之则较差。

各类炼焦煤的胶质体数量和性质差异较大。气煤受热后产生的液相物热稳定性差，易迅速分解成气体析出，所以其胶质体流动性较差。瘦煤受热后产生的液相物数量少，软固化温度区间最小（仅约40℃），胶质体流动性也差，不易将煤粒间的空隙填满。因此它们形成的焦炭界面结合不好，熔融不好，耐磨性差。肥煤的液相物多，软固化温度区间最大（达140℃），在胶质体状态下的停留时间长，煤粒熔融结合良好。焦煤的液相物较多，其胶质体的热稳定性和流动性均好，又有一定的膨胀性。这些性质均有利于煤粒之间的黏结，从而形成熔融良好、致密的焦炭。

综上所述，要使煤黏结得好，应满足下列条件：

（1）液体产物数量足够多，能将固体煤粒表面润湿，并将粒子间的空隙填满。

（2）胶质体应具有足够大的流动性和较宽的温度间隔。

（3）胶质体应具有一定黏度，有一定的气体生成量，能产生膨胀。

（4）黏结性不同的煤粒应在空间均匀分布。

（5）液态产物与固体粒子间应有较好的附着力。

（6）液态产物进一步分解缩合得到的固体产物和未转变为液相的固体粒子本身要有足够的机械强度。

胶质体的数量和性质主要受煤的性质和加热速度的影响，另外煤经受氧化、氢化和粒度变化等也会改变胶质体的数量和性质。胶质体性质随煤种而异，挥发分 V_{daf} 超过13%～15%的煤，在加热时才明显出现胶质体。在一定范围内，煤中 V_{daf} 上升则胶质体增加。当 V_{daf} 为25%～30%时，胶质体达最大值。此后，胶质体则随挥发分的上升而减少。当煤的 V_{daf} 超过35%～40%时，胶质体消失。煤化度和岩相组成是影响胶质体的重要因素，随煤化度增加，开始软化温度逐渐升高。中等煤化度的煤热解时，煤气和煤焦油产率高，胶质体的数量多、质量好。岩相组成中的镜质组和稳定组是可熔组分，惰质组和矿物组是不熔组分，它们均影响热解液体产物的产率和组成。不同煤化度（以碳表示）煤的镜质组在干馏时（加热速度为3℃/min），其胶质体的特性温度，如图9-12所示。图9-12中阴影区为胶质状态区。当煤

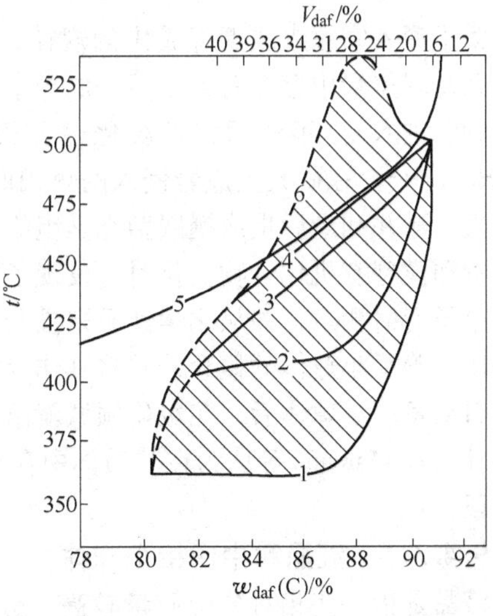

图9-12 煤干馏时在胶质体阶段的转化温度

1—开始软化曲线；2—开始膨胀曲线；3—最大流动度曲线；4—膨胀终结（最大膨胀）曲线；5—最大气体析出速率曲线；6—固化曲线

中镜质组的碳含量 $w_{daf}(C)$ 小于80%或大于91%时，煤不能形成胶质体。当镜质组的 $w_{daf}(C)$ 为87%（V_{daf} 为28%）时，胶质体温度区间最大。加热速度对胶质体性质的影响十分显著，提高加热速度，可使胶质体增加，煤的流动性和膨胀性亦增加。图9-13和图9-14表明了提高加热速度后，以奥阿膨胀度和吉氏流动度表示的胶质体性质的变化。

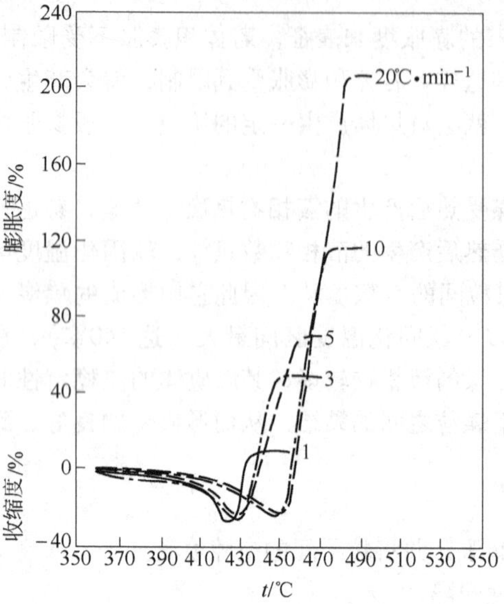

图9-13 加热速度对膨胀度（奥阿膨胀度）的影响

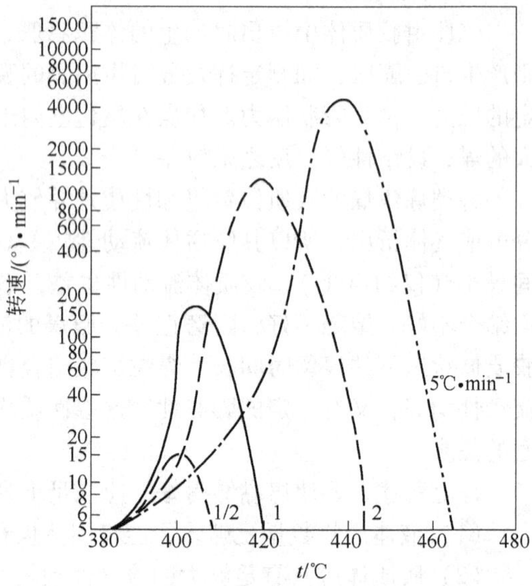

图9-14 加热速度对流动度（以转速表征的吉氏流动度）的影响

9.4.3 中间相理论

为了深入掌握煤或沥青成焦的规律，人们从20世纪20年代就开始用光学显微镜研究焦炭，并发现焦炭中存在着大小不一的光学各向异性组织，单用胶质体学说是不能解释其起源和成因的。进入60年代后，对炭化过程相变规律的研究日趋活跃。1961年澳大利亚的泰勒（G. H. Taylor）在研究火成岩侵入的煤田时，首先在煤层中发现了中间相小球体。并观察到它的长大、融并和最后生成镶嵌型光学组织的过程。1965年泰勒和布鲁克斯（J. D. Brooks）在研究沥青和模型有机化合物炭化时，发现了同样的球体结构。并将小球体分离出来，制成超薄片进行电子衍射测定，并从化学性质来推断球内的分子排列，认为十分相似于向列型液晶。他们进一步完善了小球体的概念，并将其作为类沥青形成各向异性碳机理的基础。

自从发现小球体后，在炭化领域就出现了液晶和中间相这两个术语。根据大量研究，英国人马什（H. Marsh）等认为在胶质体中存在液晶相（中间相），从而使胶质体理论发展到一个新阶段。

9.4.3.1 液晶和中间相小球体

液晶是指一些相对分子质量较高，分子结构中碳链较长的芳烃化合物，如胆甾醇苯酸酯（$C_6H_5COC_{27}H_{45}$），它们在一定温度范围内呈现中间状态。此时，由于分子排列有特定的取向，分子运动有特定的规律，因而它具有液体的流动性和表面张力，又呈现某些晶体的光学各向异性。如温度高于液晶的上限，则液晶变成液体，上述的光学性质消失，成为各向同性液体；如果温度低于液晶的下限，则液晶就变成晶体，失去流动性。液晶的这种转变是可逆的，是个物理过程。液晶依其分子排列的不同，有近晶液晶、向列液晶和胆甾液晶三种。炭化过程中的液晶属于向列液晶，向列液晶的分子排列见图9-15。一般的向列液晶是杆状分子平行排列，但杆状分子的中心却是没有次序的，如图9-15（a）所示。而炭化过程中的向列液晶则是盘状分子平行排列形成分子层片，如图9-15（b）所示。炭化过程生成的液晶往往形成球体，即中间相小球体。在球体内分子层片的取向有多种，但以布鲁克-泰勒型的结构最稳定。这种形式的球体内分子层片通常以大致与赤道相平行的方向堆砌。所以称为叠层向列液晶，如图9-16所示。

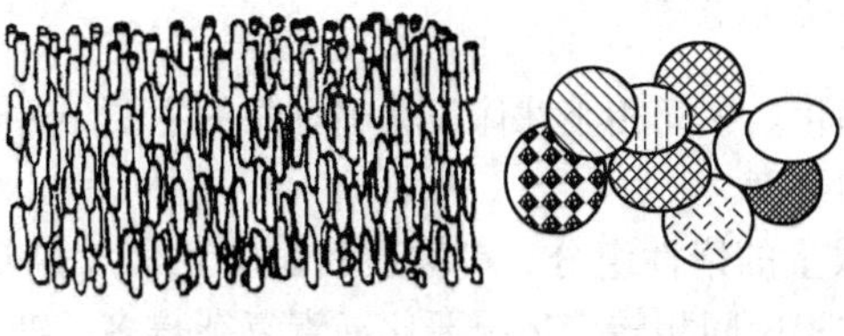

图9-15 向列液晶的分子排列示意图
（a）杆状分子向列液晶；（b）盘状分子向列液晶

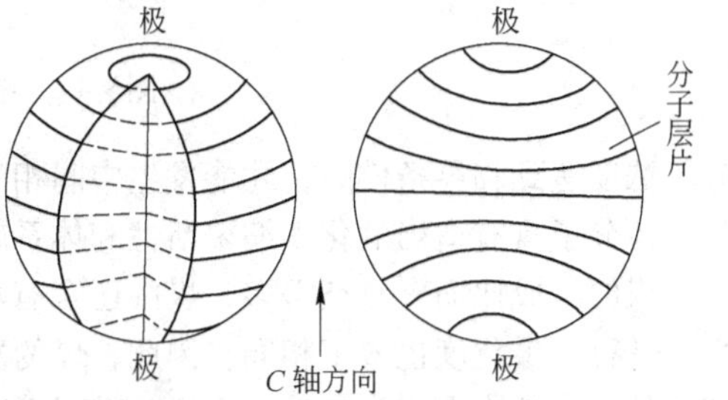

图9-16 叠层向列液晶中分子层片的堆砌模型
（布鲁克-泰勒型中间相小球体结构模型）

一般，液晶的形成和消失纯属物理过程，过程是可逆的。而中间相小球体的形成，既有物理过程，又有化学变化过程，过程是不可逆的。在炭化领域用中间相（mesophase）这个术语来描述煤或沥青在热解时所出现的这种现象。

9.4.3.2 中间相的形成和发展

由于在实验室条件下，不易观察到煤热解时小球体的形成及其变化细节，而沥青或其他可石墨化的有机模型化合物则可观察到。尽管1980年美国的弗里耳（J. J. Friel）等在带加热台的透射电子显微镜下观察到了煤的中间相转化过程，但绝大多数学者认为，迄今对煤的中间相转化过程的观察还不充分。在光学显微镜下还难以观察到煤炭化时的中间相小球体。因此，为了理解煤在加热过程中所形成的中间相动态，常借助于对模型有机化合物或沥青等有关中间相的试验结果。

沥青中间相的发展大致经历下列过程：

沥青加热熔融，形成各向同性的塑性体（母体）。中间相的生成首先是在母体中形成晶核，这是一个均匀的核晶化过程。这个过程在初期是可逆的。中间相小球体一旦生成，便从周围母体中吸引组分分子而逐渐长大，此后的核晶化则成为不可逆。在体系中，在已有的球体长大的同时，还不断有新的球体产生。它们之间相互吸引，逐渐靠拢而发生融并。球体和母体之间的界面张力是球体融并的主要动力。融并后的球体经过重排，形成复杂的结构。即使在有些中间相球体经融并形成将近200μm的大球时，周围还会不断有新的球体生成。当炭化温度进一步提高或炭化时间延长时，体系内分子的聚合持续发生，整个体系黏度逐渐升高，并常有气体产生。这些气体会推动处于半塑性状态的中间相，使中间相产生形变。形变的程度和范围与此时中间相的流动性有关。因此，体系即将固化时的黏度、气体的产生和流动对于所形成焦炭的光学组织和体积密度都有很大影响。当融并后的中间相（或称整体中间相）达到固化，就形成具有各种类型的光学各向异性炭。因此，中间相的发展是个复杂而多阶段的过程，如图9-17所示。

炭化体系内生成中间相的两个重要条件是：单体分子大于1000原子质量单位（或是约500原子质量单位的单体分子二叠化）和这些分子具有形成平面的性能。当这些能形成平面状的大

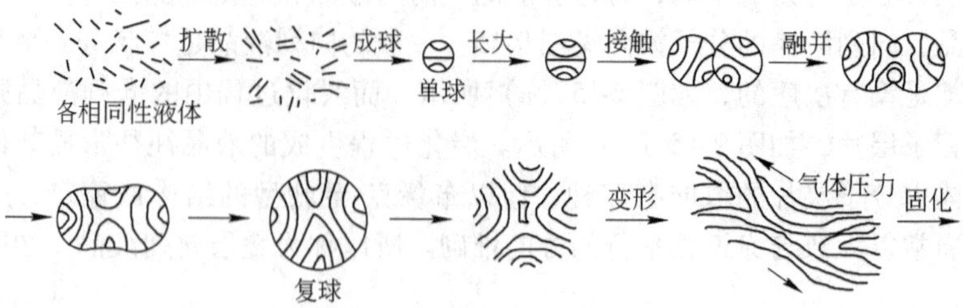

图 9-17　中间相发展示意图

分子浓度达到临界条件时，才能发生中间相的核晶化。中间相小球体长大和融并的主要条件则是母体分子具有适当的化学缩聚活性和体系较低的黏度。

煤的组成比沥青复杂得多，煤中还含有相当数量的惰性组分、矿物质和非碳元素（如 O、N、S 等），煤化度也各不相同。因此，煤的炭化过程中间相转变情况要比沥青复杂得多。沥青在加热时，基本上成为流体。而不同煤化度的煤因其平均相对分子质量和化学组成有很大差别，在炭化过程中呈现不同的状态，体系的黏度和分子的化学缩聚活性也极不相同。

9.4.3.3　中间相形成和发展的基本要素

煤中惰性组分、矿物质、非碳元素和分子层的原始有序化程度低，对中间相发展起阻碍作用，这是从原始物料的条件对中间相发展的影响而言的。马什认为，中间相的发展作为一个化学和物理过程，必须具备下列三个基本要素：

（1）化学缩聚活性。煤热解时会产生自由基。它们之间很容易缩聚成相对分子质量较大的物质。如它们的相对分子质量大小和平面度合适，则对中间相的晶核形成十分有利，这是小球体生成的初始条件。没有这种缩聚活性，固然不可能生成中间相，但如这种缩聚活性太大，会在短时间内，无规则地迅速提高相对分子质量，并使稠环芳香层之间发生交联，这同样不能形成和发展中间相。只有当化学缩聚活性适中时，缩聚过程才能延迟到较高温度区，未反应分子能起到类似“溶剂”的作用，使体系保持低黏度，以保证液晶有足够时间成长和融并，这才有可能产生和发展中间相。例如低变质程度的气煤，化学缩聚活性太强，形成的中间相小球体尺寸过小，难于用光学显微镜发现，且易于生成难石墨化的各向同性炭。而焦油沥青、溶剂精制煤、高芳烃石油沥青、页岩油的渣油及热裂化的渣油其平均相对分子质量约为 300 ~ 500，相对分子质量适中，是形成中间相的理想组分。

（2）流动性。炭化系统的流动性，能使热解产物的分子顺利进行热扩散，使之移动到合适位置，发生缩聚。随后又使缩聚的大分子转移到合适的位置，进行平行的有序化的堆砌。这就为生成小球体提供了条件。此外，流动性还能使小球体不断地吸收周围母体中流动相的基质而长大。

当球体融并后，由于球内分子移动，严重地降低了原来球中结构分子堆积有序化程度，并且会导致焦炭或合成石墨的缺陷和多晶性。所以小球体内也应有一定的流动性，这对于内部分子的重新排列，球体变形，球体间的融并，融并后分子有序化以及消除结构缺陷等都是有利的。

对冶金焦来说，系统的流动性太大，使各向异性的发展过强，这样会导致焦炭抗机械破坏和抗热破坏的能力降低，容易产生裂纹。故要求系统的流动性适中。至于对针状焦，因要求其光学组织的尺寸尽可能细而长，故一般要求系统的流动性高。

（3）流动温度区间。中间相的生长有一个过程，要求流动性较高的系统保持一定的时间。

当系统的升温速度一定时，流动温度区间大，则以液态存在的分解产物增多，使中间相体有足够的时间发展，故能达到一定的大小；反之，中间相体不能发展，或只能形成小的中间相体。

上述这三个基本要素归根结底还是受煤本身结构和非碳元素含量的控制。通常，有良好结焦性的煤在炭化时，能符合这三个基本要素，既有较低的化学缩聚活性，又有适中的流动性和较宽的流动温度区间。

此外，温度、加热速度、恒温时间、压力等因素也影响中间相的形成和发展。根据英国的帕特里克（J. W. Patrick）的研究，炭化升温速度的提高，有利于中间相转化，可以使焦炭的光学组织尺寸变大。炭化压力适当增大，可以使在常压下作为挥发物逸出的小分子留在体系内参加反应。有利于减小体系的黏度，从而促进中间相的长大和融并。煤中的非碳原子多，会使中间相层片之间产生广泛的交联键，促使中间相迅速转化，对生成各向异性碳是有妨碍的。

9.4.4 半焦的收缩与裂纹的形成

当半焦从550℃加热到1000℃时，半焦内的有机质进一步热分解和热缩聚。热分解主要发生在缩合芳环上热稳定性高的短侧链和联结芳环间的桥键上。分解产物以相对分子质量小的气态产物，以 CH_4 和 H_2 为主，无液态产物生成。越到结焦后期，所析出的气态产物的相对分子质量越小，在750℃后几乎全部是 H_2。缩合芳环周围的氢原子脱落后，产生的游离键使固态产物之间进一步热缩聚。从而使碳网不断增大，排列趋于致密。由于成焦过程中半焦和焦炭内各点的温度和升温速度不同，致使各点的收缩量不同，由此产生内应力。当内应力超过半焦和焦炭物质的强度时，就会形成裂纹。由热缩聚引起碳网不断增大和由此而产生焦炭裂纹，是半焦收缩阶段的主要特征。

拉祖莫娃曾对不同温度下加热的固体残留物，进行了X射线衍射研究，碳网尺寸见表9-5。

表9-5 不同热解温度下固体残留物碳网的尺寸

处理温度/℃	碳网尺寸/nm	
	焦 煤	气 煤
原煤（室温）	1.7	1.6
300	1.7	1.6
400	2.1	1.9
500	2.4	2.2
600	2.6	2.4
700	—	3.0
800	3.8	3.5
1100	4.6	3.7

评定烟煤在炼焦过程中胶质体固化生成半焦后收缩程度的指标为半焦收缩系数，是煤的塑性成焦机理中的重要参数，半焦收缩不均一，它取决于半焦继续析出气体和分子重新排列的进程。可以用高温膨胀仪或半焦收缩仪来测定半焦的收缩系数 α(℃$^{-1}$)；用以下公式计算：

$$\alpha = \frac{1}{L_0} \times \frac{\Delta L}{\Delta T}$$

式中 L_0——半焦试样的起始长度，mm；

ΔL——单位温度区间内半焦长度变化值，mm；

ΔT——单位温度区间,℃。

在实际测定时，一般先测出半焦试样随温度增高的长度变化曲线，然后将其微分。即求得 α 值与温度变化的关系，得到随炼焦温度升高的半焦收缩速率曲线。不同挥发分煤的半焦收缩速率曲线，如图 9-18 所示。曲线一般呈现两个收缩峰，第一个峰在 500℃附近，此时发生半焦的第一次收缩，导致焦炭产生一次裂纹网。第二个峰在 750℃左右，显示半焦的第二次收缩，它使焦块产生二次裂纹网。这两个收缩峰对焦炭块度和强度有决定性的影响。

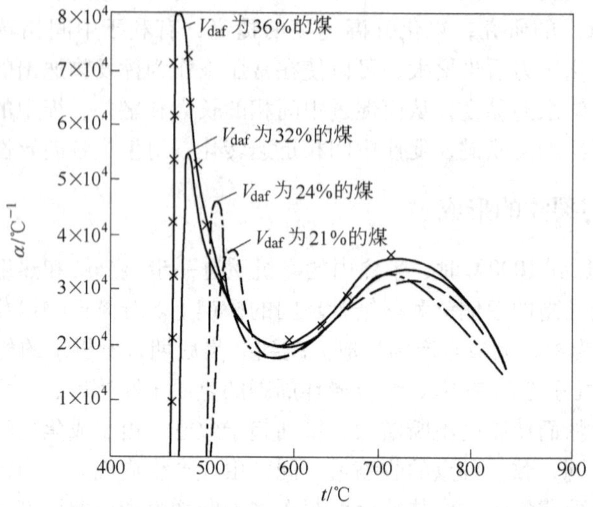

图 9-18 不同挥发分（V_{daf}）的煤的半焦收缩系数

煤在焦炉炭化室内是层状结焦，处于不同结焦阶段的相邻各层的温度不同，其收缩速度也不同。从炉墙到炭化室中心之间，是各层温度逐渐降低的焦炭层、半焦层和胶质层。由于焦炭和半焦层两侧的温差，使其出现弯曲的趋势，高温侧的凸曲面上呈现拉应力，低温侧的凹曲面上呈现压应力。这种弯曲趋势在 500～600℃时发展较快，600～700℃趋于缓慢，700℃后又加剧，超过 900℃时则完全停止。因此，焦炭和半焦层内承受着不断变化的应力，当这种应力超过焦炭多孔体强度时，便产生裂纹。垂直于炭化室内热流方向的焦炭裂纹称横裂纹，平行于热流方向的称纵裂纹。有人计算了从炉墙到胶质层间焦炭、半焦层某个时间的应力分布，并设定胶质层边界上的半焦应力为零，如图 9-19 所示。由图可形象地看出焦炭和半焦层的有些部位呈拉应力，有些部位呈压应力的情况。

不同煤种在炼焦过程中，其半焦收缩动态和裂纹生成过程往往差异较大。由图 9-18 可见，烟煤的第一收缩峰随煤化度降低而增大。高煤化度烟煤的再固化温度高，第一收缩峰低。第二收缩峰与煤化度关系不大。气煤半焦开始收缩的温度最低。在刚开始生成很薄的半焦层中就开始形成裂纹（500℃），并因最高收缩速度而最终收缩量很大。应力主要由于内部的收缩引起，这种拉应力超过本层焦炭多孔体强度就会产生纵裂纹。故气煤焦炭的纵裂纹最多、最宽和最深，焦块瘦长易碎。肥煤半焦与气煤半焦类似，不同点在于当它的收缩速度最大时，半焦层已比较厚、气孔壁也稍厚、韧性也好

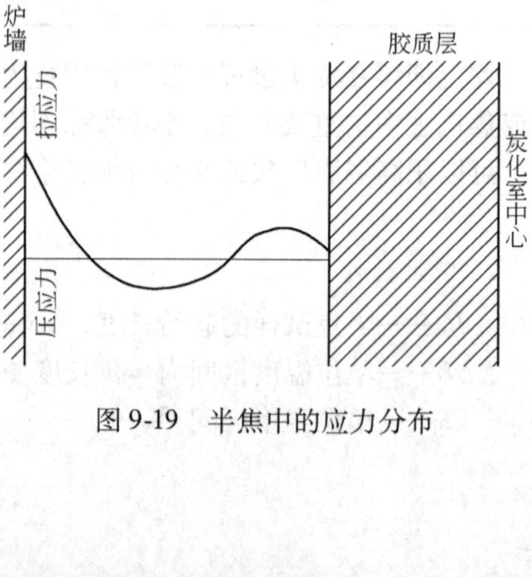

图 9-19 半焦中的应力分布

些，所以裂纹较少，且横裂纹多一些。焦煤半焦和瘦煤半焦在较高温度下才呈现最大收缩速度。此时半焦层已相当厚，焦炭气孔壁较厚，最大收缩速度和最大收缩量都低于前两种煤。所以焦煤焦炭的裂纹少、块度大、强度高。而瘦煤因熔融性、黏结性差，且层面间易撕裂，故瘦煤焦炭的耐磨性差。

9.4.5 焦炭的光学组织

煤在干馏过程中除析出一部分焦炉煤气和煤焦油外，大部分残留下来转化成焦炭。煤中活性组分在干馏时软化熔融并形成连续性较好的气孔壁。煤中惰性组分在干馏过程中有的未见变化，有的变化很小，与软化熔融的活性组分一道残留在焦炭气孔壁中。用偏反光显微镜在油浸或干物镜下（放大倍数多为400~600倍）所观察到的焦炭气孔壁部分的组织，称为焦炭光学组织。因煤种和干馏条件的不同，由活性组分所形成的焦炭孔壁显示出不同的光学性质。焦炭的光学组织自20世纪60年代开始被用来作为评价焦炭结构和性质。因此，在测定和评定方法、光学组织与焦炭各种性质的关系和改善焦炭光学组织的途径等方面进行了广泛的研究，并取得一定成果。

9.4.5.1 光学各向同性组织和光学各向异性组织

焦炭的光学形态是其微观结构在光学上的反映，焦炭的气孔壁是高碳物质，其基本结构单元是由碳原子的六元环层片组成。从晶体光学的角度来看，根据层片定向程度的不同、气孔壁的光学组织分为各向同性组织和各向异性组织。光学各向同性组织对应着结构上的均质体，碳骨架的碳网平面呈随机定向杂乱无章的排列。光学各向异性组织对应着结构上的非均质体。碳网平面具有不同程度的有序定向和平行堆积。为了在镜下更好地观察焦炭的光学性质，在显微镜正交偏光下，于试板孔中插入石膏试板。对于光学各向异性组织，当层片处于消光位时，如图9-20（a）所示，呈紫红色；层片与试板插入方向垂直为黄色，如图9-20（b）所示；层片与试板插入方向平行为蓝色，如图9-20（c）所示。光学各向同性组织，在转动载物台360°时总呈现紫红色，如图9-20（d）所示。因此，每个单元中层片的大致定向可通过石膏试板的相对关系而估计出来。

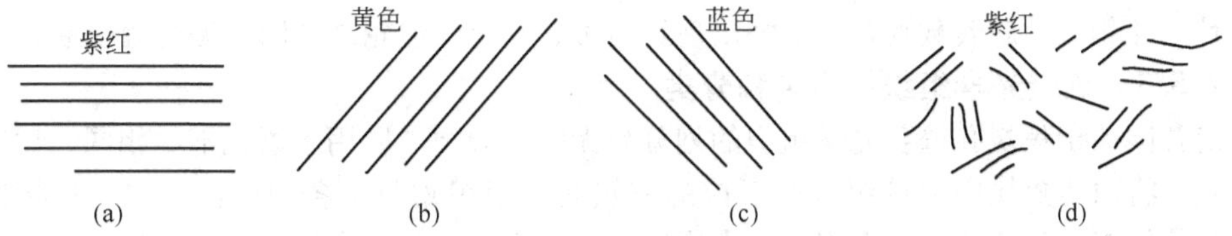

图9-20 在正交偏光下（插入石膏试板）不同碳结构的偏光色
（a）、（b）、（c）各向异性碳结构；（d）各向同性碳结构，单元大小为微米

9.4.5.2 焦炭光学组织的镜下特征

中间相成焦机理揭示了焦炭孔壁中各向异性组织的形成过程。煤干馏至塑性状态时，出现了显微镜下可观测的小球体。这些小球体的尺寸会逐渐长大，并最终聚集形成冶金焦中呈现各向异性的光学组织。此中间相小球体的大小、数量及其在焦炭中所占比例，决定着焦炭的性质。将有代表性的焦样粉碎至0.071~1.0mm制成粉焦光片，在偏光显微镜下采用数点法定量（有效点数在300~500点以上），可测得各光学组织的百分含量（体积）。煤在炭化时所形成的光学组织类型于半焦时已基本完成。由半焦至焦炭或继续升温至1500℃，只能使焦炭的各向

异性程度有所增强，而不会改变光学组织本身。也就是说，决定焦炭某些性质的光学组织结构是在煤软化熔融状态时形成，并于再固化时定形的。焦炭各种光学组织在镜下有着不同的特征：

（1）各向同性组织。结构致密，表面平坦均匀。气孔边缘平滑，为焦炭光学组织中无光学活性的组织。转动载物台时无明暗交替的消光现象，干涉色为一级红色。

（2）各向异性组织。形态不同和等色区尺寸大小不等，具有不同光学活性的组织。转动载物台时，干涉色呈交替变化，这是各单元碳网平面与光片表面夹角不同所造成的。将镜下消光性相同、等色区尺寸相近和形态相似的划分为同一类型光学组织。

1）镶嵌状组织。粒状镶嵌状组织为具有不同结构定位的粒状物镶嵌在一起的组织。根据粒状等色区尺寸划分为细粒镶嵌状组织（粒状物直径小于1.0μm）、中粒镶嵌状组织（粒状物直径大于1.0~5.0μm）、粗粒镶嵌状组织（粒状物直径大于5.0~10.0μm）。旋转载物台时粒状物交替出现红、黄、蓝色。

2）纤维状组织。比镶嵌状组织具有更强的各向异性。呈现不同程度的拉长形状，有的呈平行线状配列。根据等色区尺寸不同，分为不完全纤维状组织（宽小于10.0μm，长大于10.0~30.0μm），似向一个方向流动的组织；完全纤维状组织（宽小于10.0μm，长大于30.0μm），多呈束状平行排列的组织。旋转载物台时交替出现红、黄、蓝色。

3）片状组织。条带较宽且界面清晰，各向异性很强，彩色鲜艳。等色区尺寸长及宽均大于10.0μm。旋转载物台时交替出现红、黄、蓝色。

（3）丝质及破片状组织。焦炭中的丝质状组织仍保持着煤中丝质组的特征。破片状组织无一定形态，一般颗粒界面清晰，大多呈光学各向同性。干涉色为一级红，多无消光现象。但也存在具有各向异性的丝质及破片状组织。

（4）其他组织：

1）热解炭。系焦炉煤气中的烃类化合物在通过赤热焦炭时产生气相热解，沉积在焦炭气孔或裂隙周围的含碳物。多呈镶边状，也可见有粗粒镶嵌状。旋转载物台时交替出现红、黄、蓝色。

2）基础各向异性组织。系由高煤化度的贫煤或无烟煤所形成的组织。一般等色区尺寸与焦炭颗粒尺寸相近。旋转载物台时交替出现红、黄、蓝色。但轮廓分明，无熔融现象。

9.4.5.3 焦炭光学组织的命名和分类

目前各国关于焦炭孔壁各光学组织的划分尚无统一分类。所用术语也不尽相同，比较一致的意见是：将由炼焦煤中活性组分所形成的焦炭光学组织划分为各向同性组织、粒状镶嵌组织、纤维状组织和片状组织。而将由煤中惰性组分所产生的焦炭光学组织划分为丝质状组织和破片状组织。目前经常被我国一些研究者参照采用的焦炭光学组织分类方案有帕特里克方案，如表9-6所示，杉村秀彦方案（见表9-7）和马什方案（见表9-8）。由表可见，在粒状镶嵌组织的尺寸划分上存在着一定差异。为便于比较，将三个方案的粒状镶嵌组织划分尺寸列于表9-9。帕特里克方案的特点是将镶嵌状组织划分得较细，且尺寸限制在较小范围内，一般要在光学显微镜放大倍数较高（×1000以上）时进行观察才能加以分辨。马什的分类方案中除针对冶金焦外，还考虑了沥青及煤液化产品等加热所形成的焦炭结构。因此光学组织的类别多，尺寸划分较大，各结构尺寸范围明确。

对粒状镶嵌组织划分得细一些还是划分得粗一些，这要根据工作的目的。主要还应考虑焦炭的光学组织与机械性质之间的关系。

1994年由鞍山热能研究院负责，六个参加单位，提出了我国焦炭光学组织划分方案

（YB/T 077—1995），列于表9-10。根据此分类方案，对10个焦样的光学组织进行了测定，并对所测光学组织的含量与焦炭机械强度指标M_{40}和M_{10}间关系进行了计算。计算结果表明本方案对光学组织的划分是可行的。不过，在实际应用中根据工作目的可考虑将某些光学组织测值加以合并。

表9-6　帕特里克对镜质组形成焦炭的显微结构的命名和分类

名　称	符　号	结构单元尺寸	名　称	符　号	结构单元尺寸
各向同性	I		粒状-流动状	M_c/F	
细粒镶嵌	M_f	<0.3μm	流动状	F	
中粒镶嵌	M_m	0.3～0.7μm			
粗粒镶嵌	M_c	0.7～1.3μm	基础各向异性	B	

表9-7　杉村秀彦对冶金焦显微结构命名与分类方案

煤的显微组分	焦炭显微结构名称	煤的显微组分	焦炭显微结构名称
活性显微组分	各向同性 微粒镶嵌 粗粒镶嵌 不完全纤维状 完全纤维状 叶片状	惰性显微组分	破片状 类丝炭状 矿物质

表9-8　马什对焦炭显微结构的命名

名　称	代　号	尺寸和特征
基础各向异性	B	由母体镜煤直接转入，平坦无特征
各向同性	I	无光学活性
极细粒镶嵌型	VM_f	直径小于0.5μm
细粒镶嵌型	M_f	直径0.5～1.5μm
中粒镶嵌型	M_m	直径1.5～5μm
粗粒镶嵌型	M_c	直径5～10μm
拉长的粗粒状-流动型	CF	长小于60μm，宽小于10μm
拉长的流动状-区域型	FD	长大于60μm，宽大于10μm
矩形区域型	D	面积大于(60×60)μm^2
	D_1	来自低挥发分黏结镜煤的基础各向异性
	D_2	由流动的沥青的中间相生长而成
超镶嵌型	SM	细粒各向异性碳以相同的方向定向而形成的镶嵌状等色区域

表 9-9　粒状镶嵌组织尺寸划分方案

类　别	帕特里克方案	杉村秀彦方案	马什方案
	尺寸/μm		
极细粒镶嵌			<0.5
细粒镶嵌	<0.3	<1.0	0.5～1.5
中粒镶嵌	0.3～0.7		1.5～5.0
粗粒镶嵌	0.7～1.3	1.0～10.0	5.0～10.0

表 9-10　焦炭光学组织划分类别（YB/T 077—1995）

焦炭光学组织来源	大　类	小　类	镜下组织
由煤中熔融组分形成的组织	各向同性	各向同性	气孔边缘平滑、表面平坦
	镶嵌状	小类镶嵌状	各向异性单元尺寸小于 1.0μm
		中粒镶嵌状	各向异性单元尺寸大于 1.0～5.0μm
		粗粒镶嵌状	各向异性单元尺寸大于 5.0～10.0μm
	纤维状	不完全纤维状	各向异性单元尺寸宽小于 10.0μm，长大于 10.0～30.0μm
		完全纤维状	各向异性单元尺寸宽小于 10.0μm，长大于 30.0μm
	片　状	片　状	各向异性单元尺寸宽及长均大于 10.0μm
由煤中惰性组分形成的组织	丝质及破片状	丝质及破片状	保持煤中原有丝质结构及其他一些小片状惰性结构，呈各向同性或各向异性
其他组织	基础各向异性	基础各向异性	由高煤化度的贫煤及无烟煤形成的组织，等色区尺寸与颗粒尺寸接近
	热解炭	热解炭	沿焦炭气孔及裂隙周边所形成的气相沉积碳多呈镶边状，亦见有镶嵌状

国际煤岩学会成员国，曾对煤中活性、惰性组分的特征进行研究。该学会讨论了焦炭光学组织分类原则，建议采用综合式分类，将焦炭光学组织分为三种基本类型：各向同性组织、粒状镶嵌组织和纤维状组织，并将它们与焦炭性质相联系。

9.4.5.4　煤岩显微组分与焦炭光学组织的关系

焦炭光学组织的组成主要与煤的变质程度和煤岩显微组分有关。对各变质程度煤的镜质组与焦炭光学组织的关系进行了深入研究，结果如图 9-21 所示。低变质程度煤的镜质组（反射率小于 0.8%）多形成具有各向同性的焦炭。随炼焦煤变质程度加深，焦炭中各向同性组织急剧减少，粒状镶嵌组织含量明显增多。当煤的镜质组反射率达 1.6% 时，焦炭中纤维状组织含量达最高值，且片状组织含量也开始明显增多。高变质程度煤的镜质组（反射率大于 2.0%），虽然没有中间相的变化过程，但仍保持加热前镜质组的各向异性光学效应，形成焦炭中的基础各向异性组织。

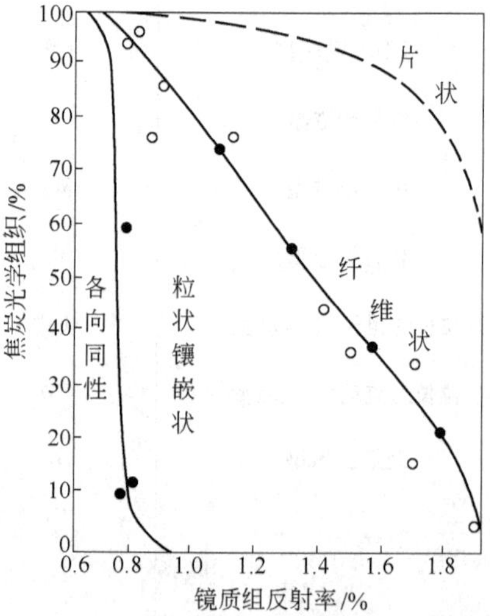

图 9-21　焦炭光学组织与镜质组反射率的关系

半镜质组成焦后基本上是各向同性的，颗粒的轮廓略有变化。

稳定组在炼焦煤中含量一般较少，而在低、中变质阶段，挥发分却很高。因此，炭化后残留在焦炭中的数量很少。同时，由于它量少而分散，对它进行深入研究受到一定的限制。在加热过程中其光学性质发展的行径，不似镜质组的光学性质发展有丰富的实验基础。稳定组对其共生的镜质组起软化剂作用，对其共生的丝质组不起软化剂作用，成焦后往往按其原来形状形成气孔。实际上，在焦炭中观察不到明确的稳定组所对应的焦炭光学组织。丝质组在焦炭中都是各向同性的。

迈什（R. J. Marshall）把镜质组的反射率与焦炭光学组织之间的对应关系列成表9-11。由于不同的煤中，镜质组反射率分布不同，因此所得焦炭光学组织也不可能是一种类型，而是多种类型的组合。所以研究它们之间的关系比较复杂，往往只能采用统计方法。

表 9-11 煤岩显微组分与焦炭显微结构之间的对应关系

焦炭显微结构	相应的煤岩显微组分
炭化后的焦炭显微结构：	活性显微组分：
各向同性	镜质组分反射率小于 0.75%
镶嵌结构	镜质组分反射率大于 0.75% ~1.5%
粒状流动结构	镜质组分反射率大于 1.1% ~1.6% 和角质体
片状结构	镜质组分反射率 1.4% ~2.0%
基础各向异性	镜质组分反射率大于 2.0%
惰性组分：	惰性组分：
有机惰性物	类半丝质体、类丝质体、碎片体
矿物质	矿物质
其他	
沉积炭	

9.4.5.5 影响焦炭光学组织组成的因素

决定焦炭光学组织组成主要是煤的内在因素，即煤的煤化度和煤岩组成。其次是加工条件，如加热制度、添加物等。

（1）煤的煤化度。影响焦炭光学组织组成的因素中，首先是煤化过程中的变质程度。镜质组和稳定组受变质作用的影响较灵敏。表 9-12 为 11 种不同变质程度煤的镜质组和稳定组形成的焦炭光学组织组成。焦样是用 200kg 试验焦炉炼制而得。表中煤样的变质程度（以$\bar{R}^{\circ}_{max}$表示）顺序由低到高。随着炼焦煤变质程度提高，焦炭中各向同性组织逐渐降低，各向异性组织逐渐增多，尺寸大的组织单元增多。由此可知，焦炭光学组织中各向同性和各向异性的各种类型组织的比例，首先决定于煤的变质程度。

（2）煤岩组成。稳定组挥发分高，在煤中含量又少，残留在焦炭中的数量极少，对焦炭的光学组织组成影响不大。丝质组在炼焦过程中其数量变化不大、往往与焦炭中的丝质破片状含量相对应。表 9-13 列出 11 种煤的煤岩组成和焦炭光学组织组成数据。煤的变质程度和煤岩组成不同，其焦炭的光学组织组成发生较大的变化。

表 9-12 由不同变质程度的镜质组和稳定组形成的焦炭光学组织组成

序 号	煤产地	$\overline{R}^{\circ}_{max}$	各向同性	细粒镶嵌	中粒镶嵌	粗粒镶嵌	流动状	片 状
1	兖 州	0.618	91.0	4.2	0.9	2.8	—	1.1
2	官 桥	0.777	18.4	65.1	5.4	2.8	0.4	7.9
3	芦 岭	0.871	12.2	57.7	10.0	9.8	—	10.3
4	陶 庄	0.901	0.1	5.2	21.8	63.4	0.7	8.8
5	开 平	1.097	0.9	6.9	15.2	64.2	0.9	11.9
6	枣 庄	1.105	—	2.2	1.9	65.3	23.7	6.9
7	峰 峰	1.117	6.9	2.7	6.8	67.4	1.9	14.3
8	后石台	1.401	2.3	23.0	14.3	14.4	6.8	39.2
9	青龙山	1.409	2.3	1.7	9.7	22.0	9.6	54.7
10	井 峰	1.441	0.8	8.6	10.1	18.4	3.7	58.4
11	邯 郸	1.701	10.0	1.4	4.5	4.8	1.6	77.7

表 9-13 煤岩组成和焦炭光学组织组成对照表

煤产地	煤岩组成/%					焦炭光学组织组成/%								
	镜质组	半镜质组	丝质组	稳定组	矿物质	各向同性	细粒镶嵌	中粒镶嵌	粗粒镶嵌	流动状	片状	破片	类丝炭	矿物质
兖 州	51.0	4.1	26.6	11.2	7.1	67.8	3.1	0.7	2.1	—	0.8	3.1	13.6	8.8
官 桥	50.0	14.9	21.8	5.7	7.6	14.4	50.8	4.2	2.2	0.3	6.2	8.0	8.7	5.2
芦 岭	45.4	13.8	21.4	11.0	8.4	8.4	39.6	6.9	6.7	—	7.1	18.6	5.9	6.8
陶 庄	38.1	8.7	34.2	10.7	8.3	0.1	3.6	15.1	44.0	0.5	6.1	11.6	13.5	5.6
开 平	64.9	11.3	16.8	1.3	5.7	0.7	5.2	11.5	48..4	0.7	9.0	9.5	10.2	4.8
枣 庄	69.4	3.6	20.4	0.7	5.9	—	1.6	1.4	48.0	17.4	5.1	8.4	10.8	7.3
峰 峰	64.3	15.5	11.4	0.6	5.6	5.1	2.0	5.1	50.9	1.4	10.8	8.6	7.8	8.3
后石台	73.6	2.8	19.8	0.1	3.7	1.5	15.1	9.4	9.5	4.5	25.8	12.9	6.2	15.1
青龙山	75.6	7.6	13.1	—	3.7	1.7	1.3	7.3	16.5	7.2	41.1	11.0	4.2	9.7
井 峰	53.2	9.5	30.7	—	6.6	0.5	5.5	6.5	11.8	2.4	37.4	13.3	14.1	8.5
邯 郸	49.6	17.8	26.1	—	6.5	6.4	0.9	2.9	3.1	1.0	49.7	13.1	15.5	7.4

（3）热加工条件。热加工条件也影响焦炭的光学组织组成。用同一种煤，分别在 200kg 试验焦炉和坩埚炉内制得焦炭，它们的光学组织组成不同，如表 9-14 所示。

表 9-14 两种不同工艺条件下制得的焦炭光学组织组成

产 地	工艺条件	各向同性	细粒镶嵌	中粒镶嵌	粗粒镶嵌	流动状	片 状
1. 兖州	1	91.0	4.2	0.9	2.8	—	1.1
	2	89.5	7.3	0.6	0.1	—	2.5
2. 唐山	1	11.4	64.4	14.9	4.6	0.4	4.3
	2	2.3	86.1	6.8	0.4	—	4.4
3. 井峰	1	0.8	8.6	10.1	18.4	3.7	58.4
	2	1.5	1.8	9.5	8.4	6.6	72.2

注：1—200kg 试验炉焦炭；

2—实验坩埚炉焦炭。

（4）添加物。添加活性物质，如焦油沥青、石油沥青等，使胶质体黏度降低，易形成较大的各向异性组织或增加镶嵌状组织。添加惰性物质，如焦粉等，能使焦炭的各向异性组织尺寸变小。

9.4.5.6　焦炭光学组织的应用

（1）推断炼焦煤性质。当炼焦条件相同时，所形成的焦炭光学组织是与煤质密切相关的。即用不同煤化度的煤所炼制的焦炭中存在着与之相对应的光学组织结构，如图9-22所示。因此，可由焦炭各光学组织的含量推断煤的变质程度和惰性组分含量。也可用来判断配合煤中煤牌号相同而产地不同煤的差异。

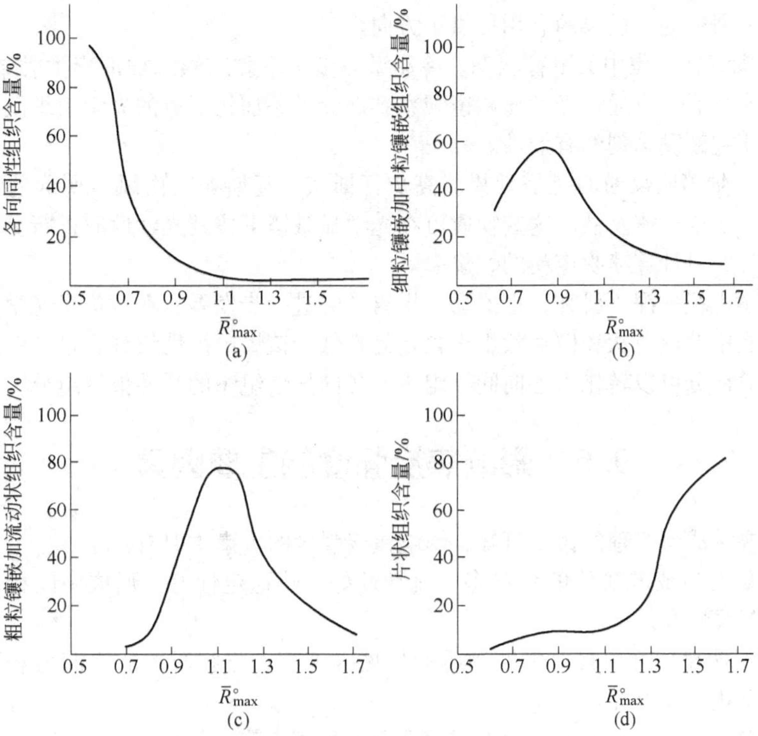

图9-22　焦炭光学组织与变质程度的关系

（a）各向同性分布曲线；（b）细粒和中粒镶嵌结构分布曲线；
（c）粗粒镶嵌和流动型结构的分布曲线；（d）片状结构分布曲线

（2）深入了解焦炭的反应性。焦炭与 CO_2 反应过程中，各光学组织有不同的反应程度。各国在试验室条件下对焦炭光学组织的反应性进行了定量评定，从而对如何改进焦炭的反应性有了进一步的认识。此外，对高炉的解剖试验研究证实，高炉冶炼过程中存在着碱金属的富集和循环。碱金属对焦炭中的碳溶反应具有催化作用，会使焦炭与 CO_2 反应速度成倍增加。因此，焦炭各光学组织的反应性还应考虑碱金属的影响。焦炭未吸碱时，各向同性组织最易与 CO_2 发生反应，各光学组织的反应性依下列顺序依次减弱：各向同性组织、丝质状组织、破片状组织、细粒镶嵌状组织、粗粒镶嵌状组织、纤维状组织。焦炭吸碱后，各光学组织的反应性趋于一致。

由于焦炭的光学组织与焦炭反应性间关系密切，因此可以以各光学组织为自变量，焦炭反应性及反应后强度为因变量，通过多元回归分析，建立用焦炭光学组织预测焦炭反应性的相关式。

（3）预测焦炭机械强度。优质冶金焦的光学组织主要由粗粒镶嵌组织、纤维状组织以及少量片状组织、适量的丝质状和破片状组织组成，这说明焦炭机械强度与其光学组织间存在着有机联系。因此，根据半焦或焦炭的光学组织含量与焦炭机械强度指标间的关系，可建立相关方程来预测焦炭机械强度。

（4）观察煤的改质效果。往煤中加入某些有机物料，如石油沥青、煤焦油沥青、煤液化产品或溶剂萃取物等炼焦时，可使所形成的焦炭的各向异性组织含量增加或使各向异性等色区尺寸增大，从而对煤起到改质作用。通过焦炭光学组织含量变化，可了解各类添加物对煤料的改质能力。这一研究为劣质煤的利用提供了方向。

（5）观察沥青在型焦中的赋存状态。冷压型焦多由不黏结煤添加沥青类黏结剂压制而成。型煤经氧化或炭化后，可通过光学显微镜观察到沥青类添加物形成的光学组织及其在型焦内的分布状态，用于判断黏结剂的有效性。

（6）检验高炉喷吹煤粉的燃烧效果。高炉瓦斯灰、瓦斯泥及由风口所取的喷吹物样品中主要含有煤粉、焦末、渣及铁。这些物质可在光学显微镜下按其光学性质进行分辨及定量、所得结果经处理后，可计算喷吹煤粉的燃烧率。

对焦炭光学组织的深入研究，也推动了煤岩学的进一步发展。在对焦炭光学组织进行定量时，观察到焦炭中的丝质状和破片状组织含量经常低于该煤中惰性组分含量。由此说明煤中惰性组分内存在着部分可以转化为各向同性组织或各向异性组织的活性惰性组分。

9.5　影响焦炭强度的主要因素

根据前面黏结成焦机理的讨论可知，影响焦炭强度的因素主要有：

（1）煤热解时生成胶质体的数量多，流动性好，热稳定性好，形成中间相的能力强，则黏结性好，焦炭强度高。

（2）煤中未液化部分和其他惰性物质的机械强度高，与胶质体的浸润力和附着力强，同时分布均匀，则焦炭强度高。

（3）焦炭气孔率低，气孔小，气孔壁厚和气孔壁强度高，则焦炭强度高。

（4）焦炭裂纹少则强度高。

因此，直接影响焦炭强度的因素除装炉煤本身内在因素起决定性影响外，炼焦等外部条件的作用如炼焦煤准备和炼焦工艺参数等，也是影响焦炭质量的重要因素。

9.5.1　原料煤的性质和配合

9.5.1.1　原料煤的性质

焦炭的强度主要取决于煤的结焦性，而煤的结焦性又受煤化度和煤的黏结性这两个因素的制约。各种煤单独炼焦时的特性和在配煤中的作用是不同的，主要炼焦用煤的性质简述如下：

（1）气煤。气煤的 $V_{daf}>28.0\%\sim37.0\%$，$G_{R.I.}>50\sim65$ 和 $V_{daf}>37.0\%$，$G_{R.I.}>35$，是一种变质程度较低的炼焦煤。加热时能产生较高的挥发分和较多的焦油。胶质体的热稳定性低于肥煤，可单独结焦。但焦炭的抗碎强度和耐磨强度均较其他炼焦煤稍差，焦炭多呈细长条而较易碎，并有较多的裂纹。一般在配煤炼焦时提高气煤的配比，可增加产气率和化学产品回收率。

（2）肥煤。肥煤的 $V_{daf} > 10.0\% \sim 37.0\%$，$G_{R.I.} > 85$（$Y > 25.0$mm），是中等及中高挥发分的强黏结性烟煤。加热时能产生大量的胶质体。单独炼焦时能生成熔融性好、强度高的焦炭，耐磨强度比焦煤炼出的焦炭还好，是炼焦配煤中的基础煤。但单独炼焦时，焦炭有较多的横裂纹，焦根部分常有蜂窝焦。

（3）焦煤。焦煤的 $V_{daf} > 20.0\% \sim 28.0\%$，$G_{R.I.} > 50 \sim 65$ 和 $V_{daf} > 10.0\% \sim 28.0\%$，$G_{R.I.} > 65$，是中等及低挥发分的中等黏结及强黏结的烟煤。加热时能产生热稳定性很高的胶质体。单独炼焦时能获得块大、裂纹少、抗碎强度高的焦炭，耐磨强度也很高。但单独炼焦时，膨胀压力大，易产生推焦困难。一般作为配煤炼焦使用为好。

（4）瘦煤。瘦煤的 $V_{daf} > 10.0\% \sim 20.0\%$，$G_{R.I.} > 20 \sim 65$，是低挥发分中等黏结性的炼焦用煤。在焦化时能产生胶质体。单独炼焦能得到块大、裂纹少、抗碎强度较好、耐磨强度稍差的焦炭。作为配煤炼焦使用为宜。

9.5.1.2　配合煤

配合煤是把不同变质程度的炼焦煤，按适当比例配合起来，利用各种煤在性质上的相辅相成，从而使配合煤的质量优于单种煤的质量，以生产符合质量要求的焦炭。这对合理利用煤资源、节约优质炼焦煤，扩大炼焦煤资源具有重要意义。因此，研究各单种煤的特性以及它们在配合煤中的相容性，是配煤技术的关键。各国学者以不同的理论来指导配煤。如前苏联的萨波日尼柯夫（Л. М. Саложнков）用胶质体理论，研究了各单种煤的胶质体温度区间和胶质层厚度。要求配合煤中各单种煤的胶质体温度区间较好地搭接，使煤料在炼焦过程中能在较宽温度区间内处于塑性状态。在此基础上提出了以气煤、肥煤、焦煤和瘦煤四种煤配合的规律。1947年，日本城博认为要得到好的焦炭，在配合煤中既要有骨架，又要有黏结成分，从而建立了配煤的基本概念，如图 9-23 所示。按照城博的观点，评价配合煤的指标是，煤中纤维组分的强度（图 9-23 中网格部分代表纤维组分，网格的疏密代表强度；愈密表示强度愈大）和黏结组分（图 9-23 中黑色部分）。得到优质焦炭的基本条件是，提高纤维组分的强度和使黏结组分维持在合适的比例范围内。以前苏联阿莫索夫（И. И. Амосов）和美国夏皮罗（N. Schapiro）为代表，用煤岩学观点指导配煤时，除考虑煤化度外，还把煤岩显微组分划分为活性组分和惰性组分，并要求活性组分和惰性组分达到最佳比例，且活性组分的反射率分布合适，才能使所得焦炭强度增高。

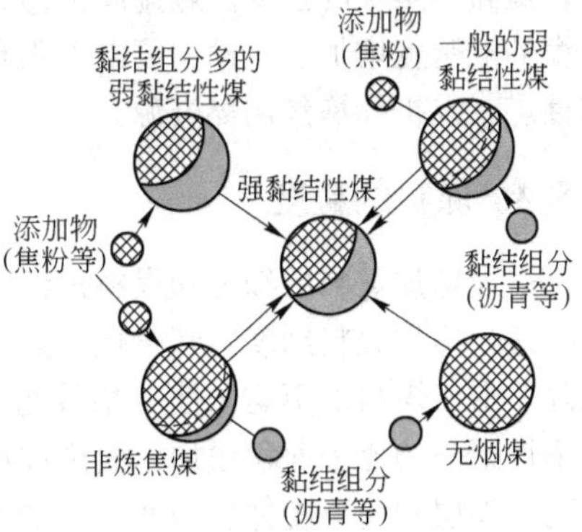

图 9-23　城博的配煤基本概念

9.5.2　加热速度

提高加热速度，会使煤料的黏结性增加。用吉氏塑性仪可测定不同加热速度下煤料的塑性变化。测得的流动性曲线具有三个特征温度（软化温度 t_k、最大流动温度 t_{max} 和固化温度 t_p）和塑性温度区间（即 $t_p \sim t_k$），这些特性温度随加热速度而变化。如某肥煤在 0.5～5℃/min 的加热速度范围内，煤的流动性随加热速度的增加而提高，如图 9-14 所示。t_{max} 和 t_p 都随加热速度的提高向高温侧移动，软化、固化温度的区间也随之相应扩大。因此，改变加热速度可使一些煤的熔融性变好，一些在加热速度为 3℃/min 下不熔融的煤，在加热速度提高后能软化熔融。这是因为加热速度提高，液体产物的热解反应发生滞后现象。即煤的软、固化温度都提高了，使煤的塑性区间增大。形成的液体产物数量和质量都较高，如表 9-15 所示，改善了煤的黏结性，充分发挥了煤的潜在结焦能力。热压型焦工艺就是利用煤的这个特性，对高挥发弱黏结性煤，通过快速加热（煤加热到其塑性温度区间的速度高达1000℃/min以上）改善其黏结性。对进入塑性状态的煤加压制成型煤，炭化后可得到结构与常规焦炭相近的型焦。这对扩大炼焦用煤资源有重要意义。

表9-15　加热速度对液体产率的影响

牌　号	不同加热速度时液体收率(daf)/%		
	70℃/min	7~50℃/min	100℃/min
气　煤	28.3	—	9.5
肥　煤	43.8	—	1.4
焦　煤	52.7	—	28.4①
腐泥煤	65.0②	57.7	40.2

①加热速度20℃/min；

②加热速度80℃/min。

9.5.3　煤料的散密度

提高煤料的散密度，可以改善焦炭质量。因为散密度提高，煤粒间的间隙减小，在炼焦过程中胶质体易于填满空隙，气体不易析出，胶质体的膨胀性和流动性都增加，使煤粒间的接触更加紧密，形成结构坚实的焦炭。另外，散密度高，炼焦过程中半焦收缩小，因而焦炭裂纹少，提高了焦炭的强度。煤捣固工艺、配型煤工艺、煤干燥工艺和煤预热工艺等方法，都可以使煤的散密度增加。这样，可以多用高挥发分弱黏结性气煤，也可配用适量的不黏结煤和弱黏结性煤，以扩大炼焦用煤资源。

9.5.4　煤料的粒度

适当增加煤料的细度和煤料过细粉碎对焦炭强度的影响是不同的。

适当增加煤料细度有利于提高焦炭强度。因为煤料中的惰性组分适当细碎，在一定程度上消除了由于煤料的不均匀性（惰性组分大颗粒可形成裂纹中心）所引起的不均衡收缩；使煤中惰性组分的比表面积增加，成焦过程中邻层间的黏结力降低，收缩应力减小；煤料的散密度提高，邻层间的温度梯度减小，使收缩梯度降低。这些都导致焦炭裂纹降低，提高了焦炭的强度。

煤料过细粉碎，反而降低了焦炭强度。因为煤中活性组分粒度过细，胶质体的流动性降低，黏结性下降；煤料过细使散密度下降，煤粒间接触情况变坏；煤料过细使惰性组分表面积增大，对胶质体液相的吸附量相对增加。而煤料液体量不因细度变化而改变，故使煤的黏结性降低。这些都导致焦炭强度降低。

9.5.5　配添加物

在装炉煤中配入适量的黏结剂和抗裂剂等非煤添加物，可改善其结焦性。配黏结剂工艺适用于低流动度的弱黏结性煤料，有改善焦炭机械强度和焦炭反应性的效果。配抗裂剂工艺适用于高流动度的高挥发分煤料，可增大焦炭块度、提高焦炭机械强度、改善焦炭气孔结构。这两种工艺也可同时并用，相辅相成。例如在炼制优质铸造焦时，必须配入足够数量的低灰、低硫石油焦等抗裂剂，同时配入数量匹配的黏结剂，才能使铸造焦达到块度大、强度高、灰分低、硫分低、气孔率低和反应性低等全优指标。

9.5.5.1 配黏结剂

常用的配煤黏结剂有煤焦油黏结剂、煤焦油沥青黏结剂、石油沥青黏结剂和煤-石油沥青混合黏结剂等。作为配煤黏结剂，必须具有下述基本性能：

（1）碳氢原子比（C/H）较高，属芳香族化合物，与烟煤大分子结构有相似性，但氢含量要较高。

（2）β 组分和 γ 组分的含量适宜，软化温度低于煤，而再固化温度接近煤。液态时具有良好的互溶性和流动性，并对煤料颗粒有较好的润湿性。

（3）在结焦过程中，黏结剂本身能生成各向异性的焦炭光学组织。

（4）黏结能力强。

配入黏结剂能提高焦炭质量的原因，不是由于简单的物理黏结，而是在结焦过程的塑性阶段内，煤和黏结剂之间发生错综复杂的相互作用的结果。一般认为有下列几种作用：

（1）增加塑性体内液相量，提高塑性体的流动性。在结焦过程的塑性阶段里，熔融状态的黏结剂既润湿煤颗粒表面，使煤颗粒加速软化熔融，又与煤热解生成的液相产物互溶。这一双重作用使塑性体内液相量增加，流动性改善。因此，配入黏结剂的煤料，其黏结指数、胶质层厚度、煤的流动度和煤的膨胀度等各项黏结性指标值都有所改善，膨胀压力也增大。从而使焦炭的气孔结构改善、机械强度提高。

（2）改善塑性体内的中间相热转化过程。黏结剂含有相当数量的 β 组分，而且在塑性阶段随着温度升高和时间推移，黏结剂内的 γ 组分逐渐转化成 β 组分。这就使塑性体内中间相前驱体的数量增加。另一方面，配入黏结剂后，塑性体的流动性改善，有利于中间相小球体的熔并、长大。上述两方面的综合作用，使中间相转化过程改善，最终使焦炭各向异性组织的含量增加。因此，当焦炭在高温下与 CO_2 发生化学反应时，因各向异性碳的反应活化能高于各向同性碳的反应活化能，当其他条件相同时，焦炭的反应速率低、反应性低。

（3）煤与黏结剂的共炭化。配入黏结剂后，塑性体发生液相量增加、流动性提高、中间相热转化过程改善等变化。液相量增加并不是黏结剂和煤双方热解产物的简单加和，而是黏结剂和煤热解产物在共炭化过程中相互作用所引起的质的变化。当配入强活性黏结剂（氢化制品）时，这种相互作用更加明显，可使所得焦炭的各向异性得到发展。这种作用称为煤改质。即在结焦过程的塑性阶段，强活性黏结剂具有供氢作用。它向煤热解产物提供游离氢，这种氢转移使煤热解产物和它进一步热解生成的大分子基团被氢化而稳定下来，减缓了热缩聚生成固相产物的进程。这样，塑性体内的液相不仅数量增加，而且相对分子质量分布均匀化、停留时间延长；塑性体内不仅中间相前驱体数量增加、定向条件改善，而且热转化过程更完善，温度区间加宽。因此，配入强活性黏结剂的煤料所炼出的焦炭，其各向异性组织含量高于煤和黏结剂分别生成焦炭的各向异性组织含量之和。

煤与黏结剂共炭化所得的焦炭，其光学组织随煤的性质和黏结剂种类的不同而不同。依煤种的不同，选用适宜的黏结剂，确定最优化配用量和采用可靠的配匀方法，才能使煤改质，所得焦炭的光学各向异性组织含量增加。

9.5.5.2 配抗裂剂

常用的配煤抗裂剂有粉状焦炭（焦粉）、粉状半焦（半焦粉）和粉状延迟焦。各种抗裂剂的共性是挥发分比炼焦煤低得多。但不同抗裂剂有不同的特性：

（1）焦粉的挥发分很低（1% ~3%），基本上是惰性颗粒。

（2）半焦粉的挥发分较高（约 10%），具有一定的活性。

（3）延迟焦粉是石油或煤焦油沥青的炭化产物，各向异性组织的含量很高。

配有不同抗裂剂的煤料在黏结阶段，它们之间的相互作用和相互结合状况也不相同。应根据煤料的性质及对焦炭质量的要求，选用不同的抗裂剂。一般原则是：

（1）煤料的流动度很高，而焦炭质量以提高块度和抗碎强度、降低气孔率为主要目标时，可选用焦粉；

（2）煤料的流动度中等偏高，而且还希望焦炭耐磨强度较高时，应选用半焦粉；

（3）当要求焦炭低灰、低硫、低气孔率、低反应性、大块度和高机械强度时，宜选用延迟焦粉。

当然，几种抗裂剂可以混合配用，并且配加适量黏结剂以调整煤料的黏结性。

配加抗裂剂后，半焦收缩曲线发生变化，如图 9-24 所示。由图 9-24 可见，配加抗裂剂的作用可降低半焦收缩系数 α 和半焦收缩系数随温度的变化率$\left(\frac{d\alpha}{dt}\right)$，以减小半焦层间收缩差，提高了半焦强度。配半焦粉可降低第一收缩峰（Ⅰ），配焦粉还可使第二收缩峰（Ⅱ）有明显降低。

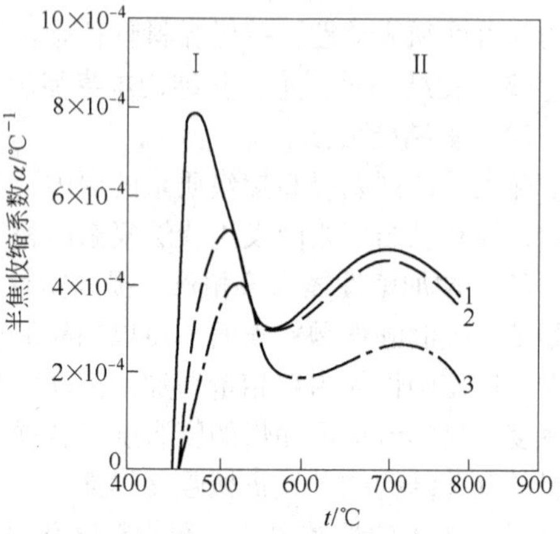

图 9-24 配加抗裂剂后半焦收缩曲线的变化
Ⅰ—第一收缩峰；Ⅱ—第二收缩峰
1—未配抗裂剂；2—配半焦粉；3—配焦粉

在结焦过程的黏结阶段，抗裂剂颗粒表面吸附相当一部分煤热解生成的液相产物，使塑性体内液相量减少（所以抗裂剂又称“瘦化剂”）、流动度和膨胀度降低，于是热解生成的气体容易从塑性体析出，残留的变形粒子容易相互聚集，再固化生成气孔率低而气孔壁厚的半焦。因此，当煤料的流动度适宜，并且抗裂剂的粒度和配用量合理时，抗裂剂有降低焦炭气孔率的作用。但是，由于煤和不同抗裂剂在黏结阶段的相互作用、相互结合状况不同，半焦和焦炭的气孔壁性质和强度因抗裂剂品种不同而有很大差异，因而导致焦炭性质上的差别：

（1）煤与焦粉相互结合差，加以煤生成的半焦与焦粉的收缩系数不同，在半焦阶段就会在气孔壁上出现微裂纹。这种焦炭在二次加热（应用）时微裂纹扩大而形成新的气孔和新的内表面积。所以配加焦粉可使焦炭的块度增大、抗碎强度提高、气孔率降低，但不能降低焦炭反应性。配用量过多或粒度过大时，还会使焦炭耐磨强度降低。

（2）煤与半焦粉相互结合较好，气孔壁的厚度较大、强度较高，上述配焦粉的副作用不明显。

（3）煤与延迟焦粉相互结合好，加以延迟焦粉富含各向异性组织，所以配加延迟焦粉可使焦炭的块度增大、机械强度提高、气孔率降低、块焦反应性和反应后强度改善。如果选用低灰、低硫延迟焦，还有使焦炭降灰降硫的功效。

9.6 煤的快速热解

煤的快速热解是指升温速度远远高于常规升温速度（小于 10℃/min 或 1～3℃/min）时煤的热解，升温速度可达每分钟几百、几千甚至几亿度。在快速热冲击下，热解过程将发生极大变化：气体析出温度范围大幅度地提高和加宽，这主要是由于加热速度远远超过了气体从煤粒内部向外扩散逸出的速度。煤化度越低的煤，快速加热的影响越显著。当褐煤快速加热时，加热速度由1℃/s提高到100000℃/s，气体析出温度范围由400～840℃移向860～1700℃。更重要的现象是，在快速加热下，最终失重率明显超过煤的工业分析所测得的挥发分产率，并改变了挥发产物的组成，特别是一次焦油和气态烃的产率大幅度增加，而且产品品种可通过控制热解过程进行调节。这是正在发展中的煤快速热解新工艺的科学基础。

9.6.1　固体热载体快速热解法

9.6.1.1　西方石油公司法

西方石油公司法以热焦屑作热载体，将煤粉喷入由燃烧气流挟带的热循环半焦的稀气流内，在2s内将煤加热至要求温度（530～620℃），升温速度约为17000℃/min。热焦和煤气在旋风分离器中分开，部分热焦循环作热载体。在燃烧器内烧去一部分焦粉以提高温度，为热解反应供热。该法可以产油或产气模式进行。

产油的最佳温度区间是560～580℃，如图9-25所示。高挥发分烟煤在此温度下的油产率可约达干煤的35%（质量分数），比铝甑干馏的油产率高一倍以上。伴生气体可达约6.5%（质量分数），氨水产率仅为1.7%（质量分数）。但所得油类是很重的焦油状物质，其中约含20%～30%（质量分数）的沥青质和5%～10%（质量分数）的苯不溶树脂状物质。如欲将这种油用作燃料或化工原料，需对其进行催化或加氢提质。

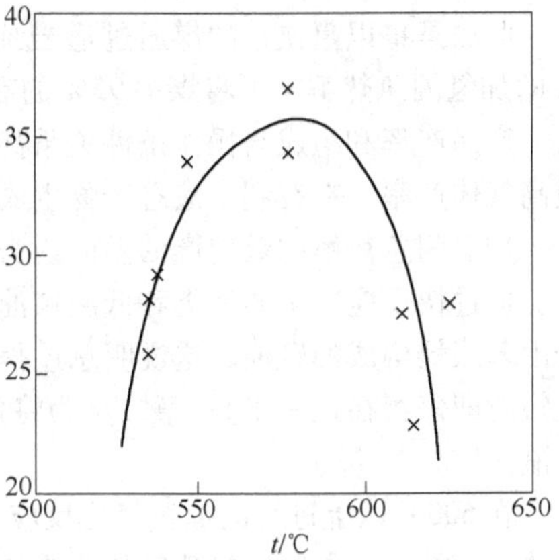

图9-25　焦油产率与热解温度的关系

当温度超过约600℃时，油即逐渐减少，产气逐渐增多。产气模式的最佳操作温度是870℃。这时，平均气体产率将达到占原始干煤的30%（质量分数），只有约10%（质量分数）的煤转化为重焦油。典型的气体组成是：$w(H_2)=26.8\%$、$w(CO)=30.0\%$、$w(CO_2)=8.5\%$、$w(CH_4)=22.4\%$、大于C_1的烃类12.3%（主要为C_2H_4）。

9.6.1.2　美国食品机械公司的COGas法

COGas法是使煤连续通过三个反应器与逆向流动的热气流相遇而发生快速阶梯热解。此法比西方石油公司法的产气模式的升温速度慢，处理温度高，焦油产率低，焦油产率的变化与煤化度的关系甚大，如表9-16所示。由于沥青质和树脂状物质在较高温度下热分解，所以该法所得焦油的流动性比西方石油公司的方法好得多。

表9-16　COGas法的产品产率占干煤的比（质量分数）　（%）

<table>
<tr><th rowspan="2">类　别</th><th colspan="2">高挥发分烟煤</th><th rowspan="2">次烟煤美国怀俄明</th></tr>
<tr><th>美国伊利诺斯</th><th>美国犹他</th></tr>
<tr><td>煤　焦</td><td>60.7</td><td>59.0</td><td>50.0</td></tr>
<tr><td>油　类</td><td>18.7</td><td>21.9</td><td>11.2</td></tr>
<tr><td>氨　水</td><td>5.8</td><td rowspan="2">21.5</td><td>11.6</td></tr>
<tr><td>气　体</td><td>14.6</td><td>27.2</td></tr>
</table>

9.6.1.3 鲁奇—鲁尔煤气法（L-R 法）

L-R 法是将煤与热半焦在搅拌反应器中混合。它的核心是固体热载体循环系统，此外还有气体产物系统和烟气系统。多余的热焦粉在排出前经废热回收。对高挥发分烟煤可以得到30%（质量分数）的焦油产率。此法如与电站或气化装置联合，将半焦加以利用，则优越性更加突出。

9.6.1.4 大连理工大学固体热载体快速热解法

大连理工大学在 L-R 法的基础上，研究开发了具有我国特色的固体热载体快速热解法。该法适用于褐煤、油页岩和低变质程度烟煤，干馏温度为 500 ~ 650℃。干馏焦油产率为 4% ~ 14%，粗汽油产率为 0.5% ~0.8%，煤气产率为 90 ~ 190m^3/t，此为中等发热量煤气，可用作城市煤气。半焦反应性好，可作无烟燃料。

9.6.2 加氢闪急热解法

此法是将以氢挟带的煤通过适当预热的压力反应管，在 900℃左右和 5MPa 下对烟煤进行 1s 的加氢闪急热解。可将煤中 95% 的有机碳转变为 CH_4 和其他烃类气体。

产品产率和组成与操作条件关系甚大，苛刻的两次加氢裂解和固体残渣的加氢气化，可以提高气体产率。在有利于液态产物生成的温和条件下，只能使煤的 30% ~50%（质量）转化。

加氢闪急热解的最佳产油温度约为 550℃。其他条件固定时，油产率随氢压几乎呈线性增加。但过快反应产生的油类和低温焦油相似，只有把反应时间至少延长为数秒时才能得到大部分由苯族烃构成的轻油。这说明总过程分为两步，第一步先形成黏稠的焦油状物质（反应时间过短时即停留在这一步）；第二步为将焦油状物质经气相加氢裂化为气体、较轻的油类和碳质残渣。

在 600℃以上进行的加氢气化反应（大部分 CH_4 均通过碳的加氢产生）仅仅是加氢闪急热解的一个补充，是脱挥发分后的残渣加氢气化。它既不影响一次分解过程，也不影响二次加氢和挥发物的加氢裂化。但这种残渣加氢气化的反应速度比常规的煤焦加氢气化快，其原因显然是由于新生成的脱挥发分后的残渣更加活泼。

实验表明，两段加氢热解是由煤获得高产率的化学原料的有效方法。例如，先将某高挥发分烟煤在 15MPa 的氢压下以 1K/s 或 5K/s 的加热速度进行加氢热解。然后将蒸气在一个单独设备中在 1129K 的温度下进行加氢裂化，可以得到 12% 的苯和 8% 的乙烷（煤以 daf 为基准）。此外，还可以得到 10% 的焦油、20% 的甲烷以及少量的萘，耗氢量为 7%（质量，daf 煤）。如将焦油循环，苯产率有可能达到 15%，甲烷产率有可能达到 25%。如将半焦用于制氢和产生过程用热，则半焦将全部耗尽。图 9-26 表明，随着蒸气停留时间的延长（降低氢的流率），苯产率通过一个最大值，乙烷产率则随甲烷形成而减少。图 9-27 表明，三个主要气态产物的产率均随压力升高而增大。

9.6.3 等离子热解煤制乙炔法

由于石油化工的发展，传统的焦炭—电石—乙炔化学路线早已被乙烯化学所取代。随着石油价格的上涨和资源的短缺，对乙炔化学的兴趣又在逐渐增加。用等离子体裂解煤制乙炔的新工艺，许多国家在积极研究和开发。乙炔的 H/C 原子比为 1，与煤的 H/C 比最接近，所以从煤裂解制乙炔应该是最合理的路线。

这是煤的快速高温热解的一个极端情况。此法是使氩、氢或氩-氢混合物，通过电弧或射频场发生离解和离子化形成等离子体，然后将超细煤送入等离子体内。因产生等离子体的方式

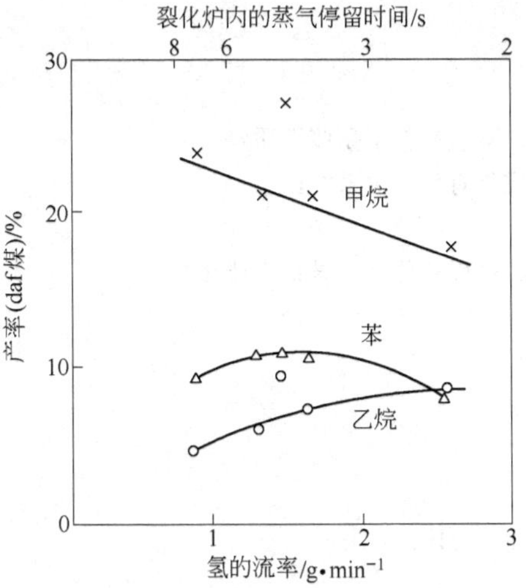

图 9-26 氢流率对两段加氢热解的产率的影响
（试验条件：加热速度 5K/s；最终炭化温度 873K
炭化时间 15min；裂化温度 1123K；压力 15MPa）

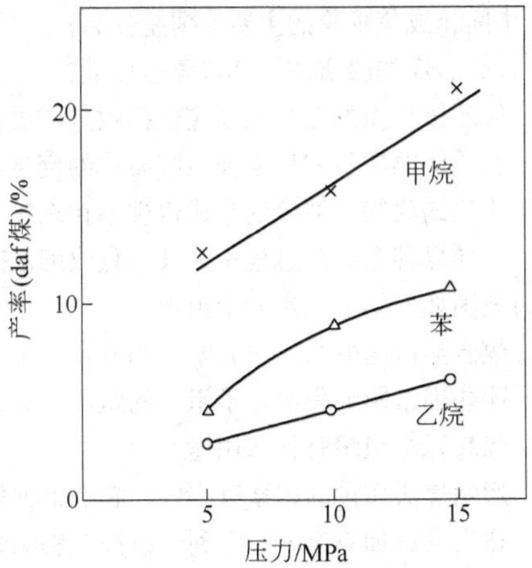

图 9-27 压力对两段加氢热解的产率的影响
（试验条件：5K/s；炭化温度 873K；
炭化时间 15min；裂化温度 1123K）

不同，所以加煤点的温度介于 2000 ~ 15000℃之间。此法也可通入蒸气，以气化模式进行，称为等离子气化，目的是制造 $CO + H_2$ 合成气。

为了达到高温和高速的加热目的，等离子体是一种比较理想的手段。等离子是离子化的分子或原子，电弧温度估计在 8000 ~ 50000℃，升温速度 1500 ~ 3000m/s。只要几毫秒时间就可把煤加热到 1250℃以上。反应器结构，如图 9-28 所示。

反应器中间的一根水冷却细铜管为阴极，顶端是镀有钍的钨层，阳极是水冷的粗铜管。电弧气（氢、氩或氩-氢混合气）进入集流腔与煤粉混合。直流电弧从中央阴极射向环形的阳极。阳极外有磁力线圈，形成磁场，电弧在磁场中高速旋转。这样可保证均匀加热，并可避免电弧在固定的部位与阳极接触而使其烧坏。

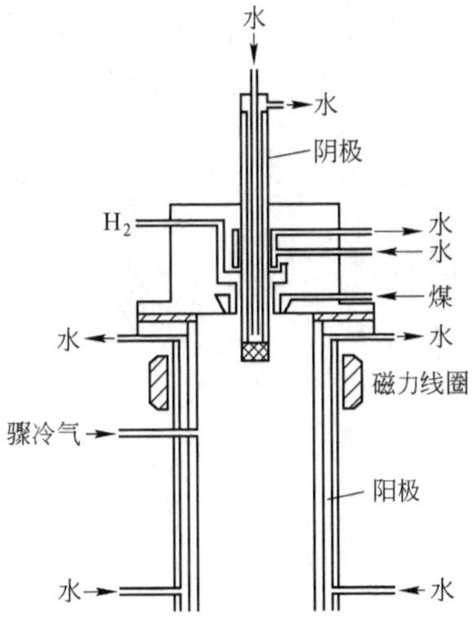

图 9-28 等离子裂解制乙炔反应器

等离子热解主要产生乙炔和少量炭黑，这是因为在约 1350℃以上，乙炔在热力学上比其他烃类更加稳定。反应产物需快速冷却以免生成的乙炔分解为炭和氢。目前，此法的乙炔产率可高达 35%（质量，daf 煤），能耗与电石法乙炔相近。

复习思考题

9-1 了解煤的热解过程，煤的热解有哪些基本反应？

9-2 黏结性烟煤的热解过程三个阶段热效应有何不同，为什么？

9-3 黏结性烟煤的热解三个阶段相应的过程本质有何不同，为什么？

9-4 已有哪些理论解释煤的热解成焦机理，各有哪些理论要点？

9-5 煤的黏结成焦溶剂抽提机理的主要论据是什么？

9-6 煤的黏结成焦物理黏结理论的主要论据是什么？

9-7 胶质体成焦理论的主要论据是什么？
9-8 中间相成焦理论的主要论据是什么？
9-9 什么是煤的胶质体，其来源是什么？
9-10 胶质体性质的完整表征应包括数量与质量两个方面，其质量包括哪些性质？
9-11 胶质体的质量如何表征，胶质体的变化与煤的黏结成焦有什么关系？
9-12 半焦的收缩与裂纹的形成机理是什么？
9-13 不同煤种在炼焦过程中，其半焦收缩动态和裂纹生成过程有什么差异，为什么？
9-14 我国如何划分焦炭光学组织？
9-15 煤岩显微组分与焦炭光学组织有什么关系？
9-16 哪些因素影响焦炭光学组织的组成，如何影响？
9-17 焦炭光学组织有什么用途？
9-18 影响焦炭质量的因素有哪些，它们如何影响？
9-19 适当提高加热速度，有利于提高弱黏结性煤的黏结性，为什么？
9-20 提高煤料的散密度，可以提高焦炭质量，为什么？
9-21 适当增加煤料的细度有利于提高焦炭的强度，为什么？
9-22 为了使配煤活性成分与惰性成分达到平衡，可配入的活性成分有哪些物质，各有什么特点？
9-23 为了使配煤活性成分与惰性成分达到平衡，可配入的惰性成分有哪些物质，各有什么特点？
9-24 试列表比较常用炼焦煤：气煤、肥煤、焦煤和瘦煤的结焦性及其在炼焦配煤中的作用。

10 煤制化学品与高碳物料

19 世纪末到 20 世纪初，煤炭是最主要的能源，随着钢铁工业的发展，煤炭炼焦业兴起，推动了煤化工的发展，煤的焦化、气化和制造电石，为有机化学工业提供了丰富的粗苯、焦油、焦炉气、合成气和乙炔，使以煤为原料的有机化学工业得到迅速的发展。20 世纪 40 年代后，随着石油逐渐成为主要的能源，石油炼制工业不断发展，推动了石油化学工业的兴起，煤逐渐被石油所替代，使煤在有机化工原料中的比重逐年下降。到 20 世纪末，化学工业 80% 以上的基础原料来自石油化工。20 世纪 80 年代以来，伴随着世界石油资源增长的降低，石油价格上涨；鉴于煤炭资源丰富，2008 年我国煤炭探明储量为 1145 亿吨，占世界总储量的 12.6%，同时，以原油和煤炭的单位热值来衡量，目前煤炭的价格只有原油价格的 1/5 左右。从长远考虑，在石油枯竭后，煤炭仍然将在能源结构中占据较大的比重。因此，以煤为原料生产液体燃料和化工产品，是若干年后能源及化工的必然方向。

本章主要介绍以煤为原料，制取煤液与煤制高聚物，煤制塑料，煤制洁净燃料，煤制高碳物料与活性材料。

10.1 煤液体与煤制高聚物

广义上，煤通过不同加工工艺转化所得的液态产物都可称为煤液体。煤液包括煤的加氢液化所得的液态产物，煤在不同温度和条件下热解所得到的焦油，煤抽取的抽出物，煤在氧化、卤化、解聚、水解、烷基化等过程所得的液态产物。而作为煤的液化方法，一般认为包括：

（1）除碳，煤的热解和溶剂萃取法，使碳残留在热解或萃取残渣中。

（2）加氢液化，包括直接或间接加氢。

（3）间接液化，煤先气化得煤气，再用 F-T 或其他合成法制得液态产物。

（4）生物转化液化，但是由于其转化率低，该技术尚未以一个独立的体系被列出。

本节重点讨论煤的直接加氢液化所得煤液体及其加工利用前景。

煤直接液化技术研究始于上世纪初的德国，1927 年在 Leuna 建成世界上第一个 10 万吨/年直接液化厂。1936～1943 年间，德国先后建成 11 套直接液化装置，1944 年总生产能力达到 400 万吨/年，为德国在第二次世界大战中提供了近三分之二的航空燃料和 50% 的汽车及装甲车用油。第二次世界大战结束，美国、日本、法国、意大利及苏联等国相继开展了煤直接液化技术研究。50 年代后期，中东地区廉价石油的大量开发，使煤直接液化技术的发展处于停滞状态。1973 年，石油危机暴发，煤炭液化技术重新活跃起来。德国、美国及日本在原有技术基础上开发出一些煤直接液化新工艺，其中研究工作重点是降低反应条件的苛刻度，从而达到降低液化油生产成本的目的。目前不少国家已经完成了中间放大试验，为建立商业化示范厂奠定了基础。世界上有代表性的煤直接液化工艺是德国的新液化（IGOR）工艺，美国的 HTI 工艺和日本的 NEDOL 工艺。这些新液化工艺的共同特点是煤炭液化的反应条件比老液化工艺大为缓和，生产成本有所降低。2008 年 12 月 31 日，神华煤直接液化百万吨级示范工程打通了全厂生产流程，生产出合格的石脑油和柴油等目标产品。神华煤直接液化百万吨级工业示范工程的试车成功，使我国成为世界上唯一掌握百万吨级煤直接液化关键技术的国家。

由煤转化为煤液体需要加氢、裂解和脱灰。烟煤的 H/C 原子比约为 0.8，而油类的 H/C 原子比为 1.7～1.8。Curran 和 Steuck 等人在 1967 年首先提出煤液化过程的自由基机理，指出煤在高温高压条件下首先发生热解反应生成自由基“碎片”，自由基再与反应体系中的活性氢结合而得到稳定，从而生成相对分子质量较小的液体和气体产物。否则这些自由基“碎片”将进一步发生缩聚反应，形成高相对分子质量的不溶物或残渣，并降低煤液化产油率。煤的加氢液化反应非常复杂，其中有热解、脱氢、脱烷基、结构单元间的桥键断裂、脱硫、脱水以及可能性较小的开环反应等。煤加氢的主要化学反应可参见第 4 章。

由于煤加氢液化的煤种、温度、压力、氢源和催化剂不同，因此所得液化产物的数量和性质也有很大的不同。对于不同的液化目的，也可适当调整各种条件，以求得到不同的期望产物。集中典型的加氢液化方法，如表 4-6 所示。

煤加氢液化的产物十分复杂，是气、液、固三相共存的混合物，每一种煤液化过程都会产生含有几百种化合物的复杂煤液混合物，为便于分类研究，可按煤液体在不同有机溶剂中的溶解度加以分类。一般将煤液分为溶于戊烷或己烷的油类；溶于苯或甲苯、不溶于己烷的沥青烯；溶于吡啶、不溶于苯或己烷的前沥青烯。

研究表明，煤的液化过程是分段进行的，如图 4-8 所示。前沥青烯是重质煤液化产物，杂原子含量较高，含有数量相当大的酚羟基形式存在的氧。大部分煤液体属于油类和沥青烯类。油类是希望得到的轻质液化产物，除少量的树脂外，油类可以蒸馏，它主要由两类化合物组成：约 80% 的烃类，由石蜡烃和芳香烃两部分组成；约 20% 的富含酚类和杂环的化合物。

沥青烯类似于石油沥青质的重质煤液化产物。主要是杂原子含量较大的芳烃。它具有一些酸-碱结构，可用色谱法将其分为中性、酸性和碱性部分：酸性组分大多是酚类的衍生物；碱性组分大多是杂环、醚氧和吡啶的衍生物。因为沥青烯的酸性和碱性官能团很多，极性很强。所以对煤液体的黏度影响很大，一般黏度随沥青烯的含量呈指数关系增大。

煤液化粗油的杂原子含量非常高。氮含量范围为 0.2%～2.0%，典型的氮含量在 0.9%～1.1%（质量分数）的范围内，是石油氮含量的数倍至数十倍，杂原子氮可能以咔唑、喹啉、氮杂菲、氮蒽、氮杂芘和氮杂萤蒽的形式存在。硫含量范围从 0.05%～2.5%，不过一般为 0.3%～0.7%（质量分数），低于石油的平均硫含量，大部分以苯并噻吩和二苯并噻吩衍生物的形态存在。煤液化粗油中的氧含量范围可以从 1.5%（质量分数）一直到 7%（质量分数）以上，具体取决于煤种和液化工艺，一般在 4%～5%（质量分数）。

煤液化粗油作为化工原料或洁净燃料均希望主要是低硫、低氮的油类，而不希望是前沥青烯或沥青烯。硫、氮杂原子必须在转化为燃料之前将其除去，否则高氮、硫的燃料在燃烧时造成高污染。降低硫含量比降低氮含量容易得多，甚至一些不使用外加催化剂的煤转化过程，也能脱去大部分有机硫以及大部分无机硫，但大部分氮则留在粗油中。加氢催化剂往往也是有效的加氢脱硫催化剂。例如：

但是加氢催化剂并不是有效的加氢脱氮催化剂，煤液化粗油中的碱性含氮化合物都是对催化剂毒性很强的物质，精制前必须将其除掉。

煤液化粗油的馏分分布与煤种和液化工艺关系很大，一般分为清油（又可分为轻石脑油：初馏点－82℃和重石脑油：82～180℃），占液化粗油的15%～30%（质量分数），中油（180～350℃），占50%～60%（质量分数），重油（350～500℃），占10%～20%（质量分数）。

煤液化粗油中的烃类化合物的组成广泛，含油60%～70%（质量分数）的芳香烃化合物，通常含有1～6环，有较多的氢化芳香烃。饱和烃含量约25%，一般不超过4个碳的长度，另外还有10%左右的烯烃。这是石油与天然气所不具备的，例如：

（1）某烟煤在480℃、13.8MPa进行加氢裂解，所得200～370℃的中性油中，芳烃含量为65%（体积分数），其汽油组成中芳烃含量为86%（体积分数），其中苯体积分数为40.4%（甲苯14.8%，二甲苯19.4%，丁苯11.3%），说明此煤液化粗油经过萃取和脱烷基后生产BTX（苯、甲苯、二甲苯）和各种纯芳烃是可能的。

（2）山东兖州北宿矿第16层煤用脱晶蒽油为初始溶剂，以铁、硫做催化剂和助催化剂，温度在450℃，压力为250Pa，加氢液化后煤的转化率达93%（daf），油收率66%（daf），氢耗4.5%，油品的族组成分析：其中一环芳烃17.49%，二环芳烃13.79%，三环芳烃4.76%，四环芳烃5.18%，芴族5.92%，饱和物与极性化合物分别占14.92%和37.76%。

过去，对煤液化的研究几乎集中在合成液体燃料。但是，由煤液化产生的粗油在经济上无法与石油匹敌。实际上，由于煤衍生物的芳烃结构，由煤液化粗油可以生产出具有竞争力的化学制品原料。如大多数芳香族高聚物（对苯甲二酸、2,6-萘二甲酸、1,4,5,8-萘四甲酸及其二酸酐、邻苯二酸酐和对羟基甲酸等）以1-4环芳香族化合物为单体，要从石油中获取这些物质很困难甚至是不可能的。但煤液化粗油中含有多种多环芳香族化合物，进一步处理可以得到上述单体。问题的关键是产品的分离，如果能找到先进的分离方法，将为高附加值的芳香单体和煤基化学制品的研究与开发作出重要贡献。

芳香结构一般都能形成大π-共轭键，这使得芳香族化合物具有分子结构牢固、电子密度高及对称性强等特点。主链上引入芳环，可使高聚物刚性增大，整体结构更加稳定，牢固，玻璃化温度和热稳定性也随之提高，从而显示出优良的耐热性和更多的功能特性。芳香族聚合物材料在许多领域所表现出来的优异机械性能已经超过金属、陶瓷和玻璃等传统材料。例如聚酯的熔点为267℃，主链引入芳环结构后形成的聚对羟基苯甲酸的熔点则大于450℃，分解温度也相应提高。因此，近年研究与开发的新型高聚材料，其研究重点已由脂肪酸的高聚物转向链上带有芳环，以及由苯环转向带有萘环及联苯的高聚物。

目前，中国合成的芳香高聚物的消耗量约为27Mt/a，预计到2010年，总消耗量将达到45Mt/a。这些高聚物中塑料约占56%，纤维约为18%，合成橡胶约为11%，其他是涂料和黏结剂。这些芳香高聚物和工程塑料都可以从煤及其衍生物的单体合成而制得，按其不同功能与用途大体上分为下列四大类：

（1）通用芳香工程高聚物。主要有聚乙烯对苯二甲酸酯（PET），聚丁烯对苯二甲酸酯（PBT），聚乙烯萘酯（PEN），聚芳基化合物（PAR），聚碳酸酯（PC），聚二甲基氧化苯（PPO），聚砜（PS），聚二乙醚酮（PEEK）等。二甲苯是PET和PBT的重要单体，PET聚酯的强度、韧性好，耐磨，可制造轮胎、齿轮、建筑构件，还可制胶卷、磁带，特别是软饮料瓶等；PBT有优良的热性质和机械性质，其制品可耐140℃，耐冲击、抗变形，是坚固的工程塑料，并可加工成高聚物合金。PET 和 PBT 是热门的工程塑料，其年增长率超过 10% 。

（2）高温耐热塑料。主要有聚酰亚胺（PI），聚亚胺砜（PIS），聚苯并咪唑（PBI）和聚酯（E-101）等。PI 可耐 400℃高温，在宇航、电子、核动力和汽车工业中广泛应用。如各种密封件、轴承、齿轮、活塞、刹车与制动装置等。它是由苯均四酸二酐和二（4-氨基苯）醚合成制得，每公斤单价超过 100 美元。PBI 高温纤维可耐火焰，可用作生产安全手套和宇航服等，其重要单体有对-羟基苯甲酸等，售价可达 3～4.5 美元/kg。

（3）液晶高聚物（LCP）。它是指某些高聚物在熔融状态或溶液状态是液态晶体。它有很高的强度，在宇航、电子、运输等领域代替金属与陶瓷。LCP 可制成现代最轻的 18 层增强纤维防弹衣。几种液晶高聚物分子中都含有苯环和联苯环，其重要单体有对-二苯酚，对-羟基苯甲酸及苯二甲酸等。

（4）功能高聚物。主要有高聚膜材料，离子交换树脂和膜材料，光导高聚物和缩聚多核芳香树脂等。它们主要应用在工业上气、液混合物的分离及生物和医药部门：如纯化水，淡化水，血液分离，人造心脏、肾、肺、心肺肌等。其单体有苯乙烯、苯二乙烯、萘及对苯酚等。

以上四大类高聚物和工程塑料，其优越性能主要来源于其含有芳香结构的共性，而煤种富含芳香结构单元，如芳香二酸类，芳香二醇、二羟基联苯和萘甲酸等提供了芳香高聚物的重要条件。芳香高聚物和工程塑料重要的单体可通过煤液化粗油或煤焦油分离获得。也可通过超临界萃取和先进的煤液化方法，对其产品使用催化转化以及新的预处理方法或反应过程生产出各种重要的合成芳香高聚物的芳香单体。近代煤化学已能详尽地提供煤结构中芳环的类型，取代基的特定数目和位置，氢化芳烃和脂肪族碳的特性等，因此另一种方法是直接对煤分子进行适当的裁剪、切割和分离而直接获得芳香单体。这对选择解聚方法，催化裂解过程及机理很有帮助，只要选择好适当的催化剂和反应条件，完全有可能将煤直接转化成化学制剂。如选择低煤化度煤有可能直接获得苯系、萘系、酚系、邻苯二甲酚系等化学制剂；也可通过温和氧化制取大量苯羟酸；某些煤中存在较多、较长链的脂肪族单元，也可剪断这些链段，回收脂肪族产品。

10.2 煤制塑料

用煤为原料，可以通过间接或直接的方法制取塑料。间接法是先将煤裂解、气化或加氢液化变成小分子的气体或液体，然后通过分离、合成、聚合制成塑料。这一类方法在前面已经叙述过，本节主要介绍用煤直接制取塑料的有关原理和方法。

褐煤、残殖煤、腐泥煤和低煤化度烟煤（特别是稳定组分含量高的）中含有大量的易熔组分，它们可能是高塑性的腐殖酸或沥青质，也可能是低煤化度煤镜质组中被束缚在大分子网络相结构中，由较小分子所组成的流动相。煤的易熔组分在一定温度范围内可以塑化形成煤的黏结组分，它们可以黏结和混凝煤种或外加的不熔的惰性物质，热成型冷却后，可得到具有一定强度和技术性能的塑料制品。

增加煤的黏结性和降低热压成型的温度，一般可通过向煤中加入某些添加剂、改良剂或改质剂来完成。用于增加煤中黏结组分的添加剂有多官能团的多元醇、醛、芳基二烯以及杂环化合物等，这些添加剂可能对煤有某种软化作用，或者它们有将煤分子簇连起来的作用，同时它们的官能团可通过缩聚而脱落。如果同时添加缩聚剂，则可促进这种缩聚作用。此外，对煤的轻度氧化、氯化或硝化等预处理，增加煤中所含官能团的比例，达到促进煤分子簇连作用也有利于塑性成型。

某些聚合物和弹性材料可以作为煤制塑料的改良剂，它们有聚乙烯、聚丙烯、聚氯乙烯、聚苯乙烯、丙烯腈、天然橡胶和丁二烯聚合物等。这些改良剂在煤制塑料的加压和热处理过程中，不但本身具有黏结作用，并且它们还可以和煤颗粒发生反应而产生黏合作用。

近年，还研究与开发了在适宜条件下将煤直接改性的单一或复合改质剂，这些改质剂对煤的改性原理是基于高分子共混工艺原理和改质剂与煤中低键能键断裂所产生的自由基的化学反应。高分子共混是高分子学科较新的领域，它是指两种或两种以上高分子材料在剪切力和温度的作用下混合。此时，两种材料相互分子扩散，最后形成两种分子材料各自独立的相和两相之间的界面层。界面层除不同组分之间的物理作用外，还可能发生有限的化学反应，形成具有界面层复相结构的新物质，从而改变了共混物的性能，有可能形成性能更为优异的新材料。

煤制塑料的生产过程一般包括：将煤干燥并磨细到小于0.1mm，在煤粉中均匀添加一定比例的聚合物和弹性材料后，再在一定温度下混炼、反应后在模子中加热、加压成型而得到各种形状的制品。

由于煤基塑料生产的制品为黑色，在工业生产中应用目前只局限于对颜色要求不严格的场合或用作黑色的装饰材料。这种材料耐有机酸、无机酸、无机盐、碱、芳香化合物和脂肪烃的腐蚀，同时对一定温度和浓度下的氯和硝酸也有耐腐蚀作用。典型的用途是制造各类交换器、冷却单元、各种管材、电气套管、阀门、开关等。同时煤制塑料加工性能良好，可锯、钉、钻，也可用车床加工，还可用黏结剂黏结。

10.3　煤制洁净燃料

煤炭是世界上最丰富的化石燃料资源，占世界化石燃料储量的70%以上。目前煤炭约占世界一次能源消费的30%，据世界能源会议预测，煤炭作为一次能源重要组成部分的地位将在相当长时间内不会改变，预计2020年煤炭将占世界一次能源消费的33.7%。中国是煤炭生产和消费大国，目前煤炭提供了我国一次能源的75%左右，在可预见的未来几十年内，煤炭仍将是我国主要的一次能源。

以煤炭为主要一次能源的国情，决定了在我国的电力工业中，燃煤火力发电占有主导地位。2008年，煤电机组约占总装机容量的76%，到2050年，燃煤发电装机比例将由2020年的约60%下降到2050年的40%左右，仍然居于主导地位。这种长期依赖燃煤发电的能源结构造成了严重的环境污染，燃煤电厂产生的污染物主要有粉尘、SO_x 和 NO_x。据文献报道，燃煤电厂排放的粉尘、SO_x 和 NO_x 分别占同类物质总排放量的70%、90%和70%。目前，粉尘的排放问题已基本得到控制，而 SO_x 和 NO_x 的污染问题则有日益恶化的趋势。同时，煤燃烧产生大量的温室气体 CO_2。而从 CO_2 排放量来看，中国是世界 CO_2 排放的第二大国。因此，为保持经济高速发展及保持良好的生态环境，发展清洁、高效、低污染的洁净煤技术是十分必要的。

作为煤制洁净燃料广义上包括：选洗脱灰、脱硫的洗精煤、型煤，水煤浆和超纯煤等。本节主要介绍水煤浆和超纯煤。

10.3.1　水煤浆

水煤浆是煤和水及少量的化学添加剂经过一定的加工工艺调制而成的浆体。由于煤在制浆过程中脱去了大部分的灰分和硫分，并且煤的粒度只有数 10μm，因此，水煤浆的着火温度低（约比同种煤低 100℃），点火容易，燃烧稳定与安全，热效率高达 98% 以上。烟气中 SO_2、NO_x 和烟尘排放量均明显低于燃油时的排放量。

水煤浆是一种以煤代油的流体燃料，一般煤粉占 65% ~70%，化学添加剂约 1%，其余为水。其可以像油一样，用泵送、储存和雾化燃烧，一般 2t 水煤浆可替代 1t 燃料油。燃用水煤浆与直接燃煤相比，具有燃烧效率高，节能和环境效益好的优点，是洁净煤技术中的重要分支。水煤浆可采用投资少、营运费用低的管道运输方式进行长距离的输送，到终端后无需脱水可直接燃用，储运过程全密闭，既减少损失又不污染环境，是中国煤炭运输的发展方向之一。

衡量水煤浆质量的主要参数是浓度，表观黏度、稳定性、流动性、水煤浆的灰分和热值等。要同时满足以上各项性能要求可能会遇到困难，因为其中的一些性能间是相互制约的。例如，提高浓度就会引起黏度增大、流动性变差；流动性好，黏度就低，又会使稳定性变差。为了使所制水煤浆的性能同时满足以上各项要求，就必须采取某些专有技术，主要内容如下：

（1）正确选择制浆用原料煤。制浆用煤的质量除了满足下游用户的要求外，还必须十分注意它的成浆性——制浆的难易程度。制浆用原料的成浆性，对制浆厂的投资、生产成本以及水煤浆的质量都有很大的影响。如褐煤内在水分高，所得煤浆浓度低，不宜制浆；高挥发的烟煤中，气煤、弱黏煤成浆性较好；其次是不黏煤和长焰煤；主焦煤和瘦煤疏水性最好，成浆性也最好；但到无烟煤阶段成浆性有所降低。我国气煤储量多，就地开发水煤浆代油有很好的发展前景。煤的亲水性越好，煤的成浆性就越差。孔隙度大、接触角小和丝碳含量高的煤种，所制煤浆黏度高，流动性差；煤化度不同、煤表面含氧官能团、O/C 原子比和最高内在水分等不同，对水煤浆的流动性影响很大。煤中矿物质对煤的成浆性影响显著，其中可溶性矿物质和黏土类矿物降低煤的成浆性，但高密度矿物有助于获得高浓度的煤浆。煤的表面电动电位越高，越易制得高浓度煤浆。

（2）“级配”技术。水煤浆不但要求煤炭粒度达到规定的细度，还要求具有良好的粒度分布，使其中不同大小的煤粒能够相互填充，尽可能减少煤粒间的空隙，达到较高的“堆积效率”。空隙小就可以减少水的用量，容易制成高浓度水煤浆。该技术有时简称“级配”。

（3）成浆工艺与设备。在给定原料煤的粒度特性与可磨性条件下，如何使水煤浆最终产品的粒度分布能达到较高的“堆积效率”就需要合理选择磨矿设备与制浆工艺流程。

（4）选配性能匹配的添加剂。为了使水煤浆在正常使用中有较低的黏度，较好的流动性，不易产生沉淀。在制浆过程中添加少量的化学添加剂必不可少，添加剂的用量通常约占 1% 左右。添加剂按功能不同，有分散剂、稳定剂，及其他一些辅助化学药剂，如消泡、调整 pH 值、防霉、表面改性剂、促进剂等多种。在这些添加剂中，不可缺少的是分散剂与稳定剂。添加剂的作用发生在煤水界面，因此它的效能与煤炭性质特别是煤炭的表面性质，以及水的性质都有密切的关系。所以制浆用化学添加剂配方不可能是一成不变的。合理的添加剂必须根据制浆用煤的性质，和用户对水煤浆产品质量的需求，经过试验研究后方可确定。添加剂费用在制浆成本中是仅次于煤炭费用的主要成本，所以添加剂的配方对水煤浆的成本有重要的影响。在选配添加剂时，不必盲目追求药剂性能的高效，而要求经济合理。在能满足用户对煤浆质量要求的前提下，应使所选择的添加剂配方在性能价格比方面为最优。

我国从“六五”开始，在“煤炭转换”项目中，同时将燃料用煤浆与德士古炉造气用水煤浆的制备技术列为国家重点攻关项目，经过几十年的努力，已取得一批有自主知识产权的制浆技术与设备，制浆技术达到国际水平，并进入商业化运作阶段，取得了显著的经济与社会效益。如北京造纸一厂60t/h水煤浆工业锅炉、山东白杨河电厂2台230t/h水煤浆锅炉、北京燕山石化公司220t/h脱硫型水煤浆锅炉代油燃烧，投产后均取得较好的经济效益和环境效益。

目前，依靠中国国内技术与装备建设的大、中型制浆厂有：山东枣庄矿业集团（25×10^4 t/a），山东白杨河电厂（40×10^4t/a）、胜利油田（50×10^4t/a）、邢台矿业集团（25×10^4t/a），大同汇海水煤浆有限责任公司（100×10^4t/a）、茂名电厂（50×10^4t/a）。从日本引进的山东兖州日制浆厂（25×10^4t/a）和从瑞典引进的北京制浆厂（25×10^4t/a）。

10.3.2　超纯煤

所谓的超纯煤（ultra-clean coal），目前并无统一的看法，有的认为灰分应低于2%～3%，有的认为应低于0.5%，而大多数都定在1%以下。本节按最后一种指标来介绍。超纯煤可制备超纯水煤浆代替柴油用于燃气轮机和低速柴油机；也可用来生产无灰冶金焦；生产电极炭、炭黑、燃料添加剂等。

国内外制备超纯煤主要有化学法和物理化学法两大类方法。

10.3.2.1　化学法

化学法是通过化学药剂和煤中组分进行化学反应的方法。按化学药剂的类型可分为无机法和有机法。前者是利用酸、碱类无机化合物和煤中矿物质进行反应，经洗涤、过滤、干燥将含灰物质除去，而有机质则保留原有的结构和特征。后者是通过有机溶剂溶解，破坏煤中的有机物，然后将溶解的有机质和不溶的残渣分离。化学法包括氢氟酸法、常规酸碱法、熔融碱沥滤法和用酚油与碱液溶解煤并加氢的化学煤法四种，前三种属于无机化学法，后一种为有机化学法。

10.3.2.2　物理化学法

目前能够达到超纯煤质量指标的物理化学法有两种：一是美国Otisca公司开发的T-Prosecce（简称OPT）；二是中国矿业大学北京研究生部开发的油团聚-浮选法，通称油团脱灰法。

这两种方法的基本原理一致，都是利用煤中有机质和无机矿物表面亲油疏水性的差异。将原料煤细磨，达到单体解离，借助烃类等中性油做桥连液和剪切力的作用，将亲油的细粒有机质团聚，是亲水的矿物颗粒分散悬浮在水中，再通过筛分、离心或浮选等方式分离、洗涤、干燥、回收。此外，还有选择性絮凝法，也是制取洁净煤并得到广泛研究的一种方法，但迄今为止，尚没有见到这种方法能制取灰分低于1%超纯煤的报道。

超纯水煤浆比常规水煤浆具有更严格的质量指标：除灰分要求小于1%外，平均粒度小于10μm，基本为牛顿流的煤水混合物。此外，还有更高的灰熔点和低Na、K含量要求。国外在超纯煤和超纯水煤浆技术方面已经进入中试或工业应用阶段，我国尚处于实验研究开发阶段。

10.4　煤制高碳物料

煤制高碳物料一般指由煤及其衍生物经热加工制得的碳和石墨制品、活性炭和炭黑等高附加值炭素物料。煤及其衍生物可通过固相炭化、液相炭化和气相炭化方法制取各种高碳物料。例如：用固相炭化方法可制得活性炭等活性材料；用液相炭化方法可制取针状焦，改性沥青黏结剂，沥青焦，煤沥青基炭纤维，中间相炭微珠，各向同性石墨，各种类型的石墨电极，碳电极，电极糊等炭素糊类产品和高炉炭块等炭质材料；用气相炭化方法可制取炭黑和热解炭等。煤制高碳物料可广泛应用于冶金、化工、电子、机械、核能、宇宙等各个领域，高碳物料的各种优异功能使其成为新材料的佼佼者。本节主要介绍煤制沥青基炭纤维和中间相炭微珠。

10.4.1 煤沥青基炭纤维

沥青基炭纤维是指以沥青等富含稠环芳烃的物质为原料，通过原料沥青的调制、熔融纺丝、不熔化处理、炭化、石墨化和炭纤维后处理制备的一类炭纤维。

炭纤维具有十分优异的力学性能，是目前已大量生产的高性能纤维中具有最高的比强度和最高的比模量的纤维，特别是在2000℃以上的高温惰性环境中，炭材料是唯一强度不下降的物质，这是其他主要结构材料（金属及其合金）所无法比拟的。除了优异的力学性能外，炭纤维还兼具其他多种优良性能，如低密度、耐高温、耐腐蚀、耐摩擦、抗疲劳、震动衰减性高、电及热传导性高、热膨胀系数低、光穿透性高，非磁体但有电磁屏蔽性等。作为高性能纤维的一种，炭纤维既有碳材料的固有特性，又兼备纺织纤维的柔软可加工性，是先进复合材料最重要的增强材料，已在军事及民用工业的各个领域取得广泛应用，从航天、航空、汽车、电子、机械、化工、轻纺等民用工业到运动器材和休闲用品等。因此，炭纤维被认为是高科技领域中新型工业材料的典型代表，为世人所瞩目。炭纤维产业在发达国家支柱产业升级乃至国民经济整体素质提高方面，发挥着非常重要的作用，对我国产业结构的调整和传统材料的更新换代也有重要意义，对国防军工和国民经济有举足轻重的影响。

按其性能的差异可分为通用级沥青炭纤维、高性能中间相沥青基炭纤维以及预中间相沥青基炭纤维。前者由各向同性沥青制备，也称各向同性沥青基炭纤维，后者由中间相沥青出发制备，故又称中间相沥青基炭纤维。三类不同性能的煤沥青基炭纤维在制造工艺上的区别主要是在原料沥青的调制工序，而其他五个工序的基本原理与方法都是类同的。各个制备工序简述如下：

10.4.1.1 原料沥青的调制

A 各向同性沥青的调制

各向同性沥青的调制目的，在于使沥青组分的相对分子质量分布均匀化并且分布范围变窄，使沥青流变性能符合纺丝的要求。调制方法有三种：热处理法，先除去沥青的低沸点组分，再在添加剂下热处理；溶剂抽提法，用溶剂将沥青的可溶组分抽提出来，再添加缩合促进剂热处理；共聚合法，在沥青中添加烃类聚合物共聚，再除去低沸点组分。

B 中间相沥青的调制

中间相沥青的调制包括提纯和缩聚两步，以达到原生 QI（喹啉不溶物）为痕量，次生 QI 为50% ~65%，呈塑性流动，黏度在1 ~20Pa·s，相对分子质量分布合适并不含低沸点组分。提纯可用蒸馏法或萃取法：通过蒸馏提取高纯度澄清油，或用喹啉或吡啶萃取获得喹啉可溶分或吡啶可溶分。缩聚是提纯所得纯净原料，通过缩聚制取中间相沥青，通常可在350 ~450℃下进行热缩聚，并且在缩聚过程中必须进行连续的强烈搅拌。

C 预中间相沥青的调制

预中间相沥青的调制过程分为氢化和减压热处理两个工序。先将煤沥青在四氢喹啉等供氢溶剂存在下进行液相氢化，以制备氢化沥青。这一工序的目的是降低预中间相沥青的软化点和黏度，并且因氢化沥青中具有部分氢化的多环结构，可使可纺性和石墨化性均有较大改善。氢化沥青进一步快速升温后恒温一段时间，并进行减压蒸馏，获得次生 QI 为0 ~90%的预中间相沥青。预中间相沥青是光学各向同性的，但它在施加剪切应力（例如纺丝）后，即变为光学各向异性。因此，预中间相沥青基炭纤维是光学各向异性炭纤维。

10.4.1.2 原料沥青的熔融纺丝

熔融沥青的纺丝可用喷射法或离心法生产短纤维，也可用挤压法生产连续长丝。连续挤出的沥青纤维缠卷在纺丝装置的绕丝筒上，在收丝装置的张力牵伸下纤维直径减小到 10～15μm。此时用热空气向纤维表面喷吹，进一步除去纤维表面上的低沸点成分，并使纤维表面轻度氧化生成不熔化表层。

10.4.1.3 沥青纤维的不熔化处理

沥青纺丝所得的沥青纤维一般必须经过不熔化处理。不熔化又称预氧化，它的实质是将沥青纤维表面层由热塑性转变为热固性，从而变为不熔化的沥青纤维，防止在炭化的升温过程中软化变形。常用的预氧化方法是使沥青纤维在一定温度和处理时间内轻度氧化。预氧化有气相氧化、液相氧化和混合氧化等方法。

10.4.1.4 沥青纤维的炭化

不熔化的炭纤维在高纯 N_2 的保护下，在 1000～2000℃高温下炭化 0.5～25min。炭化炉有卧式、立式和二者优点相结合的 L 式炉，多用 L 式炉子。

10.4.1.5 沥青炭纤维的石墨化

石墨化是在高纯氩气的保护下，在 2500～3000℃高温下进行，停留时间约数 10s 到 1min。石墨化后使炭纤维转化为具有类似石墨结构的纤维，具有更高的强度和弹性模量。

10.4.1.6 炭纤维的后处理

由于炭纤维主要用于生产复合材料，为提高炭纤维和基体间的黏结力，还需进行炭纤维的表面后处理。可使用表面清洁法、空气氧化法、液相氧化法和表面涂层法等后处理方法，达到消除炭纤维的表面杂质，增加其表面能、引入具有极性的活性官能团等，以改变炭纤维的表面性质。

通用级沥青炭纤维的强度和模量都较聚丙烯腈基（PAN）炭纤维差很多，不能用作飞机、体育和文娱用品的增强材料，故而另辟蹊径进行独自的用途开放。吴羽化学公司用廉价的通用级沥青炭纤维增强混凝土，效果较好，可提高混凝土的强度 5～10 倍，弯曲韧性提高几倍到 50 倍，可节省钢材，减薄结构，使构件重量减轻，利于施工。

由于高性能沥青炭纤维具有高力学性能（尤其是高模量）、优良的传热、导电性能和极低的热膨胀系数，它们可以和树脂、金属、炭等复合制成复合材料，用于航空、航天、核能等高技术领域，作为高温烧蚀材料和高温结构材料使用。

10.4.2 中间相炭微珠

采用各种方法从中间相沥青基质中分离制备的微米级中间相球体称为中间相炭微珠（MCMB）。1973 年，Honda 和 Yamada 通过溶剂选择分离将中间相小球从沥青母体中分离出来，并把分离出来的微米级球形材料称之为中间相炭微珠（mesocarbon microbeads，MCMB）。由于中间相炭微珠具有许多优异的性能，如自烧结性能、化学惰性、高堆积密度、优良的导电和导热性等，而被用作高密高强碳材料、高性能液相色谱柱填料、催化剂载体、超高比表面积活性炭和锂离子二次电池负极材料等，成为继中间相沥青基炭纤维和针状焦炭之后的又一大中间相产品而越来越受到人们的重视。

MCMB 可用溶剂分离法、乳化法和离心分离法等方法制备。不同方法制备的 MCMB 其形状、尺寸分布和颗粒大小均有差异。理想的分离方法是希望能控制 MCMB 的粒度及其分布，满足不同用途的需求。MCMB的组成取决于原料种类和制备条件，由乳化法制备的MCMB具有较高的碳含量和较低的杂原子含量。

MCMB是由高相对分子质量的缩合稠环芳香烃构成，它呈层状结构、由定向的缩聚芳烃堆集而成。在MCMB的周边存在许多定向的芳烃边缘基团，使MCMB表面具有极高的活性，并且MCMB具有相对大的导电性，用作电极时具有很高的放电能力。浓硫酸可以和MCMB发生磺化反应，磺化MCMB具有离子交换能力。

MCMB可制备密度高达1.9g/cm^3、抗压强度高达196MPa的高密高强炭材料。由MCMB制备的高密高强各向同性炭材料可以用于机械密封、电火花加工、冶金模具、半导体制造容器和核石墨方面。日本川崎制铁以MCMB炭粉为原料生产出高密高强无黏结剂各向同性石墨块，省去了普通石墨制品生产所需混捏、浸渍和焙烧等工序，所得材料的力学性能比普通石墨制品高2～3倍，断裂韧性高1倍。MCMB具有相对窄的颗粒尺寸分布，对化学试剂具有高的稳定性，并且由溶剂造成的膨胀或收缩而导致的体积变化小，因此MCMB可作为高性能液相色谱柱填料。此外，因为MCMB具有相对大的导电性，其可用作电极的催化剂载体。高石墨化程度MCMB还可用于锂二次电池，石墨化处理的MCMB做负极材料试制的圆柱形卷式电池具有大容量，其工作电压为普通电池的3倍，并且循环寿命长。

10.5　煤制活性材料

煤的表面化学性质活泼、孔隙率大、内表面积大，并且主要由碳组成。煤的化学结构决定它们能够制备成活性材料，从气相或液相中吸附有机物质和其他非极性化合物。煤制活性材料广泛应用于工业废气和空气净化、气体混合物分离、溶剂回收、溶剂脱色和水净化等领域。此外，煤制活性材料在有机合成、食品、医药、军工和高科技产业等方面也有许多的应用。煤制活性材料有活性炭、炭分子筛、活性煤和活性焦等，本节主要介绍煤质活性炭和炭分子筛。

10.5.1　煤制活性炭

以特定煤种或配煤为原料，经炭化及活化工艺可制成煤质活性炭。20世纪70年代前，国内活性炭集中用于糖、药和味精工业；20世纪80年代后，扩展到水处理和环保等行业，20世纪90年代后，除以上领域外，扩大到溶剂回收、食品饮料提纯、空气净化、脱硫、载体、医药、黄金提炼、防毒面具、防毒服装、半导体领域等等，对活性炭的需求量越来越大，特别是水处理、环保用途的前景越来越广阔。

常规煤质活性炭可分为煤质成型活性炭（含球形炭和柱状炭）和煤质无定型活性炭（含破碎炭和粉炭）两大类。若按产品性能和生产工艺又可细分为80多种。

成型活性炭的生产过程为：原料煤经粉碎、研磨后加入煤焦油等黏结剂，煤料进行混合和混捏后挤压成型，再经炭化和活化工序最后得到柱状等成型活性炭。球形活性炭的成型工序采用团球设备造球后，经干燥和约300℃的低温热处理、再炭化和活化制得。无定形活性炭与成型活性炭生产过程的主要区别是，前者的原料煤是经破碎筛选符合块度要求的无烟煤块或硬质烟煤块，不经成型工序直接炭化、活化、筛分后得到块状或粉状（筛分、研磨所得）无定形活性炭。

活性炭生产过程的成型目的是使产品具有一定的形状，可采用模压法制成块状或饼状等压块炭，也可采用挤压造粒方法制造柱状或煤球状成型活性炭，或转盘造球后生产球形活性炭。炭化和活化是两个最关键的环节：炭化是在约600℃下进行的干馏过程，其目的是基本除去煤中的挥发分，使炭固定下来初步形成炭的空隙结构；活化的目的是进一步扩大炭化产物的细孔容积，调整孔径和孔隙分布。活化方法有气体活化法、化学药品活化法和两者的联合活化法三类。活化的设备有竖式炉、回转炉、耙式炉、多管炉和沸腾炉等。

气体活化法的实质是：炭化所得的物料在800～900℃高温下焙烧，并同时通入空气、水蒸气、氧和二氧化碳等氧化性气体进行活化，通过碳的氧化烧蚀而形成活性炭的内部孔隙。气体活化法所得的活性炭吸附能力取决于氧化性气体的化学性质和浓度、反应温度、活化程度以及炭化物中灰成分的种类和数量等。

化学药品活化法的实质是：将未炭化的含碳原料在液体活化剂中浸泡混合，干燥后一般加热到500～700℃进行焙烧活化。活化剂多采用对原料起脱水和侵蚀作用的药品，如 $ZnCl_2$，H_3PO_4，H_2SO_4，$CaCl_2$，NaOH，K_2S 和 K_2SO_4 等。由于活化剂可使原料中碳氢化合物中的氢和氧以水的形态分解脱离。这样，不仅改变了通常的热解反应过程，而且显著降低了活化温度。如 $ZnCl_2$ 法的活化温度为500～600℃，H_3PO_4 法的活化温度为300～350℃，并且产品回收率高，容易通过调节活性炭的孔径分布和比孔容积而调整产品结构，并生产出多种不同用途的产品。

选用原料煤制活性炭时，应对以下几个方面严格要求：

（1）选用适当的煤种。活性炭的生产工艺，须根据原料煤的性质来确定。由于烟煤生产活性炭需要进行煤的预处理，工艺比较复杂，国内目前很少采用烟煤做原料生产活性炭。大部分以弱黏煤、褐煤和低阶无烟煤为原料。

（2）煤的灰分要低。生产活性炭时原煤中的灰分大部分留在活性炭中，因此活性炭中的灰分比原煤中的灰分大1～2倍。灰分过高对活性炭的吸附能力、机械强度和其他性能都会产生不利的影响。

（3）适当的挥发分。挥发分的存在对形成活性炭颗粒内部的初步孔隙是有利的。这些孔隙主要是在炭化过程中因挥发分的逸出而产生的。但挥发分也有害处，首先会影响生产过程的安全。高挥发分煤贮存时容易引起自燃，在生产颗粒状活性炭时对煤进行破碎、磨粉变成煤粉后，由于接触空气的面积增大，在一定的条件下可能引起设备内的自燃和爆炸。高挥发分的煤成型后进行炭化时，因挥发分大量快速逸出使炭化工序增加很多困难。同时大量排出的挥发分增加了炭化尾气的量，使尾气处理负荷增大。因此，采用无烟煤做活性炭原料时，煤中挥发分不超过10%。

（4）其他性质。原料煤的其他性质如黏结性、反应性、机械强度、煤中的硫分和水分等也对活性炭生产工艺有一定的影响。

制造粒状活性炭，除了工艺需要加入必要的黏结剂外，还要注意到原料煤本身所具有的黏结性。在活性炭制造过程中黏结剂的加入量要参考煤的黏结性指数进行必要的调整。

煤的反应性好，活化反应速度就快，活性炭的生产周期就会缩短。各种煤的反应性随煤化程度的加深而减弱。褐煤的反应性最强，烟煤次之，无烟煤最差。

在直接破碎、炭化、活化的制造工艺中，煤的硬度将影响到产品的颗粒强度。煤的可磨性则影响磨粉的效率。煤的硬度和可磨性都随煤化程度呈规律的变化，如褐煤的硬度最差，随着煤化程度增加硬度逐渐提高。烟煤中年轻烟煤硬度较高，煤化程度再增加时，硬度反而逐渐下降。无烟煤硬度随煤化度直线上升。

原料煤中硫分是有害成分，在炭化、活化过程中，硫与氧反应生成 SO_2 逸出。SO_2 遇到水分会生成 H_2SO_3 或 H_2SO_4，这些酸性物质会对设备、管道、阀门、仪表造成腐蚀。另外，在活性炭作为催化剂载体时，硫会使催化剂中毒，使用寿命缩短。

一般来说，高煤化度煤结构致密，制得活性炭微孔系统发达，中孔较少，适用于气相吸附和脱除小分子物质；低煤化度煤结构较为疏松，制得活性炭中孔系统较发达，而微孔的容积较小，适于脱色、脱 H_2S 和水中大分子化合物。

煤质活性炭的微观结构是微晶质碳，它主要由石墨状微晶，以及部分单一网平面状炭和非组织炭（又称无序碳）三部分组成。活性炭兼有物理吸附和化学吸附作用，物理吸附主要取决于活性炭的孔隙结构，而化学吸附则取决于活性炭的表面化学结构。活性炭的物理吸附量由其有效表面积而不是总表面积决定，也就是由活性炭的平均孔隙半径及中孔和微孔的数目。活性炭的孔隙由大孔（大于100nm），中孔（2～100nm）和微孔（小于2nm）构成。

活性炭按不同用途，对其空隙结构和孔径分布要求各异。活性炭用于吸附时，微孔起主导作用，因为微孔的发达程度决定活性炭的吸附性能。如气相吸附，中孔可按毛细凝聚机理吸附物质蒸气。若是液相吸附，中孔对分子直径大的吸附物质有选择性吸附作用。大孔的主要作用是作为分子扩散通道，当活性炭作为催化剂载体时，催化剂分子主要沉积于大、中孔内。活性炭的表面化学结构则由其表面化学组成、表面氧化物和表面官能团的性质和数量，以及活性炭中灰分的吸附作用等所决定。可通过活化过程的工艺控制，添加非碳元素和活性炭的氧化、醇洗、碱处理等后处理方法，使活性炭表面改性而改善其表面性质。

随着科技的发展，煤质活性炭不断出现新的品种和新的应用范围。例如，以超低灰煤为原料制备的高强度、高吸附性能、大中孔发达的无定形破碎炭；炭分子筛，煤沥青基中间相超高表面积活性炭和煤沥青基纤维状活性炭等。这些新品种的活性炭在其吸附容量、吸附能力和吸附速度等方面都有显著提高，更高效地应用在化工、环保、医疗、卫生、生物工程和军工等重要领域。

10.5.2 煤制炭分子筛

煤制炭分子筛是细孔和亚细孔（孔直径小于0.8nm）特别发达的炭质吸附剂。它的孔隙结构不同于活性炭，主要是微孔结构，孔径比较均匀，微孔孔径分布在0.3～1nm的狭窄范围内。炭分子筛（CMS）是非极性吸附剂，对原料气的干燥要求不高，由于原料便宜，因此 CMS 的价格低廉，并且 CMS 的炭质稳定，耐热和耐化学品的性能较好。

CMS 不是高结晶体，它是由一些非常小的微晶组成。在这些微晶中，碳原子呈三角形键接，微晶本身呈交联状。CMS 中的微孔就是由相邻的微晶底面所产生，因而它具有狭缝状的入口，其孔腔为平板状，在平板的两个平行平面之间吸附气体分子。狭窄的尺寸不等，取决于制备原料和炭化温度。CMS 的吸附分离是基于动力学效应，因为其孔径分布可使分子体积大小不同的气体以不同速度扩散，从而达到分离混合气体的目的。例如，氧和氮在 CMS 微孔（0.4nm）的吸附速度相差很大，氧大于氮约 400 倍，当分离浓缩空气中的氮时，在给定的吸附时间（约 1～2min）内，氧气首先被 CMS 选择吸附，从而可以获 95%～99.9% 的纯氮。

炭分子筛用于空气分离和氢精制的机理如图 10-1 所示。用于从空气中分离氮的炭分子筛工作原理如图 10-1（a）所示。炭分子筛孔径狭小，当用于空气分离时，由于氧分子直径小（0.28nm），氮分子直径大（0.30nm），因此氧分子扩散快，先进入孔隙被吸附，而氮则被富集，通过炭分子筛后得到富氮。

图 10-1（b）是用于氢精制的炭分子筛，具有较大的孔径，所有气体可以进入这种大孔。H_2 与 CO_2、CH_4、CO 等比较，H_2 的吸附量很低，于是其他气体被吸附，而 H_2 被分离出来。其分离原理是利用分子作用力不同而形成的选择吸附。

使用泥炭、褐煤、烟煤和无烟煤都可制成 CMS。但因煤种及其性质不同，制备工艺各有差别。从煤生产炭分子筛的方法主要有以下几种。

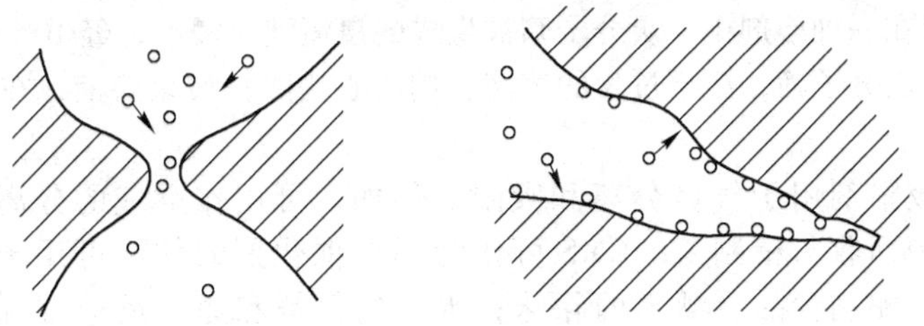

(a) (b)

图 10-1 炭分子筛分离机理

10.5.2.1 炭化法

炭化法是将煤置于惰性气体中，在适当的热解条件下炭化的方法。炭化法的基本原理是基于煤中各基团、桥键、自由基和芳环等进行复杂的分解聚合反应，表现为煤焦孔隙率的发展，孔径的扩大和收缩过程。在炭化过程中，有挥发物自煤中析出，形成某些小分子如 CH_4、CO、H_2O、CO_2、H_2S 和 H_2 等，结果在炭化产物上留下适于空气分离的 0.5nm 大小的孔隙。因此，只要选择适当的炭化条件，就可以使炭化后的产品的孔隙结构，向有利于空气分离的方向发展。该法只适应于高挥发分煤。

10.5.2.2 气体活化法

气体活化法是将煤的炭化产物在活性介质中，加热平缓处理的方法。气体活化法的基本原理是基于煤表面部分碳的烧蚀，从而发展其孔隙结构。对于黏结性烟煤，活化还具有破黏作用。常用的活化剂有空气、氧气、水蒸气、二氧化碳及一氧化碳等。适度的活化，可使炭分子筛的结构均一，重复性好。因此，该法的关键是在活化过程中保持温和的活化条件，缓慢的氧化速度及适当的碳烧蚀率。这需要控制较低的反应温度，稀释的活化剂来实现。为保证活化剂和煤料的均匀接触，在工艺上一般采用回转炉、流化床等设备。

10.5.2.3 碳沉积法

煤经一步炭化后所得的炭化物孔径不均匀，大孔较多，其分离空气的能力不强。碳沉积法就是将这些多孔炭质材料浸以高分子化合物或与烃类气体接触使之在大孔壁上、中孔孔径入口处高温热解积碳，从而使其孔径均一化的方法。

碳沉积法的原理是利用堵孔剂-烃类或高分子化合物，在炭分子筛的孔隙中裂解积碳，从而堵塞与缩小部分大孔，使产品孔隙均一化。常用的堵孔剂有沸点为200～360℃的有机化合物苯、乙苯、苯乙烯、甲烷和乙烷等。成型时加入的黏结剂（如石蜡、沥青、煤焦油和亚硫酸盐纸浆废液等）本身也是堵孔剂。

碳沉积法要求在尽可能不减小原料煤焦的微孔容积条件下减小微孔孔径。因此，需严格控制裂解条件，如堵孔剂种类、数量、热处理温度和时间等。

10.5.2.4 浸渍法

浸渍法是用沸点为200～360℃的有机化合物浸渍煤，炭化所得焦炭以制备炭分子筛的方法。由此制得的炭分子筛孔壁的一部分或全部是由有机物覆盖。该法与碳沉积法一样基于堵孔原理，不同之处是这种方法无需高温热处理。

浸渍法可以分为两种，一种是在一定温度下，使沸点为200～360℃的有机化合物形成蒸气或气溶胶状态，通过炭分子筛。处理温度一般为240～450℃，时间为10～60min。另一种浸渍法是把化合物溶解在一种溶剂中，炭分子筛被生成的浸渍液所浸没，经10～60min或更长时间的浸渍以后，取出炭分子筛，沥干过量的溶液，用离心法除去残余溶液，在100℃以上对炭分子筛加热处理即可。

CMS可作为吸附剂用于气体分离和吸附。例如，可用作空气的分离制氮。用在焦炉煤气和冶金燃气中回收与精制氢。CMS可作为择形催化剂载体；可用于气相色谱中作为固定相；还可用于酿制食品、酒类的除味；水果的保鲜和原子反应堆稀有气体的保持等方面。

10.6 炭纳米材料

根据日本稻恒道夫（Inagaki M）教授的建议，炭纳米材料可分为两种：纳米尺度炭和纳米结构炭。纳米尺度炭是指外部尺寸在纳米尺度的炭材料，以炭纳米管为代表，也包括巴基球、炭纳米纤维、纳米金刚石、炭黑等。纳米结构炭是指内部孔隙或织构在纳米级的炭材料，以活性炭为代表，还包括活性炭纤维等。炭纳米材料有着越来越重要而广泛的应用，是目前材料研究领域的前沿和热点。炭纳米材料可用多种工艺方法，由多种原材料（包括化工产品、木质材料、煤等）制得，以煤为原材料制备炭纳米材料是其中最重要的途径之一。因此，研究开发煤基炭纳米材料有重要的现实意义。本节从新材料的角度，仅介绍属于纳米尺度炭的煤基富勒烯和煤基炭纳米管。

10.6.1 煤基富勒烯

传统的观点认为，碳元素有两种同素异晶体，即金刚石和石墨。1970年，日本科学家小泽预言，自然界中碳元素还应该有第三种同素异晶体存在。经过世界上各国科学家15年的不懈努力和艰苦探索，终于在1985年由美国Rice大学的Kroto等人在石墨激光汽化实验中首次发现含有60个碳原子和70个碳原子的原子簇，他们将其分别命名为C_{60}和C_{70}。C_{60}及C_{70}均具有笼形结构，在物理及化学性质上可看作三维的芳香化合物，分子立体构型属于D_{5h}点群对称性。C_{60}中20个正六边形和12个正五边形构成圆球形结构，共有60个顶点，分别由60个碳原子所占有，经证实它们属于碳的第三种同素异晶体，命名为富勒烯（Fullerene），又名巴基球或巴克球（Buckyball）。以后又相继发现了C_{44}、C_{50}、C_{76}、C_{80}、C_{84}、C_{90}、C_{94}、C_{120}、C_{180}、C_{540}等纯碳组成的分子，它们均属于富勒烯家族，其中C_{60}的丰度约为50%。富勒烯部分家族成员的结构如图10-2所示。由于特殊的结构和性质，C_{60}在超导、磁性、光学、催化、材料及生物等方面表现出优异的性能，在物理、化学、材料和生命科学等众多领域均有巨大的应用潜力。特别是1990年以来Kratschmer和Huffman等人制备出克量级的C_{60}，使C_{60}的应用研究更加全面、活跃。

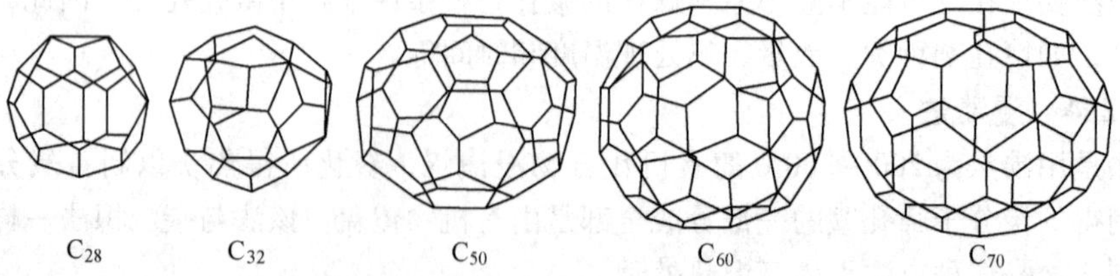

图10-2 富勒烯部分家族成员

以煤为原料合成富勒烯最早是1991年由Pang等报道的，之后一些煤基富勒烯的论文相继发表。大多数是利用电弧放电法，以煤为原料合成富勒烯。与以石墨为原料时生成机理有所不同，煤更具富勒烯合成的前途，这是因为煤的价格低廉，储量丰富；煤中大分子结构的弱键连接使得富勒烯合成更为有效；煤本身可以作为提纯剂，尤其是具有中孔结构的高阶煤；催化剂在生产中可以很容易地加入到煤中。

10.6.1.1　煤基富勒烯的合成

目前富勒烯合成的方法很多，如电弧法、化学气相沉积法（CVD）、等离子体辅助化学气相沉积（PECVD）和激光法等，但是以煤为原料合成富勒烯却主要采用电弧法。

电弧实质上是一种气体放电现象，在一定条件下是两电极间的气体空间放电，是电能转化为热能的过程。电弧法的实验装置见图10-3。载气种类及气压、电弧的电压和电流以及电极间距等工艺参数对富勒烯的产率都有影响，较为理想的工艺条件为：工作电压30～40V，工作电流40～100A，缓冲气体为He气或其他惰性气体，放电时电极间距维持在2～3mm，适宜的气体压力为0.066MPa。

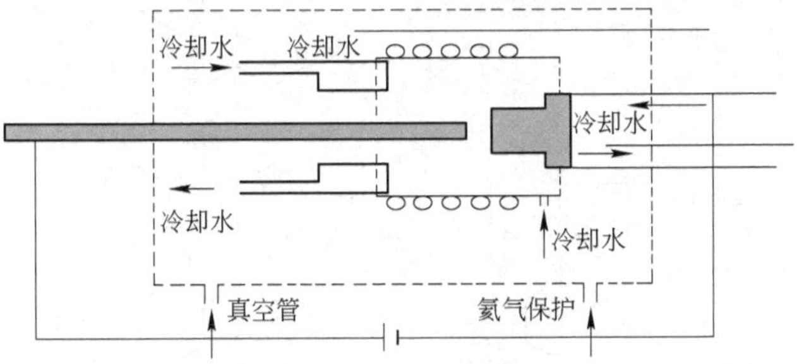

图10-3　电弧放电法实验装置图

大连理工大学邱介山等以中国煤为原料利用电弧法成功合成了C_{60}/C_{70}及CNTs。研究表明，富勒烯的产量和纯度除了与工艺参数有关外，还与煤的性质比如煤中固定碳含量和挥发分等有关。因此，可以选择合适的煤种（有较高的碳含量及尽可能低的灰分含量）并进行适度的脱灰处理。太原理工大学王晓敏等以神木煤为原料利用电弧法成功制备出洋葱状富勒烯。实验步骤为：将阳极石墨棒中间打孔，添入神木煤并压实，之后对煤棒烘干处理，工作电压20V，工作电流90～110A，载气为Ar气，阴阳极间距保持2～3mm。阴极产物为直径较大中空结构，这种中空结构可能是由于煤中的碳原子经过石墨化和结构重排形成富勒烯的过程中，一些不稳定物和H，S和N等成分在最终高温成型时挥发所留下的空位而造成的。

当富勒烯由石墨通过蒸发合成时，可能只有单个碳原子参与了生成过程，然而以煤作为原材料时却具有不同的生成机理，煤中基本结构单元之间连接的弱键在加热过程中分解并产生许多具有简单芳香结构的环状物质。Pang等列出了电弧放电过程中产生的许多基本结构单元（见图10-4），在富勒烯生成过程中，一些结构基本单元会充当构建模块直接参与合成，因此，以煤作为原料时可以较高效率合成富勒烯，煤中含有的以物理方式混合和分散在有机煤基体中的有些无机矿物质，由于其催化作用会促进富勒烯的生成，但是这些金属元素为什么有利于富勒烯生成以及如何在生成过程中起作用仍然不太清楚；另外太原理工大学申曙光研究了煤与等离子体的作用，煤在热解过程中生成诸如C_2H_2等一些有机物，在等离子体作用下分解为C_1和C_2等结构单元，然后C_1和C_2等小的碳团簇参与生成富勒烯。中国科学院山西煤炭化学研究所刘振宇等利用溶胶-凝胶法由煤沥青直接合成碳包金属的纳米颗粒，高温处理可使外包无定形碳石墨化可形成金属内包富勒烯。

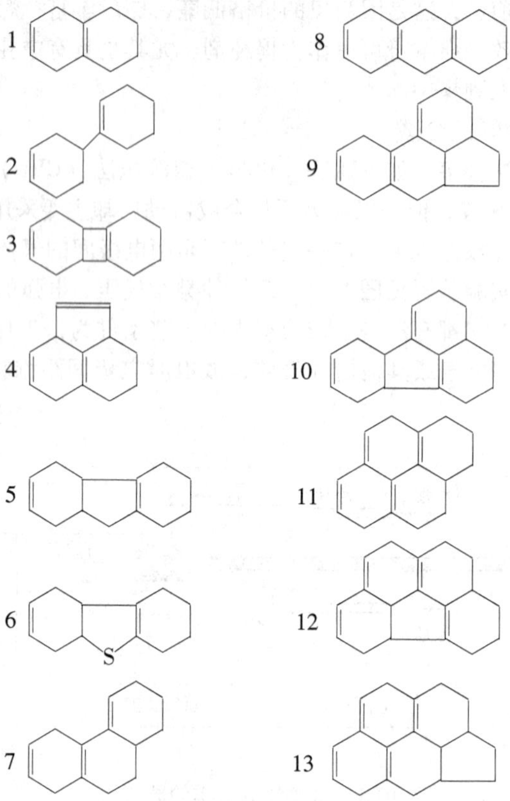

图 10-4 电弧放电过程中产生的化合物

1—萘；2—联苯；3—联苯撑；4—苊；5—芴；6—硫芴；7—菲；8—蒽；9—环戊烷并菲；
10—萤蒽；11—芘；12—苯并（b）萤蒽；13—环戊二烯并芘

煤用于富勒烯合成有很多优势，煤价格低廉，储量丰富，煤中大分子结构的弱键连接使得富勒烯合成更为有效，煤本身可以作为提纯剂并且很容易加入催化剂，因此，由煤合成富勒烯很有潜力。就煤基富勒烯生成机理而言，煤中的弱键连接和矿物质起了重要作用，与以石墨为原料相比，煤基富勒烯合成可实现高效化，在合成过程中，催化剂的加入可促进富勒烯生成，但是生成过程中催化剂的行为及其影响还需进一步研究。

10.6.1.2 富勒烯的性质

富勒烯之所以引起人们广泛的兴趣，除了与它们特殊的结构有关外，还在于它们具有一系列独特的物理性质，例如掺钾得到的 K@C_{60}（K@表示在 C_{60} 的笼形结构中掺入钾）具有超导性、C_{60} 和四（二甲胺基）乙烯（TDAE）的反应产物具有铁磁性等等。以下简单介绍富勒烯（主要是 C_{60}）及其衍生物的物理性质，具体包括：富勒烯的一般物理性质、溶解性、波谱性质、磁性、力学特性、电极化特性、电子输运与导电特性等。

A 富勒烯的一般物理性质

经色谱分离得到的纯 C_{60} 为深黄色固体，薄膜加厚时转成棕色，在有机溶剂中则呈洋红色。C_{60} 的密度为 $1.65 \pm 0.05 g/cm^3$。它能在不裂解情况下升华。C_{60} 晶体的生成焓为 2280kJ/mol，电离势为7.61eV，电子亲和能为2.6~2.8eV。在室温下用粉末X射线测定的C_{60}的体积可压缩率为$7.0\times10^{-12}cm^2/dyne$。这个值是金刚石的40倍，石墨的3倍。这表明$C_{60}$可能是已知固体碳中最软的。

B C_{60}的溶解性

1992年，Sivaramanl等首次于300K下考察了C_{60}在不同有机溶剂中的溶解性，发现在芳香溶剂中的溶解度明显优于脂肪族，之后Ruoff等在室温下考察了C_{60}在47种有机溶剂中的溶解度后又发现C_{60}不溶于强极性溶剂。由于C_{60}分子有高度的对称性，是非极性分子，根据相似相溶的原理，芳香溶剂的溶解性大一些，但溶解速度并不快。研究还发现：C_{60}在环己烷中溶解度随温度的升高而增大，在己烷、甲苯、二甲苯中随温度升高而降低。

C 富勒烯的波谱性质

在给出富勒烯分子的结构后，即可利用量子力学理论计算它们的电子结构，进而预测其各种波谱。到目前为止已经对C_{60}及C_{70}的各种波谱性质进行了测定，理论预测与实验吻合得很好。从研究结果来看，C_{60}的各种波谱都比较简单，尤其是其NMR谱，只在143.2ppm处有一单峰。主要的原因是由于C_{60}具有高度对称的几何构型，所有60个碳原子的化学环境相同。武汉大学陈固纲等在甲苯中溶解富勒烯和有机玻璃，制得了掺C_{60}的有机玻璃薄膜。分别研究了C_{60}在溶液、有机玻璃薄膜两种不同状态下的吸收光谱。实验表明，有机玻璃对富勒烯的吸收特性影响很小，其吸收曲线同在溶液中基本相同；C_{60}在有机玻璃环境对富勒烯的作用只是引起吸收峰稍微蓝移，同时发现C_{60}在有机玻璃薄膜中的吸收峰相对于在溶液中峰宽增大、峰位略有红移。

D C_{60}及其衍生物的磁性

C_{60}化合物的磁性与其奇特的电子状态有关。鉴于有机铁磁体在磁记录材料中具有重要的应用背景，研究和开发高居里温度的C_{60}有机铁磁体，特别是以廉价的炭材料制成磁铁作为昂贵的金属磁铁的替代物是非常令人注目的。

国防科技大学姜宗福等应用规范不变原子轨道线性组合理论，给出了计算富勒烯的电子磁化率的一般公式。对C_{60}、C_{70}、C_{76}、C_{78}、C_{82}以及C_{84}的p电子磁化率进行了计算。计算结果表明，这些分子中键级对磁化率的贡献随碳原子数增加并非线性的增大。计算结果还显示，对于一些具有椭球形的富勒烯如C_{70}、C_{76}等，它们的磁化率表现出明显的各向异性。

Pasquarello等人认为C_{60}分子中五元环具有强的顺磁性，六元环具有缓和的介磁性，整个C_{60}球体中磁性是中性的。这一结论于1993年Prato等人实验和理论计算所证实。

E C_{60}及其衍生物的力学特性

采用基于Tersoff势的分子动力学（MD）方法，南京航空航天大学沈海军等人模拟了温度300、700和1100K下C_{60}、M@C_{60}（M=Si，Ge）富勒烯分子的对径压缩过程。研究表明，在300~1100K范围内，温度对C_{60}、M@C_{60}（M=Si，Ge）分子压缩力学特性无显著影响；当压缩应变至8%~16%左右，各富勒烯分子在加载点处开始“塌陷”，当压缩应变至28%~32%左右，各富勒烯达到承载极限；C_{60}、Si@C_{60}、Ge@C_{60}分子依次具有由低到高的承载能力。

沈海军等人还采用MD方法模拟了C_{60}、C_{180}、C_{60}@C_{180}富勒烯分子的压缩过程，并用PM_3半经验量子力学方法计算了压缩C_{60}、C_{180}、C_{60}@C_{180}分子的电子结构。结果表明，C_{60}分子的承载与吸收能量能力高于C_{180}和C_{60}@C_{180}分子，而C_{60}@C_{180}分子略高于C_{180}分子；C_{60}分子具有最高的化学稳定性，而C_{60}@C_{180}分子的稳定性最低；C_{60}和C_{60}@C_{180}分子的压缩变形越大，越容易失去电子，稳定性越差；C_{180}分子在加载点处发生压缩塌陷时，化学活性明显增加。

沈海军等采用 MD 方法对 C_{240}纳米炭管、线形及花生壳状 $4C_{60}$富勒烯链等三种 C_{240}异构分子的拉伸进行了模拟。根据计算结果，讨论了三种 C_{240}分子拉伸力学特性的差异。研究结果表明，三种 C_{240}分子的承载能力依次为：纳米炭管 > 花生壳状 $4C_{60}$ > 线形 $4C_{60}$，承受变形能力依次为：线形 $4C_{60}$ > 花生壳状 $4C_{60}$ > 纳米碳管。

沈海军还采用 MD 方法，模拟了 $4C_{60}$富勒烯链/(10，10) 炭管纳米豆荚的拉伸与压缩过程。结果发现，炭纳米管中置入 C_{60}富勒烯链后，其拉伸性能并无明显改善；$4C_{60}$富勒烯链所能承受的拉伸载荷很小，且无承受压缩载荷的能力；纳米豆荚的压缩性能较（10，10）炭管有显著提高。

F C_{60}的电极化特性

沈海军等人采用 MD 与半经验量子力学相结合的方法，分析了外加电场对 C_{60}富勒烯分子几何构形、电子结构的影响。结果发现：在电场作用下，C_{60}富勒烯发生极化，分子沿电场方向伸长，沿垂直电场的方向缩短，体积膨胀。当电场强度增至 0.102a.u. 时，C_{60}分子构形破坏。随着外加电场强度的增加，C_{60}分子的偶极矩增大，系统能量、LUMO，HOMO 能级减小，但 LUMO，HOMO 之间的能隙却先是减小，然后增大。

沈海军等人还模拟了电场作用下 C_{60}富勒烯二聚体（$2C_{60}$）分子的几何构型与失效行为，并与电场作用下 C_{60}富勒烯分子的几何变形与失效行为进行了对比。研究结果表明，$2C_{60}$分子的几何变形与失效行为与外加电场的方向密切相关。当外加电场与 $2C_{60}$分子的桥接 C-C 键平行时，$2C_{60}$分子更容易发生失效，且失效形式也十分独特。

G C_{60}的电子输运与导电特性

沈海军等人采用扩展的 Huckel 与格林函数方法计算了三种压缩 C_{20}分子的导电性。研究结果表明，C_{20}分子与 Au 电极之间的“接触”改变了 C_{20}分子的电子结构；C_{20}分子与 Au 电极之间的结合既有共价键的成分，又有离子键的成分，跟 Au 电极对 C_{20}分子的压缩量紧密相关；压缩的 C_{20}分子具有更好的导电性能。

沈海军等人还研究了 Au 电极作用下，C_{60}富勒烯、$2C_{60}$和 $4C_{60}$聚合体分子的电子结构与导电性。研究结果表明，C_{60}、$2C_{60}$或 $4C_{60}$富勒烯分子与 Au 电极“接触”后，其 HOMO、LUMO 间的能隙减小；C_{60}、$2C_{60}$或 $4C_{60}$分子与 Au 电极之间的结合既有共价键的成分，又有离子键的成分，其中，$2C_{60}$、$4C_{60}$分子与 Au 电极结合的离子键特征更为明显；三种富勒烯分子的电子输运性能依次具有 C_{60} > $2C_{60}$ > $4C_{60}$分子的顺序，但电导率并不和聚合富勒烯的长度成反比。

此外，沈海军还讨论了 Ge@ C_{60}、Si@ C_{60}、C_{60}的导电性，结果发现，三种富勒烯分子的电子输运性能依次具有 Ge@ C_{60} > Si@ C_{60} > C_{60}的顺序。

10.6.1.3 富勒烯的应用前景

A 超导体

C_{60}分子本身是不导电的绝缘体，但当碱金属嵌入 C_{60}分子之间的空隙后，C_{60}与碱金属的系列化合物将转变为超导体，如 K_3C_{60}即为超导体，且具有很高的超导临界温度。与氧化物超导体比较，C_{60}系列超导体具有完美的三维超导性，电流密度大，稳定性高，易于展成线材等优点，是一类极具价值的新型超导材料。

B 有机软铁磁体

与超导性一样，铁磁性是物质世界的另一种奇特性质。Allemand 等人在 C_{60}的甲苯溶液中加入过量的强供电子有机物四（二甲氨基）乙烯（TDAE），得到了 $C_{60}(TDAE)_{0.86}$的黑色微晶沉淀，经磁性研究后表明是一种不含金属的软铁磁性材料。居里温度为 16.1K，高于迄今报道的其他有机分子铁磁体的居里温度。由于有机铁磁体在磁性记忆材料中有重要应用价值，因此研究和开发 C_{60}有机铁磁体，特别是以廉价的炭材料制成磁铁替代价格昂贵的金属磁铁具有非常重要的意义。

C 光学材料

由于 C_{60}分子中存在的三维高度非定域（电子共轭结构使得它具有良好的光学及非线性光学性能。如它的光学限制性在实际应用中可作为光学限幅器。C_{60}还具有较大的非线性光学系数和高稳定性等特点，使其作为新型非线性光学材料具有重要的研究价值，有望在光计算、光记忆、光信号处理及控制等方面有所应用。还有人研究了 C_{60}化合物的倍频响应及荧光现象，基于 C_{60}光电导性能的光电开关和光学玻璃已研制成功。C_{60}与花生酸混合制得的 C_{60}-花生酸多层 LB 膜具有光学累积和记录效应。

D 功能高分子材料

由于 C_{60}特殊笼形结构及功能，将 C_{60}作为新型功能基团引入高分子体系，得到具有优异导电、光学性质的新型功能高分子材料。从原则上讲，C_{60}可以引入高分子的主链、侧链或与其他高分子进行共混，Nagashima 等人报道了首例 C_{60}的有机高分子 C_{60}Pdn 并从实验和理论上研究了它具有的催化二苯乙炔加氢的性能。Y. Wany 报道 C_{60}/C_{70}的混合物掺入发光高分子材料聚乙烯咔唑（pvk）中，得到新型高分子光电导体，其光导性能可与某些最好的光导材料相媲美。这种光电导材料在静电复印、静电成像以及光探测等技术中有广泛应用。C_{60}掺入聚甲基丙烯酸甲酯（PMMA）可成为很有前途的光学限幅材料。另外，C_{60}掺杂的聚苯乙烯的光学双稳态行为也有报道。

E 高效催化剂

催化剂是化工生产的重要原料，将富勒烯与铂、锇结合成配位化合物，有可能成为高效的催化剂。目前科研人员正在对此进行研究，并发现这种配位化合物在硅氢加成反应中具有很高的催化活性。

F 生物活性材料

Nelson 等人报道 C_{60}对田鼠表皮具有潜在的肿瘤毒性。Baier 等人认为 C_{60}与超氧阴离子之间存在相互作用。1993 年 Friedman 等人从理论上预测某些 C_{60}衍生物将具有抑制人体免疫缺损蛋白酶 HIVP 活性的功效，而艾滋病研究的关键是有效抑制 HIVP 的活性。日本科学家报道一种水溶性 C_{60}羧衍生物在可见光照射下具有抑制毒性细胞生长和使 DNA 开裂的性能，为 C_{60}衍生物应用于光动力疗法开辟了广阔的前景。1994 年 Toniolo 等人报道一种水溶性 C_{60}-多肽衍生物，可能在人类单核白血球趋药性和抑制 HIV-1 蛋白酶两方面具有潜在的应用，黄文栋等人制得水溶性 C_{60}-脂质体，发现其对癌细胞具有很强的杀伤效应。台湾科学家报道多羟基 C_{60}衍生物-富勒醇具有吞噬黄嘌呤/黄嘌呤氧化酶产生的超氧阴离子自由基的功效，还对破坏能力很强的羟基自由基具有优良的清除作用。利用 C_{60}分子的抗辐射性能，将放射性元素置于碳笼内注射到癌变部位能提高放射治疗的效力并减少副作用。

G 其他应用

C_{60}的衍生物 $C_{60}F_{60}$俗称“特氟隆”可作为“分子滚珠”和“分子润滑剂”在高技术发展中起重要作用。将锂原子嵌入碳笼内有望制成高效能锂电池。碳笼内嵌入稀土元素铕可望成为新型稀土发光材料。水溶性钆的 C_{60}衍生物有望制成新型核磁造影剂。高压下 C_{60}可转变为金刚石，开辟了金刚石的新来源。C_{60}及其衍生物可能成为新型催化剂和新型纳米级的分子导体线、分子吸管和晶须增强复合材料。C_{60}与 γ-环糊精、环芳烃形成的水溶性主客体复合物将在超分子化学、仿生化学领域发挥重要作用。

富勒烯作为一种具有多项优异性能的新型纳米炭材料，人们对它的未来有无限憧憬。虽然受高成本和制备技术所限，目前其应用仍处在起步阶段，全球富勒烯的市场价值2006年仅为9200万美元。美国有关机构曾评估，富勒烯的市场价值今后会以年均70%的速度增长，2011年将达13亿美元，到2016年有可能超过47亿美元。可以预期的巨大市场容量促使各国对富勒烯的制备和应用研发投入巨资，力图处于领先地位，为今后占领市场做好准备。发达国家无不将其纳入国家研发战略。我国也将燃烧法批量制备富勒烯项目列入2007年国家“863”计划，而且首套试验装置于2008年已在中橡集团炭黑工业研究设计院建成点火，为实现富勒烯在我国的大批量生产和应用创造了条件。

10.6.2 煤基炭纳米管

1991年日本筑波NEC公司基础研究实验室的电子显微镜专家饭岛澄男（Iijima）在高分辨透射电子显微镜下检验石墨电弧设备中产生的球状碳分子时，意外发现了由管状的同轴纳米管组成的碳分子，这就是现在被称作的“Carbon nanotube”（缩写CNT），即炭纳米管，又名巴基管。炭纳米管是晶型碳的同素异形体，是由石墨片卷曲而成的准一维管状材料，单层炭纳米管结构模型如图10-5所示。由图可见，炭纳米管具有典型的层状中空结构特征，构成炭纳米管的层片之间存在一定的夹角炭纳米管的管身是准圆管结构，并且大多数由五边形截面所组成。管身由六边形碳环微结构单元组成，端帽部分由含五边形的碳环组成的多边形结构，或者称为多边锥形多壁结构，是一种具有特殊结构（径向尺寸为纳米量级，轴向尺寸为微米量级、管子两端基本上都封口）的一维量子材料。它主要由呈六边形排列的碳原子构成数层到数十层的同轴圆管。层与层之间保持固定的距离，约为0.34nm，直径一般为2～20nm。

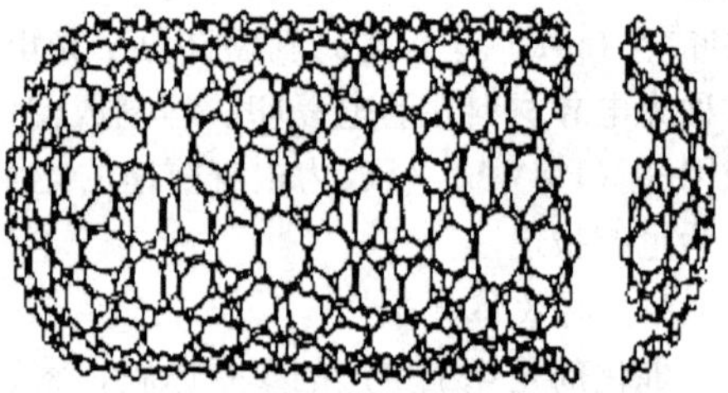

图10-5 单层炭纳米管结构模型

炭纳米管有其独特的电学、化学、电子及物理等特性，如：CNT的硬度与金刚石相当，却拥有良好的柔韧性，可以拉伸；CNT的强度比同体积钢的强度高100倍，重量却只有钢的1/7到1/6等。所以，近年来有关炭纳米管的研究一直是国际科学的前沿领域之一。作为纳米材料中最具潜力的材料之一，炭纳米管有着广泛的应用前景。

煤作为自然界一种丰富而廉价的碳源，可供炭纳米管生长所需，要实现炭纳米管的大批量、低成本制备，推进其大规模工业应用，加强煤基炭纳米管的研究是大有裨益的，但迄今为止，以煤为原料制备炭纳米管的研究报道尚不多见。

10.6.2.1 煤基炭纳米管的生长机理

由于煤化学结构的复杂性，关于煤基炭纳米管生长机理的观点目前尚未统一。大连理工大学邱介山等提出煤基炭纳米管的碳来源于煤化学结构的芳核碎片和C_1、C_2碎片。在高能电场作用下，煤的有机大分子首先断裂，分解成聚合芳核碎片，即煤化学结构中的结构单元。一部分芳核碎片直接参与炭纳米管的形成，另一部分芳核碎片在电场作用中被进一步击碎，直至形成C_1、C_2碎片。太原理工大学谢克昌、田亚峻等认为裂解自由碳和乙炔分解的碳是纳米管生成的碳源，他们将煤直接喷入电弧等离子体中，原煤中不添加任何催化剂，煤在高温作用下会有大量的自由碳和乙炔生成。同时，煤中的一些矿物成分会转变成纳米金属颗粒，它们在炭纳米管的形成过程中起催化作用，促进自由碳和乙炔分解的碳形成炭纳米管，机理与催化裂解法相似。目前较为流行的多种炭纳米管生长机制普遍赞同C_2是炭纳米管生长碳原子的主要供给单元，也有研究者赞同 $C_n(n>6)$ 碳团簇是多壁炭纳米管生长的主要碳源。要把石墨结构破坏成 C_2 或 $C_n(n>6)$ 需要较高的能量；而煤有机大分子化学结构中，结构单元间和单元中的化学键容易热分解成 C_2、C_n，从热力学角度来说，用煤做原料制炭纳米管比石墨制炭纳米管更容易。

10.6.2.2 煤基炭纳米管的工艺方法

目前，煤基炭纳米管的制备主要是用电弧等离子法。大连理工大学邱介山等以一种中国烟煤和一种新西兰烟煤为原料，采用电弧等离子体法制备炭纳米管。他们将两种煤先成型炭化得到煤基炭棒，替代石墨电弧法中的纯石墨阳极，发现电弧等离子体放电工艺方法中，影响炭纳米管产率的主要因素是缓冲气体的性质及其压力、工作电流和电压，以及放电时阴阳两极的间距。他们以国产煤和新西兰煤为原料，在0.0335MPa 的气压力下，沉积在阴极上的棒状物之产率分别可达60.4% 和61.2%，而以高纯石墨为原料时阴极沉积棒的产率也只有60.0%。

太原理工大学田亚峻等将煤喷入等离子体射流中制取炭纳米管。实验时首先将电弧点燃，工作气体通过弧柱以后便形成了等离子体射流，等离子体射流的出口初始平均温度为3700K，煤粉在 Ar 气的携带下经过进料器直接喷入等离子体射流。反应体系的压力为常压，在反应结束后的剥落反应器壁沉积物中，可以发现不同直径的炭纳米管。这种工艺是将煤喷入等离子体射流中，而不是靠电弧放电直接蒸发煤基电极，得到的产品在反应器壁上而不是在阴极区，并且反应体系的压力也只要求常压，因此操作简便，并且电弧稳定。煤可提供制备炭纳米管所需的炭源，用煤制备炭纳米管具有明显的原材料成本优势，通过优化工艺，更可实现炭纳米管的低成本、大批量制备，促进炭纳米管大规模工业应用。我国煤炭资源相当丰富，研究煤基炭纳米管的制备和应用，有着重要的现实意义。

10.6.2.3 炭纳米管的性质

炭纳米管作为一维纳米材料，重量轻，六边形结构连接完美，具有许多异常的力学、电学和化学性能。

A 力学性能

由于炭纳米管中碳原子采取 SP^2 杂化，相比 SP^3 杂化，SP^2 杂化中 S 轨道成分比较大，使炭纳米管具有高模量、高强度。

炭纳米管具有良好的力学性能，CNTs 抗拉强度达到 50～200GPa，是钢的 100 倍，密度却只有钢的 1/6，至少比常规石墨纤维高一个数量级；它的弹性模量可达 1TPa，与金刚石的弹性模量相当，约为钢的 5 倍。对于具有理想结构的单层壁的炭纳米管，其抗拉强度约 800GPa。炭纳米管的结构虽然与高分子材料的结构相似，但其结构却比高分子材料稳定得多。炭纳米管是目前可制备出的具有最高比强度的材料。若将以其他工程材料为基体与炭纳米管制成复合材料，可使复合材料表现出良好的强度、弹性、抗疲劳性及各向同性，给复合材料的性能带来极大的改善。

炭纳米管的硬度与金刚石相当，却拥有良好的柔韧性，可以拉伸。目前在工业上常用的增强型纤维中，决定强度的一个关键因素是长径比，即长度和直径之比。目前材料工程师希望得到的长径比至少是 20∶1，而炭纳米管的长径比一般在 1000∶1 以上，是理想的高强度纤维材料。

莫斯科大学的研究人员曾将炭纳米管置于 1.8×10^{11} Pa 的压强下（相当于水下 18000km 深的压强），由于巨大的压力，加压到预定压力的约 1/3，炭纳米管就已经被压扁。但是撤去压力后，炭纳米管像弹簧一样立即恢复了形状，表现出良好的韧性。这启示人们可以利用炭纳米管制造轻薄的弹簧，用在汽车、火车上作为减震装置，能够大大减轻重量。

此外，炭纳米管的熔点是目前已知材料中最高的。

B 导电性能

炭纳米管上碳原子的P电子形成大范围的离域π键，由于共轭效应显著，炭纳米管具有一些特殊的电学性质。它既可以表现出金属的电学性能又可以表现出半导体的电学性能。

Hmada、Mintmire 和 Saito 等根据理论模型分别推测出炭纳米管的导电属性与其结构密切相关，指出炭纳米管不同的直径和螺旋度可以使其呈现金属导电性或半导体特性。Ebbesen 等人直接测量了多壁炭纳米管的电导，证明了炭纳米管金属性和半导体性的存在。Tang 等在 20K 下，测量在沸石晶体 $AlPO_4$-5 中生长的直径为 0.4mm 单壁炭纳米管的磁和输运性质时，发现其具有超导特点。Niu 等人将以催化裂解法制备的直径集中于 8nm 的多壁炭纳米管制成电极，以 38% H_2SO_4 作电解液，在 1～100Hz 范围内的测定结果表明，其比电容高达 102F/g。炭纳米管具有很高的导电热稳定性和本征迁移率，比表面积大，微孔集中在一定范围内，满足理想的超级电容器电极材料的要求，在移动通信、信息技术、电动汽车、航空航天和国防科技等方面具有极其重要和广阔的应用前景。

炭纳米管还具有优异的磁性能，新近发现的炭纳米管软磁材料在高频场中具有巨磁阻抗效应。其应用领域有功率变压器、脉冲变压器、扼流圈、互感器磁头和磁开关等。它将成为铁氧体的有力的竞争者。

C 发射性能及应用

由于炭纳米管具有纳米尺度的尖端，有利于电子的发射，科学家们预言并证实了炭纳米管具有极好的场致电子发射效应。单壁炭纳米管的直径通常仅有 1～2nm，长度可以达到几十至上百微米，长径比很大；而且其结构完整性好，导电性很好，化学性能稳定，具备了高性能场发射材料的基本结构特征。但单壁炭纳米管的制备比较困难，因此目前在炭纳米管场致发射性能研究领域中，以多壁炭纳米管的研究较为普遍和活跃。炭纳米管优异的场致发射性能可以应用于很多领域，尤其是真空电子领域，如场致发射平板显示器、冷发射阴极射线管等。此外，微波放大器、真空电源开关、场致发射电子枪也都是炭纳米管展示优异的场发射性能的舞台。

D 传热性能

炭纳米管具有良好的传热性能，CNTs 具有非常大的长径比，因而其沿着长度方向的热交换性能很高，相对的其垂直方向的热交换性能较低，通过合适的取向，炭纳米管可以合成高各向异性的热传导材料。另外，炭纳米管有着较高的热导率，只要在复合材料中掺杂微量的炭纳米管，该复合材料的热导率将会可能得到很大的改善。

炭纳米管还具有光学和储氢等其他良好的性能，正是这些优良的性质使得炭纳米管被认为是理想的聚合物复合材料的增强材料。

E 吸附性能

由于炭纳米管具有较大的比表面积、特殊的管道结构以及多壁炭纳米管之间的类石墨层隙，使其成为最有潜力的储氢材料，在燃料电池方面有着重要的作用。研究表明即使是5%的储氢量，也是极有希望的新型能源材料。Dillon 证明室温 1bar 的压力下，单壁炭纳米管可以吸附氢气的重量为 5%～10%。另外炭纳米管是一种超强的二恶烷吸附剂，比活性碳高 10^{34} 倍，可用来除去水中的二恶烷。炭纳米管的管状结构使其具有很强的毛细性能，利用该性能可以将金属或氧化物填充到开口的炭纳米管模板中制成一维的纳米材料，如纳米金属导线，这些低维的材料以及技术可能使微电子器件升级进入纳米时代。

F 化学性能及应用

在催化研究方面，炭纳米管已被用于分散和稳定纳米级的金属小颗粒。由炭纳米管制得的催化剂可以改善多相催化的选择性。Planeix 发现载有 Ru 粒子的炭纳米管，在肉桂醛加氢合成肉桂醇的催化反应中，其选择性高达 92%，而同样分散度的 Ru/Al_2O_3 和 Ru/AC 却分别只有 20% ~30% 和 30% ~40%。Louv 曾报道了直接用炭纳米管做催化剂分解 NO，在 873K 有 100% 的转换率。此外，有人利用炭纳米管的管状腔进行管道有机合成，预言在有机合成、生物化学以及制药化学领域有重要意义。

10.6.2.4 炭纳米管的应用

炭纳米管不仅是众多实验室的宠物，并且已经或正在走出实验室，进入商品市场。2009 年，美国莱斯大学的一个研究团队创建出了长度达几百米、厚度仅为 50 微米的炭纳米管。这为炭纳米管用作电力传输线或是作为结构性材料的基础打开了大门。中国科学院成都有机化学有限公司等单位已经可以批量提供多种规格工业级炭纳米管，为炭纳米管的工业化应用创造了条件。以下介绍炭纳米管的部分应用或应用前景。

A 炭纳米管导电功能体

导静电涂料是近 10 年来迅速发展起来的一种功能性涂料，主要用于消除静电的危害。由于生产设备简单、施工方便、成本低廉等特点，导静电涂料得到了广泛使用。

CNTs 是一种永久性导电物质，具有离域大 p 键、大比表面积和宏观隧道效应，特别适合作为导电功能体制备导静电涂料。中国科学院成都有机化学有限公司的研究结果表明：CNTs 添加量在 2% 以下就有很好的导静电效果，不仅导静电性能稳定，而且其他添加组分加入量可调幅度大，因而可以根据需要设计制备出多种具有特殊性能的导静电涂料。使用 CNTs 作为导电功能体制备导静电涂料，体现了纳米技术在改造传统产业中的重要应用，不但使导静电涂料具备了更为优良的性能，也为 CNTs 的大规模工业应用找到了新的途径。

国外以 CNTs 为导电功能体制备浅色导静电涂料已商品化，主要用于汽车涂料和其他高档导静电涂料。我国深圳市纳米港有限公司也开展了这项工作。2002 年 10 月完成公斤级制备，主要技术指标达到或超过国家标准 GB 6950 的指标要求。含 CNTs 导静电涂料与市售含 SnO_2 导静电涂料性能比较见表 10-1。

表 10-1 含 CNTs 导静电涂料与市售含 SnO_2 导静电涂料性能比较

名 称	含 CNTs 导静电涂料	市售含 SnO_2 导静电涂料
导电剂量	≤2.0%	12% ~20%
附着力	0 ~1 级	1 ~2 级
其他指标	符合 GB6950—2001	符合 GB6950—2001
钢可回收性	不影响	锡危害
颜 色	浅 色	浅 色
应用范围	医药厂房、计算机房、电子元器件厂房、石化设备	化工与石化设备、输油管道
价 格	3 万 ~4 万元/t	3 万 ~5 万元/t

B 炭纳米管复合材料

炭纳米管全部由碳原子组成，缺陷少、密度低，具有很高的轴向强度和刚度，其性能优于通用级炭纤维，被看做是理想的复合材料增强相。利用炭纳米管具有极好的导电特性、电致发光和长径比值达 10^4 等其他性能，可制备导电聚合物复合材料。炭纳米管复合材料广泛应用于汽车（刹车片、保险杠）、航空、航天、船舶、文体用品（钓鱼竿、高尔夫球杆、网球拍）、土木建筑（水泥复合材料、轻量材）、机械（弹簧、螺旋杆等）等方面。此外，添加炭纳米管可提高聚合物的导电性。由于炭纳米管直径小且导电，在纺织品中添加微量炭纳米管，既可以防止静电的产生，同时又不会影响纺织品的舒适性；经化学修饰的炭纳米管衍生物与聚合物共混纺制炭纳米管复合纤维，其不仅具有导电或抗静电性，还具有高的强度和模量，该类复合纤维制造的防弹衣可以有效保护整个人体，而不仅仅是前胸和后背；同时还能制作重量很轻的防辐射和抗冲击太空服。

C　电子材料及器件

炭纳米管的电子结构可以是金属性质，也可以是半导体性质，取决于其直径和螺旋度。因此不同直径和螺旋度的炭纳米管可以作为功能电子器件、微型电路的导线、最小的半导体装置、纳米级的晶体三极管、逻辑门和线路的连接件，应用于微电子器件。炭纳米管上极小的微粒可以引起炭纳米管在电流中的摆动频率发生变化，据此，美国佐治亚理工学院王中林教授发明了精度在 10^{-17}kg 的“纳米秤”，能够称量单个病毒的质量。2004 年，韦进全等发表了关于炭纳米管作为灯丝的初步研究结果，发现炭纳米管可以表现出显著的电致发光性能，并提出了炭纳米管灯泡的概念。2007 年，美国加州大学伯克利分校成功研制出迄今为止世界上最小的炭纳米管收音机，它集天线、调谐器、放大器和解调器于一身。

炭纳米管的端部曲率半径小，在电场中具有很强的局部增强效应，可以用作场发射材料。作为场发射材料，炭纳米管放大因子高，阈值场强可达 1～3V/μm，比传统的阴极阵列降低了 3 个数量级，用作场发射显示器件（FED）时工作电压低、功率小、亮度高、寿命长、稳定性高、具有更宽阔的视觉和更快的响应速度，大面积定向炭纳米管薄膜的成功制备使得它用于高性能平板显示器件成为可能，并将在电视机、摄像机、可视电话、便携式计算机和航空电子设备等仪表显示屏方面获得广泛的应用。日本已制出应用该类技术的彩色电视机样机，其图像分辨率是目前已知其他技术所不可能达到的。

韩国电力研究院 2008 年 6 月 17 日宣布，韩国在世界首次开发出炭纳米管太阳能电池。该电池可代替白金作为电极的下一代染料感应型薄膜太阳能电池。炭纳米管坚固、导电性强，价格低廉，可以附着在建筑物外壁等各种建筑物上。这种电池没有使用硅，采用弯状的薄膜形态。阳光转换为电力的效率为 6%。目前，染料感应型太阳能电池申请了 15 项以上的国内外专利，目标是 2010 年推出产品，投放市场。

D　探针和传感器

炭纳米管的小尺寸、较大的长径比和高的机械性能使它可以作为扫描隧道显微镜、原子力显微镜和静电力显微镜的探针。与传统探针相比，炭纳米管探针具有更高的传导能力、化学稳定性、灵敏度和精度（纳米级），能够探测出距表面较深的沟槽内部形貌，进行表面分子识别和电子结构分析，同时避免损坏样品及探针针尖。通过炭纳米管探针针尖可以获得高分辨率图片，以及操纵材料表面的原子，在研究生物薄膜、细胞结构和诊断疾病方面具有重要的应用前景。研究人员将核酸和炭纳米管连接在一起制备 DNA、RNA、PNA 炭纳米管探针，用于核糖核酸检测、基因疗法、药物输送和系统生物学。

炭纳米管特殊的力学、电子、热学性能，可以用于制作各种传感器，具有结构紧凑、耗能低、操作安全的特点，表现出良好的灵敏度和可选择性，且校准技术简单、监测成本低，可用于现场检测和远程监控。炭纳米管在吸附某些气体如 N_2、NH_3、O_2 和无机气体后电阻发生迅速的突变，可以作为电化学传感器，用作灵敏的环境监测计，监测有毒气体含量的微弱变化和控制环境污染。炭纳米管在气体和液体环境中某些喇曼光谱峰会产生偏移，可作为压力传感器。Ajayan 等使用炭纳米管阵列成功开发出了微型气体离子传感器样品，该样品能够非常出色地定量或定性分析大气中的各种气体。NRL 研究小组报道了利用炭纳米管制成神经毒气传感器的传感元件，其成本、能耗低，可用于检测低于 10^{-9} 的神经毒气和有毒化学物质。经炭纳米管修饰的电极，可以降低化学物质氧化还原反应的过电位，改善生物分子氧化还原可逆性，其大的比表面积有利于酶的固定化，在生物传感器领域具有广阔的前景。

E　医学应用

炭纳米管以其极高的稳定性、良好的生物相容性成为生物纳米材料中的佼佼者，在医学领域的应用前景也很令人期待。炭纳米管管道合成是有机合成、生物化学和制药化学的重点研究领域。炭纳米管可在养料、药品供给系统与细胞之间形成圆筒形的渠道，输送肽、蛋白质、质粒 DNA 或寡核苷酸等物质。炭纳米管能促进骨组织的修复生长，促进神经再生，减少神经组织瘢痕产生。炭纳米管声学传感器可以用作“纳米听诊器”，给医生提供更快更准确的诊断工具。此外，由炭纳米管制成的微型纳米钳，有望成为科学家和医生装配纳米机械和进行微型手术的新工具。炭纳米管用于极微细毛细血管的医治或代替破损的毛细血管，可修复受损的毛细血管。炭纳米管具有优良的伸缩性，在较低电压下可产生较大的机械拉伸，而且随外加电压的变化长度会发生规律性的伸展收缩，利用这种特性，制成人造肌肉纤维，不仅可用于人类肌纤维的移植和修复，还有望将来作为未来机器人的运动构件。

F　吸波材料

炭纳米管用作高温吸波材料是其应用的一个新领域。炭纳米管具有特殊的螺旋结构和手征性，具备特殊的电磁效应，这也是炭纳米管吸收微波的重要机理。炭纳米管特殊的电磁效应，表现出较强的宽带吸收性能，而且具有比重小、高温抗氧化、介电性能可调、稳定性好等优点，是一种理想的微波吸收剂，可用于隐形材料、电磁屏蔽材料和暗室吸波材料。炭纳米管复合材料具有耐高温、质轻、宽频和高效吸收等特性，是极好的吸波和屏蔽材料。由于炭纳米管特殊的管状结构、较高的介电常数，并且可植入磁性粒子，呈现出较好的高频宽带吸收特性，在 2 ~ 18GHz 范围内有很好的介电损耗，比传统的铁氧体、炭纤维和石墨吸波性能优越。

G　其他方面的应用前景

从结构上看，炭纳米管具备作为理想的电容器电极材料的所有性能，即结晶度高、导电性好、比表面积大、微孔集中在一定范围内，可用于制备双层超级电容器。炭纳米管的层间距略大于石墨的层间距，充放电容量大于石墨，而且筒状结构在多次充放电循环后不会塌缩，循环性好，可用于锂离子充电电池电极材料。炭纳米管独特的大比表面积、纳米孔隙结构，具有显著的吸附性能，使其可用作储氢材料。

最新的研究表明，炭纳米管已经被研究人员制成炭纳米管显微容器、纳米齿轮、微型天线等，美国《发现》月刊报道利用炭纳米管制作的“太空梯”将升向太空。炭纳米管独特的管状结构可为一维金属纳米材料的制备提供物理处理和化学反应限制的平台，是一种很好的模板。可利用炭纳米管的吸附性和尺寸效应，作高难度的微区、放射性清洁及同位素分离。炭纳米管具有纳米级的内径，类似石墨的碳六元环网和大量未成键的电子，可选择吸附和活化一些较惰性的分子（如 NO，CO_2 等），用作催化剂载体。炭纳米管具有一些与贵金属类似的催化功能，可望在一大批贵金属催化反应上得到应用，这将在石化和化工产业界带来不可估量的革新和效益。

目前，国际上对炭纳米管的研究方兴未艾，发现了很多的科学现象，对它的物理、化学、热学和电子学等方面都有了较深刻的理解，在基础研究和应用领域都取得了重要进展。炭纳米管应用技术的发展将广泛冲击产业各界，在众多应用领域里的研究已在全球范围内广泛展开，例如：化妆品、医药品、消费电器、卫生、建筑、通信、安全以及空间探索等领域。当前对炭纳米管的研究仍处于基础性阶段，离大规模应用还有待时日，但是随着研究的不断深入，其应用正在加速朝商业化的方向迈进，它在带来深刻技术变革的同时，还给人类社会带来巨大的财富。

复习思考题

10-1 煤的液化有哪几种途径，哪一种煤液化方法比较有前途，为什么？
10-2 煤液体生产化工原料的技术关键是什么？
10-3 煤液体及其衍生物可以合成哪些芳香高聚物，它们各有什么用途？
10-4 用煤直接制取塑料采用什么原理和方法？
10-5 水煤浆有什么性质和用途？
10-6 水煤浆的质量用哪些参数表征，为什么？
10-7 原料煤的煤化度、组成与性质对水煤浆的质量有什么影响？
10-8 什么叫超纯煤，它有什么用途，其制备方法有哪些，各有什么特点？
10-9 什么叫高碳物料，用哪些方法分别可以制得哪些高碳物料？
10-10 煤沥青基炭纤维有什么用途，简述其工艺流程。
10-11 MCMB 有哪些特性与用途？
10-12 用哪些煤种可以制得活性炭与炭分子筛，煤制活性炭与炭分子筛有什么特性？
10-13 什么是富勒烯，它们的化学结构有什么特点？
10-14 以煤作为原材料合成富勒烯时可能具有怎样的生成机理，联系煤结构，试述你的看法。
10-15 富勒烯有哪些特殊的性质，从富勒烯的结构解释这些性质。
10-16 富勒烯有哪些潜在的应用前景？
10-17 什么是炭纳米管，它们的化学结构有什么特点？
10-18 关于煤基炭纳米管的生长机理有哪几种观点，你比较倾向哪种观点，为什么？
10-19 煤基炭纳米管的工艺方法有哪些主要控制参数？
10-20 炭纳米管有哪些突出的性质，试举例说明本书中没有说到的某种性质及其应用前景。

参考文献

[1] Alan S Trimble, James C Hower. Studies of the relationship between coal petrology and grinding properties [J]. International Journal of Coal Geology, 2003; (54): 253 ~ 260.

[2] Amalia Jiménez, Iglesias M José, Fatima Laggoun-Defarge, *et al.* Effect of the increase in temperature on the evolution of the physical and chemical structure of vitrinite[J]. Journal of Analytical and Applied Pyrolysis, 1999; (50): 117 ~ 148.

[3] Bruening F A, Cohen A D. Measuring surface properties and oxidation of coal macerals using the atomic force microscope[J]. International Journal of Coal Geology, 2005; 63(3 ~ 4): 195 ~ 204.

[4] Bustin R M. Quantifying macerals: Some statistical and practical considerations[J]. International Journal of Coal Geology, 1991; 17(3 ~ 4): 213 ~ 238.

[5] Díez M A, Alvarez R, Barriocanal C. Coal for metallurgical coke production: predictions of coke quality and future requirements for cokemaking[J]. International Journal of Coal Geology, 2002; (50): 389 ~ 412.

[6] Duncan Murchison. Organic petrology in the 19th, 20th, and 21st centuries: The Newcastle contribution [J]. International Journal of Coal Geology, 2005; (62): 5 ~ 31.

[7] E·斯塔赫. 斯塔赫煤岩学教程[M]. 杨起等译. 北京: 煤炭工业出版社, 1990.

[8] ISO 11760—2005: Classification of coals[S]. First edition, 2005.

[9] J. Turner. Metamorphic Petrology, 2nd ed[M]. Hemisphere, New York, 1981.

[10] Maria José Iglesias, José Carlos del Río, Fatima Laggoun-Défarge, *et al.* Control of the chemical structure of perhydrous coals; FTIR and Py-GC/MS investigation[J]. Journal of Analytical and Applied Pyrolysis, 2002; (62): 1 ~ 34.

[11] O' Brien G, Jenkins B, Esterle J, *et al.* Coal characterisation by automated coal petrography[J]. Fuel, 2003; (82): 1067 ~ 1073.

[12] Sun Xuguang. The investigation of chemical structure of coal macerals via transmitted-light FT-IR microspectroscopy[J]. Spectrochimica Acta Part, 2005; A(62): 557 ~ 564.

[13] Takagi H, Maruyama K, Yoshizawa N, *et al.* XRD analysis of carbon stacking structure in coal during heat treatment[J]. Fuel, 2004; (83): 2427 ~ 2433.

[14] Zubkova V, Prezhdo V, Borowiec P, *et al.* The influence of mineral matter on transport of coal plastic mass and on volume of coal charge during carbonisation [J]. Fuel Processing Technology, 86 (2005) : 1403 ~ 1417.

[15] 白向飞, 李文华, 陈亚飞, 等. 中国煤中微量元素分布基本特征[J]. 煤质技术, 2007; (1): 1 ~ 4.

[16] 鲍江, 刘尔康, 关瑞. 煤中可燃硫直接测定法初步探讨[J]. 煤质技术, 2007; (2): 11 ~ 12.

[17] 蔡超, 唐书恒, 秦勇. 煤中有害元素研究现状[J]. 中国煤炭, 2007; 33(2): 55 ~ 59.

[18] 常海洲, 曾凡桂, 李文英, 等. 煤及其显微组分热解过程中的半焦收缩动力学[J]. 物理化学学报, 2008; 24(4): 675 ~ 680.

[19] 陈桂英. 焦炭热反应性能对高炉透气性的影响[J]. 能源研究与利用, 2005; (4): 41 ~ 43.

[20] 陈和平, 白崇军. 美国能源科学与社会[J]. 科技经济透视, 2007; (1): 47 ~ 52.

[21] 陈鹏. 中国煤炭分类的完整体系（上）[J]. 中国煤炭, 2000; 26(9): 5 ~ 8.

[22] 陈鹏. 中国煤炭分类的完整体系（下）[J]. 中国煤炭, 2000; 26(10): 7 ~ 11.

[23] 陈鹏. 中国煤炭性质、分类和利用（第二版）[M]. 北京: 化学工业出版社, 2007.3.

[24] 陈启厚. 矿物质对焦炭强度的影响[J]. 燃料与化工, 2007; 38(3): 22 ~ 25.

[25] 陈儒庆, 吴海鸥, 曹长春. 热液变质煤[J]. 桂林工学院学报, 2007; 17(1): 1 ~ 6.

[26] 陈雯，刘中华，范艳青，等．褐煤活性炭的制备与性能研究[J]．煤炭转化，2004；27(2)：61～64.
[27] 陈玉斌，何开宇．燃煤过程中铬铅去向分析[J]．现代商贸工业，2007；19(6)：178～179.
[28] 陈振宏，贾承造，宋岩，王红岩，等．高煤阶与低煤阶煤层气藏物性差异及其成因[J]．石油学报，2009；29(2)：179～184.
[29] 程顶胜．中国泥盆纪煤有机地球化学特征[J]．中国煤田地质，2006；18(5)：7～11.
[30] 程立强，刘应亮，张静娴，等．球形碳材料的研究进展[J]．化学进展，2006；18(10)：1298～1304.
[31] 崔才喜，徐龙君．正丙醇脱煤中有机硫的机理分析[J]．煤炭转化，2008；31(3)：55～58.
[32] 崔敬媛，焦红光，张慧，等．密度组成及磁场强度对煤比磁化率影响的研究[J]．煤炭转化，2008；31(1)：6～9.
[33] 崔平，杨敏，彭静，等．焦炭反应性的多元素矿物催化研究[J]．钢铁，2006；41(3)：16～19.
[34] 戴财胜，湛含辉．炼焦煤的荧光特性与其结焦性的关系[J]．煤炭科学技术，2002；30(5)：49～51.
[35] 邓光明，曾金源．重庆市沥鼻峡背斜盐井矿区龙潭组沉积特征及聚煤规律[J]．中国煤田地质，2007；19(6)：5～8.
[36] 杜爱兵，刘旭光，许并社．煤基富勒烯合成及其生成机理[J]．煤炭转化，2004；27(3)：1～5.
[37] 杜爱兵，刘旭光，许并社．煤基纳米洋葱状富勒烯制备及其结构表征[J]．无机材料学报，2005；20(4)：779～784.
[38] 杜娟，何秀风，陈小利，等．煤岩显微组分的气化反应性及其影响因素分析[J]．洁净煤技术，2008；14(2)：67～70.
[39] 杜铭华．中国炼焦煤资源及生产[J]．煤质技术，2006；(6)：1～3.
[40] 付建华，张振国，薛立民．几种煤的基氏流动度浅析[J]．燃料与化工，2008；39(3)：23～25.
[41] 郭瑞霞，杨建丽，刘东艳，等．煤热解过程中无机有害元素的变迁规律[J]．环境科学，2002；23(5)：100～104.
[42] 郭瑞霞，杨建丽，刘东艳，等．热处理条件对大同煤中微量有害元素变迁规律的影响[J]．化工学报，2003；54(11)：1603～1607.
[43] 郭瑞霞，杨建丽，刘振宇．煤中微量有害元素的挥发性[J]．中国环境科学，2004，24(6)：641～645.
[44] 郭治，杜铭华，曲思建．焦炭反应性及反应后强度预测模型研究与分析[J]．煤炭学报，2005；30(1)：113～117.
[45] 郭治，商铁成．黏结指数与罗加指数的数学关系及换算方法探讨[J]．煤质技术，2006；(5)：1～2.
[46] 国家发展改革委．能源发展“十一五”规划[J]．2007；4.
[47] 郝学民，张浩勤．煤液化技术进展及展望[J]．煤化工，2008；(4)：28～32.
[48] 何启林，王德明．煤的氧化和热解反应的动力学研究[J]．北京科技大学学报，2006；28(1)：1～5.
[49] 胡博．关于煤中磷的测定方法比较[J]．科技创新导报，2008；(14)：105.
[50] 胡参军．利用在线测灰仪实现产品自动配煤[J]．煤炭加工与综合利用，2007；(5)：26～27.
[51] 胡德生．灰成分对焦炭热性能的影响[J]．钢铁，2002；37(8)：9～13.
[52] 胡军，郑宝山，王滨滨，等．中国煤中有机硫的分布及其成因[J]．煤田地质与勘探，2005；33(5)：12～15.
[53] 胡军，郑宝山，吴代赦，等．经验公式对全国煤实测发热量的检验[J]．煤炭转化，2006；29(1)：1～5.

[54] 胡挺．碳富勒烯的物理特性综述[J]．科技资讯，2007；(22)：12.
[55] 黄文辉，杨起，汤达祯，等．枣庄煤田太原组煤中微量元素地球化学特征[J]．现代地质——中国地质大学学报，2000；14(1)：61～68.
[56] 姜英，傅丛，白向飞，等．中国煤中砷的分布特征[J]．煤炭科学技术，2008；36(2)：101～104.
[57] 李安，李萍，陈松梅．炼焦煤深度降灰脱硫的研究[J]．煤炭学报，2007；32(6)：639～642.
[58] 李刚，凌开成．煤直接液化研究评述[J]．洁净煤技术，2008；14(2)：18～21.
[59] 李建亮，吴国光，孟献梁．煤岩显微组分性质的研究进展[J]．中国煤炭，2007；33(12)：26，36，46.
[60] 李世光，徐绍平．煤与生物质的共热解[J]．煤炭转化，2002；25(1)：7～12.
[61] 李文华，白向飞，杨金和，等．烟煤镜质组平均最大反射率与煤种之间的关系[J]．煤炭学报，2006；31(3)：342～345.
[62] 李小明，曹代勇，张守仁，等．构造煤与原生结构煤的显微傅里叶红外光谱特征对比研究[J]．中国煤田地质，2005；17(3)：9～11.
[63] 李月清．氦气替换法测定煤的真相对密度[J]．洁净煤技术，2008；14(3)：74～76.
[64] 蔺华林，张德祥，高晋生．煤加氢液化制取芳烃研究进展[J]．煤炭转化，2006；29(2)：93～97.
[65] 刘本培等.《地质学教程》(第三版)[M]．北京：地质出版社，1996.
[66] 刘大锰，杨起，汤达祯，等．华北晚古生代煤中硫及微量元素分布赋存规律[J]．煤炭科学技术，2000；28(9)：39～42.
[67] 刘大锰，杨起，汤达祯．鄂尔多斯盆地煤的灰分和硫、磷、氯含量研究[J]．地学前缘，1999，6：53～59.
[68] 刘迎晖，郑楚光，游小清，等．燃煤过程中易挥发有毒痕量元素的相互作用[J]．燃烧科学与技术，2001；7(4)：243～248.
[69] 刘永新，张波波，王福先，等．碱金属对焦炭热性能的影响[J]．煤炭转化，2008；31(3)：43～47.
[70] 吕海亮，陈皓侃，李文，等．义马煤中几种微量污染元素的赋存形态研究[J]．燃料化学学报，2003；31(1)：31～34.
[71] 罗斐．煤炭资源的现状及结构分析[J]．中国煤炭，2008；34(3)：91～96.
[72] 罗陨飞，陈亚飞，姜英．煤炭分类国际标准与中国标准异同之比较[J]．煤质技术，2007；(1)：22.
[73] 罗陨飞，李文华，陈亚飞．利用X射线光电子能谱研究马家塔煤显微组分中氧的赋存形态[J]．燃料化学学报，2007；35(3)：366～369.
[74] 罗陨飞，李文华，陈亚飞．中低变质程度煤显微组分结构的^{13}C NMR研究[J]．燃料化学学报，2005；33(5)：540～543.
[75] 罗陨飞，李文华．中低变质程度煤显微组分大分子结构的XRD研究[J]．煤炭学报，2004；29(3)：338～341.
[76] 麻林巍，付峰，李政，等．新型煤基能源转化技术发展分析[J]．煤炭转化，2008；31(1)：82～88.
[77] 马庆元．中国炼焦煤资源的分布特征[J]．煤炭科学技术，2004；32(3)：63～66.
[78] 马如飞，李铁虎，赵廷凯，等．碳纳米管应用研究进展[J]．炭素技术，2009；28(3)：35～39.
[79] 毛艳丽，陈妍，郭艳玲．世界煤炭资源现状及钢铁公司的煤炭安全策略[J]．冶金管理，2009；(3)：40～44.
[80] 孟令杰，伏传龙，路庆华．碳纳米管的功能化研究[J]．自然科学进展，2009；19(2)：148～156.
[81] 牛娅丽．配合煤炼焦时硫分转化的研究[J]．煤化工，2008；(3)：60～62.
[82] 亓学山，于世友，李明富，等．图像分析系统在煤焦岩相分析中的应用[J]．燃料与化工，2006；

37(4): 18~20.
[83] 钱伯章，郑爱华．煤炭制取化学品的现状和前景[J]．化工技术经济，2006；24(7)：11~15.
[84] 秦志宏，巩涛，李兴顺．煤萃取过程的TEM分析与煤嵌布结构模型[J]．中国矿业大学学报，2008；37(4)：443~449.
[85] 任德贻，赵峰华，张军营，等．煤中有害微量元素富集的成因类型初探[J]．地学前缘，2003；9(4)：17~22.
[86] 任学延，张代林，张文成，等．影响焦炭热性质的主要因素分析[J]．煤化工,2007;(3):33~35.
[87] 尚琳琳，程世庆，张海清．生物质与煤共热解特性研究[J]．太阳能学报，2006；27(8)：852~856.
[88] 申峻，王志忠，邹纲明．不同煤阶煤成焦过程中密度及挥发分的变化[J]．煤炭转化，2007；30(1)：14~17.
[89] 申明星．中国炼焦煤的资源与利用[M]．北京：化学工业出版社，2007.
[90] 宋党育，秦勇，张军营，等．煤中环境敏感性痕量元素的挥发性研究[J]．华中科技大学学报（自然科学版），2005；33(10)：36~39.
[91] 孙刚．《煤中氮的测定方法》标准修订要点与解析[J]．煤质技术，2008；(3)：43~45.
[92] 孙庆雷，李文，陈皓侃，等．煤显微组分分子结构模型的量子化学研究[J]．燃料化学学报，2004；32(3)：282~286.
[93] 李增学．煤地质学[M]．北京：地质出版社，2005.
[94] 孙淑静，宋立军．我国煤的R_{max}与V_{daf}数据之间的关系[J]．煤，2007；16(7)：3~6.
[95] 孙旭光，陈建平，王延斌．煤岩显微组分热解气相色谱特征与化学结构剖析[J]．地质学报，2003；77(1)：135~143.
[96] 唐跃刚，张会勇，代世峰，等．煤中铅的地球化学特征[J]．煤田地质与勘探，2001；29(2)：7~10.
[97] 汪高强，水恒福．煤的缔合分子结构研究进展[J]．安徽工业大学学报，2004；21(4)：288~290.
[98] 王冲霄．焦炭热反应性能对高炉顺行的影响[J]．工程技术，2008；(21)：592，595.
[99] 王福先，刘永新，梁英华．焦炭热性质的影响因素分析[J]．煤化工，2007；(2)：16~20.
[100] 王巨民，张永宏，朱绍兵．滇中（楚雄）晚三叠世盆地成因机制、聚煤古地理类型与找煤方向[J]．中国煤田地质，2007；19(4)：1~4.
[101] 王丽华．恒力矩基氏流动度测定的影响因素[J]．煤质技术，2005；(6)：70~72.
[102] 王明仕，郑宝山，刘晓静，等．中国煤砷含量评价[J]．环境科学，2006；27(3)：420~423.
[103] 王生维，陈钟惠，张明，等．煤层气地质学新进展[J]．煤田地质与勘探，2002；30 (5)：20~22.
[104] 王文峰，徐磊，傅雪海．应用分形理论研究煤孔隙结构[J]．中国煤田地质，2002；14(2)：26~33.
[105] 王云鹤，李海滨，黄海涛，等．重金属元素在煤热解过程中的分布迁移规律[J]．煤炭转化，2002；25 (3)：37~42.
[106] 王云鹤，李海滨，黄海涛，等．重金属在煤气化过程的分布迁移规律及控制[J]．中国环境科学，2002；22(6)：556~560.
[107] 王卓．煤岩分析在焦化企业煤质评价方面的应用[J]．煤质技术，2008；(2)：1~3.
[108] 王自龙．用反射率方法鉴别炼焦用煤的掺混情况[J]．煤质技术，2000；(1)：13~15.
[109] 蔚远江，杨起，刘大锰，等．我国煤层气储层研究现状及发展趋势[J]．地质科技情报，2001；20(1)：56~60.
[110] 魏贤勇，宗志敏，孙林兵．重质碳资源高效利用的科学基础[J]．化工进展，2006；25(10)：1134~1142.

[111] 吴冲龙，杨起，刘刚．煤变质作用热动力学分析的原理与方法[J]．煤炭学报，1997；22(3)：225～229.
[112] 谢宏，聂爱国．黔西南高砷煤成因研究[J]．煤田地质与勘探，2007；35(6)：10～13.
[113] 徐春霞，徐振刚，步学朋，等．煤焦与 CO_2 及水蒸气气化特性研究进展[J]．洁净煤技术，2007；13(6)：49～53.
[114] 徐虎．洁净煤技术的展望[J]．洁净煤技术，2007；13(1)：89～92.
[115] 徐龙君，刘成伦，鲜学福．煤导电性质的分形特征[J]．煤炭转化，2001；24(1)：50～52.
[116] 徐松善，于长春．辽东石炭二叠纪含煤建造及成煤模式[J]．煤炭技术，2008；27(5)：65.
[117] 徐振刚．煤转化技术现状及发展趋势[J]．中国高校科技与产业化，2007；(12)：60～62.
[118] 许立敏，冯进，薛改凤，等．新疆煤相变机理的研究[J]．燃料与化工，2005；36(6)：12～14.
[119] 杨俊和，张群，余亮．TPR 研究焦炭溶损反应动力学参数求解方法[J]．煤炭转化，2002；25(1)：52～57.
[120] 杨起．中国煤的叠加变质作用[J]．地学前缘——中国地质大学学报，1999；(6)：1～8(增刊).
[121] 杨秀琴．煤岩磨片方法与技巧[J]．煤质技术，2008；(2)：34～36.
[122] 杨永珍，张增旭，王海燕．用岩相分析监控炼焦用煤[J]．煤化工，2002；(6)：47～49.
[123] 叶道敏．煤的镜质体荧光强度与煤岩参数的关系[J]．煤田地质与勘探，2004；32(1)：4～5.
[124] 袁权．化学进展丛书——能源化学进展[M]．北京：化学工业出版社，2005.
[125] 袁新华，熊玉春，宗志敏，等．分子煤化学与煤衍生物的定向转化[J]．煤炭转化，2001；24(1)：1～4.
[126] 曾凡桂，谢克昌．煤结构化学的理论体系与方法论[J]．煤炭学报，2004；29(4)：443～447.
[127] 张代林，崔平，陈健．炼焦煤中活性组分质量指标的研究[J]．燃料与化工，2002；33(5)：235～236.
[128] 张慧，李小彦．扫描电子显微镜在煤岩学上的应用[J]．电子显微学报，2004；23(4)：467.
[129] 张景来．煤表面与高分子作用机理的量子化学研究[J]．北京科技大学学报，2001；23(1)：6～8.
[130] 张九零，郭立稳，周心权，等．惰质组与镜质组对煤吸附 CO 性能的影响[J]．煤炭学报，2007；32(12)：1297～1300.
[131] 张丽芳，马蓉，倪中海，等．煤的溶胀技术研究进展[J]．化学研究与应用，2003；15(2)：182～186.
[132] 张士金．焦炭热反应性的研究[J]．本钢技术，2006；(3)：24～27.
[133] 张守仁，曹代勇，陈佩佩，等．高煤阶煤的阶跃性演化机理研究[J]．煤炭学报，2002；27(5)：525～528.
[134] 张玉贵，曹升玲，谢克昌．煤结构演化煤化度指标[J]．煤炭转化，2007；30(4)：1～4.
[135] 赵文军．煤岩分析技术在煤质控制中的应用[J]．煤质技术，2008；(1)：15～18.
[136] 郑谦．煤中全水分直接测定法初探[J]．煤质技术，2008；(2)：34～35.
[137] 郑铁华，张立辉．燃煤硫析出规律的研究进展[J]．山西煤炭，2007；27(3)：25～28.
[138] 智红梅．焦炭反应性与反应后强度的关系及其影响因素探讨[J]．煤化工，2007；(3)：57～59.
[139] 周丽霞，李震．煤中氯的释放特性与煤变质程度的关系[J]．煤质技术，2006；(4)：64～66.
[140] 周师庸．用煤岩学评述捣固焦炉成焦过程和焦炭质量[J]．燃料与化工，2008；39(4)：8～10.
[141] 朱学栋，朱子彬，张成芳，等．煤的热解研究 IV．官能团热解模型[J]．华东理工大学学报，2001；27(4)：113～117.
[142] 朱银惠，李辉，张现林，等．影响焦炭质量的因素分析[J]．洁净煤技术，2008；14(3)：77～79.
[143] 郑楚光．燃煤液量元素排放与控制[M]．武汉：湖北科学技术出版社，2003.